中国轻工业"十三五"规划立项教材

全国高等学校食品质量与安全专业适用教材

高等学校通识教育选修课教材

现代食品安全科学

章 宇 主 编

焦晶晶 副主编

中国轻工业出版社

图书在版编目（CIP）数据

现代食品安全科学/章宇主编．—北京：中国轻工业出版社，
2020.7

ISBN 978-7-5184-2955-4

Ⅰ.①现…　Ⅱ.①章…　Ⅲ.①食品安全—高等学校—教材
Ⅳ.①TS201.6

中国版本图书馆 CIP 数据核字（2020）第 055107 号

责任编辑：钟　雨　　责任终审：白　洁　　封面设计：锋尚设计
版式设计：砚祥志远　责任校对：方　敏　　责任监印：张　可

出版发行：中国轻工业出版社（北京东长安街 6 号，邮编：100740）
印　　刷：三河市国英印务有限公司
经　　销：各地新华书店
版　　次：2020 年 7 月第 1 版第 1 次印刷
开　　本：787×1092　1/16　印张：19.75
字　　数：440 千字
书　　号：ISBN 978-7-5184-2955-4　　定价：54.00 元
邮购电话：010-65241695
发行电话：010-85119835　传真：85113293
网　　址：http://www.chlip.com.cn
Email：club@chlip.com.cn
如发现图书残缺请与我社邮购联系调换
190527J1X101ZBW

全国第一套食品质量与安全专业教材
编审委员会

序 | Foreword

"民以食为天，食以安为先"。食品安全直接关乎人类健康和生命安全，是关系国计民生和社会经济发展的重大问题。党中央和国务院高度重视食品安全工作，党的十九大报告明确提出实施食品安全国家战略，确保舌尖上的安全，让人民买得放心、吃得安心。

大学生是实现中华民族伟大复兴的生力军，是祖国的希望、民族的未来。大学时期是树立健康意识、养成健康行为、增强身体素质的关键时期。大学生接受系统的食品安全专业与通识教育，并且将现代食品安全的科学知识融会贯通地应用于自身日常膳食管理与安全实践中，对于大学生现阶段增进身心健康和未来走向工作岗位具有重要而深远的意义。

浙江大学章宇教授团队主持编写了《现代食品安全科学》这本教材，该教材较为全面地涵盖各个学科门类，以科学传播现代食品安全知识为理念，目的在于促进我国食品安全科学知识的推广、普及和交流，为食品安全的教育事业贡献力量。该教材既可作为高等院校食品质量与安全专业的教材，也可作为高等学校通识教育选修课教材。

本教材全体参编人员在有限的时间内高质量地完成了教材的编写工作，在此表示衷心感谢。

"人民健康兴百业，食品安全利千秋。"相信经过大家的共同努力，中国的食品安全事业定能稳步健康向前发展，为中华民族的伟大复兴保驾护航！

国家食品安全风险评估中心技术总师

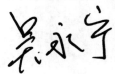

前言 | Preface

　　食物满足人类的口腹之欲，为人类的身体健康提供必备的能量，这是人类生存发展的基础。国以民为本，民以食为天，食以安为先。食品安全，关系到国计民生，责任重于泰山。食品安全问题成为科学界、消费者、政府部门高度关注的重要领域。我国在解决食物量的安全的同时，食品的安全越来越引起全社会的关注。究竟食品安全事故频频发生的根源在哪里？

　　食品安全科学隶属于食品科学相关理论与知识，是一种内涵深广，理论与实践相结合，又极具交叉性的科学研究范畴。本书以食品安全事件为出发点，聚焦热点问题进行科学阐释，以客观、明晰、专业、权威的科学知识为依据回答公众关切的问题。从化学、生物、营养等方面讲述其中的食品安全科学内容，在基本原理之外以实例讲解巩固教学，以专题讨论检验教学，在内容全面的基础上不失深度和专业，培养适应 21 世纪科技发展、具有创新意识、基础扎实、知识面广，特别是具有一定食品安全科学素养的综合型人才。本教材既可作为高等院校食品质量与安全专业的教材，也可面向来自高等院校不同专业的本科生，作为食品安全相关的通识教学课程教材，还可作为食品相关专业的科技人员和研究生的参考书。

　　本教材共分为十五章。第一章为食品安全导论，系统介绍了食品安全的内涵、危害分析与关键点控制和食品安全追溯体系。第二章至第五章为食品化学安全专题，讲述了农药、兽药和重金属的来源、基本性质及其在食品中残留所造成的主要危害；分析了食品加工来源污染物（丙烯酰胺、呋喃、氯丙醇等）及环境暴露来源污染物（二噁英、多氯联苯和多环芳烃等）在食品中的形成机制并对其进行健康风险评估，提供合理的饮食及烹饪方法建议；考虑到食品添加剂中的许多内容已编入食品化学教材，我们在介绍添加剂的基本理化性质之外还加强了对不同种食品添加剂的安全性分析。第六章至第八章为食品生物安全专题，既介绍了食物过敏（包括发病机制、诊断预防和安全管理），又较全面地介绍了食源性疾病包括食物中毒（如沙门菌食物中毒、黄曲霉毒素中毒、亚硝酸盐食物中毒、人畜共患病、食源性病毒等）的特点、中毒机制和防治要点，可作为手册供查询使用；还谈到了食品安全领域的热点问题——转基因食品的安全性，从安全性问题、安全性分析到管理、法规等方面一一进行剖析。第九章至第十一章为食品营养安全专题，重点介绍了碳水化合物、脂类、蛋白质、维生素等营养素在物理、化学与生物学反应中发生变化进而可能产生对健康有害的物质（如油脂氧化、反式脂肪酸、蛋白质变性和维生素破坏）以及营养素稳态失衡相关的代谢性疾病。同时相比较国外经典膳食模式，全面剖析我国膳食指南，为健康饮食提供理论依据及实践要点。第十二章至第十五章为食品法规与技术专题，既解读了《中华人民共和国食品安全法》（2018 年修正），又总体介绍了国内食品安全标准体系与国际食品安全法律法规。其次，对食品安全风险评估的概念、方法、实例应用作了详细叙述，还引入了食品安全风险评估的数学模型及相关软件应用的知识。最后，系统介绍了食品安全快速检测技术背景、分类、特点及应用和食品安全交叉科学中的新兴技术（如基因组学、代谢组学、大数据分析、成像技术、质谱技术等）。

为使本教材便于教与学，编写时在广度的基础上追求一定的深度，概念明确，突出重点，且每章后面附有课后讨论题，方便学生对所学内容进行自我整理与发挥，思考题帮助学生课后复习，掌握要点。

参与本书的编写人员有浙江大学章宇（第一章至第五章、第十二章至第十五章）、焦晶晶（第六章至第十一章）。全书由章宇进行统稿和审阅。本书的出版得到了国家重点研发计划项目"食品污染物暴露组解析和总膳食研究"（2017YFC1600500）的支持，在此深表感谢！

编者力求较为全面地反映现代食品安全科学问题，但由于学科发展迅速，知识体系更新较快，加上编者水平有限，书中难免存在错误或不妥之处，恳请读者和同行专家不吝指正。

编　者

2020 年 4 月

目录 | Contents

食品安全导论

第一节　食品安全概论

食品是人类社会赖以生存和发展的基本物质。有句古训"国以民为本，民以食为天"，也就是说，人类祖先早已把饮食提到了治国安邦的高度。就当今社会而言，食品与能源、人口、环境和国防，并列为世界五大发展主题。因此，食品工业被誉为"不败工业"或"朝阳产业"。但是，随着环境的日益恶化和新工艺、新技术、新产品的广泛使用，食品安全问题已成为威胁人类健康的主要因素。目前，不论是发达国家还是发展中国家，保障食品安全已成为政府工作的重点、公众关注的焦点、企业界和科技界义不容辞的责任，是与每个人息息相关的公共卫生问题。

一、食品安全的定义

食品，指各种供人食用或者饮用的成品和原料以及按照传统既是食品又是药品的物品，但是不包括以治疗为目的的物品。而对于食品安全，至今学术界尚缺乏一个明确、统一的定义。世界卫生组织（WHO）于 1984 年在题为《食品安全在卫生和发展中的作用》的文件中，曾把"食品安全"与"食品卫生"作为同义语，定义为："生产、加工、储存、分配和制作食品过程中确保食品安全可靠，有益于健康并且适合人类消费的种种必要条件和措施"。1996 年，WHO 在《加强国家级食品安全计划指南》中对食品安全下的定义是："对食品按其原定用途进行制作和（或）食用时不会使消费者受害的一种担保"。它主要是指食品的生产和消费过程中没有达到危害程度的有毒、有害物质或因素的加入，从而保证人体按正常剂量或正确方式摄入这样的食品时不会受到急性或慢性的危害。这种危害包括对摄入者本身及后代的不良影响。缺失或丧失这种担保，或者这种担保不完全，就会发生食品安全问题。

国际食品卫生法典委员会（CAC）定义所谓食品安全是指消费者在摄入食品时，食品中不含有害物质，不存在引起急性中毒、不良反应或潜在疾病的危险性。我国 2009 年 6 月 1 日开始实施的《中华人民共和国食品安全法》（后文简称为《食品安全法》）第十章附则第九十九条规定：食品安全指食品无毒、无害，符合应当有的营养要求，对人体健康不造成任何急性、亚急性或者慢性危害。

二、食品安全的内涵

首先，食品安全是个综合概念。作为种概念，食品安全包括食品卫生、食品质量、食品营养等相关内容和食品种植、养殖、加工、包装、贮藏、运输、销售、消费等环节。而作为属概念的食品卫生、食品质量、食品营养等均无法涵盖上述全部内容和全部环节。

其次，食品安全是个社会概念。在不同国家以及不同时期，食品安全所面临的突出问题和治理要求有所不同。

再次，食品安全是个政治概念。无论是在发达国家还是发展中国家，食品安全都是企业和政府对社会最基本的责任和必须做出的承诺。

最后，食品安全是个法律概念。20世纪80年代以来，一些国家及国际组织从社会系统工程建设的角度出发，逐步以食品安全的综合立法替代卫生、质量和营养等要素立法。2009年，我国通过了《中华人民共和国食品安全法》并开始实施。

三、食品安全、卫生、质量和保障

（一）食品安全与食品卫生

《食品工业基本术语》将"食品卫生"定义为"为防止食品在生产、收获、加工、运输、贮藏、销售等各个环节被有害物质污染，使食品有益于人体健康所采取的各项措施"。食品安全是种概念，食品卫生是属概念。食品卫生具有食品安全的基本特征，包括结果安全（无毒无害，符合应有的营养要求等）和过程安全（保障结果安全的条件、环境等安全）。

食品安全与食品卫生的区别有以下几点。首先，范围不同。食品安全包括食品（食物）的种植、养殖、加工、包装、贮藏、运输、销售、消费等环节的安全，而食品卫生通常并不包含种植、养殖环节的安全。其次，侧重点不同。食品安全是结果和过程安全的完整统一；食品卫生虽然也包含上述两项内容，但更侧重于过程安全。

（二）食品安全与食品质量

食品质量是指食品的固有特性及其满足消费的程度。食品本身所固有的、相互区别的各种特征包括：①外观特性。形态、色泽等；②内在特性。营养成分、保健性能、有毒有害物质含量和口感等；③适用性。适用范围、保质期限、食用方法及条件等。消费者对食品的要求包括文件资料中明确规定的要求和隐含的要求或期望。

食品安全不是以食品本身为研究对象，而是重点关注食品对消费者健康的影响；食品质量关注的重点则是食品本身的使用价值和性状。

（三）食品安全与食品保障

联合国粮食及农业组织（FAO）对食品保障的定义：指所有人在任何时候都能在物质上和经济上获得足够、安全和富有营养的食物以满足其健康且积极生活的膳食需要。这涉及四个条件：充足的粮食供应或可获得量；不因季节或年份而产生波动或不足的稳定供应；具有可获得的并负担得起的粮食；优质安全的食物。

食品安全通常是指食品质的安全，食品保障通常是指食品量的安全，即是否有能力得到或者提供足够的食物或食品。

食品安全、食品卫生、食品质量、食品营养在内涵上和外延上存在许多交叉，实际运用中也会出现混用的情况。因此，理清食品安全与食品卫生、食品质量、食品营养等之间的联系与区别是十分必要的，如图 1-1 所示。

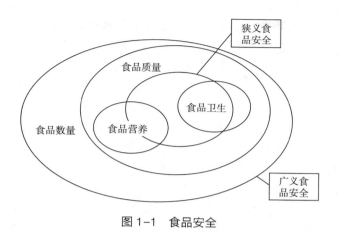

图 1-1　食品安全

四、食品安全研究

食品安全研究的目的在于探寻能有效解决中国当前存在的各种复杂食品安全问题的方案；防止、控制和消除食品污染以及食品中有害因素对人体的危害，预防和减少食源性疾病；构建新型食品安全"网-链控制"模式，保证食品安全，实现食品安全从被动应付向主动保障的转变。

食品安全研究的意义如下。

（1）保障人类的健康和生命安全　不安全的食品进入人体，将影响人体器官，进而影响人体健康，甚至危及生命安全。

（2）保证食品企业的生存与发展　许多食品企业因为没有对产品质量严格把关，产生了一系列安全问题，最终导致品牌荣誉受损，公司破产。

（3）保障食品安全有利于社会经济发展和国家稳定　食品是最重要的商品之一。食品安全问题可以直接造成严重的经济损失，而且食源性疾病的发生可以引发生产力水平下降、经济效益降低、医疗费用增加和国家财政支出上升等问题。

（4）保障食品安全有利于国际贸易　食品安全是国与国之间进行食品贸易的重要条件，保证食品安全能使双方互利。许多国家，尤其是发达国家的食品安全及其标准已经成为最重要的食品贸易技术壁垒。

（5）保障食品安全是公共卫生的出发点和落脚点　保证食品安全、保障公众的健康权益代表了广大人民群众的根本利益，是公共卫生工作的出发点与落脚点。

第二节　危害分析与关键点控制

一、食品质量安全认证体系

良好操作规范（GMP）是食品企业在整个生产过程中采取的一系列保证食品安全卫生和

质量的措施。GMP 为保证食品符合安全标准对企业提出了四个方面的要求：生产设备要处于良好状态；生产过程要科学合理；质量管理要有序完善；检测系统要科学严谨。GMP 的有效实施能提供科学综合型的食品生产标准，对原料到包装的每一环节要求更加严格，有助于加强员工的工作责任感；有助于企业积极使用先进技术、先进设备来保证食品安全；有助于食品监管机构开展食品生产的监管工作；有助于企业产品进入国际市场。

卫生标准操作程序（SSOP）指企业为了达到 GMP 所规定的要求，保证所加工的食品符合卫生要求而制定的指导食品生产加工过程中如何实施清洗、消毒和卫生保持的作业指导文件。SSOP 提供许多在工厂中可以使用的卫生控制程序，为日常检测建立了基础，对可能发生导致产品不合格的情况做出预防计划，必要时可以采取相关措施进行控制。SSOP 主要包括八个方面的内容：生产用水和冰要符合安全标准；食品接触表面要符合检测指标；防止生产中可能导致的交叉污染；手消毒控制程序和卫生设施的维护程序；避免外来污染物导致不良后果；化学物品的规范管理；加工食品人员健康状况的要求；昆虫与鼠类的消灭控制程序。正确合理地使用 SSOP 在控制危害方面将取得良好的效果。食品企业可根据自身需要和法规建立 SSOP 文件。

危害分析与关键控制点（HACCP）由危害分析（HA）和关键控制点监控（CCP）组成。它是以 GMP 和 SSOP 为前提条件，在从农田到餐桌的全过程中对食品状况进行全面分析，预防食品安全问题的控制体系。GMP 法规的核心是 HACCP；SSOP 等前提计划是实施 HACCP 计划的基础；实施 SSOP 等前提计划和 HACCP 计划是 GMP 法规的基本要求。

ISO9000 标准是国际标准化组织（ISO）在 1994 年提出的概念，主要内容包括企业质量目标方针制定和质量控制程序的建立。实施该体系能确保企业建立起完善的质量管理体系，生产出符合质量要求的产品，提高在行业中的竞争力。ISO22000 采用了 ISO9000 标准体系结构，将 HACCP 原理作为方法应用于整个体系。它明确了将危害分析作为安全食品实现策划的核心，并将 CAC 所制定的预备步骤中的产品特性、预期用途、流程图、加工步骤和控制措施作为危害分析及其更新的输入，同时将 HACCP 计划与其前提条件和前提方案动态、均衡地结合。

食品质量安全市场准入制度主要包括以下 3 项内容：①对食品生产企业实施食品生产许可的制度。对于具备基本生产条件、能够保证食品质量安全的企业，发放《食品生产许可证》，准予生产获证范围内的产品；②对企业生产的出厂产品实施强制检验。未经检验或检验不合格的食品不准出厂销售；③对实施食品生产许可证制度、检验合格的食品加贴市场准入标志，即 QS 标志。然而，根据新《食品生产许可管理办法》规定，2018 年 10 月 1 日及以后生产的食品一律不得继续使用原包装和标签以及"QS"标志，取而代之的是有"SC"标志的编码，其中 SC 是食品生产许可证编号中生产的汉语拼音字母缩写。

二、 HACCP 概述

1. HACCP 概念

HACCP 是一种控制食品安全危害的预防性体系，但并非一个零风险系统，而是设法使食品安全危害的风险降到最低限度，是一个使食品供应链及生产过程免受生物、化学和物理性危害污染，使食品安全危害的风险降低到最小或可接受水平的管理工具。

它运用食品工艺学、微生物学、化学和物理学、质量控制和危害性评估等原理和方法对整个食品链，即食品原料的种植（饲养）、收获、加工、运输和消费过程中实际存在和潜在的危害进行危险性评估，找出对最终产品质量产生影响的关键控制点，并采取相应的预防控制措施，在危害发生之前控制它，从而使食品达到较高的安全性。因而 HACCP 被用于确定食品原料和加工过程中可能存在的危害，建立控制程序并有效监督这些控制措施。

实施 HACCP 的目的是对食品生产、加工进行最佳管理，确保提供给消费者更加安全的食品，以保护公众健康。食品加工企业不但可以用它来确保加工出更加安全的食品，而且还可以用它来提高消费者对食品加工企业的信心。

2. HACCP 历史及现状

HACCP 诞生在 20 世纪 60 年代正致力于发展空间载人飞行的美国，因为用于空间飞行的食品是经过多道工序、有多种配料的方便食品，其质量要求必须是趋近于"零缺陷"的、绝对安全的。HACCP 概念于 1971 年在美国的全国食品保护会议期间公布于众并在美国逐步推广应用；1973 年美国食品和药物管理局（FDA）首次将 HACCP 食品加工控制概念应用于罐头食品加工中，以防止腊肠毒菌感染；1994 年，美国公布 HACCP 草案并于 1997 年开始实施；1997 年 12 月 18 日，水产加工品及进口商被要求有 HACCP 及卫生作业标准操作；1998 年 1 月 26 日，要求员工人数在 500 名以上的大企业强制实施 HACCP；1999 年 1 月 25 日，要求员工人数在 10 名以上 500 名以下企业实施；2000 年 1 月 25 日，要求员工人数在 10 名以下营业额 250 万元以上企业实施。正式与 FDA 签订 HACCP 备忘录的有澳大利亚、加拿大、智利、欧盟、冰岛、日本、新西兰、挪威、泰国、中国大陆等国家和地区。FDA 对 SSOP 并无要求一定格式。

1991 年 7 月，原欧洲共同体发布两个指令《活双壳贝类生产和投放市场的卫生条件规定》（91/492/EEC）和《水产品生产和投放市场的卫生条件的规定》（91/493/EEC）。澳大利亚已开展认证 HACCP、HACCP-9000、SQF2000。

目前除出口美国的水产品加工厂外，我国尚未对 HACCP 在企业进行强制实施，故无官方认证系统。出口美国的水产品加工厂现统一由国家出入境检验检疫局对其企业制定的 HACCP 系统进行验证，验证合格后由国家出入境检验检疫局发证。HACCP 的制定并非一定要有官方参与，官方负责对其按 HACCP 操作制成的产品进行验证，如使用连续性细菌监测手段，以视其 HACCP 是否有效。目前我国 HACCP 官方操作统一由国家出入境检验检疫局负责。

3. HACCP 特点

（1）HACCP 是预防性的食品安全保证体系，不是一个孤立的体系，必须建筑在良好操作规范（GMP）和卫生标准操作程序（SSOP）的基础上。

（2）每个 HACCP 计划都反映了某种食品加工方法的专一特性，其重点在于预防，设计上防止危害进入食品。

（3）HACCP 不是零风险体系，但使食品生产最大限度趋近于"零缺陷"，可用于尽量减少食品安全危害的风险。

（4）恰如其分地将食品安全的责任首先归于食品生产商及食品销售商。

（5）HACCP 强调加工过程，需要工厂与政府的交流沟通。政府检验员通过确定危害是否正确地得到控制来验证工厂 HACCP 实施情况。

（6）克服传统食品安全控制方法（现场检查和成品测试）的缺陷，当政府将力量集中于 HACCP 计划制订和执行时，对食品安全的控制更加有效。

（7）HACCP 可使政府检验员将精力集中到食品生产加工过程中最易发生安全危害的环

节上。

（8）HACCP 概念可推广延伸应用到食品质量的其他方面，控制各种食品缺陷。

（9）HACCP 有助于改善企业与政府、消费者的关系，树立对食品安全的信心。

4. HACCP 的 7 大原则

（1）危害分析（HA）　对于原料、制造、运输至消费的食品生产过程的所有阶段，分析其潜在的危害，评估加工中可能发生的危害以及控制此危害的管制项目（PMs）。

（2）确定加工中的关键控制点（CCP）　决定加工中能去除此危害或是降低危害发生率的一个点、操作或程序的步骤，此步骤能是生产或是制造中的任何一个阶段，包括原料、配方和（或）生产、收成、运输、调配、加工和储存等。

（3）确定关键限值　为确保 CCP 在控制之下所建立的 CCP 管制界限。

（4）建立 HACCP 监控程序　建立监测 CCP 的程序，可以测试或是观察进行监测。

（5）建立纠偏措施　当监测系统显示 CCP 未能在控制之下时，需建立的矫正措施。

（6）建立有效的记录保持程序　建立所有程序的资料记录，并保存文件以便于记录、追踪。

（7）建立验证程序　建立确认程序，以确定 HACCP 系统是在有效地执行。可以采用稽核方式，收集辅助性资料或是印证 HACCP 计划是否实施得当。确认的主要范围为：①用科学方法确认 CCP 的控制界限；②确认工厂 HACCP 计划的功能。包括终产品的检验、HACCP 计划的审阅、CCP 记录的审阅及确认各个步骤是否执行；③内部稽核。包括工作日志的审阅及流程图和 CCP 的确认；④外部稽核及符合政府相关法令的确认。

三、 HACCP 应用实例：果汁产品生产

果汁一般指：①原料水果用机械方法加工所得的、没有发酵过的、具有该种原料水果原有特征的制品；②原料水果采用渗滤或浸提工艺所得的汁液，用物理分离方法除去加入的水量所得的、具有该种原料水果原有特征的制品；③浓缩果汁中加入与该种原果汁在浓缩过程中所失去的天然水分等量的水所得的、具有与①②所属相同特征的制品。

浓缩果汁一般指：①用物理分离方法，从原果汁中除去一定比例的天然水分后所得的、具有该种水果应有特征的制品；②原料水果采用渗滤或浸提工艺所得的汁液，用物理分离方法除去加入的水量和果实中一定比例的天然水分所得到的、具有该种水果原汁应有特征的制品。

果汁饮料一般指以成熟适度的新鲜或冷藏果实为原料，经机械加工所得的果汁或混合果汁类制品，在此基础上加入糖液、酸味剂等配料所得的清汁或浑汁制品。其成品可直接饮用或稀释后饮用，成品中果汁含量不低于 100g/L。

1. 组建 HACCP 工作小组

HACCP 小组对建立一个成功的 HACCP 系统是极其重要的。它应该包括多方面严格训练的人员，由来自微生物、维护、生产、研发、卫生、质保、采购、销售、运输以及直接从事现场操作的人员组成。HACCP 小组必须对生产过程熟悉，有知识和权利实施必要的改变。

发展 HACCP 计划的每一个步骤都是小组的责任，包括制订 HACCP 计划、书写 SSOP、验证和实施 HACCP 体系，并且根据实际情况不断地对计划进行改进和修订。

2. 热灌装果汁产品描述

果汁及果汁饮料包括：原果汁、浓缩果汁、原果浆、浓缩果浆、水果汁、果肉果汁饮料、高糖果汁饮料、果粒果汁饮料、果汁饮料、果汁水［成品中果汁含量不低于 5%（m/V）］。

表 1-1 所示为热灌装果汁产品描述。该产品为浓缩果汁复原为 100% 原果汁的产品，我国目前尚无该类产品的卫生标准，因此在确定产品的重要特性时，主要考虑糖度、酸度和 pH。

表 1-1　　　　　　　　　　热灌装果汁产品描述

加工类别：热灌装 100% 橙汁；产品类型：热灌装果汁（橙汁）	
产品定义	还原橙汁
主要配料	浓缩橙汁、纯水
重要的产品特性	糖度：11.0%～13.0% 酸度（以柠檬酸计）：0.55%～0.85% pH≤4.5
计划用途 （主要消费对象、分销方法等）	销售对象无特殊规定批发、零售
食用方法	打开即食
包装类型	屋形纸盒包装（利乐包装）
保质期	9 个月
标签说明	需在清洁卫生、阴凉、≤7℃条件下储存；饮用前摇匀，开盖后应 0～7℃冷藏，5d 内饮完
销售地点	明确注明销售区域
特殊运输要求	卫生清洁运输工具

注：案例内容参考 2002 年原卫生部制定的《果汁和果汁饮料 HACCP 实施指南》。

3. 绘制与验证工艺流程图

（1）热灌装果汁工艺流程　热灌装果汁工艺流程如图 1-2 所示。

（2）热灌装果汁工艺说明

①浓缩汁接收。浓缩果汁生产厂应提供浓缩果汁的出厂检验合格证，对原料的运输条件和状况进行检查，对每批原料依照原料验收标准验收，合格后方可接收。

②冷冻储存。使用双层食品用塑料袋包装，外铁桶装，浓缩橙汁要求低于 -10℃ 储存，防止理化、生物变化。

③投料。批量性开桶拆包卸料，原料缓慢从桶内塑料袋中流出，用水冲洗塑料袋。

④调配。配水还原、调控糖度、检测酸度和维生素 C，确认色、香、味。

⑤过滤。将配好的料液经过滤网排除原料本身在投料过程带入的非果汁固体杂质。

⑥杀菌。对还原为 100% 果汁料液进行瞬时高温灭菌，以达到灌装料液无菌的目的。

⑦热灌装封口。定量地将无菌果汁液灌入已消毒的屋形纸盒内并封口，利用汁液高温杀灭纸盒内壁可能存在的微生物。

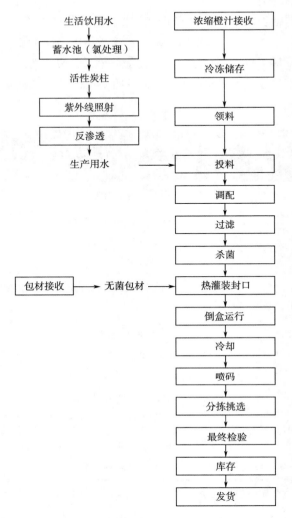

图 1-2　热灌装果汁工艺流程图

⑧按程序定期作原位清洗（CIP）。

⑨倒盒运行。把包装倒转热运行，利用热汁液对包装顶部空气、盒盖和纸盒壁杀菌。

⑩冷却。为避免果汁热敏成分受热变化，确保产品风味，对最终成品进行冷水喷淋冷却。（后包装流程略）

⑪水处理。城市供应生活饮用水→蓄水池（氯处理）→活性炭柱→紫外线照射→反渗透→生产用水。

4. 热灌装果汁危害分析

对每类产品的每一加工步骤进行详细的危害分析，以明确产品加工过程中存在的生物、化学和物理性危害，确定可以控制危害的措施。

危害分析应包括产品加工前、加工过程及出厂后的所有步骤（表 1-2）。

表 1-2

热灌装果汁危害分析工作表

加工步骤	食品安全危害	危害显著 （是/否）	判断依据	预防措施	关键控制点 （是/否）
浓缩果汁 接收	生物性：微生物	是	文献报道； 运输条件超出规定范围导致微生物 繁殖； 工厂检查记录	索取原料供应商的卫生许可证； 索取每批原料的检验合格证； 对原料的运输条件和状况进行检查， 依照原料验收标准验收，合格接受	是
	化学性：农药残留、重 金属、激素	是	文献报道； 工厂检查记录	索取每批原料的检验合格证	是
	物理性：杂质	否	工厂检查记录	对原料进行检验，合格接受	否
冷冻储存	生物性：微生物	是	储存条件超出规定范围导致微生物 繁殖	对原料的储存条件和状况进行控制	否
	化学性	否			
	物理性	否			
包装材料 接收（屋形 纸盒）	生物性：微生物、虫 卵等	是	文献报道 工厂检查记录	现场考察后选择产品质量稳定的包装材料生产厂； 索取检验合格证； 依照包装材料验收标准验收，合格接受	否
	化学性：包装材料有害 化学物质	是	文献报道 工厂检查记录	索取每批原料的检验合格证	否
	物理性：杂质、变形、 破损	是	工厂检查记录	对原料进行检验，合格接受	否

续表

加工步骤	食品安全危害	危害显著（是/否）	判断依据	预防措施	关键控制点（是/否）
领料、投料	生物性：外包装上的微生物	是	包装材料可能存在微生物	在缓冲间拆包，外包装不准进入生产区	否
	化学性	否			
	物理性：杂质	是	原料开箱（桶）时，脏物、木屑、铁皮、螺母和工具等可能掉入	拆包按 GMP 和 SSOP 操作程序操作；使用探测器和过滤系统去除异物	否
冷却	生物性	否			
	化学性：热敏感成分受热变化	是	根据对产品成分分析	控制冷却时间和冷却水温度	否
	物理性	否			
分拣挑选	生物性：微生物	是	病原菌在适宜条件下繁殖	按分拣标准要求，去除不合格产品	否
	化学性	否			
	物理性	否			
成品储存	生物性：微生物	否	病原菌在适宜条件下繁殖	库房温度：0~7℃；适宜的储存时间	否
	化学性	否			
	物理性	否			
产品运输	生物性：微生物	是	病原菌在适宜条件下繁殖	严格掌握运输时间和运输条件	否
	化学性	否			
	物理性	否			

工序	危害	是否显著危害	危害来源	控制措施	是否关键控制点
水处理	生物性：过滤、反渗设备污染微生物	是	水源水质或设备卫生状况不佳	定期全面清理消毒水处理系统，及时更换滤芯、渗透膜等；每周进行微生物检测	否
	化学性：pH、含铁量	是	水源水质或设备卫生状况不佳	每小时自动监测 pH；每周检测铁含量，超过 0.1h 进行反冲清洗	否
	物理性：电导、浊度	是	水源水质或设备卫生状况不佳	每小时自动监测；按要求更换元件	否
空气过滤	生物性：微生物	是	设备污染	定期清洗、消毒，及时更换滤件	否
	化学性	否			
	物理性：过滤效率降低	是	设备污染或老化	及时更换滤件	否
CIP 消毒系统	生物性：微生物	是	不适当的清洗造成设备、管道中细菌残留	清洗用水应符合生活饮用水的规定；执行既定 CIP 程序清洗、消毒，控制碱液及酸液浓度、温度、压力和清水清洗时间；控制清水清洗时间，pH	是
	化学性：清洁剂、消毒剂等残留	否	不适当的清洗造成设备、管道中细菌残留	通过既定 CIP 程序清洗、消毒，控制碱液及酸液浓度、温度、压力和清水清洗时间；控制清水清洗时间，pH	否
	物理性	否			

（1）料液生产过程的危害分析

①原辅料接收。浓缩果汁（关键控制点）。作为原料使用的浓缩果汁，如果产品不合格或运输、储存不当，有可能受到微生物污染。如果微生物大量存在就会影响制成品的品质且给消费者健康带来危害。如果生产浓缩果汁的原料果来自使用农药的地区、土壤中重金属含量高的地区或生产过程中受到污染，就有可能有农药残留污染或有砷、铅等重金属污染，这些污染在以后的加工过程中无法进行控制，而且一旦发生将给消费者带来严重的危害。因此，存在显著性危害。根据以上分析，浓缩果汁接收作为关键控制点。这些危害的控制措施主要有浓缩果汁来源控制、索取浓缩果汁生产厂卫生许可证、产品检验合格证明、对原料的运输条件和状况进行检查等。

生产用水。如果作为原料的生产用水达不到生活饮用水卫生标准，水中就可能存在各种细菌等微生物污染，铁、铜、锌等重金属和氯化物等造成的化学性危害以及泥沙、其他碎屑等造成的物理性危害。因此，生产用水必须符合《生活饮用水卫生标准》（GB 5749—2006）的规定，用于调配果汁的生产用水必须按工艺要求进行处理。

②冷冻储存。冷冻储存过程中如果储存条件超出规定范围导致微生物繁殖，可通过对原料的储存条件和状况进行严格控制预防危害的发生。

③领料、投料。领料、投料过程中使用的包装材料上可能存在微生物，原料开箱（桶）过程中，脏物、木屑、铁皮、螺母和工具等可能掉入原料中。可通过在拆包时按 GMP 和 SSOP 规范操作程序操作，采取在缓冲间拆包，外包装不进入生产区的方法进行控制。

④调配。调配过程是将各种原辅料按照一定的比例进行混合的过程。调配过程中的危害来源主要是混合罐管道等设备污染导致产品被微生物污染。设备的清洗和维护按 GMP 和 SSOP 规范操作程序操作可以预防危害的发生。

⑤过滤。过滤网失效的情况下，可能进入杂质，要及时清洁或更换过滤设备。

⑥杀菌（关键控制点）。对果汁杀菌的基本要求是既能达到杀死微生物的目的，又能最大限度地减少果汁的受热，以降低对果汁品质的影响。

果汁杀菌的方法有：高温短时杀菌法和超高温瞬时杀菌法，此外还有超声波及紫外线杀菌。目前果汁生产最为普遍采用的是超高温瞬时杀菌法，即经前处理的果汁泵入瞬时杀菌器后，快速加热至要求温度并维持一定时间。一般的杀菌条件为（93±2）℃维持 15~30s；120℃以上维持 3~10s。

由于前面的加工过程没有进行杀菌，原辅料、调配过程中微生物危害都需要在这一过程中进行杀灭。因此，杀菌作为关键控制点。杀菌过程应该制定并严格遵守有效的杀菌条件，控制生产过程中产生的微生物危害。

⑦灌装（关键控制点）。灌装操作间用经过消毒、过滤的空气维持正压，灌装环境空气洁净度控制在万级，灌装过程在完全密闭的环境中进行，使用的料液、包装容器、瓶盖等都应经过杀菌步骤。在后工序中无杀菌工艺，因此将灌装作为关键控制点。

⑧倒盒运行（关键控制点）。产品倒置运行的时间、状态对微生物存活有重要影响，因此也作为关键控制点。

⑨冷却。冷却时间和冷却水温度对产品的质量也会产生影响，在生产过程中严格控制冷却时间和冷却水温度，可以预防危害发生。

⑩喷码。成品喷码是通过喷码机将条码喷到瓶身的过程，此过程不会造成显著危害。

⑪分拣挑选。按标准要求对成品进行分拣，去除不合格的产品，可以消除潜在的危害。

⑫成品储存。灌装时如果遭到致病菌污染，存放温度过高就会导致细菌繁殖，需在清洁卫生、阴凉、≤7℃条件下储存。

⑬成品运输。运输过程中可能遭受微生物的污染，如果运输条件不适当就会带来危害，可以通过控制运输时间和运输条件预防危害。

（2）料液生产用管道的危害分析　果汁饮料从调配到灌装的整个生产过程都在密闭的不锈钢金属管道内进行，这些管道的内表面如果不清洁，管道的一些死角、泵、阀和接头处就会成为微生物生长繁殖的良好场所，从而成为果蔬汁产品污染的重要来源。

因此，对管道进行彻底的清洗和杀菌作为关键控制点。

5. 热灌装果汁 HACCP 计划

根据对热灌装果汁危害分析，确定关键控制点，包括浓缩果汁接收（生物性、化学性）、瞬时杀菌（生物性）、热灌装封口（生物性）、倒盒运行（生物性）、CIP 消毒系统（生物性）。

针对确定的关键控制点，制定热灌装果汁 HACCP 计划（表 1-3）。

建立对每个关键控制点进行监测的系统，包括监控内容、监控方法、监控频率、监控人员，并建立纠正偏差的程序和验证程序。例如，对 CIP 消毒系统来说，关键限值为清洗、消毒温度、时间、碱液及酸液浓度、水清洗时间、pH。每次清洗时均要进行监测。

第三节　食品安全追溯体系

一、食品安全追溯体系含义

"可追溯性"目前还没有统一的定义，相关法规从不同角度对其进行了阐述。欧盟相关法规对食品可追溯性的描述为：在食品的生产加工及流通的各环节，能够通过有效手段对其痕迹进行追踪。食品标准委员会从信息流的角度对食品可溯性进行定义，认为食品可追溯性即食品在生产流通阶段信息流的连续保障能力。虽然对其表述不同，但内涵都可概括为对食品或食品成分的可正向或逆向追踪特征。

食品安全追溯体系，就是指在食品产供销的各个环节中（包括种植养殖、生产、流通以及销售与餐饮服务等），食品质量安全及其相关信息能够被顺向追踪（生产源头—消费终端）或者逆向回溯（消费终端—生产源头），从而使食品的整个生产经营活动始终处于有效监控之中。

食品安全追溯体系具体表现如下。

①来源可查。把生产原料信息、物流信息、产品分销全部采集记录并追踪，实现产品供应、生产、流通、销售和服务环节的全周期监控管理。

②去向可追。通过一物一码技术追溯产品流通过程，一旦产品出现质量问题，可快速、精准召回，减小企业损失。

③责任可究。可精确查询到哪个环节有问题？责任人是谁？一目了然。

表1-3　热灌装果汁 HACCP 计划表

关键控制点（CCP）	显著危害	关键限值	监控程序 内容	方法	频率	人员	纠偏措施	HACCP 记录	验证程序
浓缩果汁接收	生物性、化学性	原料供应商的卫生许可证、生产许可证，原料的检验合格证	原料厂有卫生许可证、产品检验符合相应标准	检查证件	每批	实验室人员	对没有两项合格证的原料及时通知责任人对此原料偏离；填写"纠偏措施记录"；报采购部和质管部签批后退货处理	原料接受记录、合格证明；纠偏措施记录	品管部每月审查合格证明一次；品管部每月审查检验报告一次；审查纠偏结果
瞬时灭菌	生物性	灭菌温度、灭菌时间	灭菌系统监控	自动监测调整	全程	操作工	保持灭菌温度适当高于标准温度，灭菌时间适当延长，以弥补不确定因素引起的动态变化；将可能不符合灭菌指标值的产品隔离，加倍抽样检验，在常温促酵后，再加倍抽样检验，重新灭菌	自动监测记录；监测仪校准记录；纠偏措施记录；检验记录	品管部每周同考核操作人员执行监测活动的情况；质管部每周检查用于监测和验证的监测仪的准确性；对纠偏处理的产品进行处理结果检查
热灌装封口	生物性	灌装环境卫生和净化级数、灌装机小环境净化程度、料温、净含量	对灌装环境、封口机、料温和环境温和净含量监控	自动监测	每小时	操作工	及时更换滤芯；及时对设备进行维修；适当提高料温；剔除净含量不合格产品	自动监测记录；纠偏措施记录	品管部每周同考核操作人员执行监测活动的情况；质管部每周检查用于监测和验证的监测仪的准确性；审查纠偏结果

倒盒运行	生物性	热运行状态和时间	对倒盒运行产品进行监控	目测	全程	操作工	调整热运行状态	观测记录	品管部每月审查记录
CIP消毒系统	生物性	清洗消毒时间、温度、清洁消毒剂浓度、管道蒸汽温度、水清洗时间、pH	对CIP消毒系统进行监控	检测	每次清洁	实验室人员	调整至有效状态	配液记录；检查记录；纠偏措施记录	品管部每周审查记录；品管部每周抽查清洁消毒剂浓度和管道蒸汽温度

④信息可视化。关于产品的品牌、名称、生产经营者、规格等一系列信息，消费者扫码可查，提升品牌可信度。

⑤大数据管理。系统后台可记录消费者扫码数据，包括姓名、性别和区域等基础信息，形成报表，建立用户画像，助力企业玩转数字化精准营销。

由此，食品安全追溯体系的意义如下。

①提升产品安全性。当发生食品安全事故时，通过溯源产销履历能够有助于锁定焦点，迅速回收相关原料，并探究事故原因，可将危害风险降至最低限度，有助于风险管理。

②提升政府公信力。在相关法律法规的基础上，进一步制定和完善食品溯源制度、市场准入制度和具体的实施细则，明确政府、生产者、消费者三个行为主体的责任和义务。使质量追溯工作从企业资源转向为一种政府强制行为，加强政府的监督管理，从源头抓起，严厉处罚违法违规行为，减少企业间的不公平竞争现象。

③提升生产及经营技术。导入产品溯源制度，生产者必须配合标准作业规范从事生产、经营管理，将有利于农民进行合理化生产，提升生产技术与管理能力。

④有利产品差别化。产地为农产品的重要品质指标，产品溯源制度有助于消费者选择特定地区的产品，生产者更能以地区来形成产品差别化，为不同产品或品级食品定价。

⑤有利于提高消费者的信心。通过全面公开产品溯源信息，对公众开放功能齐全的查询手段，使消费者"食得安心，用得放心"，从而提高对政府和企业的信心，促进经济消费。

二、食品安全追溯体系历史发展

可追溯系统产生的起因为1996年英国疯牛病引发的恐慌，另两起食品安全事件——丹麦的猪肉沙门菌污染事件和苏格兰大肠杆菌事件（导致21人死亡）也使得欧盟消费者对政府食品安全监管缺乏信心，但这些食品安全危机同时也促进了可追溯系统的建立。因此发达国家最初建立的食品安全可追溯系统主要针对牛肉等畜产品。

2000年1月，欧盟发布了《食品安全白皮书》，首次引入了"从农场到餐桌"的概念。同年，欧盟制定了1760/2000/EC法令，要求在欧盟及其成员国建立牛肉产品溯源系统。

澳大利亚从2001年开始建立和实施国家牲畜追踪体系和计划。

加拿大于2002年制定了牛标识制度以实现牛肉追溯。

美国于2009年推出国家动物识别系统（NAIS）项目，保证牛肉的可追溯性。

法国政府也要求牛肉企业建立追溯体系，追溯的信息涵盖了养殖、加工、销售等环节。

2010年，挪威水产品出口委员会要求水产品生产商在产品包装上标注产品原产国，实施水产品的可追溯性，以促进挪威水产品在全球销售。

我国食品安全可追溯系统研究虽起步较晚，但近年来取得了长足的发展。自2002年来，有关机构和科研领域在国家科技计划以及各省市各项计划的资助下，积极开展食品可追溯技术及系统研究，主要集中在畜禽产品、蔬菜、水果、水产品和粮油产品等方面。

三、食品安全追溯技术

目前，主要的食品溯源技术包括：纸质台账溯源、电子信息编码技术、生物技术和超微分析技术电子编码技术［主要包括条形码技术和射频识别（RFID）技术］。生物技术主要指DNA溯源技术，利用生物DNA序列的唯一性来鉴别食物来源。DNA溯源技术精度高、效果好，但需要建立巨大的 DNA 数据库，耗资巨大。超微分析技术是从微观层面通过分析食品的元素含量或有机成分组成对食品溯源提供依据，主要包括同位素分析技术和红外光谱分析技术。不同的追溯技术影响数据采集与传递方式的成本和效率，因而选择合适的食品追溯技术尤为重要。

1. 条形码

条形码或称条码，是将宽度不等的多个黑条和空白，按照一定的编码规则排列，用以表达一组信息的图形标识符。条形码可以标出物品的生产国、制造厂家、商品名称、生产日期、图书分类号、邮件起止地点、类别、日期等信息，因而在商品流通、图书管理、邮政管理和银行系统等许多领域都得到了广泛的应用。条形码具有输入速度快、错误率低等优点，但也存在数据容量小、保密性能低和损污后可读性差等缺点。

2. 二维码

目前应用较为广泛的二维码主要是矩阵式二维码，其编码形式是在指定的矩形空间内按照一定的编码规律将黑白像素进行排列。矩阵式二维码的代表形式主要有 QR Code、Data Matrix、Code One 等。二维码在代码编制上应用与二进制相对应的几何形体表达信息，通过光电扫描或图像识别自动读取信息实现食品溯源。二维码与条形码相比，信息容量更大，纠错能力更强，并且能够对语音、文字等多种信息进行编码，因此安全性更高。消费者应用手持终端（如智能手机）对二维码进行扫描，即可获得二维码中包含的食品信息，可对食品生产环节及运输流程进行查询。监管机构也可通过二维码扫描获取相关的追溯信息，实现对食品企业的有效监管。

二维码能够做到防伪与溯源功能并存，信息存储、流程控制、信息加密、验证读取信息均可通过二维码实现完成，满足了各种企业及消费者对产品防伪溯源的诉求。

（1）信息存储 存储形式多样化，无论视频、音频、图像、文字均可录入，其存储量是目前防伪工具中容量最大的，能够将产品的各种信息进行存储、展示，如机构认证证书、检验证书和生产流程记录等信息，均能够通过二维码展示给消费者。

（2）流程控制 生产情况、配送情况、仓储情况均能够在二维码内体现，使防伪信息做到细节化展示，消费者从各种细节中增加对该品牌的信任度，同时造假者完全没有能力对细节进行仿造，从根源打击造假分子。

（3）信息加密 二维码的多种读取方式决定了用户看到的信息展示内容不同，专业的识读设备不但能够读取加密的信息，同时可以起到激活防伪码的作用，只有被激活的防伪码才能够被消费者读取。在产品没有销售的情况下，即使被非法复制也不能读取其中信息。

（4）验证读取信息 消费者将手机摄像头对准二维码扫描就可以读取产品信息，做到了人人可以防伪，时时可以打假。

3. RFID 技术

RFID 技术即射频识别技术，通过射频信号获取目标的相关数据，达到自动识别的目的。射频识别系统主要由电子标签、读写器和数据管理系统三部分组成。其中电子标签为数据载体，由无线通信天线和集成电路芯片组成。随着物联网技术的发展，RFID 技术由于其独特的识别特性被应用于食品安全领域。RFID 电子标签具有不耗电、寿命长、可修改、能加密、防磨、防水、防腐和防磁等特点。RFID 的识别需用专用设备和软件，识别过程无须人工干预，保密性好，可以远距离识别。物联网技术以 RFID 技术和电子产品编码（近距离通信）信息传感设备为核心，通过合理配置传感装置，在食品生产、流通的不同环节输入电子产品编码标识，实现商品流通中的数字化、智能化和可视化识别，为食品可追溯性提供技术支撑。

四、食品安全追溯体系存在的主要问题

我国食品追溯体系的研究起步较晚，食品可追溯体系的建设与实施过程中涉及的利益主体包括政府部门、企业和消费者等，不同的利益主体追求的目标不同，加大了我国食品可追溯体系建立的难度。

1. 食品追溯体系源头建设有待完善

食品追溯体系源头即为食品的生产者，目前我国食品生产企业准入门槛低，普遍规模小、数量多、分布广。大多数食品企业内部难以实现信息化建设，企业中从业人员和管理人员文化程度偏低，很难熟练使用现代化工具采集和录入数据，难以保证整个系统的准确性、及时性和完整性。虽然国家要求食品企业必须在食品药品监督网注册，便于监管追溯或出现问题后的查询，但并不能保证食品在运输、贮藏、销售等中间环节的安全，这就需要企业加强自身的约束力，为消费者提供安全可靠的食品。企业的利益是建立在消费者对产品安全信任的基础上，但很多企业担心追溯出现的问题时会被制裁曝光，使企业自身的利益受损，因此建立完善的食品追溯体系首先要完善我国的保险信用体系。此外，企业是食品的提供者，承担食品溯源的责任，同时企业就要为实施食品溯源付出额外的成本。食品溯源是一项复杂且周期较长的工程，短期内可见利益较小，这与企业追求利益最大化的目标不符。

2. 监管追溯体系不完善

在食品可追溯体系中，政府起引导和调控作用，对食品企业进行监督和规范，为消费者提供安全消费的环境。但我国食品追溯体系起步晚，与食品溯源相关的法规及制度仍不系统、不完善，导致食品溯源系统的法律支撑作用不强，使各地政府在追溯执行上缺乏有效的保障，阻碍追溯体系的执行。

3. 对追溯体系认知不足

我国食品安全事件频发使消费者对食品企业失去信任，建立可靠的食品可追溯体系势在必行。但由于我国各地经济发展水平不均衡消费者对食品质量与安全问题的重视程度不同，对可追溯食品的认知程度也不尽相同。主要有5点认知误区：①认为麻烦；②不懂得通过扫描溯源码的方式了解食品生产的全过程；③购买食品只关注品牌；④不了解食品溯源的概念及用途；⑤可追溯食品由于生产成本的提升，售价也会提升，导致低薪的家庭没有能力购买。因此，消费者对安全可追溯食品的认知及购买力不足的因素是实施食品溯源的难点之一。此外，关于食品溯源的宣传也不到位。

五、我国食品安全追溯体系的发展趋势

1. 强化政府监管

政府对食品质量与安全的有效监管是食品追溯体系建设顺利运行的保障。随着《中华人民共和国食品安全法》修订，在监管方面，政府改变了原来的多部门监管模式，统一由监管主体对食品质量与安全进行监管，即由食品药品监管部门行使监管权力。为有效提升监管效能，县级人民政府食品药品监管部门可在乡镇或者特定区域设立食品药品监管派出机构，将食品监管服务延伸到乡镇街道等基层。同时，将食品药品部门对餐饮环节的监管、工商部门对流通环节的监管和质监部门对生产环节的监管进行合并。生产、流通、消费环节统一由市场监管局监

管，实现主体明确、责任明确。

2. 强化企业追溯主体责任

可追溯体系的建立本质是企业作为控制风险点、明确责任的要求，因此，企业追溯体系建设是食品追溯体系建设的前提条件，新修订的《中华人民共和国食品安全法》强化了食品生产经营者的主体责任。目前，已初步形成辐射全国、连接城乡的追溯网络，打造一条从生产、流通到消费的全过程信息化追溯链条，初步完成了产品来源可查、去向可追、责任可究的放心消费渠道。物联网技术的建设为企业食品追溯体系的建设提供技术支撑，现阶段建立比较成功的有枸杞、茶叶以及猪肉可追溯体系，对乳制品的追溯监管尤为严格，蒙牛乳粉和特仑苏有机乳也已建立起一套完整的全程可追溯体系，物联网技术将在我国未来食品追溯体系中得到广泛应用。

讨论：食品安全追溯体系与二维码等信息平台应用

自英国出现首例疯牛病以来，世界各国都更加重视食品安全与卫生，消费者也日渐关注食品安全问题。为应对不断发生的食品安全事故，保障消费者的利益，世界各国纷纷成立了食品安全管理机构，制定了相应的法律法规，建立了食品安全可追溯体系。

结合身边，谈谈你对食品安全追溯技术应用的了解，你是否有进行过食品安全追溯？列举我国典型的食品安全追溯体系并进行学习。在对比国内外食品安全追溯体系的基础上，分析我国食品安全追溯体系建设现状，并提出国外食品安全追溯体系对我国的启示。

思考题

1. 结合个人体会，谈谈我国食品安全的现状。
2. 简述 HACCP 原理。
3. 举例说明食品安全追溯技术的应用。

参考文献

［1］谢明勇，陈绍军. 食品安全导论［M］. 北京：中国农业大学出版社，2009.

［2］张志健，李里特. 食品安全导论［M］. 北京：化学工业出版社，2009.

［3］GB/T 19538-2004. 危害分析与关键控制点（HACCP）体系及其应用指南［S］.

［4］张登沥，沙德银. HACCP 与 GMP、SSOP 的相互关系［J］. 上海水产大学学报，2004，13（3）：261-265.

［5］Allata, S., Valero, A., Benhadja, L. Implementation of traceability and food safety systems（HACCP）under the ISO 22000：2005 standard in North Africa：The case study of an ice cream company in Algeria［J］. Food Control, 2017, 79：239-253.

［6］李升锋，陈卫东，肖更生等. PET 瓶装热灌装桑果汁 HACCP 体系的建立［J］. 中国蚕业，2003，24（3）：105-108.

［7］李佳洁，任雅楠，王艳君等. 中国食品安全追溯制度的构建探讨［J］. 食品科学，2018，39（5）：278-283.

［8］王超，陈锋，陆颖等. 食品追溯研究进展［J］. 食品与发酵科技，2018，54（5）：86-92.

［9］陈君石. 中国食品安全的过去、现在和将来［J］. 中国食品卫生杂志，2019，31（4）：301-306.

［10］张成海. 食品安全追溯技术与应用［M］. 北京：中国标准出版社，2012.

农药、兽药与重金属残留

农药、兽药与重金属的残留是一个世界范围的广泛性问题，并且会危害人类的身体健康。本章重点介绍了这些残留问题的来源、毒性、预防措施，以及对重大的中毒事件进行了回顾。

第一节　农药残留

农药一词包含了范围很广的一类化合物，这些化合物属于不同的种类。联合国粮食及农业组织（FAO）定义农药为用于预防、消灭、控制任何害虫的一种或者几种物质的混合物。尽管植物生长调节剂、脱叶剂、干燥剂不是作为控制害虫而开发的药物，这些化合物通常情况下也不像农药那样有效，但是这些化合物也被 FAO 定义为农药。

农药包括各种各样的化学物质，它们在农业生产中得到了广泛应用，因为当昆虫、线虫、真菌等肉眼可见的生物和微生物影响农作物和经济作物时，会产生巨大的经济损失。第二次世界大战以后，农药的大规模使用有力地促进了农业的发展。现在有多达 800 种活性物质被写进了农药产品目录。

农药残留是指农药使用后一个时期内没有被分解而残留于生物体、收获物、土壤、水体和大气中的微量农药原体、有毒代谢物、降解物和杂质的总称。施用于作物上的农药，其中一部分附着于作物上，一部分散落在土壤、大气和水等环境中，环境残存的农药中的一部分又会被植物吸收。

蔬菜对农药的吸收能力顺序为：根菜类>叶菜类>果蔬类。而农药被吸收后在植物体内分布的顺序为：根>茎>叶>果实（通过植物表皮吸收的除外）。

最终，残留农药直接通过植物果实或水、大气到达人、畜体内，或通过环境、食物链最终传递给人和畜。

一、农药的种类及用途

农药是指用于预防、消灭或者控制农业、林业的病、虫、草和其他有害生物以及有目的地调节植物、昆虫生长的化学合成或者来源于生物、其他天然物质中的一种或几种成分的混合（药）物及其制剂。根据使用目的，可以将农药分为杀虫剂、杀菌剂、除草剂和植物生长调节剂等几类。

1. 杀虫剂

杀虫剂类农药主要用于防治农业害虫和城市卫生害虫的药品，使用历史长远、用量大、品种多，如表2-1所示。

表2-1　　　　　　　　　　　　　　　　杀虫剂的分类

类型	品种
无机和矿物杀虫剂	砷酸铅、砷酸钙、氟硅酸钠和矿油乳剂等
植物性杀虫剂	印棟素和苦皮藤
有机合成杀虫剂	有机氯类的滴滴涕（DDT）、氯丹、毒杀芬等；有机磷类的对硫磷、敌百虫、乐果等； 氨基甲酸酯类的西维因、混灭威、灭多威等；拟除虫菊酯类的氰戊菊酯、氯氰菊酯溴氰菊酯等；有机氮类的杀虫脒、杀虫双等
昆虫激素类杀虫剂	多种保幼激素、性外激素类似物等

（1）有机氯农药　有机氯农药是组成成分中含有有机氯元素的用于防治植物病、虫害的有机化合物。有机氯农药在食物链中生物富集作用很强，有些具有雌激素样活性。经土壤微生物作用后的产物，也一样存在着残留毒性，如DDT经还原生成滴滴滴（DDD），经脱氯化氢后生成滴滴伊（DDE）。有机氯农药多属于低毒和中毒农药，稳定难降解，半衰期大于10年，在生物体内消失缓慢。

有机氯农药可通过胃肠道、呼吸道和皮肤吸收，可透过胎盘、乳汁进入胎儿和婴儿体内。脂溶性强，能够蓄积于脂肪和含脂量高的组织器官，并且不容易排出体外。

世界各国对有机氯农药在食品中的残留控制甚严。我国从20世纪60年代开始禁止在蔬菜、茶叶、烟草等作物上施洒DDT和六六六。

有机氯农药在食品残留中，动物性食品多于植物性食品。在动物性食品中，残留量在肉、鱼类中最多，其次是蛋乳类食物。而在植物性食品中，多残留于植物油中，其次为粮食、蔬菜、水果。

为预防有机氯中毒，建议在食物加工、烹饪过程中去皮去壳、充分加热。

（2）有机磷农药　有机磷农药，是指含磷元素的有机化合物农药，主要用于防治植物病、虫、草害，多为油状液体，有大蒜味，挥发性强，微溶于水，遇碱破坏，有敌百虫、敌敌畏、乐果和马拉硫磷等10余种。

有机磷农药有许多优点：用药量少，杀虫效率高，选择性强，使用经济，且作用方式多（兼具触杀、胃毒、熏蒸三种作用方式，对植物组织多少有些局部浸透作用，还有若干品种具内吸杀虫作用）。有机磷农药在自然界中降解快，残留时间短，同时在生物体内易受酶作用水解，残毒在体内不积蓄，烹饪加工后农药残留量减少。然而，有机磷农药急性毒性强，对温血动物的毒性高，主要抑制胆碱酯酶活性，表现为神经异常兴奋，肌肉强烈痉挛，可因呼吸或循环衰竭而死亡。有关有机磷农药在作物及土壤中的残留分别见表2-2和表2-3。

表2-2   几种有机磷农药在作物上的残留

作物	有机磷农药	施药方法	测定部位	残留量/（mg/kg）
水稻	杀螟松	100倍，收割前42d	稻谷	0.06
茶叶	乐果	800倍喷洒	成茶	当天：17.79；第17d：0.05
烟草	乐果	40%乳剂500倍；37.5~75g/m²	鲜烟叶烘烤后	1h后：36.0；第1d：8.0；第9d：未检出

表2-3   有机磷农药在土壤中的持留时间

有机磷农药	乐果	马拉硫磷	对硫磷	甲拌磷	乙拌磷
持留时间/d	4	7	7	15	30

2. 杀菌剂

杀菌剂（又称杀生剂、杀菌灭藻剂、杀微生物剂等）通常是指能有效地控制或杀死水系统中的微生物——细菌、真菌和藻类的化学制剂，其分类见表2-4。

表2-4   杀菌剂的分类

类型	品种
无机杀菌剂	硫黄粉、硫酸铜、石灰波尔多液、氢氧化铜等
有机硫杀菌剂	代森铵、敌锈钠、福美锌、代森锌、代森锰锌等
有机磷、砷杀菌剂	稻瘟净、克瘟散、乙磷铝、甲基立枯磷等
取代苯类杀菌剂	甲基托布津、百菌清、敌克松、五氯硝基苯等
唑类杀菌剂	粉锈宁、多菌灵、恶霉灵、苯菌灵、噻菌灵等
抗生素类杀菌剂	井冈霉素、多抗霉素、春雷霉素、农用链霉素等
复配杀菌剂	灭病威、双效灵、炭疽福美、杀毒矾M8等

（1）有机汞类　我国曾使用过的有机汞农药西力生（含氯化乙基汞）和赛力散（含乙酸苯汞），是高效、高残留、高毒的杀菌剂，主要用于拌种。有机汞农药进入人体后，主要蓄积在肾、肝、脑等组织，排出很慢。它也能通过乳汁进入婴儿体内，通过胎盘传给胎儿，引起汞中毒，影响神经系统和智力发育。有机汞农药在土壤、食品中能长期持留不降解，且不易消失。我国已于1972年禁用有机汞农药。

（2）苯并咪唑类　多菌灵、托布津、甲基托布津和麦穗宁均属此类杀菌剂。多菌灵是一种广谱、高效、低毒的内吸性杀菌剂。主要用于麦类赤霉病、水稻纹枯病、棉苗立枯病及甘薯黄斑病。在哺乳动物胃内能发生亚硝化反应，形成亚硝基化合物。托布津虽不属苯并咪唑化合物，但在植物体内能迅速代谢为多菌灵，起着杀菌作用。它的代谢产物为多菌灵和乙烯双硫代氨基甲酸酯，后者又能代谢为乙烯硫脲，对甲状腺有致癌作用。

3. 除草剂

除草剂是指可使杂草彻底地或选择性地发生枯死的药剂，又称除莠剂，是用以消灭或抑制植物生长的一类物质。农业越发达，除草剂在农药中所占比例越大。除草剂用量小，一年只用一次，多在作物发芽出土前施用，故作物吸收量很少。大多数除草剂急性毒性低，但其致畸、致突变、致癌性以及代谢物和所含杂质毒性问题已引起重视，其分类见表2-5。

表2-5　　　　　　　　　　　　　　　　除草剂的分类

类型	特点	品种
无机化合物除草剂	由天然矿物原料组成，不含有碳素的化合物	氯酸钾、硫酸铜等
有机化合物除草剂	主要由苯、醇、脂肪酸、有机胺等有机化合物合成	果尔、扑草净、除草剂一号、2甲4氯、氟乐灵、草甘膦、五氯酚钠等

4. 植物生长调节剂

植物生长调节剂是指用于调节植物生长发育的一类农药，包括人工合成的具有天然植物激素相似作用的化合物和从生物中提取的天然植物激素，其分类见表2-6。

表2-6　　　　　　　　　　　　　　　　植物生长调节剂的分类

作用类型	品种
延长贮藏器官休眠	胺鲜酯（DA-6）、氯吡脲、复硝酚钠、青鲜素、萘乙酸钠盐、萘乙酸甲酯
打破休眠促进萌发	赤霉素、激动素、氯吡脲、复硝酚钠、硫脲、氯乙醇、过氧化氢
促进茎叶生长	赤霉素、6-苄基腺嘌呤、油菜素内酯
促进生根	吲哚丁酸、萘乙酸、2，4-二氯苯氧乙酸（2，4-D）、乙烯利
疏花疏果	萘乙酸、乙烯利、赤霉素、6-苄基腺嘌呤

5. 其他类型农药

除以上几种类型之外，还有以下几种农药类型，如表2-7所示。

表2-7　　　　　　　　　　　　　　　　其他类型农药的分类

类型	品种	特点
氨基甲酸酯类农药（杀虫剂）	西维因、仲丁威、速灭威等	分解快、残留期短、低毒、高效、选择性强
拟除虫菊酯类农药（杀虫剂）	灭百可、敌杀死、速灭杀丁等	优点：高效、广谱、低毒、易降解、在作物中残留期短（通常为7~30d），降解后易转变成极性化合物，对环境污染很轻； 缺点：短时间内产生高耐药性；多数品种只有触杀作用而无内吸作用；价格较高
吡唑醚菌酯类农药	百泰、凯泽、凯特等	明显增强烟草、葡萄、番茄、马铃薯等作物对病毒性、细菌性病害的防御抵抗能力

二、农药污染食品的途径

农药在生产和使用过程中，可经呼吸道及皮肤侵入机体。非职业接触农药的人群主要通过食品污染进入人体。农药对食品的污染途径概括为以下几方面。

1. 对作物的直接污染

农田施药后，作物上附着了农药。农药对作物的污染程度取决于农药品种、浓度、剂量、施药方式和次数以及土壤和气象条件等。各种农药在作物不同部位和不同时期内残留形式和残留量有所不同。

2. 来自环境的污染

在农田喷洒农药，大部分农药散落在土壤中，又被作物吸收。不同种类作物从土壤中吸收农药能力不同。部分进入大气中的农药，降落于江河湖海和附近作物上。

3. 生物富集和食物链

通过生物富集和食物链造成水产品、禽畜肉、乳、蛋中某些稳定性农药蓄积。

4. 储存、运输中的污染

在储存、运输过程中，为了粮食防虫和蔬菜、水果保鲜，使用杀虫剂、杀菌剂。它们在食品上的残留和消失与该药的性质、用药方法及气温与通风条件等因素有关。

5. 事故性污染

其他如厩舍和牲畜卫生用药，错用、乱放农药等事故性污染。

三、加工过程对农药残留的影响

加工过程对农药残留水平的影响通常采用加工因子（PF）来表示。美国环保署将加工因子定义为加工后产品中农药残留量与初级农产品中农药残留量的比值。如果某农药 PF<1，就表明加工后农药残留量降低，且数值越小，清除效果越好；反之，则表示农药残留水平升高。

常见的加工过程包括清洗、去皮、烹饪等，其 PF 均<1。

1. 清洗

农药的溶解度、蒸汽压、辛醇/水分配系数（KOW 值）、残留时间以及附着在作物表面的方式等都会影响到清洗对农药残留的作用，而且清洗液的理化性质如温度、乳化性和 pH 等也都会对清洗效果有一定的影响。同时，果蔬的品种差异也会造成清洗效果不同。主要有以下两种清洗方法。

（1）浸泡水洗法　主要用于叶类蔬菜，如菠菜、金针菜、韭菜花、生菜、小白菜等。

（2）碱水浸泡法　有机磷杀虫剂在碱性环境下分解迅速，所以碱水浸泡是有效去除农药污染的措施，可用于各类蔬菜瓜果。方法是先将表面污物冲洗干净，浸泡到碱水中（一般 500mL 水中加入碱面 5~10g）5~10min，然后用清水冲洗 2~3 遍。

2. 去皮

蔬菜瓜果表面农药量相对较多，所以削去皮是一种较好地去除残留农药的方法。去皮操作只能除去附着在农产品表皮上的农药，对于内吸性农药的去除效果不如非内吸性农药好。去皮可用于苹果、梨、猕猴桃、黄瓜、胡萝卜、冬瓜、南瓜、西葫芦、茄子、萝卜等。处理时要防止去过皮和没去过皮的蔬菜瓜果混放，再次污染。

3. 烹饪

烹饪对农药残留的影响与烹饪方法、农药的性质及蔬菜的种类有关。不同的烹饪方法因烹饪时间、温度、水分蒸发情况等差异会导致食物中的农药残留有很大区别。烹饪对农药的去除率受到农药理化性质的影响，包括农药的热稳定性、蒸汽压、沸点、水解率及水溶性等。

某些农药在烹饪过程中会发生降解产生一些有毒的代谢物，如毒死蜱在受热后会生产比本身毒性还强的3，5，6-三氯-2-羟基吡啶；代森锰锌降解会产生有致癌作用的乙撑硫脲。

4. 腌制和脱水

有研究表明，腌制对食品中农药残留有重要影响。但目前关于腌制对农药残留影响的研究比较少，其机制也尚不明确，还有待进一步研究发现。

家庭常用的脱水方法主要是直接风干，而工业加工中常用的脱水方法有热风干燥、冷冻干燥、红外线干燥、微波干燥等。研究显示，干制可以减少蔬菜中的农药残留。但当前尚未见关于直接风干对农药残留去除的影响的研究，而且我国对脱水蔬菜的农药残留限量标准需要进一步修订完善。

四、农药残留的膳食暴露评估

1. 相关概念

（1）无可见有害作用水平（NOAEL）　NOAEL是指在规定的试验条件下，用现有的技术手段或检测指标未观察到任何与受试样品有关的毒性作用的最大染毒剂量或浓度。

（2）每日允许摄入量（ADI）　ADI是指人或动物每日摄入某种化学物质（食品添加剂、农药等），对健康无任何已知不良效应的剂量。

$$ADI [mg/kg \cdot (bw \cdot d)] = NOAEL [mg/kg \cdot (bw \cdot d)] / 安全系数$$

（3）急性参考剂量（ARfD）　ARfD是指食品或饮水中的某种物质在较短时间内（通常指在一餐或一天内）被吸收后，不致引起目前已知的任何可观察到的健康损害的剂量。

（4）农药残留限量（MRL）　MRL是指食品中允许存在的最大法定限量，MRL的设定不完全基于ADI或ARfD值，因此不是一个健康限量。

2. 农药残留评估方法

要进行农药残留的膳食暴露评估，首先要假定两个基本信息：

（1）参照剂量ADI或ARfD的合理确定。

（2）商品中的残留量和食品的消费量　简单地说就是食品中农药残留量乘以该食品的消费量，所求的农药残留摄入量与风险评估参照剂量（ADI或ARfD）的比较。无论是长期暴露还是短期暴露，如果摄入量大于参照剂量，则存在风险，需要进行摄入量的校正或采取风险管理措施，降低风险。

3. 美国环保署农药残留急性膳食暴露评估方法

利用食品中农药残留数据评估潜在的急性膳食暴露风险，计算在1d内随食物消费摄入的农药残留量。评估中使用的毒性数据由农药商家在农药登记时提供，膳食消费数据主要来源于美国农业部开展的个人食物摄入持续性调查的数据，农药残留的数据来源有残留田间试验、市场菜篮子调查和监测监控计划。

美国环保署根据风险管理的需求进行阶层式的急性暴露评估，从最坏情形的筛选式评估过渡到使用更靠近消费点的优化评估，利用市场菜篮子调查、政府监测监控、概率评估、农药的市场份额以及食品加工因子等数据和方法，逐步优化评估结果（图2-1）。

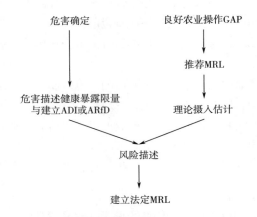

图 2-1 美国环保署农药残留急性膳食暴露评估流程

五、我国农药残留现状及事件回顾

1. 我国果蔬类农药残留现状

我国果蔬农药残留具有普遍性和复杂性。

2003 年，抽检杭州市市场上的 142 份蔬菜、72 份水果进行农药残留检测，结果为蔬菜农药残留超标率在 23% 左右，水果农药残留超标率在 18% 左右。

2009 年，有学者总结了广东省多个县市监测网点多年来近 5 万份蔬菜水果农药残留样品监测情况，有机磷农药的检出率和超标率分别达到了 10.0% 和 8.0%。

2009 年，在贵阳市市售的蔬菜中随机抽检了 50 份蔬菜，各种有机氯农药的检出率达到了 8%~40%。

2. 农药残留事件回顾

（1）海南"毒豇豆"事件　2010 年 1 月，武汉市农业局在抽检来自于海南省英洲镇和崖城镇的 5 种豇豆样品中时发现存在水胺硫磷农药残留，继而在广州、上海、深圳等地都发现了毒豇豆。仅武汉一地，销毁毒豇豆达 3596.9kg。

水胺硫磷是一种高毒性农药，早在 2002 年，农业部已将它列入黑名单中，禁止在水果蔬菜、中草药植物上使用。它能经食道、皮肤和呼吸道，引起人体中毒。

（2）青岛"毒韭菜"事件　从 2010 年 4 月 1 日开始，青岛一些医院陆续接到 9 名食用韭菜后中毒的患者，他们都是食用韭菜之后出现了头疼、恶心、腹泻等症状，经医院检查属于有机磷农药中毒，也就是说韭菜上的残余农药严重超标导致中毒。

工商执法人员共检查农产品批发、零售市场、商场超市和农村集市 1650 个（次），分别在华中、抚顺路、城阳三大蔬菜批发市场查出农药残留超标韭菜共 1930kg。

（3）张裕红酒农药超标事件　2012 年 8 月 7 日某媒体报道：记者将三家国内葡萄酒上市公司的 10 款葡萄酒送国家食品质量监督检验中心检测，均检出多菌灵或甲霜灵农药残留，而张裕产品残留值超过另两家。

多菌灵为美国禁用的农药，有导致肝癌的风险。该事件导致张裕 A 股股价直奔跌停，最终大跌 9.83%。

第二节　兽药残留

兽药是指用于预防、治疗、诊断畜禽等动物疾病，有目的地调节其生理机能，并规定作用、用途、用法、用量的物质（含饲料药物添加剂），主要包括血清、菌（疫）苗、诊断液等生物制品，兽用中药材、中成药、化学原料药及其制剂，以及抗生素、生化药品、放射性药品。

兽药残留是指动物产品的任何可食部分所含兽药的母体化合物及（或）其代谢物，以及与兽药有关的杂质。兽药残留既包括原药，也包括药物在动物体内的代谢产物和兽药生产中所伴生的杂质。

食品生产行业中动物源性药物的使用标准规范已经实施了数十年。农业养殖中动物的高密度聚集很有可能增加疾病的暴发。因此，为了减少动物群中疫情的蔓延，预防疫情和治疗已感染的动物都需要用药。此外，为了促进生长效率和提高饲料转化率，处于亚治疗状态的食用动物经常需要给药。1999 年一份对美国的调查表明，60%～80%的食用动物都曾用过一种获批准的药物。因此可食部位药物残留及可能导致的潜在人类健康问题是食品安全行业关心的问题。

一、食品中常见的兽药残留

1. 抗生素类

抗生素类兽药一般用于预防和治疗动物临床疾病，常见种类有氯霉素、四环素、土霉素、金霉素等。抗生素是指由细菌、放线菌、真菌等微生物经过培养而得到的产物，或化学半合成的相同或类似物，在低浓度下对细菌、真菌、立克氏体、病毒、支原体、衣原体等特异性微生物有抑制生长或杀灭作用。合成的化学药物，如磺胺类、呋喃类在低浓度下也具有抑菌或杀菌作用，统称为抗微生物药。抗微生物药残留存在许多潜在的问题。

（1）毒性、致敏性与超过敏反应　抗生素和磺胺类造成牛乳和食品的污染可引起人体的过敏反应。轻者过敏皮疹，重则致命性过敏休克。氯霉素可导致人的再生障碍性贫血。链霉素可引起药物性耳聋。乙酰化磺胺在尿中溶解降低析出结晶，可引起肾脏的毒副作用。

（2）增加革兰阴性杆菌的致病性　畜禽饲料长期使用抗生素，可使某些细菌突变为耐药菌株，给人畜的某些感染性疾病的预防和治疗带来困难。

（3）改变肠道菌群的微生态

肠道菌群的健康与否关系到人体内环境的平衡问题，此外，也与人类的某些疾病相关。因此，肠道菌群的改变可能导致人体生理功能紊乱。

2. 磺胺类

磺胺类药物的抗菌谱极广，能抑制大多数革兰阳性菌和一些革兰阴性菌，并对少数真菌、原虫、病毒有抑制作用，常见的种类有磺胺嘧啶、乙酰磺胺。该类药物主要是抑制细菌的繁殖和生长，但长期使用易产生耐药菌株。

磺胺类药物可分为两类：一类是肠道易吸收的制剂，如磺胺嘧啶（SD）、磺胺甲基嘧啶（SM）、磺胺甲基异噁唑（SMZ）、磺胺异噁唑（SIM）；另一类是肠道不易吸收的制剂如磺胺脒。肠道易吸收的制剂可用于治疗全身感染，肠道不易吸收的制剂在血中浓度低，在肠内可保持较高浓度。

3. 激素类

激素类兽药促进动物生长、提高饲料转化率，常见种类包括固醇或类固醇类、多肽或多肽衍生物等。大众普遍熟知的"瘦肉精"，其学名为盐酸克伦特罗，在我国规定禁用于饲料中。激素类兽药残留的危害包括儿童食用含有生长激素和己烯雌酚的食品，可导致性早熟；激素通过食物链进入人体，会产生一系列其他健康问题，如导致内分泌相关肿瘤、生长发育障碍、出生缺陷和生育缺陷等。

4. 抗寄生虫类

主要用于驱除动物体内的寄生虫、促进动物生长，常见种类为苯并咪唑类。抗寄生虫类兽药能够持久残留于肝中，对动物有致畸性和致突变性。

二、兽药进入动物体的主要途径

1. 预防和治疗畜禽疾病用药

20 世纪 30 年代和 40 年代分别将磺胺类药物和青霉素用于乳牛疾病的治疗。改革开放后，兽用抗生素用量大增。如果用药不当或不遵守停药期，则药物就在动物体内超标、残留，从而对动物源性食品造成污染。

2. 饲料添加剂中兽药的使用

1943 年美国用青霉素发酵废渣作饲料来喂猪，发现比普通饲料喂的猪生长更快。1946 年又发现添加少量链霉素，能促进雏鸡的生长。此后，所有抗生素发酵后都被用作禽畜的饲料添加剂。长时间使用，药物残留在动物体内，从而使动物源食品受到污染。

3. 食物保鲜中引入药物

在经济利益的驱使下，在食品（如牛乳、鲜鱼）中直接加入某些抗微生物制剂，不可避免地造成药物污染。

4. 无意中带入的污染

食品加工过程中，有些操作人员为了自身预防或控制疾病而使用某些抗生素（如出口虾仁中检出氯霉素事件）。

三、兽药残留污染的主要原因

兽药残留引起污染的原因有很多，主要包括不遵守休药期有关规定；不正确使用兽药和滥用兽药，使用未经批准的药物；饲料加工过程中受到兽药污染或运送出现错误；按错误的用药方法用药或未做用药记录；屠宰前使用兽药。

四、兽药残留的主要危害

1. 引起毒性反应

若一次性摄入残留物的量过大，会出现急性中毒反应。长期摄入含兽药残留的动物性食品后药物不断在人体内蓄积，当浓度达到一定量后就对人体产生毒性作用。如链霉素对听觉神经有明显的毒性作用，严重时能造成耳聋；磺胺类药物可引起肾损伤。

2. 诱导产生耐药菌株

兽药残留在动物性食品中的浓度很低，但人类的病原菌在长期接触这些低浓度药物后，容易产生耐药性菌株，使得人类疾病的治疗效果受到极大影响。食用动物中使用抗生素所引发的主要问题之一，就是抗药性问题。给予动物亚治疗水平的抗生素可能会使菌群对这些药物产生免疫，从而使其免受抗生素的危害。人类在制备和消费食品的过程中，很可能暴露接触这些抗药性菌群。事实证明，这些药物的使用能够导致抗药性细菌的滋生且最终导致肉类产品的污染。有证据显示这也可能使人类对这些药物的抗药性增强，尽管这还处于争议之中。这些抗药菌很多是非病原性的且摄取这些抗药菌并不会导致人类感染。而病原性抗药菌的出现则是更为严重的问题，如沙门菌属和弯曲菌属。

3. 引起过敏反应

经常食用一些含低剂量抗菌药物的食品还能使易感个体出现过敏反应，其药物包括青霉素、四环素、磺胺类药物及某些氨基糖苷类抗生素等，这些药物具有抗原性，刺激机体内抗菌素抗体的形成，造成过敏反应。

4. 引起"三致"作用

当人们长期食用"三致"作用药物残留的动物性食品时，药物在人体内不断蓄积，最终可引起基因突变或染色体畸变而造成对人群的潜在危害，最典型的是雌激素、硝基呋喃类、砷制剂等违禁药物，都已被证明具有致癌作用。

5. 引起激素样作用

威胁人类生殖系统的化学物质称作"环境激素"。据研究发现，环境激素通过饮水、饲料可以进入到动物体内或直接污染动物源食品，当人摄入了这些被污染的食品后，环境激素就蓄积在脂肪组织，然后通过胎盘传递给胎儿。因此人的生殖系统障碍、发育异常及某些癌症如乳腺癌、睾丸癌等与"环境激素"有关。

6. 污染生态环境

动物养殖生产中滥用兽药、药物添加剂会导致未经无害化处理的动物排泄物、动物产品加工的废弃物排放于自然界中，使得有毒有害物质持续性蓄积，从而导致环境受到严重污染，最后危害人类。

五、畜产品兽药残留的控制措施

1. 相关概念

（1）残留总量　食用动物用药后，其药物残留的原型和/或全部代谢产物的总和。

（2）最大残留限量（MRL）　食用动物用药后，允许存在于食物表面或内部的该兽药残留的最高量/浓度（以鲜重计，表示为 mg/kg 或 μg/kg）

（3）休药期　又称停药期。食用动物从停止给药至允许被屠宰或其产品（如乳、蛋）被允许上市的间隔时间。

2. 加强兽药残留监控、完善兽药残留监控体系

畜牧兽医行政部门要严格执行《兽药管理条例》《饲料和饲料添加剂管理条例》及有关规章、规定，规范企业生产和经营行为，严防兽药残留超标的产品进入市场，对超标者给予销毁和处罚。

3. 完善饲料、肉制品及动物代谢物中兽药的检测方法

应制定国家或行业标准，尽快研制出快速、准确、简便的检测方法，加大筛选兽药残留试剂盒的研究和开发力度。

4. 预防畜禽发生疾病，要坚持"预防为主"的原则

使用科学的免疫程序、用药程序、消毒程序、病畜禽处理程序。搞好消毒、驱虫等工作。科学养殖、用药，确保畜禽及其产品健康安全、无残留。

5. 食品企业采取严格管理体系

食品企业严格按照 GMP、HACCP 等管理体系，建立良好的肉品原料供应基地，控制好生产的每一道环节，把好质量关。

六、兽药残留事件回顾

1. "速生鸡"事件

"速生鸡"从产到销的过程中，山东一些养殖户在饲养肉鸡时没有严格执行抗生素停药期的规定，或添加违禁药物。而一只"速生鸡"每天要吃 18 种药物，仅"药费"每天就要 2 元。部分"速生鸡"在养殖户交给公司所属屠宰场之后，未经检验检疫就被宰杀。而厂家未经检疫就开具的检疫合格证，也成为部分产品流入百胜餐饮集团上海物流中心的通行证。

2. 上海"多宝鱼"事件

2006 年 11 月，上海的一项抽检结果显示市场上销售的多宝鱼（学名大菱鲆）药物残留超标现象严重，所抽检样品全部被检出含有违禁药物，部分样品还同时检出多种违禁药物。农业部随后会同国家食品药品监督管理局等有关部门赶赴多宝鱼来源地山东省开展专项督查，山东省有关方面立即对重点多宝鱼养殖场、育苗场开展重点检查和抽样检测。经检测确认，3 家企业，在养殖过程中违规使用了氯霉素、孔雀石绿、硝基呋喃类等违禁兽药。

3. 河南"瘦肉精"事件

河南省孟州市等地养猪场采用违禁动物药品"瘦肉精"饲养生猪，有毒猪肉流入济源双汇食品有限公司。事件经相关媒体曝光后，引发广泛关注。2011 年 3 月 25 日，相关记者从"瘦肉精"事件国务院联合工作组获悉，河南"瘦肉精"事件所涉案件调查取得重要突破，最后，肇事"瘦肉精"来源基本查明，并发现 3 个"瘦肉精"制造窝点。

第三节　重金属残留

"重金属"在食品污染领域中这一概念和范围并不十分严格，一般指对生物有显著毒性的元素（如铅、镉、汞、铬、锡、镍、铜、锌、钡等），从毒性这一角度通常也将铍、铝等轻金属以及砷、硒等过渡元素（兼有金属和非金属某些特性的类金属）包括在内；另外，氟是非金属元素，由于其摄入过量也会对人体造成食源性危害，故也将其归在此类中。其中，最引起人们关注的"重金属"是铅、镉、汞、砷等。

地球地壳和岩石中含有 80 多种金属和类金属元素，人体可以通过食物、饮水等方式接触和摄入这些元素。进入人体的这些元素有些是人体代谢所必需的，在一般膳食情况下不会对机体造成危害，但诸如铅、镉、汞、砷等元素对人体有明确的毒害作用，被称为有害重金属。又如，氟、铬等元素对人类营养有一定的意义，但如果通过食品和饮水进入人体的量超过一定的剂量，就会导致对机体的潜在危害。这些有害金属和类金属，它们在环境中不能被微生物分

解；相反，某些作为人类食物的生物体可以进行生物富集，或将某些重金属转化为更强的有机金属化合物。

在环境污染方面所说的重金属主要是指汞（水银）、镉、铅、铬以及类金属砷等生物毒性显著的重金属元素，可分为中等毒性（铜、锡、锌等）和毒性很强的元素（汞、砷、镉、铅、铬等）。重金属难以被生物降解，相反却能在食物链的生物放大作用下，成千百倍地富集，最后进入人体。重金属在人体内能和蛋白质及酶等发生强烈的相互作用，使它们失去活性，也可能在人体的某些器官中累积，造成慢性中毒。

一、食品重金属残留的来源

1. 工业污染

工业污染大多通过废渣、废水、废气排入环境，在人和动物、植物中富集，从而对环境和人的健康造成很大的危害，工业污染的治理可以通过一些技术方法、管理措施来降低它的污染，最终达到国家的污染物排放标准。

2. 交通污染

交通污染主要来自汽车尾气的排放。为应对该类污染，国家制定了一系列的管理办法，例如，使用乙醇汽油、安装汽车尾气净化器等。

3. 生活污染

生活污染主要来自一些生活垃圾的污染，例如，废旧电池、破碎的照明灯、没有用完的化妆品、上彩釉的碗碟等。

二、重金属残留的特点

1. 在体内转化成更强毒性化合物

有害金属进入人体后，多以原形金属元素或金属离子形式存在，但有些可以转变成为毒性更强的化合物。一次性大剂量摄入通常可以引起急性中毒，但大多数属于低剂量长期摄入后在机体内蓄积造成的慢性食源性危害。例如，水中的重金属元素在微生物的作用下会转变成毒性更强的化合物，汞的甲基化就是其中一个例子。

2. 毒性大小与存在形式有关

有毒金属的毒性大小与其存在形式有关，如易溶于水的氯化镉、硝酸镉比难溶于水的硫化镉、碳酸镉等毒性最强；有机汞比无机汞的毒性强，其中甲基汞最强，这与机体的吸收能力有关。有毒金属大多数是通过抑制酶系统的活性发挥毒性作用，酶蛋白形成活性的许多功能基团（如巯基、羧基、氨基、羟基等）可以与重金属发生结合，使酶活性降低甚至丧失。特别是许多有毒重金属易与巯基结合，而与体内的酶巯基结合以后具有很强的亲和力，如铅、镉、汞等均能够与肝脏、肾脏中含巯基氨基酸结合。而不同的重金属有不同的巯基靶酶，或虽作用于同一种酶，但结合能力和部位不同，产生毒性的程度不同。需要指出的是，机体内存在一些具有保护作用并能够与重金属结合的含巯基蛋白质，被称为金属硫蛋白。

3. 膳食成分影响毒性

膳食成分也可以影响有毒金属的毒性，如食物蛋白质可以与有毒金属结合，延缓其在肠道内的吸收。特别重要的是，有些含硫氨基酸对有毒金属具有拮抗作用，是因为蛋氨酸、半胱氨酸可以通过提供巯基预防其毒性，如砷与巯基形成稳定的络合物，抑制巯基酶活性，而含硫氨基酸可以提供硫基具有保护作用；胱氨酸可以提供硫结合部位，减轻汞的毒性。镉的毒性与锌/镉比值有关，由于镉、锌竞争结合金属硫蛋白中的硫基，当食物中的锌/镉比值较大时镉毒性较低。还原性抗坏血酸可以使六价铬还原为三价铬，降低其毒性。

4. 生物放大作用

不同生物从环境中摄取的重金属元素在食物链的放大作用下，会在较高级的生物体内成千上万倍地富集，最后进入体，在某些器官中蓄积，造成慢性中毒。

5. 微量即可造成毒性

在天然水体中有微量的重金属存在即可造成毒性效应，一般的重金属产生毒性的范围在 $1 \sim 10\text{mg/L}$，毒性较强的铅、镉的产生毒性的浓度范围在 $0.001 \sim 0.01\text{mg/L}$。

三、铅污染

铅污染是指以铅为主要污染物对环境造成破坏的现象。铅是一种青灰色重金属。在加热到 $400 \sim 500℃$ 时会有铅蒸气逸出形成铅烟，在用铅锭制造铅粉和极板的过程中都会有铅尘散发，污染空气，当空气中铅烟尘达到一定浓度时对人体是有害的。当前铅作为工业原料被广泛应用于工业生产中，大部分以废气、废水、废渣等各种形式排放于环境中，造成大面积污染。

1. 来源

（1）空气污染　含铅汽油的使用可导致空气中含有铅的污染，最终通过呼吸途径等暴露于人体。

（2）职业危害　油漆、冶炼、火器训练、汽车维修、黄铜或铜铸造、罐道及高架公路、建筑、铸字等职业易遭受到铅暴露。

（3）含铅油漆和涂料　装修过程中含铅油漆和涂料的使用，导致人体长期暴露于含铅环境中。

（4）盛装食品的容器　劣质陶器、罐装食品因使用的焊锡中含有较高的铅，致使其中的食物被污染，特别是酸性食品。

（5）饮用水的铅污染　其罪魁祸首是腐蚀了的铅管、铜管上的铅焊和黄铜水龙头。其中在管道中保存了很长时间的水中含量最高，例如当水龙头整晚都未用过时。

（6）其他来源　儿童玩具和用品常涂有油漆，旧的涂漆家具使用都易导致人体遭受铅的污染。

2. 铅残留对人体的危害

（1）对血液及造血系统的影响　铅对血红素的合成有抑制作用。最典型的铅中毒是贫血症状。

（2）对神经系统的影响　铅是一种强烈的亲神经毒物。儿童的脑组织发育不完善，铅容易在儿童脑部蓄积，同时儿童对铅的毒性作用比成人更敏感。

（3）对儿童智力行为的影响　胎儿期暴露于铅，可能在今后的不同发育时期出现不同的中枢神经受损的症状，如在幼儿时期智商降低；小学时期出现注意力不集中，思维判断能力降低，反应速度降低；中学时期出现阅读能力降低，考试成绩不好，以至辍学率增加。

3. 儿童预防铅中毒 （"防铅11法"）

（1）培养儿童养成勤洗手的良好习惯，特别注意在进食前一定要洗手。

（2）常给幼儿剪指甲，因为指甲缝是特别容易匿藏铅尘的部位。

（3）经常清洗儿童的玩具和其他一些有可能被孩子放到口中的物品。

（4）位于交通繁忙的马路附近或铅作业工业区附近的家庭，应经常用湿布抹去儿童能触及的部位的灰尘。食品和奶瓶的奶嘴上要加上罩子。

（5）不要带小孩到汽车流量大的马路和铅作业工厂附近玩耍。

（6）直接从事铅作业劳动的工人下班前必须按规定洗澡、更衣后才能回家。

（7）以煤为燃料的家庭应尽量多开窗通风。

（8）儿童应少食某些含铅较高的食物，如松花蛋、爆米花等。

（9）有些地方使用的自来水管道材料中含铅量较高，每日早上用自来水时，应将水龙头打开约 1~5min，让前一晚囤积于管道中、可能遭到铅污染的水放掉，且不可将放掉的自来水用来烹食和为小孩调奶。

（10）儿童应定时进食，空腹时铅在肠道的吸收率可成倍增加。

（11）保证儿童的日常膳食中含有足够量的钙、铁、锌等。

4. 铅中毒事件

郴州市 23000 多名儿童，54% 血铅含量超过国家标准；根据知情村民反映，血铅中毒人数已经超过 300 人，另有内部人士披露，郴州市政府对中毒人数实行"封锁"。郴州市指定两家医院，村民可以自行检查血铅。即便在这种非常有利于控制消息的情境下，官方也已经承认，有 45 名儿童血铅中毒。

事件始末：

2010 年 3 月 16 日，湖南嘉禾 250 名儿童血铅超标，家长验血被拘。

2010 年 3 月 20 日，湖南郴州血铅中毒者超 300 人，官方被指封锁消息。

2010 年 3 月 21 日，湖南郴州血铅危机加剧，血铅化验者激增。

2010 年 3 月 23 日，环保部派员赴湖南郴州督察治污，多名官员被免职。

四、汞污染

工厂排放含汞的废水而导致水体被污染，湖泊、沼泽等地的水生植物、水产品易蓄积大量的汞，通过食物链的传递而在人体内蓄积。血液中的金属汞进入脑组织后，逐渐在脑组织中积累，达到一定的量时就会对脑组织造成损害；另外一部分汞离子转移到肾脏。进入水体的无机汞离子可转变为毒性更大的有机汞，由食物链进入人体，引起全身中毒作用。汞在我国蔬菜中的检出率较高。

1. 来源

（1）水体、空气污染　人类活动造成水体汞污染，主要来自氯碱、塑料、电池、电子等工业排放的废水以及废旧医疗器械。据估计，1970—1979 年全世界由于人类活动直接向水体排放汞的总量约 1.6 万 t；排向大气的总汞量达 10 万 t 左右；排入土壤总汞量约为 10 万 t，而排向大气和土壤的汞也将随着水循环回归水体。

由于天然本底情况下汞在大气、土壤和水体中均有分布，所以汞的迁移转化也在陆、水、空之间发生。大气中气态和颗粒态的汞随风飘散，一部分通过湿沉降或干沉降落到地面或水体中。土壤中的汞可挥发进入大气，也可被降水冲淋进入地面水和渗透入地下水中。地面水中的汞一部分由于挥发而进入大气，大部分则沉淀进入底泥。

（2）生物污染　底泥中的汞，不论呈何种形态，都会在微生物的作用下直接或间接地转化为甲基汞或二甲基汞。二甲基汞在酸性条件可以分解为甲基汞。甲基汞可溶于水，因此又从底泥回到水中。水生生物摄入的甲基汞，可以在体内积累，并通过食物链不断富集。受汞污染水体中的鱼，体内甲基汞浓度可比水中高上万倍，危及鱼类并通过食物链危害人体。

（3）节能灯和荧光灯　在节能灯逐步替代白炽灯成为趋势之际，节能灯汞污染引发社会各方关注。细管径的 T5、T8 等直管荧光灯和环形荧光灯由于使用手工注汞工艺，更容易出现汞含量超标。节能灯的发光原理就是汞蒸气受激发而发光，所以每支节能灯都含汞。即便按欧洲最新环保标准，一只节能灯的汞含量也约为 3~5mg。一旦破碎，仅 3mg 就会污染约 1000t 水、300m³ 空气。

（4）医疗器械　一些测量仪器、水银温度计、血压计等医疗器械以及牙科中也广泛使用汞合金。据相关资料介绍，卫生保健部门所使用的汞虽然并不是全球人为汞排放的最主要来源，但由于这些含汞器械、设备与人们日常生活接触很多，又容易被各界所忽略，就成为一个值得密切关注的汞污染源。

2. 汞残留对人体的危害

汞对人体健康的危害与汞的化学形态、环境条件和侵入人体的途径、方式有关。

（1）汞蒸气　金属汞蒸气有高度的扩散性和较大的脂溶性，侵入呼吸道后可被肺泡完全吸收并经血液运至全身。血液中的金属汞，可通过血脑屏障进入脑组织，然后在脑组织中被氧化成汞离子。由于汞离子较难通过血脑屏障返回血液，因而会逐渐蓄积在脑组织中，损害脑组织。在其他组织中的金属汞，也可能被氧化成离子状态，并转移到肾中蓄积起来。

（2）金属汞　金属汞慢性中毒的临床表现主要是神经性症状，有头痛、头晕、肢体麻木和疼痛、肌肉震颤、运动失调等。大量吸入汞蒸气会出现急性汞中毒，其症候为肝炎、肾炎、蛋白尿、血尿和尿毒症等。急性中毒常见于生产环境，一般生活环境则很少见。金属汞被消化道吸收的数量甚微。通过食物和饮水摄入的金属汞，一般不会引起中毒。

（3）无机汞化合物　无机汞化合物分为可溶性和难溶性两类。难溶性无机汞化合物在水中易沉降。悬浮于水中的难溶性汞化合物，虽可经口进入胃肠道，但因难以被吸收，不会对人构成危害。可溶性汞化合物在胃肠道吸收率也很低。

（4）甲基汞　甲基汞主要通过食物进入人体，在人体肠道内极易被吸收并输送到全身各器官，尤其是肝和肾，其中只有 15% 到脑组织。但首先受甲基汞损害的是脑组织，主要部位为大脑皮层和小脑，故有向心性视野缩小、运动失调、肢端感觉障碍等临床表现。这与金属汞侵犯脑组织引起以震颤为主的症候有所不同。甲基汞所致的脑损伤是不可逆的，迄今尚无有效疗法，往往导致死亡或遗患终身（如水俣病）。

3. 预防措施

（1）防治措施　汞在工业上应用很广，造成的污染较严重，对人类健康影响很大，故对含汞废水必须进行净化处理，符合规定方可排放。另外，对鱼体和底泥的甲基汞应定期检查。我国《工业企业设计卫生标准》（GBZ 1—2010）规定，居住区大气中汞的日平均最高容许浓度为 0.0003mg/m³；地面水中汞的最高容许浓度为 0.001mg/L；我国《生活饮用水卫生标准》（GB 5749—2006）规定，汞浓度不得超过 0.001mg/L；我国《工业"三废"排放试行标准》规定，汞及其无机化合物最高容许排放浓度为 0.05mg/L（按 Hg 计）。对慢性无机和有机汞中毒者皆可用巯基络合剂进行驱汞治疗，但对有机汞中毒的疗效远不及无机汞中毒。

（2）大气汞排放监测　环保部正在积极推进燃煤电厂大气汞排放监测试点工作。环保部表示将对试点地方进行调研。在过去的十几年间，世界范围内环境中汞的浓度持续上升，已经引起各国政府和环保组织的广泛关注，成为继气候变化问题后的又一个全球环境问题。据估算，全球人为汞排放的45%来自燃煤，火电行业已经成为汞污染控制的重点。

国务院高度重视汞污染防治工作，2009年下发的《国务院办公厅转发环境保护部等部门关于加强重金属污染防治工作指导意见的通知》中将汞污染防治列为工作重点。2010年5月又发布《国务院办公厅转发环境保护部等部门关于推进大气污染联防联控工作改善区域空气质量指导意见的通知》，进一步提出建设火电机组烟气脱硫、脱硝、除尘和除汞等多污染物协同控制示范工程。

（3）汞排放监测试点　北京市、天津市、上海市、重庆市、云南省、贵州省等12省区市以及华能、国电等企业已经开始进行大气汞排放监测试点。根据《重点区域大气污染防治"十二五"规划》安排，我国正深入开展大气汞排放控制试点工作，积极推进汞排放协同控制；实施有色金属行业烟尘气除汞技术示范工作；编制燃煤、有色金属、水泥等重点行业大气汞排放清单，研究制定控制对策。

4. 汞中毒事件

1956年，位于日本的熊本县水俣湾附近发现一种奇怪的病，这种病症最初出现在猫身上，被称为"猫舞蹈症"。患这种病的猫表现出抽搐、麻痹，甚至跳海死去。随后不久，此地也相继发现了患这种病症的人。表现为口齿不清、步履蹒跚、面部痴呆、手足麻痹、感觉障碍、视觉丧失、震颤、手足变形，重者神经失常，或酣睡，或兴奋，身体弯弓高叫，直至死亡。该症状只发生在水俣镇内及周边居民，所以最初人们叫这种病为"水俣病"。

1959年2月，日本食物中毒委员会经过多年的调查研究认为，水俣病与重金属中毒有关，尤其是汞的可能性最大。后经熊本大学调查，从病死者、鱼体和日本氮肥厂排污管道出口附近都发现了有毒的甲基汞。这才揭开了水俣病的秘密。

五、镉污染

镉的污染水平较高，大多数存在于软体类和甲壳类动物身上。镉进入体内可损害血管，导致组织缺血，引起多系统损伤；镉还可干扰铜、钴、锌等微量元素的代谢，阻碍肠道吸收铁，并能抑制血红蛋白的合成，还能抑制肺泡巨噬细胞的氧化磷酰化的代谢过程，从而引起肺、肾、肝损害；镉是人体非必需且有毒元素，可能具有致癌、致畸和致突变作用。

1. 来源

20世纪初发现镉以来，镉的产量逐年增加。镉广泛应用于电镀工业、化工业、电子业和核工业等领域。镉是炼锌业的副产品，主要用于电池、染料或塑胶稳定剂，它比其他重金属更容易被农作物吸附。相当数量的镉通过废气、废水、废渣排入环境，造成污染。污染源主要是铅锌矿，以及有色金属冶炼、电镀和用镉化合物作原料或触媒的工厂。

（1）大气污染　大气中的镉主要来自工业生产，如有色金属的冶炼、煅烧，矿石的烧结，含镉废弃物的处理，包括废钢铁的熔炼，从汽车散热器回收铜，塑料制品的焚化等。进入大气的镉的化学形态有硫酸镉、硒硫化镉、硫化镉和氧化镉等，主要存在于固体颗粒物中，也有少量的氯化镉能以细微的气溶胶状态在大气中长期悬浮。

（2）水体污染　水体中镉的污染主要来自地表径流和工业废水。硫铁矿石制取硫酸和由磷矿石制取磷肥时排出的废水中含镉较高，每升废水含镉可达数十至数百微克，大气中的铅锌矿以及有色金属冶炼、燃烧、塑料制品的焚烧形成的镉颗粒都可能进入水中；用镉作原料的催化剂、颜料、塑料稳定剂、合成橡胶硫化剂、杀菌剂等排放的镉也会对水体造成污染，在城市用水过程中，往往由于容器和管道的污染也可使饮用水中镉含量增加。工业废水的排放使近海海水和浮游生物体内的镉含量高于远海，工业区地表水的镉含量高于非工业区。

（3）土壤污染　炼铝厂附近及其下风向地区土壤中含镉浓度很高，造成土地荒废。含镉废渣堆积，使镉的化合物进入土壤和水体。

2. 镉残留对人体的危害

（1）影响肾脏　使用受镉污染的水进行灌溉（特别是稻谷），会致使镉在体内蓄积，造成肾损伤，进而导致骨软化症，周身疼痛，称为"痛痛病"。进入人体的镉，在体内形成镉硫蛋白，通过血液到达全身，并有选择性地蓄积于肾脏和肝脏中。肾脏可蓄积吸收量的1/3，是镉中毒的靶器官。此外，在脾、胰、甲状腺、睾丸和毛发中也有一定的蓄积。镉主要通过粪便排出，也有少量从尿中排出。镉与含羟基、氨基、巯基的蛋白质分子结合，能使许多酶系统受到抑制，从而影响肾器官中酶系统的正常功能。镉还会损伤肾小管，使人出现糖尿、蛋白尿和氨基酸尿等症状，并使尿钙和尿酸的排出量增加。肾功能不全又会影响维生素 D_3 的活性，使骨骼的生长代谢受阻碍，从而造成骨骼疏松、萎缩、变形等。

（2）影响生育能力　慢性镉中毒对人体生育能力也有所影响，它会严重损伤 Y 染色体，使出生的婴儿多为女性。

（3）急性中毒　急性镉中毒，大多是由于在生产环境中一次吸入或摄入大量镉化物引起的。大剂量的镉是一种强的局部刺激剂。含镉气体通过呼吸道会引起呼吸道刺激症状，如出现肺炎、肺水肿、呼吸困难等。镉从消化道进入人体，则会出现呕吐、胃肠痉挛、腹疼、腹泻等症状，甚至可因肝肾综合征死亡。

3. 预防措施

（1）源头控制　预防镉中毒的关键在于严格控制镉源、镉毒排放和消除镉污染源。冶炼和使用镉的生产过程应有排除镉烟尘的装置，并予以密闭化。镀镉金属板在高温切割和焊接时，必须在通风良好的条件下进行，操作时须戴防毒面具；工作人员不应在生产场所进食和吸烟。熔炼、使用镉及其化合物的场所，应具有良好的通风和密闭装置。焊接和电镀工艺除应有必要的排风设备外，操作时应戴个人防毒面具；不应在生产场所进食和吸烟。我国规定的生产场所氧化镉最高容许浓度为 $0.1mg/m^3$。

（2）拒绝镀镉器皿　镀镉器皿不能存放食品，特别是醋等酸性食品。

（3）环境保护　镉对土壤的污染主要通过两种形式：一是工业废气中的镉随风向四周扩散并经自然沉降，蓄积于工厂周围土壤中；另一种方式是含镉工业废水灌溉农田，使土壤受到镉的污染。因此为了防止镉对环境的污染，必须做好环境保护工作，严格执行镉的环境卫生标准。

4. 镉中毒事件

1955 年，在日本富川县神通川流域河岸出现了一种怪病，症状初始是腰、背、手、脚等各关节疼痛，随后遍及全身，有针刺般痛感，数年后骨骼严重畸形，骨脆易折，甚至轻微活动或咳嗽，都能引起多发性病理骨折，最后衰弱疼痛而死。经调查分析，"痛痛病"是河岸的锌、铅冶炼厂等排放的含镉废水污染了水体，使稻米含镉。而当地居民长期饮用受镉污染的河水，以及食用含镉稻米，致使镉在体内蓄积而中毒致病。此病以其主要症状而得名。截至 1968

年 5 月，共确诊患者 258 例，其中死亡 128 例，到 1977 年 12 月又死亡 79 例。"痛痛病"在当地流行 20 多年，造成 200 多人死亡。

六、砷污染

砷在环境中由于受到化学作用和微生物作用，大多以无机砷和烷基砷的形态存在。不同形态的砷，其毒性相差很大。三价砷化合物的毒性大于五价砷化合物，其中，砷化氢和三氧化二砷（俗称砒霜）毒性最大。

口服三氧化二砷 5～50mg 即可中毒，60～100mg 即可致死。长期接触砷，会引起细胞中毒，有时会诱发恶性肿瘤，其中无机砷是引发皮肤癌与肺癌的致癌物质。砷还能透过胎盘损害胎儿。

1. 来源

（1）冶炼　特别是在我国流传广泛的土法炼砷，常造成砷对环境的持续污染。

（2）有色金属开发　有色金属的开发和冶炼中，常有砷化物排出，污染周围环境。

（3）农药和工业污染　砷化物的广泛利用，如含砷农药的生产和使用，又如作为玻璃、木材、制革、纺织、化工、陶器、颜料、化肥等工业的原材料，均增加了环境中的砷污染量。

2. 砷残留对人体的危害

（1）急性砷中毒　急性砷中毒多因吸入或吞入砷化物所致。砷急性中毒的症状有麻痹型和胃肠型两种。早期常见于消化道症状，如口及咽喉部有干、痛、烧灼、紧缩感，声嘶、恶心、呕吐、咽下困难、腹痛和腹泻等。呕吐物先是胃内容物及米泔水样，继之混有血液、黏液和胆汁，有时杂有未吸收的砷化物小块；呕吐物可有蒜样气味。重症极似霍乱，开始排大量水样粪便，以后变为血性，或为米泔水样混有血丝，很快发生脱水、酸中毒以至休克。同时可有头痛、眩晕、烦躁、谵妄、中毒性心肌炎、多发性神经炎等。少数有鼻衄及皮肤出血。严重者可于中毒后 24h 至数日发生呼吸、循环、肝、肾等功能衰竭及中枢神经病变，出现呼吸困难、惊厥、昏迷等危重征象，少数病人可在中毒后 20min～48h 出现休克、甚至死亡，而胃肠道症状并不显著。

（2）亚急性砷中毒　亚急性砷中毒会出现多发性神经炎的症状，四肢感觉异常，先是疼痛、麻木，继而无力、衰弱，直至完全麻痹或不全麻痹，出现腕垂、足垂及腱反射消失等；或下咽困难，发声及呼吸障碍。由于血管舒缩功能障碍，有时发生皮肤潮红或红斑。

（3）慢性砷中毒　慢性砷中毒一般是由职业原因造成，多表现为衰弱，食欲不振，偶有恶心、呕吐、便秘或腹泻等。尚可出现白细胞和血小板减少、贫血、红细胞和骨髓细胞生成障碍、脱发、口炎、鼻炎、鼻中隔溃疡、穿孔、皮肤色素沉着，可有剥脱性皮炎。手掌及足趾皮肤过度角质化，指甲失去光泽和平整状态，变薄且脆，出现白色横纹，并有肝脏及心肌损害。中毒患者发砷、尿砷和指（趾）甲砷含量增高。口服大量砷的病人，在作腹部 X 射线检查时，可发现其胃肠道中有 X 射线不能穿透的物质。

3. 预防措施

（1）环境检测　加强环境监测，建立重点地区空气、水等流体中的砷污染预报机制，同时加强重点地区土壤中的监测，解决好高砷地区人畜用水及农业灌溉用水问题。

（2）工厂管理　加强含砷矿藏及其冶炼过程的管理，取缔土法炼砷的工厂。冶炼砷的工厂和其他冶金工厂的"三废"必须达标排放,对高砷煤采取强制性脱砷处理,从根本上降低空气中砷含量。

(3)使用培训 加强含砷化工产品管理,特别要加强对含砷农药和医药的监管,要加强这些毒性药物的使用常识培训,最大程度减少人为中毒情况的发生。

(4)食物链控制 避免砷进入食物链,是防治砷污染的关键。

4. 砷中毒事件

在湖南省常德市石门县鹤山村,1956年国家建矿开始用土法人工烧制雄磺炼制砒霜,直到2011年企业关闭,砒灰漫天飞扬,矿渣直接流入河中,以致土壤砷超标19倍,水含砷量超标上千倍。鹤山村全村700多人中,有近一半的人都是砷中毒患者,因砷中毒致癌死亡的有157人。

七、其他重金属残留

有关于其他重金属的污染来源及危害,见表2-8。

表2-8 其他重金属残留

重金属污染	污染来源及危害
铬污染	主要来源于劣质化妆品原料、皮革制剂、金属部件镀铬部分,工业颜料以及鞣革、橡胶和陶瓷原料等;如误食饮用,可致腹部不适及腹泻等中毒症状,引起过敏性皮炎或湿疹,呼吸进入,对呼吸道有刺激和腐蚀作用,引起咽炎、支气管炎等
铜污染	主要污染来源是铜锌矿的开采和冶炼、金属加工、机械制造、钢铁生产等。冶炼排放的烟尘是大气铜污染的主要来源
镍污染	镍可在土壤中富集,含镍的大气颗粒物沉降、含镍废水灌溉、动植物残体腐烂、岩石风化等都是土壤中镍的来源。植物生长会吸收土壤中的镍。镍含量最高的植物是绿色蔬菜和烟草
锌污染	主要污染源有锌矿开采、冶炼加工、机械制造以及镀锌、仪器仪表、有机物合成和造纸等工业的排放。汽车轮胎磨损以及煤燃烧产生的粉尘、烟尘中均含有锌及化合物,工业废水中的锌常以锌的羟基络合物存在
钴污染	对皮肤有放射性损伤
钒污染	损伤人的心和肺,导致胆固醇代谢异常
锑污染	与砷能使银首饰变成砖红色,对皮肤有放射性损伤
铊污染	会引发多发性神经炎
锰污染	超量时会使人甲状腺功能亢进,也能伤害重要器官

八、防止重金属残留的措施

总的来说,避免重金属污染的措施主要包括以下几点。

在污染源头上下功夫,减少重金属对环境的污染。

通过培植或发现对污染有较高降解效能的菌株、植物,对土壤、水、肥料的净化处理。

公众要有选择地消费食物，从而减少重金属残留对人体的危害。

要完善检验检测体系，对农产品产地环境、农业投入品和农产品质量安全状况严格监测。

加快推行标准化生产，加强农产品质量安全关键控制技术研究与推广，加大无公害农产品生产技术标准和规范的实施力度。

加强食品安全监督与检验，强化质量管理，完善食品安全检验检测体系。

加强食品安全教育，提高公众环保意识，加强群众监督，共同保护自然生态环境，维护人体健康。

讨论：茶叶中的污染（残留）有哪些？

自古以来，我国就盛产茶叶。可以说，我国是茶叶生产的"母国"。茶叶不仅是我国人民的主要饮品，还是重要的经济作物之一。茶叶的质量不仅直接影响我国人民的身体健康，还是我国茶叶进入国际市场的决定性因素。

近年来，我国茶园面积和茶叶产量大幅增长，与此同时，茶叶的污染问题也一再成为舆论热点，因为人们认为茶叶中污染残留会对人体造成伤害，不适合饮用。面对谈残留色变的消费者，企业出于销售的考虑，避谈甚至否认茶叶污染物的客观存在，进一步加重了消费者的疑虑。这种状况给茶产业的发展造成了很大伤害，也给消费者带来了诸多困扰。

根据本章的学习并结合生活中的新闻消息，讨论茶叶中可能的污染物和残留问题。

思考题

1. 思考农药、兽药残留的主要原因以及危害。
2. 举例说明农药、兽药残留以及重金属污染相关的安全事件以及科学问题。
3. 阐述农药残留风险评估的主要流程。

参考文献

［1］Bonny, S. Genetically modified herbicide-tolerant crops, weeds, and herbicides: overview and impact［J］. Environmental Management, 2016, 57 (1): 31-48.

［2］Erickson, B. US EPA nixes 12 neonicotinoid pesticides［J］. Chemical & Engineering News, 2019, 97 (21): 13.

［3］Jensen, O. Pesticide impacts through aquatic food webs［J］. Science, 2019, 366 (6465): 566-567.

［4］Marican, A., Duran-Lara, E. F. A review on pesticide removal through different processes［J］. Environmental Science and Pollution Research, 2018, 25 (3): 2051-2064.

［5］Morgan, P., Pattison, D., Talib, J., et al. High plasma thiocyanate levels in smokers are a key determinant of thiol oxidation induced by myeloperoxidase［J］. Free Radical Biology and Medicine, 2011, 51 (9): 1815-1822.

［6］Singh, B., Singh, K. Microbial degradation of herbicides［J］. Critical Reviews in Microbiology, 2016, 42 (2): 245-261.

［7］Wang, Y., Shen, L., Gong, Z., et al. Analytical methods to analyze pesticides and herbicides［J］. Water Environment Research, 2019, 91 (10): 1009-1024.

［8］Woodrow, J., Gibson, K., Seiber, J., et al. Pesticides and related toxicants in the atmosphere［J］.

Reviews of Environmental Contamination and Toxicology，2019，247：147-196.

　　［9］袁善奎，刘亮，王以燕等．农药非法添加隐性成分及其风险分析［J］．农药，2016，55（7）：480-482.

　　［10］曾凯．农药残留研究进展与展望［J］．现代食品，2017，5（9）：26-28.

　　［11］陈晓红，金米聪．食品化学污染物残留检测研究热点及发展趋势［J］．卫生研究，2016，45（1）：143-149.

　　［12］张铭润，张燕，王弘等．食品污染物残留的快速检测技术应用综述及展望［J］．食品安全质量检测学报，2014，5（7）：1951-1959.

　　［13］唐欣，舒静．食品残留污染物检测方法研究进展［J］．化工管理，2014，（8）：48.

食品加工和环境暴露来源污染物

本章主要以丙烯酰胺、呋喃、氯丙醇及氯丙醇酯、缩水甘油及缩水甘油酯、杂环胺五大类典型的食品加工来源污染物，二噁英、多氯联苯和多环芳烃的典型环境暴露来源污染物为例，详细介绍其理化性质、主要危害、形成机制和分析检测方法等内容，同时对这些食品加工和环境暴露来源的污染物进行健康风险评估，提出抑制其生成或减少其体内危害的方法，为广大消费者提供合理的饮食及烹饪方法选择的建议。

第一节　食品加工来源污染物

食品加工来源污染物是食品污染中不容忽视的一部分。食品加工过程中，在加工条件的作用下，食品组分会发生非常复杂的化学变化，其中会有一些有害化学物质的产生。随着加工食品摄入量的增多，这些污染物会给人体健康带来不同程度的危害，可能与人类各种慢性病的发展有关，甚至具有致畸、致癌和致突变作用。因此，控制和减少食品加工来源污染物是保障食品安全的一个重要且亟待解决的课题。

一、丙烯酰胺

1. 理化性质

丙烯酰胺（Acrylamide，CAS 号 79-06-1），相对分子质量为 71.09，化学式为 $CH_2\!=\!CHCONH_2$。它是一种不饱和酰胺，其单体为白色晶体，密度 $1.122g/cm^3$，沸点 $125℃$，熔点 $84\sim85℃$。丙烯酰胺能溶于水、乙醇、乙醚、丙酮和氯仿，不溶于苯及庚烷中，其化学结构如图 3-1 所示。丙烯酰胺在室温下比较稳定，但当处于熔点及以上温度、氧化条件以及在紫外线的作用下很容易发生聚合反应生成聚丙烯酰胺。当加热使其溶解时，丙烯酰胺释放出强烈的腐蚀性气体和氮的氧化物类化合物。

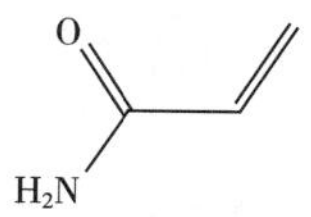

图 3-1　丙烯酰胺的化学结构

在工业生产中，采用丙烯酰氯（$CH_2\!=\!CHCOCl$）与氨在苯溶液中，或者采用丙烯腈（$CH_2\!=\!CHCN$）在硫酸或盐酸中进行化学反应得到丙烯酰胺。丙烯酰胺分子中含有酰胺基和双键两个活性中心，所以是一种化学性质相当活泼的化合物。丙烯酰胺中的氨基具有脂肪胺的反应特点，可以发生水解反应和霍夫曼降解反应；其分子中的双键可以发生迈克尔加成反应。另外，丙烯酰胺可以进行聚合反应产生高分子聚合物聚丙烯酰胺；也可以与丙烯酸、丙烯酸盐等化合物发生共聚反应。主要反应如图3-2所示。

研究表明，丙烯酰胺主要在高碳水化合物、低蛋白质的植物性食物加热（120℃以上）烹饪过程中形成，140~180℃为其生成的最佳温度，当加工温度较低时，生成丙烯酰胺的量较低。烘烤、油炸食品在最后阶段水分减少、表面温度升高后，丙烯酰胺生成量增高。

水解反应
$$CH_2\!=\!CHCONH_2+H_2O \xrightarrow{\ NaOH\ } CH_2\!=\!CHCOONa+NH_3$$

霍夫曼降解反应
$$CH_2\!=\!CHCONH_2+NaOX+2NaOH \longrightarrow CH_2\!=\!CHNH_2+Na_2CO_3+NaX+H_2O$$

迈克尔加成反应
$$CH_2\!=\!CHCONH_2+CH_2(COOCH_2CH_3)_2 \xrightarrow[CH_3CH_2OH]{CH_3CH_2ONa} (COOCH_2CH_3)_2CHCH_2CH_2CONH_2$$

图3-2　丙烯酰胺的主要化学反应

2. 检测方法

早期的研究建立了糖类、田间作物和蘑菇中丙烯酰胺的气相色谱（GC）和高效液相色谱（HPLC）定量检测方法。然而，这些方法缺乏足够的选择性和灵敏度，无法满足复杂食品基质中丙烯酰胺痕量分析的需要。2002年，科学家首次将同位素稀释的液相色谱-质谱联用（LC-MS）技术应用于检测热加工食品中丙烯酰胺的含量，确定了多重反应监测（MRM）定量模式下丙烯酰胺的母离子、定性离子和定量离子。此后，大量的研究报道在此基础上优化了基于质谱技术的丙烯酰胺检测方法。气相色谱-质谱联用（GC-MS）和液相色谱-串联质谱（LC-MS/MS）法已被公认是检测食品中丙烯酰胺含量的最常用和最准确的方法。

3. 食品来源

几种特征性食品（马铃薯、谷物、焙烤食品、杏仁和咖啡）受到广泛关注，它们也是产生丙烯酰胺含量较多的代表性基质。

（1）马铃薯　马铃薯含有丰富的天冬酰胺、葡萄糖和果糖等能生成丙烯酰胺的前体物质，因此马铃薯制品中丙烯酰胺的含量普遍较高。法式炸薯条是一种代表性的薯类油炸食品，若在油炸前降低马铃薯中天冬酰胺和糖的含量，产品中丙烯酰胺的含量也会降低。但是，马铃薯中任何成分的变化都会影响油炸过程中美拉德反应的进行和产品的感官特性。在不影响感官的前提下，通过优化油炸工艺，可使法式炸薯条中丙烯酰胺的含量降至100μg/kg；另外，采取措施将马铃薯原料中还原糖的含量降至0.7g/kg，170℃高温油炸后丙烯酰胺含量可降至50μg/kg；在油炸的最后阶段降低温度并维持一段时间，可适当地控制丙烯酰胺的形成，并能保持食品应有色泽。

（2）谷物　谷物热加工食品也是丙烯酰胺的重要来源之一。天冬酰胺在黑麦颗粒中的分布很不均匀，麸皮中含量最高，胚乳中含量最低；分别采用全黑麦面粉和不含麸皮的黑麦面粉做成薄饼后经检测发现，前者的丙烯酰胺含量明显高于后者。小麦栽培时若减少施用含硫肥料，其热加工食品中丙烯酰胺的含量会明显增加。通过研究小麦和黑麦中前体物质含量与加工后生成丙烯酰胺含量的关系可发现，在180℃加热条件下，当时间为5~20min时，天冬酰胺、还原糖和水分含量急剧下降，丙烯酰胺含量逐渐上升，并在25~30min达到最大，此后其含量呈缓慢下降趋势。通常当谷物原料中的水分降至5%以下时丙烯酰胺才会大量形成。

（3）焙烤食品 除了前体物质的含量以外，焙烤食品中丙烯酰胺的形成还取决于焙烤的温度和时间。当焙烤温度达到200℃时面包中丙烯酰胺的生成量达到最大，经长时间的焙烤，其含量会逐渐降低，但是高温长时间的焙烤却不影响面包皮中丙烯酰胺的形成。在众多焙烤食品中，姜汁饼干（一种西方焙烤食品）的丙烯酰胺含量较高，可达260~1410μg/kg，在焙烤过程中添加碳酸氢盐、降低天冬酰胺含量或避免长时间焙烤可降低该产品中丙烯酰胺的含量。

（4）杏仁 杏仁中含天冬酰胺2000~3000mg/kg、葡萄糖和果糖500~1300mg/kg、蔗糖2500~5300mg/kg，其热加工制品中丙烯酰胺的含量可达260~1530μg/kg，经过烘烤后的杏仁在常温下贮藏可发现其丙烯酰胺的含量会逐渐减少。杏仁烘烤过程中，加热温度达到130℃左右时丙烯酰胺开始形成，其颜色深浅与丙烯酰胺的含量有显著的关联性。杏仁的含水量越高，烘烤后产生的丙烯酰胺越少。

（5）咖啡 咖啡豆的烘焙温度一般在220~250℃，其热加工温度比其他食品高，因此在烘焙过程中发生的反应和丙烯酰胺的形成较为复杂。丙烯酰胺主要在咖啡烘焙的初始阶段形成，其含量可以高达7000μg/kg，但到烘焙的后期由于温度达到200℃以上，其含量急剧下降，这归因于咖啡中丙烯酰胺消除速率的加快。因此，咖啡的烘焙度越高，丙烯酰胺的含量越少，其清除自由基能力也随之下降。深度烘焙尽管可以降低丙烯酰胺的含量，但会对咖啡的颜色、芳香度和口味带来不利的影响。

4. 健康风险评估

（1）食品中含量与膳食暴露 在联合国粮农组织和世界卫生组织合署的食品添加剂联合专家委员会（JECFA）第64次会议上宣布，从24个国家获得的食品中共获得6752个丙烯酰胺的检测数据，来源包含早餐谷物、马铃薯制品、咖啡及其类似制品、乳类、糖和蜂蜜制品、蔬菜和饮料等主要消费食品，其中含量较高的三类食品是：高温加工的马铃薯制品（包括薯片、薯条等），平均含量为0.477mg/kg，最高含量为5.312mg/kg；咖啡及其类似制品，平均含量为0.509mg/kg，最高含量为7.300mg/kg；早餐谷物类食品，平均含量为0.343mg/kg，最高含量为7.834mg/kg；其他种类食品的丙烯酰胺含量基本在0.1mg/kg以下，结果如表3-1所示。

表3-1 各类食品中丙烯酰胺的含量

食品种类	均值/（μg/kg）	最大值/（μg/kg）
谷类	343	7834
水产	25	233
肉类	19	313
乳类	5.8	36
坚果类	84	1925
豆类	51	320

续表

食品种类	均值/（μg/kg）	最大值/（μg/kg）
根茎类	477	5312
煮马铃薯	16	69
烤马铃薯	169	1270
炸马铃薯片	752	4080
炸马铃薯条	334	5312
冻马铃薯片	110	750
蔬菜	17	202
糖、蜜（巧克力为主）	24	112
煮、罐头	4.2	25
烤、炒	59	202
咖啡、茶	509	7300
咖啡（煮）	13	116
咖啡（烤、磨、未煮）	288	1291
咖啡提取物	1100	4948
咖啡（去咖啡因）	668	5399
可可制品	220	909
绿茶（烤）	306	660
酒精饮料（啤酒、红酒、杜松子酒）	6.6	46

注：数据来源于 2005 年我国卫生部发布的丙烯酰胺危险性评估报告。

　　2010 年 5 月 18 日，欧洲食品安全局（EFSA）发布 2008 年度不同类型食物中丙烯酰胺水平监测报告，这份报告根据 22 个欧盟成员国和挪威提供的 3461 份样品分析结果得出。所监测的食品种类主要包括：法式炸薯条、烤马铃薯片、家庭烹饪的马铃薯制品、面包、谷物早餐、饼干、焙炒咖啡、罐装婴幼儿食品、加工谷物婴幼儿食品和其他制品等。其中样品数量最少的是加工谷物婴幼儿食品（96 份），数量最多的是其他制品（782 份）。报告指出，在所抽检的 22 个食品种类中，丙烯酰胺平均含量最高的食品类别是"咖啡替代品"，包括基于谷物（如大麦或菊苣）的一些类似咖啡的饮料，为 1124μg/kg；平均含量最低的是一些未具体说明的面包制品，为 23μg/kg。

　　由中国疾病预防控制中心营养与食品安全研究所提供的资料显示，被监测的 100 余份样品中，薯类油炸食品中丙烯酰胺的平均含量为 0.78mg/kg，最高含量为 3.21mg/kg；谷物类油炸食品中的平均含量为 0.15mg/kg，最高含量为 0.66mg/kg；谷物类烘烤食品平均含量为 0.13mg/kg，最高含量 0.59mg/kg；其他食品，如速溶咖啡为 0.36mg/kg、大麦茶为 0.51mg/kg、玉米茶为 0.27mg/kg。

　　根据对世界上 17 个国家丙烯酰胺摄入量的评估，结果显示一般人群摄入量为 0.3~2.0μg/kg·（bw·d），90%~97.5% 的高消费人群摄入量为 0.6~3.5μg/kg·（bw·d），99 百分位数的高消费人群摄入量为 5.1μg/kg·（bw·d）。按体重计，儿童丙烯酰胺的摄入量为成人的 2~3 倍。其中丙烯酰胺主要来源的食品为炸马铃薯条 16%~30%，炸马铃薯片 6%~46%，咖啡 13%~39%，饼干 10%~20%，面包 10%~30%，其余均小于 10%。JECFA 根据各国的摄入量，认为人类的平均摄入量大致为 1μg/kg·（bw·d），而高消费者大致为 4μg/kg·（bw·d），包括儿童。

在我国第五次总膳食调查中，中国人群丙烯酰胺膳食暴露的来源如图 3-3 所示。由图可知，中国人群通过膳食暴露丙烯酰胺的食品来源前三位分别为蔬菜类、谷类和薯类食品，分别占丙烯酰胺总摄入量的 35.2%、34.3% 和 15.7%，三类食品中丙烯酰胺的总暴露比例超过 85%，是中国人群膳食暴露丙烯酰胺的主要来源，其中蔬菜和谷物中丙烯酰胺的占比在不同地区有很大差异。其他食物种类丙烯酰胺的暴露量在总暴露中低于 10%。除此之外，丙烯酰胺是烟草中的一种危害物，吸烟也是体内暴露丙烯酰胺的一条重要途径。

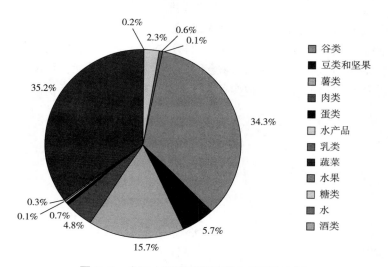

图 3-3　中国人群丙烯酰胺膳食暴露的来源

从第五次丙烯酰胺膳食暴露评估结果来看，来自国内 20 个省的人群丙烯酰胺的平均暴露量为 0.319μg/kg·（bw·d），低于 JECFA 公布的国际人群平均暴露数据。其中北京市人均暴露量最低，为 0.040μg/kg·（bw·d）；黑龙江省人均暴露量最高，为 0.833μg/kg·（bw·d）。引起各省之间丙烯酰胺暴露量差异性的主要原因有食物消费量不同、饮食习惯不同和烹饪方式不同。

（2）危险性及预防措施　从第五次全国总膳食调查与前两次对比发现，丙烯酰胺膳食暴露数据呈上升趋势，应引起重视，其对人类健康的潜在危害应给予关注，建议采取合理措施降低食品中丙烯酰胺的含量，例如尽可能避免连续长时间或高温烹饪淀粉类食品，但又要保证做熟，以确保杀灭食品中的微生物，避免导致食源性疾病；提倡合理营养，平衡膳食，改变油炸和高脂肪食品为主的饮食习惯，多吃新鲜水果和蔬菜，控制炒菜油温和时间，减少因丙烯酰胺可能导致的健康危害。

5. 食品安全相关事件

黑糖因为钙、铁、镁等矿物质含量高，被视为健康养生的好糖，并受到越来越多人的推崇，以此为原料制作的黑糖饼干、黑糖曲奇、黑糖蛋糕等食品也广受消费者好评。然而，黑糖的熬制时间远远大于红糖。黑糖未经深加工，仅是将甘蔗古法熬制，保持了甘蔗醇香的口感与温补的特性。传统制糖工艺，用新鲜甘蔗榨汁，加入石灰过滤甘蔗上的污泥，再用大锅煮沸，反复熬煮、搅拌 4~7h。在这过程中，甘蔗汁中的天冬酰胺和单糖（葡萄糖、果糖）就会发生美拉德反应，生成丙烯酰胺。

2015 年 8 月，台湾某杂志测试了 19 个黑糖相关产品，发现所有样品均含有丙烯酰胺，其中 7 个样品超过 1000μg/kg，最高达到 2740μg/kg，远超目前市售炸薯片中的丙烯酰胺含量。

二、呋喃

1. 理化性质

呋喃（Furan，CAS 号 110-00-9）含有一个氧原子和四个碳原子，是最简单的五元含氧杂环芳香族化合物，相对分子质量为 68.08，化学式为 C_4H_4O，化学结构式如图 3-4 所示。呋喃熔点 -85.6℃，沸点 31℃，有类似乙醚的气味，易燃易挥发。呋喃不溶于水，溶于乙醇、乙醚和丙酮等有机溶剂，常温下为无色液体，见光或长时间放置易变棕色。它对碱、热稳定，在酸性条件下生成不稳定的二醛，继而聚合成树脂状物。在特定条件下，呋喃可以与自身或其他物质发生氧化化学聚合反应。呋喃蒸气与盐酸浸湿的松木片反应呈绿色，称为松木片反应，可用于呋喃的鉴别。工业上呋喃常用于合成多种线性多聚物有机材料、制备洗涤剂中的多聚物或作为溶剂。

图 3-4　呋喃的化学结构

在食品制造、加工和保藏的过程中，多种前体物质可以通过复杂的途径形成呋喃类化合物。其中，呋喃作为美拉德反应的中间产物或最终产物出现在热加工食品和饮料中，则是一种更为普遍的方式。这类小分子杂环有机化合物在咖啡、酱油、罐藏食品和婴幼儿食品等热加工呈现出独特的风味，然而却不能忽视呋喃类化合物对人体存在的潜在危害。

2. 检测方法

长期以来，人们早已知道呋喃广泛存在于多种热加工食品和饮料中。早期食品中挥发性成分通常使用有机溶剂萃取后，直接使用配备有火焰离子化检测器（FID）的气相色谱仪进行分析。随着对于具有潜在致癌性的呋喃准确定量的需求和检测技术的快速发展，直至 21 世纪初期才开始出现公认的精确检测食品中呋喃含量的方法。由于呋喃具有高挥发性，因此常用的呋喃测定方法是顶空气相色谱-质谱法，同时因为样品状态、前处理方法的不同和检测方法的多样性，相似的检测方法之间又存在一定的差异。

3. 食品来源

（1）前体物质　从 20 世纪中叶开始，食物中的碳水化合物在加热条件下可以降解产生呋喃，并散发出芳香气味的现象已经为人所熟知。呋喃广泛存在于多种新鲜水果蔬菜以及热加工食品中，许多物质都可以通过多种途径生成呋喃。现已知的呋喃前体物质有碳水化合物、氨基酸、抗坏血酸、多不饱和脂肪酸和类胡萝卜素等。因此，呋喃的形成也并不是来自单一的过程。焦糖化反应、美拉德反应、碳水化合物、抗坏血酸和类胡萝卜素的降解以及不饱和脂肪酸的氧化过程都伴随着呋喃的产生。在这些前体物质中，抗坏血酸和脱氢抗坏血酸转化为呋喃的摩尔转化率最高，其次是多不饱和脂肪酸，糖类的摩尔转化率最低。在模拟的理想模型体系中，最高的摩尔转化率可高达 1%。

（2）形成机制　在碳水化合物、抗坏血酸、氨基酸以及不饱和脂肪酸这四类主要的前体物质形成呋喃的过程中，会经过氧化脱氢、脱羧、水解以及缩合等复杂的化学过程，并经过许多的中间产物形式。其中，这四类物质形成呋喃的途径中都可能存在的 2-脱氧丁醛糖，无疑是一种很重要的中间产物。反应物所处的不同环境条件，也可能会对物质形成呋喃的途径产生影响。食品基质中的各种成分状态十分复杂，研究时所采用的通常是理想状态下简化后的模型体系。

在食物加工和贮藏的过程中，呋喃在不同环境条件下的形成可源自多种前体物质，加热温度、热加工条件、紫外辐照和食品基质的 pH 等多种因素都可能对呋喃的形成产生影响。

热加工过程中，温度上升伴随着美拉德反应、焦糖化反应、多不饱和脂肪酸的氧化和抗坏血酸的热氧化过程，是呋喃形成的重要影响因素。热加工条件也会对呋喃的形成产生影响。葡萄糖/氨基酸反应体系中，高温焙烤条件下产生呋喃的含量是高压蒸煮产生呋喃的 25~100 倍。除了热处理以外，光化学法也能诱导呋喃的形成。现已有实验结果表明，紫外线（UV）照射可以导致蔗糖、葡萄糖或果糖水溶液中形成呋喃；UV 照射也可以使美拉德反应体系中产生呋喃；主要成分为果糖的苹果酒经过 UV 辐照后，同样会产生大量的呋喃。pH 条件对呋喃的形成也起着一定的作用。例如，蔗糖和抗坏血酸的水溶液在酸性条件下比中性条件下更易于形成呋喃，而葡萄糖水溶液在中性条件下则比酸性条件更易于形成呋喃。在果汁中，呋喃的含量随 pH 的增大而呈现升高的趋势，保持 $pH < pK_a$ 对果汁中呋喃的形成有一定的抑制作用。

（3）降低食品中呋喃含量的方法　食品中形成呋喃的前体物质众多且途径复杂，食品的热加工和密封保存是罐藏食品中呋喃含量较高的重要影响因素。从改变食品原料的组成成分、改变热加工条件和去除已经生成的呋喃三方面入手，降低食品中呋喃含量的主要方法可分为以下几种。

①改变原料的组成成分。婴幼儿食品中多不饱和脂肪酸含量越高，呋喃的含量也相对更高。以肉类为主的婴幼儿食品中的呋喃水平显著高于以水果为基础的婴幼儿食品。由于铁离子会催化呋喃的生成，强化铁离子的婴幼儿食品在热加工过程中更要注意控制加热时间和温度。

②改变加工条件。控制加热温度和时间，保持低于 180℃ 的油炸温度有助于减少食品中的最终呋喃含量，并降低油炸食品中的含油量。随着煎炸时间的延长，食品中呋喃含量呈现上升趋势。在煎炸的过程中降低煎炸气压，甚至采用在真空条件下煎炸，可以有效降低煎炸食品中的呋喃含量。使用超高压灭菌技术取代需要加热的灭菌方法，在常温状态下采用超高压灭菌技术也是一种减少灭菌过程中呋喃生成的方法。

③降低已经生成的呋喃含量。真空处理可以有效降低高水分含量食品中的呋喃含量，如将肉酱在 12kPa 条件下真空处理 10min，可以去除其中 67% 的呋喃。但真空处理仅对高水分活度下初步水合的样品有效，对于降低低水分含量食品中的呋喃作用不明显。

4. 健康风险评估

（1）食品中含量与膳食暴露　在呋喃的毒性受到广泛关注后，EFSA 和美国食品和药物管理局（FDA）也开始陆续公布收集到的关于呋喃的数据。为了获得样品数量和平均值这些直观的指标，在此仅选取了 EFSA 的数据作为参考。表 3-2 所示为 2004—2010 年，来自 17 个国家共计 21 个食品类别的 5050 个样品的统计数据。虽然每种食品类别所选择的样品数量有很大差异，但是这些数据可以作为代表性的指标为该食品类别的呋喃含量提供参考依据。选择的样品主要是经过热加工处理的罐藏食品和密封包装食品，如咖啡、肉类或蔬菜罐头、果蔬汁和婴幼儿食品等。由于呋喃具有高挥发性，罐藏食品中的高呋喃含量说明烹饪环境也可能会是呋喃的高暴露场所。

表3-2 各类食品中呋喃的含量

食品类别	检出限（LOD）/（μg/kg）	定量限（LOQ）（μg/kg）	样品数量/个	平均值/（μg/kg）	最大值/（μg/kg）
即溶咖啡	0.07~7	0.2~28	109	394	2200
烘焙咖啡粉	0.07~5	0.2~10	30	3660	11000
烘焙咖啡豆	0.05~40	0.1~100	110	1936	6900
条件不明的咖啡	0.05~7	0.1~28	596	2016	6588
蒸馏咖啡	2~5	5~10	89	42~45	360
幼儿食品	0.03~5	0.04~10	1617	31~32	233
婴儿食品	0.5~5	1~10	11	0.2~3.2	2.2~10
蔬菜	0.07~5	0.2~10	57	22~24	80
水果	0.14~5	0.18~10	102	3.3~5.2	28
蔬菜汁	0.2~2.7	0.6~10	190	15~18	168
果汁	0.05~5	0.1~10	47	17	172
鱼类	0.5~5	0.32~10	250	2.2~4.6	90
谷物制品	0.1~16	0.3~40	142	2~6.4	36
肉制品	0.07~8	0.18~20	174	13~17	160
乳制品	0.5~0.5	0.18~10	64	5~5.6	80
啤酒	0.5~2.7	0.18~9.1	271	8.3~11	175
酱油	0.07~2	0.2~10	270	23~24	225
汤	0.1~5	0.18~10	94	27	78
酱汁	0.07~5	0.18~10	80	2.9~9	60
烤豆子	0.07~5	0.2~10	192	6.9~9.6	74
其他食品	0.1~8	0.18~20	552	14~15	164

由表3-2数据可以看出，呋喃含量最高的是烘焙咖啡粉，高达11000μg/kg，而且各种咖啡中的呋喃含量都很高。在葡萄糖/氨基酸反应体系中，180℃高温焙烤产生呋喃的含量是121℃高压蒸煮条件下产生呋喃的25~100倍，这一研究结果也说明咖啡中的高呋喃含量可能与其本身的性质以及高温焙烤的加工条件有关。同样需要高温处理的幼儿食品也呈现出较高的呋喃含量，平均含量为31~32μg/kg，最大值为233μg/kg；其次是加工过程需要高温蒸煮并发酵的酱油，平均含量为23~24μg/kg，最大值为225μg/kg。由于不同人群不同地区饮食习惯的差异，呋喃的暴露情况又会有很大差异。

为了统计呋喃的具体暴露指标，EFSA同时收集了每个人的膳食情况和体重数据。结果表明，在成年人口（包括老年人）中，呋喃暴露的来源主要是咖啡，平均约占整体暴露值的88%。而在一些咖啡饮用较少而啤酒摄入较多的国家，啤酒（20%）和汤（25%）则成为呋喃摄入的来源。在青少年群体中，呋喃暴露的主要来源仍然是咖啡，占总暴露量的33%。而果汁、谷物食品、酱汁和汤也是较重要的暴露来源，约占总暴露量的40%。在儿童中，这些食品同样是暴露的主要来源，但由于儿童对咖啡的摄入较少，咖啡类的暴露降到了9%。在幼儿中，罐藏幼儿食品的呋喃暴露量约占到49%，其次是乳制品、果汁和汤，三者之和占幼儿食物呋喃总暴露量的36%。婴儿食品中呋喃的主要来源是婴儿配方乳粉和果汁，这些呋喃的暴露相对于其他年龄人群的呋喃摄入量来说较低。

（2）危险性及预防措施　1993年，美国国家毒理学计划（NTP）报道了呋喃对小鼠和大鼠均具有致癌性和肝毒性。1995年，在大剂量的呋喃动物实验的基础上，国际癌症研究机构（IARC）认为呋喃对人体可能有致癌作用并将其列为2B类致癌物，热加工食品中的呋喃开始受到广泛关注。美国FDA、EFSA和欧洲委员会联合研究中心（JRC）等监管机构也开始研究呋喃的分析方法并大量收集不同食品中呋喃的形成、存在状态和毒性的数据。呋喃的衍生物中，多氯二苯并呋喃是一种自然条件下不易降解，并且会通过食物链富集的重要环境污染物。

呋喃是生活中很常见的污染物，它极易通过呼吸途径摄入，具有较强的急性毒性。大鼠和小鼠腹腔注射呋喃的急性毒性半数致死量（LD_{50}）分别为5.2mg/kg和7.0mg/kg。小鼠呼吸道吸入的半数致死浓度（LC_{50}）为0.12μg/mL。在美国NTP对F344/N大鼠的研究中发现，呋喃比2-呋喃甲醛和2-呋喃甲醇具有明显更高的肝毒性。使用2-呋喃甲醛或2-呋喃甲醇十分之一剂量的呋喃，就可以产生同样的紊乱肝结构和使肝功能异常的后果。

呋喃的毒性具有剂量依赖性，然而由于它在自然界的食物中普遍存在，因此它的亚慢性和慢性毒性研究也很重要。高剂量暴露的呋喃会造成大鼠肝脏胆管纤维化和肝动脉充血并产生多发性胆管肿瘤。美国NTP使用F344/N雌雄大鼠和B6C3F1雌雄小鼠分别做了16d、13周和2年的呋喃灌胃实验。为期16d的实验使用剂量为20~160mg/kg的呋喃，对大鼠和小鼠分别灌胃。结果显示，40mg/kg的呋喃就可能造成大鼠和小鼠死亡率的上升，并且呋喃会造成大鼠的肝损伤和肝脏质量增加，而对小鼠的肝脏没有影响。为期13周呋喃剂量为2~60mg/kg的灌胃实验结果表明，低剂量的呋喃摄入会造成与呋喃剂量相关的体重下降和肝脏、肾脏质量的增加。30mg/kg的呋喃就可能造成大鼠和小鼠的肝、肾损伤，主要包括胆管增生、胆管纤维化、肝细胞变性和肝细胞结节增生等肝损伤和肾小管扩张坏死等肾损伤，且损伤程度随灌胃剂量的增大而加重。在研究结束前，已有9只雄性大鼠和4只雌性大鼠在接受60mg/kg剂量呋喃灌胃的过程中死亡，而小鼠没有死亡的现象。为期2年、呋喃剂量为2~8mg/kg、每周灌胃5d的实验发现，实验结束后所有剂量组的大鼠中，都出现了极高的胆管癌发病率，单核细胞白血病的发病率随呋喃灌胃剂量的增大而增加。这些实验结果都表明，呋喃的摄入对大鼠和小鼠的肝肾会产生损伤并增加癌症发病率甚至直接导致死亡。虽然没有来自人体的研究数据，但是由此推测，呋喃可能会对人体的肝肾功能造成损伤并可能引发癌症。

呋喃主要来源于热加工罐藏食品，长期食用可能会对人体造成危害。为了尽量减少呋喃暴露的潜在危害，日常食物应尽量避免高温煎炸、蒸煮，降低罐藏热加工食品的摄入。然而目前并没有来自人体实验数据表明日常摄入低剂量呋喃的危害，而咖啡作为一类呋喃含量较高的食品，它的摄入与肝癌关系的数据表明，食用咖啡与癌症发病率呈现负相关。因此，在降低烹饪温度和减少高呋喃含量食物摄入的同时，不必为日常食物中呋喃的广泛存在而困扰。

5. 食品安全相关事件

咖啡是享誉世界的饮品，其争议同样不小，咖啡的风险不仅来源于丙烯酰胺，呋喃也是重要风险因素之一。咖啡曾经被列入 2B 致癌物，但由于致癌证据不足，2016 年国际癌症研究机构（IARC）将其从 2B 类致癌物的名单中移除。但其争议并未就此消除。2018 年 5 月，美国法院最终裁定，要求星巴克等咖啡加工、零售商在加利福尼亚州销售的咖啡产品须加注致癌风险警告标识。由此可见，对于食品中潜在风险的关注已经落实到具体层面，对于呋喃的研究已是刻不容缓。

三、氯丙醇及其酯

1. 理化性质

氯丙醇（3-MCPD）是一种无色黏稠液体，化学式为 $C_3H_7ClO_2$（CAS 号 96-24-2），相对分子质量为 110.54，分子结构式如图 3-5 所示。其性质不稳定，易吸潮，相对密度为 1.3218（20℃），能溶于水、乙醇、乙醚和丙酮等试剂，微溶于甲苯，但不能溶于苯、石油醚和四氯化碳。

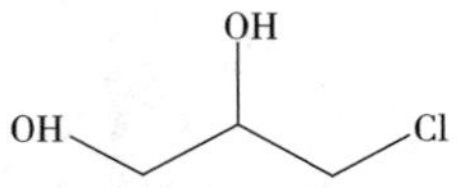

图 3-5　3-MCPD 结构式

氯丙醇是甘油的氯化物，由 1 个或者 2 个氯原子与甘油分子的羟基发生亲核取代后形成氯丙醇。氯丙醇是一类化合物的总称，其中包括 3-氯-1，2-丙二醇（3-MCPD，图 3-5）和 2-氯-1，3-丙二醇（2-MCPD）以及双氯取代的 1，3-二氯-2-丙醇（1，3-DCP）和 2，3-二氯-1-丙醇（2，3-DCP）。其中在实际食品加工过程中，1，3-DCP 及 2，3-DCP 虽然毒性高，但是在食品中的检出率极低，MCPD 的生成量通常是 DCP 的 100~10000 倍，而 MCPD 中含量最高的是 3-MCPD。

2. 检测方法

目前常需检测 3-MCPD 的样品为食品，而食品样品往往含有大量的干扰物质，对其进行检测时需先将样品预处理后才能进行衍生化或直接分析。关于样品预处理的方法，目前主要有液-液萃取法、基质固相分散萃取法、固相萃取法和顶空-固相微萃取法。3-MCPD 的检测主要使用气相色谱法，以气相色谱-质谱联用法居多。由于 3-MCPD 的极性较大，要想取得理想的检测效果，往往以某种衍生化试剂对它进行衍生化处理，处理后的衍生物在色谱分离和信号响应方面都有了较大的改善。近几年也有人通过 LC-MS 的方法来测定 3-MCPD，使用甲酸水溶液和甲醇/乙腈（95/5，V/V）作为流动相，其定量限为 1.90μg/L。

3. 食品来源

1978 年，氯丙醇在研究酸化水解植物蛋白时被发现。此后，加工工艺经过不断的优化，氯丙醇这一污染物在食品中显著减少。然而，食品中的氯丙醇酯类污染物被大家所忽视，直到 2004 年报道了此类物质的存在，发现其含量远远高于游离 3-MCPD，并且在随后发现其来源是食用油，包括使用油脂的许多食品中都检测到较高浓度的 3-MCPD 酯，特别是精炼植物油，都不同程度地含有 3-MCPD 酯。

2006 年，布拉格化工学院的学者们通过分析 25 种零售食用油（包括毛油和精炼油）发现食用油中 3-MCPD 酯的形成跟油料种子的热炒（或烘烤）及精炼加工过程有关。食品中氯丙醇酯的来源除食用油外，酥性饼干、面包、咖啡、咖啡伴侣、麦芽、婴幼儿乳粉、油炸薯片等食品等都不同程度地检测出了氯丙醇酯。采集了产后 14~76d 内的母乳进行测定，3-MCPD 酯在母乳中的含量为 6~19μg/kg。德国联邦风险评估研究所（BfR）开展了婴幼儿乳粉、母乳和人造奶油中 3-MCPD 酯的风险评估，结果表明，成人（通过食用油摄入）和婴幼儿（配方乳粉喂养）3-MCPD 酯的暴露量（以 3-MCPD 计）分别是每日最大耐受量（TDI）的 5 倍和 3.6~20 倍，健康风险极高。

4. 健康风险评估

（1）食品中含量与膳食暴露 根据 EFSA 在 2016 年发布的报告，对不同种类的动物脂肪和植物油中 3-MCPD 的水平进行了监测，发现棕榈油、人造黄油、棕榈仁油、椰子油是 4 种 3-MCPD 含量较高的油脂，而特殊脂肪由于其在食品中的实际应用还不确定，故不列入；不同类型食物中 3-MCPD 水平监测报告（表 3-3）显示，热加工的酥皮蛋糕、油炸薯片、曲奇饼干、酥皮糕点所含有的 3-MCPD 是较高的 4 种产品（以均值计）。

表 3-3　　　　　　　　　不同种类食品中 3-MCPD 的含量

食品种类	样品数	均值/（μg/kg）	中位数/（μg/kg）
动物脂肪和植物油	2150	1034	490
人造黄油及类似物	170	408	244
人造黄油，正常脂肪	73	668	430
人造黄油，低脂	82	218	180
脂肪乳化剂	15	181	150
特殊脂肪	41	867	750
植物油	1939	1093	510
玉米油	38	503	430
橄榄油	9	48	32
棕榈仁油	97	624	590
花生油	8	229	235
油菜籽油	294	232	180
大豆油	191	394	330
葵花籽油	596	521	410
椰子油	204	608	590
棕榈油	501	2912	2920
婴幼儿配方乳粉	70	108	105
基于谷物的产品	229	83	16
面包卷	75	29	7.1
小麦面包	21	31	11
黑麦面包	12	8.5	7.1
小麦黑麦混合面包	20	11	7.1

续表

食品种类	样品数	均值/（μg/kg）	中位数/（μg/kg）
多谷物面包	12	19	8.1
未发酵面包、薄脆饼干、面包干	10	101	59
谷物早餐	66	26	8.7
谷物片	27	12	8
牛乳什锦早餐	8	95	8.5
谷物棒	10	21	12
膨化谷物	11	29	20
麦片粥	10	8.8	8.4
精致焙烤食品	88	172	104
曲奇饼干	36	200	128
脂肪蛋糕产品	13	138	66
热加工酥皮蛋糕	9	247	257
松饼	7	106	20
酥皮糕点	7	154	116
酵母发酵点心	16	133	59
油炸鱼肉	75	30	17
油炸或烘焙的鱼类	28	42	22
油炸或烘烤的肉类	47	23	16
烟熏鱼肉	129	21	9.1
烟熏的鱼类	60	18	9
烟熏的肉类	69	24	9.4
零食	8	119	100
马铃薯商品	62	132	61
炸薯条	8	57	37
马铃薯肉饼	10	30	23
油炸薯片	32	216	158
烤马铃薯	12	40	31

注：数据来源于 2016 年 EFSA 发布的 3/2-MCPD 及其酯危险性评估报告。

（2）危险性及预防措施　IARC 将 3-MCPD 列为 2B 类致癌物（对人类可能有致癌性），其具有神经毒性、生殖毒性和肾脏毒性等，但不具有遗传毒性。雄性大鼠连续经口染毒 3-MCPD 1mg/（kg·d）以上剂量时，可能出现精子活动减弱和生殖力降低的现象，剂量为 10～20mg/（kg·d）时，大鼠的精子会有显著的形态学改变以及出现附睾损伤的现象。此外，代谢产物草酸钙晶体沉积于肾小管内膜造成大鼠肾脏损伤，引起大鼠多尿和糖尿。然而目前认为体外实验中 3-MCPD 呈现的遗传毒性，是由 3-MCPD 和培养基成分发生化学反应生成的产物所致，而不是生物转化的结果。大多数研究学者认为 3-MCPD 属于非遗传毒性致癌物。JECFA 和 EFSA 对新发现的体内潜在遗传毒性进行了评述，一致认为体外观察到的遗传毒性在体内无法表现，基于这些评价，TDI 为 $2\mu g/(kg \cdot bw)$ ；而在 2016 年 EFSA 的报告中根据基准剂量下限值（BMDL）把 TDI 调整到 $30.8\mu g/(kg \cdot bw)$ 。

目前认为氯丙醇酯在人体内 100% 代谢成等摩尔质量的氯丙醇，在 2016 年 EFSA 的报告中评估也同样基于这一假设。并认为食用油中含有的 3-MCPD 酯和缩水甘油酯在 2010—2015 年间整体呈下降趋势，而 2-MCPD 酯在对其关注后的 2014—2015 年则呈上升态势，意味着此前科学家们更多的关注如何减少加工过程中 3-MCPD 酯和缩水甘油酯的含量，忽视了 2-MCPD酯。由于膳食中婴幼儿配方乳粉中含有食用油，并且因为婴幼儿很可能会只摄入婴幼儿配方乳粉，膳食结构单一，因此婴幼儿比成人更具有高暴露风险。而如果乳粉中含有较多的氯丙醇酯类物质，那么将会对婴幼儿产生较大危害，这需要引起重视。

油脂中的 3-MCPD 来源主要包括以下几方面：由于油脂精炼过程中化学环境的变化而生成、包装材料的迁移、使用含氯的自来水清洗以及油脂烹饪时受高温作用而生成。根据这些来源途径，可以将油脂中 3-MCPD 的控制分为以下三种途径：减少原料中 3-MCPD 及其前体物质、优化油脂精炼工艺条件、烹饪时避免新的 3-MCPD 形成。

研究发现，不同油脂精炼过程中氯丙醇含量不同，如相同条件处理后的棕榈油中氯丙醇的含量高于油菜籽油。以棕榈毛油为原料，对比 240℃ 干燥 2h、水洗后 240℃ 干燥 2h 以及 75% 乙醇洗后 240℃ 干燥 2h 等条件下棕榈毛油中 3-MCPD 及相关物质的变化，结果显示经水和 75% 乙醇洗后一定程度上都能降低棕榈毛油中的 3-MCPD，可以通过选育油脂原料中含有 3-MCPD 前体物质少的作为精炼用油的品种，以及对毛油进行一定的前处理，脱除一定的 3-MCPD 及其前体物质。

在油脂精炼过程中对氯丙醇形成影响较大的步骤是脱色和脱臭过程。脱色过程随着色素等物质被脱除，氯丙醇也部分被脱除，因此其含量降低。但经过此后的脱臭过程，氯丙醇含量又会急剧增加。脱臭温度对氯丙醇形成影响很大，实验表明脱臭温度在 180℃ 及以下时，氯丙醇几乎无法检测出。而当温度达到 180~270℃ 时，随温度升高，氯丙醇含量增长很快。同时脱臭时间对氯丙醇的形成也有一定影响（脱臭时间过长，氯丙醇生成量增加），但不如脱臭温度的影响显著。故可以采取控制脱臭时间、温度以及加入抗氧化剂或吸附剂的方式来减少脱臭过程中氯丙醇的产生。

在烹饪过程中，国人较喜欢采用油炸爆炒等方式来处理食材，由于食盐的添加使得氯离子的大量引入，同时油温较高，可能会产生大量 3-MCPD。研究发现，大豆油在烹饪使用前后 3-MCPD 的含量从 $22.53\mu g/kg$ 增加到 $165.21\mu g/kg$ ，故采取少盐少油的烹饪方式会使得饮食更加健康。

5. 食品安全相关事件

2009 年 9 月 16 日，著名的日本花王公司突然宣布停止其 "Econa" 烹饪油及其相关 12 个系列 59 种产品的销售，"Econa" 油即 1，3-甘油二酯，是世界健康食用油的先驱，宣称具有"抑制体内脂肪堆积" 功能。

花王公司发现该油中聚甘油酯含量是一般食用油的 10~182 倍。聚甘油酯与氯离子共存，受热即形成氯丙醇酯，聚甘油酯和氯丙醇酯在体内则可转化成具有致癌性的聚甘油和氯丙醇类化合物，因此引起了相关行业的重点关注。

四、缩水甘油及其酯

1. 理化性质

缩水甘油（Glycidol）又称环氧丙醇，是一种无色近乎无臭的液体，是重要的精细化工原料，以及合成甘油、缩水甘油醚等化合物的中间体，化学式为 $C_3H_6O_2$（CAS 号 556-52-5），相对分子质量为 74.08，其性质不稳定，化学性质活泼，相对密度为 1.143（25℃），能与水、低碳醇、乙醚和氯仿等试剂混溶，微溶于二甲苯、四氯乙烯，但不能溶于脂肪族及脂环族烃类，其化学结构如图 3-6 所示。

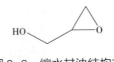

图 3-6　缩水甘油结构式

2. 检测方法

目前常需检测缩水甘油酯的样品为食品，而食品样品往往含有大量的干扰物质，对其进行检测时需先将样品预处理后才能进行衍生化或直接分析。缩水甘油酯在食用油脂中仅为痕量污染物，首先需要解决的问题是如何使其与含量在 95% 以上的甘油三酯分离。对于样品预处理的方法，目前主要有双固相萃取法和凝胶色谱法。双固相萃取法的原理是利用缩水甘油酯和甘油单酯，以及甘油二酯和甘油三酯之间极性大小的不同，经过 C_{18} 柱洗脱极性大的成分，保留下来极性小的化合物例如缩水甘油酯和甘油三酯，又由于这两者的疏水性不同，可以使用硅胶柱吸附两者中极性较小的甘油三酯，用极性较大的洗脱溶剂洗脱缩水甘油。凝胶色谱法是根据化合物的分子质量不同而进行分离的，因为缩水甘油酯的分子质量远远小于甘油三酯的分子质量，所以使用凝胶色谱法分离缩水甘油酯和甘油三酯的效果较好，提取缩水甘油酯的纯度较高。

3. 食品来源

缩水甘油酯类由甘油中两个羟基脱水缩合得到的环氧基和另一羟基与羧酸酯化形成的酯基两部分构成。缩水甘油酯是一类有价值的化工中间体或原料，如环氧树脂。精炼食用油脂中普遍存在着缩水甘油酯类物质，并且其主要形成于油脂的精炼过程中，尤其在植物果实精炼油中含量较高，如棕榈油，而在食用油脂加工原料和未精炼用油脂中并没有发现缩水甘油酯的存在。

天然的食用油脂中包含许多不同种类的伴随产物，如游离脂肪酸、甘油酯、磷脂、甾醇、生育酚、色素、维生素、蛋白质碎片、烃类、痕量的农药、二噁英、重金属、多环芳烃及真菌毒素等。油脂精炼的目的是去除这些物质，确保甘油酯类不被破坏，并且对人体有益物质（如甾醇类和生育酚）则被保留。油脂精炼主要包括 4 个步骤：脱胶、脱酸、脱色、脱臭。

脱胶处理可以减少棕榈油中缩水甘油酯的生成量，缩水甘油酯的形成与油中磷脂无关，可能是脱胶会清除形成缩水甘油酯的前体物质，用水脱胶或氢氧化钾中和酸可以有效地减少缩水甘油酯的形成；脱色处理也可以减少缩水甘油酯的形成，且脱色温度对其影响不大。但是脱臭的温度和时间对缩水甘油酯的形成具有重要影响。脱臭温度小于 240℃ 时，缩水甘油酯的生成量非常低，达到 250℃ 时，随时间延长缩水甘油酯的生成量显著增加，在温度为 270℃ 时影响尤为显著。在此温度下缩水甘油酯很稳定地存在于油中，且不挥发，反而促进了甘油三酯的水解，增加了缩水甘油酯的前体物质（甘油二酯和甘油单酯）的生成。

4. 健康风险评估

（1）食品中含量与膳食暴露　根据 EFSA 在 2016 年发布的报告，在不同种类的动物脂肪和植物油中，对缩水甘油的水平进行了监测，其中棕榈油、玉米油、人造黄油、椰子油是含有缩水甘油量最高的 4 种油脂；不同类型食物中缩水甘油水平监测报告显示，酥皮糕点、热加工的酥皮蛋糕、曲奇饼干、油炸薯片是缩水甘油含量最高的 4 种产品（以均值计）（表 3-4）。

表 3-4 不同种类食品中缩水甘油的含量

食品种类	样品数	均值/（μg/kg）	中位数/（μg/kg）
动物脂肪和植物油	2063	1176	261
人造黄油及类似物	170	361	175
人造黄油，正常脂肪	73	582	270
人造黄油，低脂	82	209	140
脂肪乳化剂	15	114	100
特殊脂肪	41	386	360
植物油	1852	1268	280
玉米油	36	650	475
橄榄油	9	15	15
棕榈仁油	95	421	320
花生油	8	148	110
油菜籽油	290	166	100
大豆油	189	171	120
葵花籽油	542	269	200
胡桃油	1	247	—
椰子油	184	476	426
棕榈油	498	3955	3610
婴幼儿配方乳粉	70	87	68
基于谷物的产品	229	51	3
面包卷	75	8	0.3
小麦面包	21	12	0.3
黑麦面包	12	0.4	0.3
小麦黑麦混合面包	20	0.8	0.3
多谷物面包	12	4.1	0.3
未发酵面包、薄脆饼干、面包干	10	28	11
谷物早餐	66	17	2
谷物片	27	6.3	1
牛乳什锦早餐	8	84	1.8
谷物棒	10	12	2.1
膨化谷物	11	15	3.9
麦片粥	10	3	2.5

续表

食品种类	样品数	均值/（μg/kg）	中位数/（μg/kg）
精致焙烤食品	88	112	39
曲奇	36	134	67
脂肪蛋糕产品	13	102	16
热加工酥皮糕点	9	137	56
松饼	7	21	4.8
酥皮糕点	7	149	58
酵母发酵点心	16	81	13
油炸或烘焙鱼、肉	75	38	19
油炸或烘焙的鱼类	28	30	12
油炸或烘烤的肉类	47	43	22
烟熏鱼、肉	129	17	3.4
烟熏的鱼类	60	5.8	3
烟熏的肉类	69	27	3.5
零食	8	15	6
马铃薯商品	62	64	22
炸薯条	8	41	14
马铃薯肉饼	10	5	6
油炸薯片	32	110	44
烤马铃薯	12	6.4	4.5

注：数据来源于 2016 年 EFSA 发布的缩水甘油酯危险性评估报告。

（2）危险性及预防措施　IARC 将缩水甘油列为 2A 类致癌物（对人类很可能有致癌性）。缩水甘油被美国国家毒理学项目认为是"合理预期人类致癌物"。缩水甘油具有基因毒性，会对肾脏、生殖和遗传产生影响，并且可以与 DNA 和血红蛋白共价结合，对基因突变和非常规 DNA 合成有影响。经过 28d 灌胃给药 200mg/（kg·bw）剂量的缩水甘油的大鼠被发现有神经毒性，在 150~400mg/（kg·bw）的剂量作用下，每天灌胃给药，缩水甘油会对大鼠和小鼠产生肾脏毒性。BfR 于 2009 年对婴幼儿配方乳粉和食用油中缩水甘油酯污染进行了评估（假定缩水甘油酯在体内 100%转化为缩水甘油），基于缩水甘油的遗传毒性和致癌性的 BMDL 与婴幼儿摄入乳粉中缩水甘油酯的暴露边界（MOE）比为 670，健康风险极高。如果只关注 3-MCPD 或氯丙醇酯污染及暴露将会低估该类化合物的健康风险，因此，缩水甘油酯在食品中的污染也应引起关注。对大鼠的研究表明，缩水甘油棕榈酸酯在大鼠体内，主要是在胃肠道中快速水解为缩水甘油，并分布到各组织中；与对照的缩水甘油组相比，由缩水甘油酯水解而形成的缩水甘油与血红蛋白结合的速度仅稍慢而已；两组中，缩水甘油与血红蛋白的结合量及从尿中排出的巯基尿酸的结合量均是相当的。该研究表明，缩水甘油酯在动物体内是通过迅速转化为缩水甘油而发挥毒性作用的。

油脂中缩水甘油及其酯主要来自于精炼过程中的脱臭环节，但由于油脂精炼过程必不可少，因此可以从以下 3 种途径控制油脂中的缩水甘油：减少原料中关键反应物、优化油脂精炼工艺条件、去除精炼过程中产生的缩水甘油酯。

研究发现，甘油单酯和甘油二酯都可能是形成缩水甘油酯的前体，将油脂中甘油二酯含量控制在4%以下可减少缩水甘油酯的形成；也可以在加工前使用酶将甘油二酯转化为甘油三酯，但是此反应较难控制。精炼前进行水洗或乙醇洗可减少棕榈油中缩水甘油酯的生成量，用甲酸溶液代替水作为脱臭蒸汽可有效减少缩水甘油酯的生成量；水洗或甲醇洗原材料可有效去除原材料中的氯，这些处理方法都可以有效降低缩水甘油酯的形成量。

通过对油脂精炼过程中缩水甘油酯的形成进行研究，发现在脱色和脱酸过程中去除游离脂肪酸类，以及控制脱臭温度低于240℃时能明显减少精炼过程中缩水甘油酯的形成量。通过选择适当的吸附材料可以有效去除油脂中的缩水甘油酯类。在研究了9种不同的吸附材料对缩水甘油酯的吸附特性后，发现煅烧的沸石与合成的硅酸镁可以减少40%的缩水甘油酯生成量，尤其是沸石可以在很广的温度范围内快速吸附缩水甘油酯，且处理后不会对油的感官特性和氧化稳定性造成影响。

五、杂环胺

1. 理化性质

肉类在热加工过程中会自发产生一些致癌物，如杂环胺（HAAs）。1977年首次在熟食中发现杂环胺；迄今已经发现了超过25种杂环胺。杂环胺通常存在于热处理的食品中，如烤肉和油炸的肉类（牛肉、猪肉、鸡肉、羊肉或鱼）。研究人员已经证实了杂环胺的诱变活性，而且进一步的研究也表明杂环胺在癌症等人类疾病中也起到重要的作用。IARC已经确认了9种杂环胺，其中包括2B类致癌物2-氨基-9H-吡啶并［2，3-b］吲哚（AαC），2-氨基-3-甲基-9H-吡啶并［2，3-b］吲哚（MeAαC），2-氨基-1-甲基-6-苯基咪唑并［4，5-b］吡啶（PhIP）和2-氨基-3，4-二甲基咪唑并［4，5-f］喹啉（MeIQ）和2A类致癌物2-氨基-3-甲基咪唑并［4，5-f］喹啉（IQ），并建议减少这类物质的接触。

在杂环胺的家族中，迄今已经鉴定出超过25种化合物。杂环胺是由杂环和含氮的胺组成。一些常见的杂环胺的化学结构如图3-7所示。杂环胺可进一步分解为氨基咪唑偶氮芳烃（AIA）和氨基咔啉。AIA是在150~300℃的烹饪过程中形成的，因此也被称为咪唑喹啉（IQ）型化合物或者热杂环胺。另一种被称为非IQ型化合物或热分解杂环胺，是在300℃以上产生的。这两种类型的杂环胺分别是由不同的前体物质通过美拉德反应或者热解反应产生。根据化学性质，这些化合物也可以被分为极性和非极性杂环胺。

2. 食品来源

杂环胺通常存在于加热的动物来源食品中，例如猪肉、牛肉、鸡肉、羊肉和鱼类，因为肉制品中肌酸含量较高。PhIP是肉类中最常检测的杂环胺之一，而MeIQx、7，8-DiMeIQx、IQ、MeIQ和AαC也很常见，但是不同的食物之间各种杂环胺的浓度差别很大。例如，猪肉根据不同的烹饪方式，其PhIP含量大致在1~320ng/g，而猪肉中7，8-DiMeIQx的含量大多低于0.1ng/g。鹅肉中杂环胺的含量也不相同，最丰富的是IQ，含量高达2.42ng/g，其次是MeAαC，含量为0.24ng/g，MeIQ的含量为0.21ng/g，但没有检测到PhIP。

3. 检测方法

杂环胺常用的样品前处理方法包括液液萃取（LLE）、超临界流体萃取（SFE）、固相微萃取（SPME）以及在线串联液液萃取和固相萃取（LLE-SPE）。而定性和定量的分析方法包括

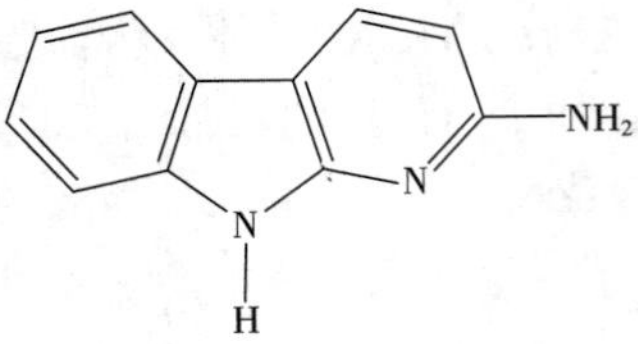

AαC
2-氨基-9H-吡啶并[2,3-b]吲哚

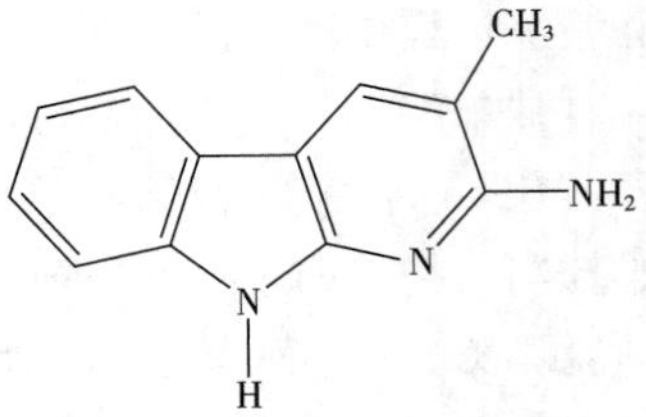

MeAαC
2-氨基-3-甲基-9H-吡啶并[2,3-b]吲哚

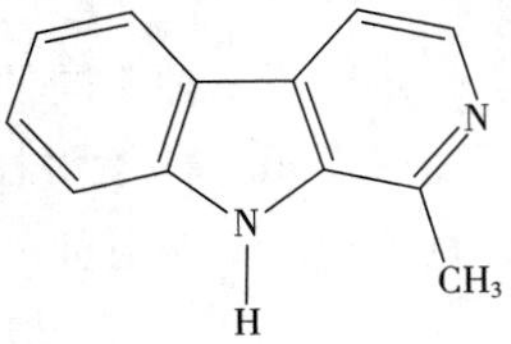

Harman
1-甲基-9H-吡啶[3,4-b]吲哚

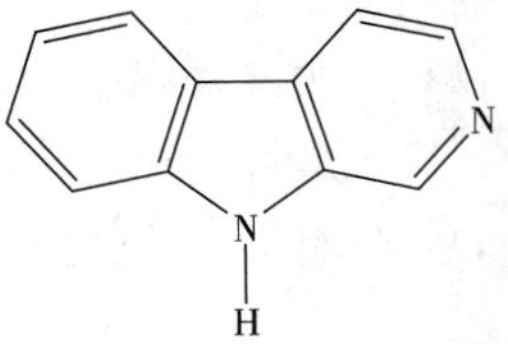

Norharman
9H-吡啶[3,4-b]吲哚

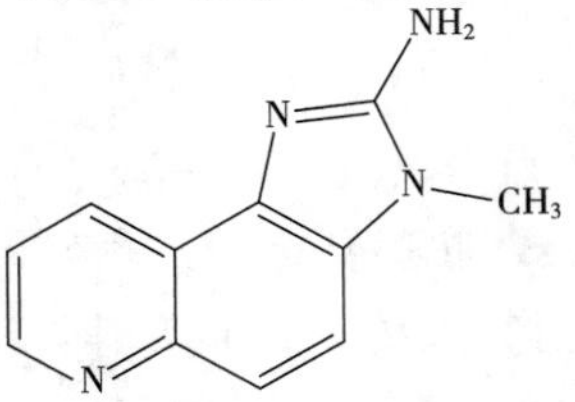

IQ
2-氨基-3-甲基咪唑并[4,5-f]喹啉

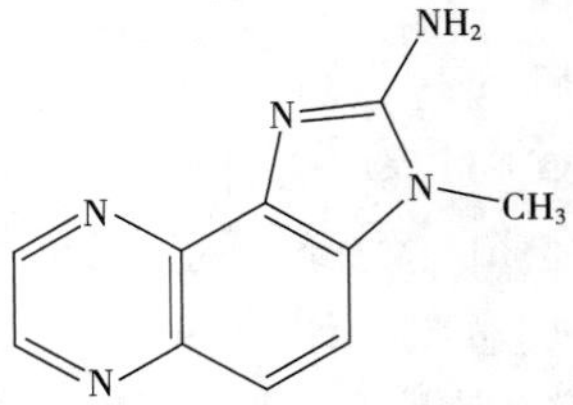

IQx
2-氨基-3-甲基咪唑并[4,5-f]喹喔啉

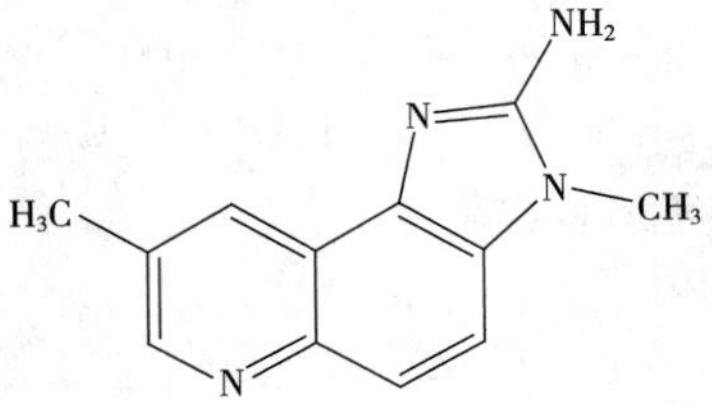

MeIQ
2-氨基-3-甲基-9H-吡啶并[2,3-b]吲哚

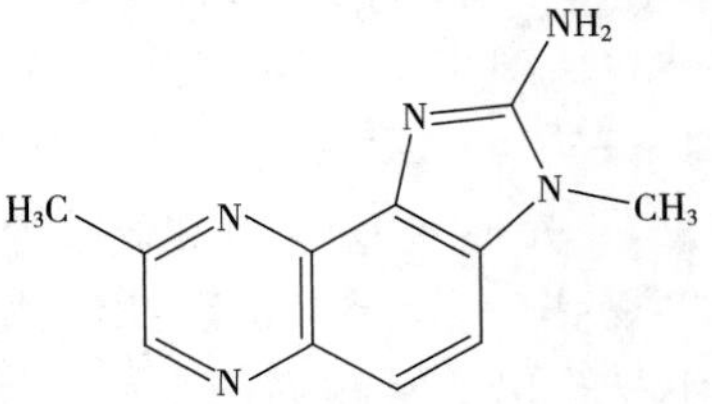

MeIQx
2-氨基-3-甲基-9H-吡啶并[2,3-b]喹喔啉

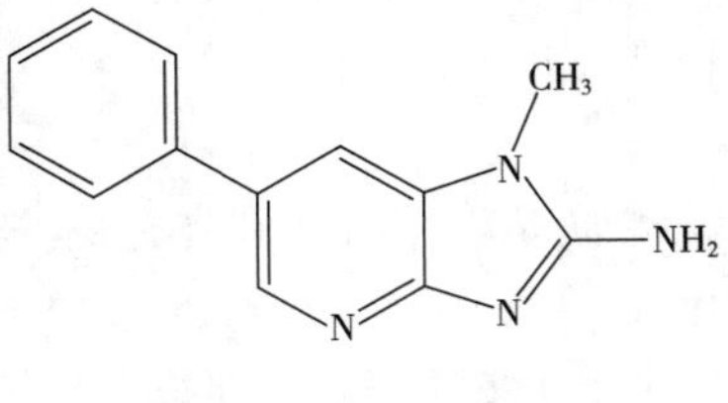

PhIP
2-氨基-1-甲基-6-苯基咪唑并[4,5-b]吡啶

图 3-7　常见杂环胺的化学结构

高效液相色谱法与质谱串联法（LC-MS），气相色谱串联质谱法（GC-MS）。精确测定食品中的杂环胺是一件非常复杂的工作，鉴于样品的复杂成分及杂环胺的痕量水平，通过色谱技术进行分析是较好的研究手段，但在分析前必须进行大量的提纯净化工作，以减少杂质的干扰。

4. 健康风险评估

在我们的日常饮食中，大多数肉类产品在食用前都经过油炸或烤制，在热加工过程中会产生致癌物质。因此，杂环胺的日常暴露水平与我们每天吃的加工肉类的种类和数量有关。

IARC 将红肉归类为人类可能致癌物（2A 组），而加工肉类被认为对人类致癌物（第 1 组）。来自世界癌症研究基金会/美国癌症研究所的专家建议每周摄入不超过 500g 的红肉，而且加工肉类的摄入量还要少得多。许多研究表明，高膳食摄入肉类与人类癌症风险增加有关，包括直肠癌和结直肠癌，而大多数研究都集中在红肉和加工肉类上。具体而言，如果每天摄入额外的 50g 加工肉类，我们患结直肠癌的风险将高出 18%。红肉/加工肉类消费与癌症风险之间的因果关系难以澄清，因为这也与高脂肪或盐消耗以及热加工过程中产生的其他致癌物有关。除杂环胺外，肉制品还含有其他类型的致癌化合物，如亚硝胺和多环芳烃。因此，肉类中的致癌成分对于研究癌症与肉类消费之间的关系比研究肉类本身具有更重要的作用。

杂环胺的消费量因性别和种族而异。肉中总杂环胺的平均摄入量为 69.4ng/d（中值为 30.6ng/d），PhIP 对欧洲人杂环胺总摄入量的贡献最大，而 MeIQx、PhIP 的平均每日暴露量以及美国人的总杂环胺分别为 1.12、1.92 和 3.11ng/kg·（bw·d）。在克罗地亚女性人群中，MeIQx，PhIP 和总 HAAs 的日常暴露水平分别为 0.93、2.34 和 4.43ng/kg·（bw·d）。总之，大型队列人群研究结果表明，高摄入量的 PhIP 和 MeIQx 与增加癌症风险之间存在关联，而红肉消费有很大贡献。已显示杂环胺摄入可诱导氧化应激并增加各类慢性疾病的风险。研究表明，MeIQ 和总杂环胺的高消耗量与女性结直肠腺瘤风险增加显著相关。然而，许多其他研究表明杂环胺摄入与癌症风险之间存在微弱的关联，包括结肠直肠癌和前列腺癌。

然而，由于杂环胺含量高度依赖于肉类的加工温度和烹饪时间，因此杂环胺的含量范围变化可能超过 100 倍。对于杂环胺的体内毒性暴露研究而言，准确测量体内的生物标志物水平至关重要。结肠直肠腺瘤的高风险与更多的 MeIQx、DiMeIQx 和 PhIP 摄入显著相关。此外，个体遗传倾向也可影响杂环胺代谢的速率，进而影响癌症发病风险。

第二节　环境暴露来源污染物

除食品加工过程中产生的污染物之外，还有一类来自于环境暴露的污染物也不容忽视。从生产加工、运输、贮藏和销售工具、容器、包装材料及涂料等溶入食品中的原料材质、单体及助剂等物质，通过食物链富集，被人体吸收后，也将产生人体健康问题。这些来自生产、生活和环境中的污染物包括农药兽药、有害金属等，另外还包括持久性有机污染物（POPs），现已引起国际组织的广泛关注。

一、持久性有机污染物

1. 理化性质

持久性有机污染物（POPs）是指持久存在于环境中，通过长距离传输和食物链积聚，对人类健康及环境造成不利影响的化学物质。具有持久性、生物累积性和生物毒性等特点。POPs 能在水体、土壤和底泥等环境中存留数年时间。即使 15 年内停止使用，最早也要到未来第七代人体内才不会检出。此外，POPs 能蓄积在食物链中，对较高营养等级的生物造成影响，容易通过周围媒介富集到生物体内，并通过食物链的生物放大作用达到中毒浓度（图 3-8）。有多项研究证明，POPs 对人类健康和生态系统产生毒性影响，对肝、肾等脏器和神经系统、内分泌系统、生殖系统等均有急性和慢性毒性；具有致癌性、生殖毒性、神经毒性、内分泌干扰特性等危害，并且由于其持久性的特点，这种危害一般都会持续一段时间。

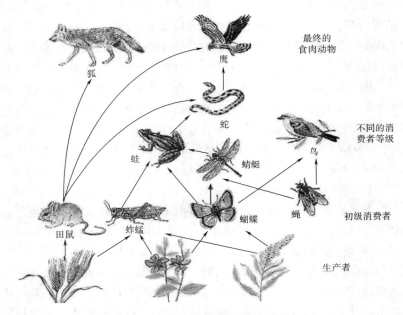

图 3-8　POPs 污染物随食物链累积富集

2. POPs 公约

由联合国环境规划署（UNEP）主持，为了推动 POPs 的淘汰和削减，保护人类健康和环境免受 POPs 的危害，国际社会于 2001 年 5 月 23 日在瑞典首都共同缔结，签署了 POPs 环境公约，其全称是《关于持久性有机污染物的斯德哥尔摩公约》，旨在保护人类健康和环境采取包括旨在减少和/或消除 POPs 的排放和释放。

首批列入公约控制的 POPs 共有 12 种，包括有机氯杀虫剂（滴滴涕、氯丹、灭蚁灵、艾氏剂、狄氏剂、异狄氏剂、七氯和毒杀酚）、工业化学品（多氯联苯和六氯苯）以及工业生产过程的副产物（二噁英和呋喃）。

截至 2006 年 6 月底，已有 151 个国家或区域组织签署了 POPs 公约，其中 126 个已正式批准该公约，公约已于 2004 年 5 月 17 日正式在全球生效。中国是 POPs 公约的正式缔约方，是 2001 年 5 月 23 日首批签署公约的国家之一。2004 年 11 月 11 日，公约已正式在中国生效。中国政府已建立了以国家环保总局牵头、11 个相关部委参与的国家 POPs 履约协调机制，并已在机构建设、能力建设、技术示范、公众意识强化等方面开展了一系列扎实有效的履约工作。

二、多氯联苯

1. 理化性质

多氯联苯（PCBs）又称氯化联苯，是一类人工合成有机物，是联苯苯环上的氢原子被氯所取代而形成的一类氯化物。PCBs 按氯原子数或氯的百分含量分别加以标号，我国习惯上按联苯上被氯取代的个数（不论其取代位置）将 PCB 分为三氯联苯（PCB_3）、四氯联苯（PCB_4）、五氯联苯（PCB_5）、六氯联苯（PCB_6）、七氯联苯（PCB_7）、八氯联苯（PCB_8）、九氯联苯（PCB_9）和十氯联苯（PCB_{10}）。多氯联苯在一般条件下稳定，难溶于水而易溶于脂肪和有机溶剂。PCB 的纯化合物为结晶态，混合物则为油状液体。低氯化物呈液态，流动性好，随着氯原子数的增加，黏稠度相应增高，呈糖浆状乃至树脂状，极难分解，因而能够在生物体脂肪中大量富集。

2. 污染来源

PCBs 对环境的污染是在 1960 年前后研究有机氯农药污染中出现的一组未知色谱峰时被发现。PCBs 的全球性污染主要来源于大量使用 PCBs 的工厂，如用 PCBs 作绝缘油的电机工厂、大量使用 PCBs 作热载体和润滑油的化学工厂、造纸厂特别是再生纸厂。船舶的耐腐蚀涂料中含有 PCBs，被海水溶出后也可视为污染源。PCB 污染大气、水、土壤后，通过食物链的传递，富集于生物体内。例如美国某地小麦、麦蒿中含 PCBs 0.3mg/kg，牛乳中 PCB 含量高达 28mg/kg，均与环境污染有关。

3. 毒性

PCBs 可经动物的皮肤、呼吸道和消化道而被机体所吸收，其中消化道的吸收率很高，具有神经毒性、生殖毒性、致癌性，且对皮肤、牙齿、神经系统、免疫功能和肝脏有危害。

PCBs 可通过哺乳动物的胃肠道、肺和皮肤很快被吸收，进入机体后，广泛分布于全身组织，以脂肪和肝脏中含量较多。母体中的 PCBs 能通过胎盘转移到胎儿体内，而且胎儿肝和肾中的 PCBs 含量往往高于母体相同组织中的含量。PCBs 在体内的代谢速率随氯原子的增加而降低。在哺乳动物体内的 PCBs，部分以含酚代谢物的形式从粪便中排出。所有羟基代谢物都通过胆汁经胃肠道从粪便排出。进一步证明，PCBs 含氯量越高，这种羟基化反应发生的可能性越小。在母乳中也能排出少量 PCBs，但均以原形化合物的形式存在。

研究表明，PCBs 最低致死剂量为 500mg/kg（人经口）。经皮毒性涂敷于动物皮肤时，使局部表皮增厚、毛囊肿胀，肝脏出现脂肪变性和中央性萎缩。给大鼠喂饲 PCB_5 含量为 1g/kg 的饲料，发现动物在喂饲的第 28～53d 死亡。喂饲含 Phenochlor DP6（一种 PCBs）为 2g/kg 的饲料死亡发生在第 12～26d。后者于尸检时发现肝脏增大、脾脏缩小以及进行性化学性肝卟啉症。成年水貂喂饲含 PCBs 为 30mg/kg 的饲料（PCB_3、PCB_4、PCB_6 各为 10mg/kg），结果 6 个月内死亡率为 100%。大鼠以 16h/d 的时长暴露在平均浓度为 0.57mg/m³ 的含氯 65% 的 PCBs 中，6 周后大鼠发生轻微肝损害，因此认为它比氯化萘的危害更大。

严重的 PCBs 中毒会使动物产生腹泻、血泪、运动失调、进行性脱水和中枢神经系统抑制等症状，甚至死亡。

4. 食品安全相关事件

PCBs 对人的危害最典型的例子是日本 1968 年发生的米糠油事件。受害者食用了被 PCBs 污染的米糠油（2000～3000mg/kg）而中毒。截至 1978 年年底，日本 28 个县（包括东京、京都府、大阪府）正式确认了 1684 名病人为 PCBs 中毒患者，其中 30 多人于 1977 年前先后死亡。PCB 的毒性因动物的种属、性别、染毒方式、PCBs 本身的化学结构，以及所含杂质不同有很大差异，人类可能是最敏感的种属之一。

三、二噁英

二噁英的英文名是"Dioxin"。由于氯原子在 19 位的取代位置不同，构成 75 种多氯代二苯（PCDD）异构体和 135 种多氯二苯并呋喃（PCDF）异构体，通常总称为二噁英，其相对分子质量为 321.96，呈白色结晶状，705℃开始分解，800℃时于 2s 内完全分解。其中有 17 种（2、3、7、8 位被氯取代）被认为对人类和其他生物的危害最为严重。

1. 理化性质

二噁英具有很强的热稳定性，气态二噁英在空气中光化学分解的半衰期为 8.3d，800℃才降解，大量破坏时温度需要超过 1000℃；且挥发性低，除了气溶胶颗粒吸附外在大气中分布较少，而在地面可以持续存在；极具亲脂性，耐酸碱及氧化，极难溶于水。二噁英在环境中稳定性高，平均半衰期约为 9 年。在人体内降解缓慢，主要蓄积在脂肪组织中。二噁英在自然界中几乎不存在，只有通过化学合成才能产生，是目前人类创造的最可怕的化学物质，被称为"地球上毒性最强的毒物"。

2. 污染来源

大气环境中的二噁英来源复杂，包括钢铁冶炼、有色金属冶炼、汽车尾气、焚烧生产（包括医药废水焚烧，化工厂的废物焚烧、生活垃圾焚烧、燃煤电厂焚烧生产等）。含铅汽油、煤、防腐处理过的木材以及石油产品、各种废弃物特别是医疗废弃物在燃烧温度低于 300~400℃时即可产生二噁英。聚氯乙烯塑料、纸张、氯气以及某些农药的生产环节、钢铁冶炼、催化剂高温氯气活化等过程都可向环境中释放二噁英。二噁英还作为杂质存在于一些农药产品如五氯酚中。

城市生活垃圾焚烧产生的二噁英受到的关注程度最高，焚烧生活垃圾产生二噁英的机制比较复杂，目前认为主要有 3 种途径：在对氯乙烯等含氯塑料的焚烧过程中，焚烧温度低于800℃，含氯垃圾不完全燃烧，极易生成二噁英。燃烧后形成氯苯，后者成为二噁英合成的前体；其他含氯、含碳物质如纸张、木制品、食物残渣等经过铜、钴等金属离子的催化作用不经氯苯生成二噁英；在制造包括农药在内的化学物质，尤其是氯系化学物质，如杀虫剂、除草剂、木材防腐剂、落叶剂（美军用于越战）、多氯联苯等产品的过程中派生。

另外，电视机若不及时清理，电视机内堆积起来的灰尘中通常也会检测出溴化二噁英，而且含量较高，平均每克灰尘中，就能检测出 4.1μg 溴化二噁英。二噁英的食品来源包括食物链的生物富积、纸包装材料的迁移等。

食品中以动物性食品污染较多，主要是肉类、乳制品、鱼及贝类食物。

3. 毒性

二噁英可以通过皮肤、呼吸道、消化道等多种途径进入人体，但通过食物特别是脂类、经消化道进入人体的量占 90% 以上。

二噁英急性中毒可致人和动物死亡，还可致厌食、肌肉、脂肪急剧下降，称废物综合征，可造成皮肤黏膜损害，对胚胎及婴幼儿发育、生殖系统、免疫系统、内分泌代谢系统均有不同程度的影响。

二噁英的生物半衰期较长，2，3，7，8-四氯二苯并-P-二噁英在小鼠体内的半衰期为 10~15d，在大鼠体内为 12~31d，人体内则长达 5~10 年（平均为 7 年）。因此，即使一次染毒也可在体内长期存在；如果长期接触二噁英还可造成体内蓄积，可能造成严重损害。

二噁英类剧毒物质，其毒性相当于人们熟知的剧毒物质氰化物的 130 倍、砒霜的 900 倍。

大量的动物实验表明，极低浓度的二噁英就对动物表现出致死效应。从职业暴露和工业事故受害者身上已得到一些二噁英对人体的毒性数据及临床表现，暴露在含有 PCDD 或 PCDF 的环境中，可引起皮肤痤疮、头痛、失聪、忧郁、失眠等症，并可能导致染色体损伤、心力衰竭、癌症等。有研究结果指出，二噁英还可能导致胎儿生长不良、男性精子数明显减少等，它侵入人体的途径包括饮食、空气吸入和皮肤接触。一些专家指出，人类暴露于含二噁英污染的环境中，可能引起男性生育能力丧失、不育症、女性青春期提前、胎儿及哺乳期婴儿疾患、免疫功能下降、智商降低、精神疾患等；此外还有致死作用和"消瘦综合征"、胸腺萎缩、免疫毒性、肝脏毒性、氯痤疮、生殖毒性、发育毒性和致畸性、致癌性。

4. 食品安全相关事件

1999 年 5 月，比利时发生了震惊欧洲乃至整个世界的"毒鸡事件"，当时肉鸡和鸡蛋中的二噁英含量超标达 1500 倍。该事件直接导致 200 多种衍生产品在欧洲被紧急下架。

经调查发现，饲养场使用的粉料掺入了被二噁英严重污染的废机油。该事件造成的直接经济损失高达 7.67 亿美元，并影响了比利时当年 6 月进行的总统大选并最终导致该届政府下台。此外由于出现信任危机，比利时贸易自此之后长达数年萎靡不振。

四、多环芳烃——苯并芘

多环芳烃是煤、石油、木材、烟草、有机高分子化合物等有机物不完全燃烧时产生的挥发性碳氢化合物，是重要的环境和食品来源污染物。苯并芘（BaP）的化学式是 $C_{20}H_{12}$，英文名称为 BaP，属于稠环芳香烃类化合物。

1. 理化性质

苯并芘为无色至淡黄色、针状晶体。不溶于水，微溶于乙醇、甲醇，溶于苯、甲苯、二甲苯、氯仿、乙醚、丙酮等，稳定性高。在工业上无生产和使用价值，一般只作为生产过程中形成的副产物随废气排放，存在于主流及侧流烟气中。

2. 污染来源

食品中的苯并芘不但来源于环境中的污染物转移，还有一部分来源于食品加工过程，包括熏烤和高温油炸。

（1）环境来源　BaP 存在于煤焦油、各类炭黑和煤以及焦化、炼油，沥青、塑料等工业污水中。主要来自洗刷大气的雨水水中的 BaP 以吸附于某些颗粒上、溶解于水中和呈胶体状态等三种形式存在，其中大部分吸附在颗粒物质上。日光照射下，大气中的 BaP 化学半衰期不足 24h，没有日光照射时则为数日。水中的 BaP 在强烈日光照射下半衰期为几小时至十几小时，土壤中 BaP 的降解速度在 8d 内约为 53%~82%；对酸碱较稳定，日光照射能促使分解，速度加快。水体土壤和作物中 BaP 都容易残留，进入人体后，分解速度比较快，水中的 BaP 主要来自工业排放。BaP 不仅广泛存在于环境中，而且与其他多环芳烃的含量存在一定的相关性，所以一般都把 BaP 作为大气致癌物的代表。BaP 遇明火、高热可燃，受高热分解放出有毒的气体，因此长期生活在含 BaP 的空气环境中会造成慢性中毒，空气中的 BaP 是导致肺癌的最重要的因素之一。

（2）熏烤食品　熏烤食品时所使用的熏烟中就含有苯并芘等多环芳烃类物质，其来源主要有：熏烤所用的燃料木炭含有少量的苯并芘，在高温下有可能伴随着烟雾侵入食品中；烤制时，滴于火上的食物脂肪焦化产物发生热聚合反应，形成苯并芘，附着于食物表面，这是烤制食物中苯并芘的主要来源；由于熏烤的鱼或肉等自身的化学成分——糖和脂肪，其不完全燃烧也会产生苯并芘以及其他多环芳烃；食物炭化时，脂肪因高温裂解，产生自由基，并相互结合生成苯并芘。因此应尽量少吃熏烤食品。

（3）高温油炸食品　多次使用的高温植物油、油炸过火、爆炒的食品都会产生苯并芘。反复煎炸食品的植物油，煎炸时所用油温越高，产生的苯并芘含量越高。另外，食用油加热到270℃时，产生的油烟中含有苯并芘等化合物；300℃以上加热，即便是短时间，也会产生大量的致癌物苯并芘。在日常炒菜的温度下，加热时间越长，油脂中产生的苯并芘就越多。所以，家庭烹饪要尽量少用高温、长时间、油用量多的烹饪方法，减少反复油炸，也尽量减少油烟，这样才能尽量减少苯并芘的摄入。

3. 毒性

BaP 被认为是高活性致癌剂，但并非直接致癌物，必须经细胞微粒体中的混合功能氧化酶激活才具有致癌性。BaP 进入机体后，除少部分以原形随粪便排出外，一部分经肝、肺细胞微粒体中混合功能氧化酶激活而转化为数十种代谢产物，其中转化为羟基化合物或醌类者，是一种解毒反应；转化为环氧化物者，特别是转化成 7，8-环氧化物，则是一种活化反应，7，8-环氧化物再经二级代谢产生 7，8-二氢二羟基-9，10-环氧苯并［a］芘，便可能是最终致癌物。这种最终致癌物有 4 种异构体，其中的（+）-BP-7β，8α-二醇体-9α，10α-环氧化物-苯并［a］芘，已证明致癌性最强，它与 DNA 以共价键结合，造成 DNA 损伤，如果 DNA 不能修复或修而不复，细胞就可能发生癌变。其他 3 种异构体也有致癌作用。经口、经皮、吸入，经腹膜皮下注射的动物试验结果均显示致癌性。许多国家相继用 9 种动物进行实验，采用多种染毒途径，结果都得到诱发癌症的阳性报告。在多环芳烃类化合物中，BaP 污染范围最广、致癌性最强。

4. 食品安全相关事件

2017 年 6 月，河南省灵宝市玉瑞生物科技有限责任公司生产的亚武山野生核桃油，过氧化值检出值为 7.9mmol/kg，相关标准规定为 ≤6mmol/kg；苯并芘检出值为 17μg/kg，相关标准规定为 ≤10μg/kg。三门峡食品药品监管部门对涉事单位依法处理，责令其查清不合格产品的批次、数量、流向，召回不合格产品，采取下架等措施控制风险，分析原因进行整改，并依法予以查处。

讨论：洋快餐的食品安全隐患

自从 2002 年在洋快餐食品中检出致癌物丙烯酰胺以来，全国各地对以肯德基和麦当劳为代表的西式快餐食品的安全性表示密切关注，围绕着洋快餐食品食用是否安全的问题有以下两种观点。

【甲方】不用担心洋快餐食品的安全性问题。以薯条、薯片和炸鸡翅为代表，这些食品在西方饮食结构中占主导地位，食用历史已经有几百年，流行病学结果显示经常食用这些食品的人群并无明显致癌增长趋势；况且以丙烯酰胺为代表的化学危害物是油炸过程中自发产生的，不存在生产商违背道德的问题。

【乙方】对洋快餐食品安全性问题十分担忧。薯片中丙烯酰胺的含量可达上千 μg/kg，青少年、儿童对此类食品尤其感兴趣，若有食品安全问题会影响青少年儿童的身体健康，丙烯酰胺的慢性毒性（神经毒性和致癌性）不可忽视；若无视此类问题，则与倡导健康的饮食习惯极为不符。

针对这两种说法，你的立场和观点是怎样的？应用现学的知识，如何来对待洋快餐的食品安全问题？有哪些控制方法？

从20世纪80年代开始，洋快餐逐渐在中国大陆兴起。而近些年来，也频频出现洋快餐的食品安全事件报道。洋快餐主要存在哪些食品安全问题？与中式快餐相比，二者各有哪些优劣之处？

思考题

1. 思考食品加工来源污染物的主要类别、膳食暴露来源和控制措施。
2. 思考持久性有机污染物的主要类别以及给食品安全带来的风险。
3. 举例说明食品加工和环境暴露来源污染物相关的食品安全事件和科学问题。

参考文献

［1］Jędrkiewicz, R., Kupska, M., Gowacz, A., et al. 3-MCPD: a worldwide problem of food chemistry［J］. Critical Reviews in Food Science and Nutrition, 2016, 56（14）: 2268-2277.

［2］Oey, S. B., van der Fels-Klerx, H. J., Fogliano, V., et al. Mitigation strategies for the reduction of 2-and 3-MCPD esters and glycidyl esters in the vegetable oil processing industry［J］. Comprehensive Reviews in Food Science and Food Safety, 2019, 18（2）: 349-361.

［3］Michalak, J., Czarnowska-Kujawska, M., Gujska, E. Acrylamide and thermal-processing indexes in market-purchased food［J］. International Journal of Environmental Research and Public Health, 2019, 16（23）: 4724.

［4］Yu, D., Xie, X., Qiao, B., et al. Gestational exposure to acrylamide inhibits mouse placental development in vivo［J］. Journal of Hazardous Materials, 2019, 367: 160-170.

［5］Chevereau, M., Glatt, H., Zalko, D., et al. Role of human sulfotransferase 1A1 and N-acetyltransferase 2 in the metabolic activation of 16 heterocyclic amines and related heterocyclics to genotoxicants in recombinant V79 cells［J］. Archives of Toxicology, 2017, 91（9）: 3175-3184.

［6］Cho, H., Lee, K. G. Formation and reduction of furan in maillard reaction model systems consisting of various sugars/amino acids/furan precursors［J］. Journal of Agricultural and Food Chemistry, 2014, 62（25）: 5978-5982.

［7］Condurso, C., Cincotta, F., Verzera, A. Determination of furan and furan derivatives in baby food［J］. Food Chemistry, 2018, 250: 155-161.

［8］Devanthi, P. V. P., Linforth, R., El Kadri, H., et al. Water-in-oil-in-water double emulsion for the delivery of starter cultures in reduced-salt moromi fermentation of soy sauce［J］. Food Chemistry 2018, 257: 243-251.

［9］胡盛寿，高润霖，刘力生等.《中国心血管病报告2018》概要［J］. 中国循环杂志, 2019, 34（3）: 209-220.

［10］龙小涛，何嘉锐，叶雪丽. 食品中丙烯酰胺的抑制方法研究进展［J］. 现代食品科技, 2012, 28（6）: 688-690.

［11］宋玉峰，王微山，张继斌等. 食品中反式脂肪酸的监测与评估研究进展［J］. 中国食物与营养, 2012, 18（4）: 5-10.

［12］刘玉兰，刘海兰，黄会娜等. 煎炸方式和煎炸食材对花生煎炸油中3-氯丙醇酯和缩水甘油酯含量的影响［J］. 食品科学, 2019, 40（11）: 42-48.

食品添加剂与食品安全

食品添加剂一词源于西方工业革命，特别是化学工业的迅猛发展，使得人工合成的化学品，如人工色素、糖精等，容易大量得到且价格低廉，更重要的是使用效果好。因而在一些方面化学合成添加剂逐步取代了许多天然添加剂在食品中的使用。随着经济的发展，人们对饮食提出了更新、更高的要求，一方面要求色、香、味、形俱佳，营养丰富；另一方面要求食用方便、清洁卫生、无毒无害、确保安全；此外还要适应工作生活快节奏和满足不同人群的消费需要，而食品添加剂就发挥着这些重要的作用。

食品添加剂是指为改善食品品质和色、香、味，以及为防腐和加工工艺的需要而加入食品中的化学合成或天然成分。营养强化剂是为增强营养成分而加入食品中的天然的或者人工合成的营养素，也被归于食品添加剂范畴。

第一节　食品添加剂的使用原则

人们对食品的要求首先是为了满足营养方面的要求，其次人们又希望得到食品良好的色、香、味、形态和组织结构，以满足感官方面的要求，而食品添加剂正是为了改善这些方面的特性而使用的。但是在满足上述两方面需求的基础上，安全性是不容忽视的，因此也就对添加剂提出了相应的要求。由于食品工业的快速发展，食品添加剂已经成为现代食品工业的重要组成部分，已经成为食品工业技术进步和科技创新的重要推动力。在食品添加剂的使用过程中，不同的添加剂有着不同的功能和作用。

一、基本要求

不应对人体产生任何健康危害；不应掩盖食品腐败变质；不应掩盖食品本身或加工过程中的质量缺陷或以掺杂、掺假、伪造为目的而使用食品添加剂；不应降低食品本身的营养价值；在达到预期效果的前提下尽可能降低在食品中的使用量。

二、食品添加剂可使用的情形

保持或提高食品本身的营养价值；作为某些特殊膳食用食品的必要配料或成分；提高食品的质量和稳定性，改进其感官特性；便于食品的生产、加工、包装、运输或者贮藏。

三、带入原则

在下列情况下食品添加剂可以通过食品配料（含食品添加剂）带入食品中。①根据国家标准，食品配料中允许使用该食品添加剂；②食品配料中该添加剂的用量不应超过允许的最大使用量；③应在正常生产工艺条件下使用这些配料，并且食品中该添加剂的含量不应超过由配料带入的水平；④由配料带入食品中的该添加剂的含量应明显低于直接将其添加到该食品中通常所需要的水平。

当某食品配料作为特定终产品的原料时，批准用于上述特定终产品的添加剂允许添加到这些食品配料中，同时该添加剂在终产品中的量应符合国家标准的要求。在所述特定食品配料的标签上应明确标示该食品配料用于上述特定食品的生产。

四、食品添加剂的作用

1. 有利于食品的保藏，防止食品腐败变质

食物原料大部分来自动植物，属于生鲜食品，每年在贮藏、运输过程中因贮藏不当造成的浪费数量惊人，这对于资源日渐短缺、人口飞速膨胀的全球是一种巨大的灾难。因此，加快食品保鲜剂、防腐剂的研制，尽可能地延长食品的保质期，成为加速食品添加剂发展的动力。食品在腐败变质的同时，由于氧化还原的反应，还会出现脂肪的蚝败、色泽褐变、营养成分损失等多方面的变化，促使食品的品质下降，所以需要使用抗氧化剂。

2. 改善食品的感官性状

色、香、味、形、体等食品的感官评价，是衡量食品质量的重要指标。饮食的发展从当初果腹到人类物质享受，经历了漫长的发展过程，有着深厚的历史、文化、美学、人文、艺术等多方面的积淀。各国、各地区，甚至各民族、各阶层都有着自己鲜明的饮食特色。香精、香料、色素有着悠久的使用历史，也是当今食品添加剂中比例最大、使用最为活跃的部分。

3. 保持或提高食品的营养价值

食品添加剂的存在，一方面保护营养成分免受或少受损失，另一重要的方面是在食品中添加营养强化剂，增加营养成分的含量或通过调整营养成分的比例提高食品的营养价值，如食盐中添加碘，面粉中添加铁、锌等，儿童食品中添加钙、维生素等。日常食品的营养强化是关系着一个国家、一个民族身体素质的重要问题，也将影响国家的发展和强大。

4. 增加食品的品种和方便性

食品品种多样化是满足不同消费群体需要的前提，不论是色泽、性状、口味的改变，还是原料、营养、品种的调整，琳琅满目的食品显著地促进了人们的消费欲望。现代生活和工作的快节奏，使得人们对方便食品的需求大大增加，快餐食品、即食食品、速冻食品等深受都市人的喜爱。

5. 有利于食品加工操作，适应食品机械化和自动化生产

食品的加工程度越来越高，工业化生产的食品已深入到我们日常生活的每一天。食品添加剂可使食品原料更具有可加工性，适应现代化食品机械设备的大规模生产，如豆乳生产中消泡剂的使用、低聚糖生产中使用酶制剂等。

6. 满足其他的特殊需要

食品在调节人体机能和维护健康方面发挥着重要作用，因此大力开发低糖、低脂食品成为食品工业发展的一种趋势，这使糖类、脂类替代品的开发成为重要方向。目前，肥胖、糖尿病患者激增，专用食品的开发也需要使用食品添加剂。

第二节　食品添加剂的分类

一、按来源分类

1. 天然食品添加剂

利用动、植物机体或微生物的代谢产物等为原料，经提取所获得的天然物质。

2. 合成食品添加剂

采用化学手段，使元素或化合物通过氧化、还原、缩合、聚合、成盐等合成反应而得到的物质。

二、按功能分类

按功能，各个国家的分类方法不尽相同。美国 1981 年将其分为 45 类，联合国粮农组织/世界卫生组织（FAO/WHO）于 1994 将其分为 40 类，而原欧洲共同体仅分为 9 类，日本分为 25 类。我国目前正在施行的《食品安全国家标准　食品添加剂使用标准》（GB 2760—2014）全面整合和梳理了 1996 年以来由原卫生部和原国家卫生和计划生育委员会公告的食品添加剂名单，其功能类别包括酸度调节剂、抗结剂、消泡剂、抗氧化剂、漂白剂、膨松剂、胶基糖果中基础剂物质、着色剂、护色剂、乳化剂、酶制剂、增味剂、面粉处理剂、被膜剂、水分保持剂、防腐剂、稳定剂和凝固剂、甜味剂、增稠剂、食品用香料、食品工业用加工助剂、营养强化剂和其他。其中，食品营养强化剂和胶基糖果中基础剂物质及其配料名单调整由其他相关标准进行规定。此外，每个添加剂在食品中常常具有一种或多种功能。在 GB 2760—2014 中每种食品添加剂的具体规定中，列出了该食品添加剂常用的功能，但并非详尽的列举。每种功能类别添加剂的具体功能描述如表 4-1 所示。

表 4-1　　　　　　　　　各种功能类别食品添加剂的功能描述

序号	功能类别	功能描述
1	酸度调节剂	用以维持或改变食品酸碱度的物质
2	抗结剂	用于防止颗粒或粉状食品聚集结块，保持其松散或自由流动的物质
3	消泡剂	在食品加工过程中降低表面张力，消除泡沫的物质
4	抗氧化剂	能防止或延缓油脂或食品成分氧化分解、变质，提高食品稳定性的物质
5	漂白剂	能够破坏、抑制食品的发色因素，使其褪色或使食品免于褐变的物质

续表

序号	功能类别	功能描述
6	膨松剂	在食品加工过程中加入的，能使产品发起形成致密多孔组织，从而使制品具有膨松、柔软或酥脆的物质
7	胶基糖果中基础剂物质	赋予胶基糖果起泡、增塑、耐咀嚼等作用的物质
8	着色剂	使食品赋予色泽和改善食品色泽的物质
9	护色剂	能与肉及肉制品中呈色物质作用，使之在食品加工、保藏等过程中不致分解、破坏，呈现良好色泽的物质
10	乳化剂	能改善乳化体中各种构成相之间的表面张力，形成均匀分散体或乳化体的物质
11	酶制剂	由动物或植物的可食或非可食部分直接提取，或由传统或通过基因修饰的微生物（包括但不限于细菌、放线菌、真菌菌种）发酵、提取制得，用于食品加工，具有特殊催化功能的生物制品
12	增味剂	补充或增强食品原有风味的物质
13	面粉处理剂	促进面粉的熟化和提高制品质量的物质
14	被膜剂	涂抹于食品外表，起保质、保鲜、上光、防止水分蒸发等作用的物质
15	水分保持剂	有助于保持食品中水分而加入的物质
16	防腐剂	防止食品腐败变质、延长食品储存期的物质
17	稳定剂和凝固剂	使食品结构稳定或使食品组织结构不变，增强黏性固形物的物质
18	甜味剂	赋予食品甜味的物质
19	增稠剂	可以提高食品的黏稠度或形成凝胶，从而改变食品的物理性状、赋予食品黏润、适宜的口感，并兼有乳化、稳定或使呈悬浮状态作用的物质
20	食品用香料	能够用于调配食品香精，并使食品增香的物质
21	食品工业用加工助剂	有助于食品加工能顺利进行的各种物质，与食品本身无关。如助滤、澄清、吸附、脱模、脱色、脱皮、提取溶剂等
22	营养强化剂	增加食品的营养成分（价值）而加入到食品中的天然或人工合成的营养素和其他营养成分
23	其他	上述功能类别中不能涵盖的其他功能

1. 酸度调节剂

酸度调节剂又称 pH 调节剂，是用以维持或改变食品酸碱度的物质。酸度调节剂分为酸化剂、碱剂以及具有缓冲作用的盐类。规定允许使用的酸度调节剂有柠檬酸、柠檬酸钾、乳酸、酒石酸等，其中柠檬酸为广泛应用的一种酸味剂。柠檬酸、乳酸、酒石酸、苹果酸、柠檬酸钠、柠檬酸钾等均可按正常需要用于各类食品。

其中，酸化剂具有增进食品质量的许多功能特性，例如，改变和维持食品的酸度并改善其风味；增进抗氧化作用，防止食品酸败；与重金属离子络合，具有阻止氧化或蜕变反应、稳定颜色、降低浊度、增强胶凝特性等作用。酸均有一定的抗微生物作用，尽管单独用酸来抑菌、防腐所需浓度太大，影响食品感官特性，难以实际应用，但是当以足够的浓度，选用一定的酸化剂与其他保藏方法如冷藏、加热等并用，可以有效地延长食品的保存期。

2. 抗结剂

抗结剂用于防止颗粒或粉状食品聚集结块，是保持其松散或自由流动的物质。我国允许使用的抗结剂有亚铁氰化钾、磷酸三钙、二氧化硅和微晶纤维素等。

抗结剂的原理通常是吸收多余水分或者附着在颗粒表面使其具有憎水性。制作冰淇淋添加抗结剂可提高乳化作用，防止冰碴形成，改善口感。

GB 2760—2014 规定，抗结剂可用于植脂性粉末、稀奶油、冰淇淋、高纤维食品和面包。不同类型的食品的使用量不同。

3. 消泡剂

消泡剂是在食品加工过程中降低表面张力，消除泡沫的物质。特别是生产豆制品或者利用微生物生产酒类、酱油等食品时，由于在加工过程中食品原材料收到搅拌强烈操作，使得浆液起泡速度快、起泡量大，所以槽内经常充满泡沫，泡沫长时间累积造成漫溢，生产环境受到影响，因此消泡剂在食品行业中广泛应用。在添加食品消泡剂后，泡膜排液的速率可以反映泡沫的稳定性，消泡剂能促使液膜排液，因而导致气泡破灭。

消泡剂应具备下列性质：①消泡力强，用量少；②加到起泡体系中不影响体系的基本性质，即不与被消泡体系起反应；③表面张力小；④与表面的平衡性好；⑤耐热性好；⑥扩散性、渗透性好，正铺展系数较高；⑦化学性稳定，耐氧化性强；⑧气体溶解性、透过性好；⑨在起泡性溶液中的溶解性小；⑩无生理活性，安全性高。GB 2760—2014 标准将目前常用的消泡剂并入需要规定功能和使用范围的食品工业用加工助剂。例如，聚氧丙烯甘油醚、聚氧丙烯氧化乙烯甘油醚、聚氧乙烯聚氧丙烯胺醚等可作为消泡剂用于食品发酵工艺；聚甘油脂肪酸酯可作为消泡剂用于制糖工艺。

4. 抗氧化剂

抗氧化剂是指能延缓食品成分氧化变质的一类物质，以防止或延缓油脂及富脂食品的氧化酸败。此外，抗氧化增效剂是指单独使用时没有抗氧化性，但可与抗氧化剂起协同作用的物质，如柠檬酸、酒石酸。抗氧化剂按来源可分为人工合成抗氧化剂［如丁基羟基茴香醚（BHA）、二丁基羟基甲苯（BHT）、没食子酸丙酯（PG）等］和天然抗氧化剂（如茶多酚、植酸等）。抗氧化剂按溶解性可分为油溶性、水溶性和兼容性三类。油溶性抗氧化剂有 BHA、BHT 等；水溶性抗氧化剂有抗坏血酸、茶多酚等；兼容性抗氧化剂有抗坏血酸棕榈酸酯等。抗氧化剂按照作用方式可分为自由基吸收剂、金属离子螯合剂、氧清除剂、过氧化物分解剂、酶抗氧化剂、紫外线吸收剂或单线态氧淬灭剂等。

（1）BHA　BHA 对热较为稳定，在弱碱条件下也不易破坏，一般认为毒性较低，安全性较高，但在大剂量使用时可引起大鼠胃癌，每日允许摄入量（ADI）值为 $0\sim0.5\text{mg}/(\text{kg}\cdot\text{bw})$，一般用于干鱼制品和饼干中。

（2）BHT　BHT 稳定性高、耐热性好、抗氧化效果好，在焙烤食品中的效果比 BHA 差，ADI 值为 $0\sim0.3\text{mg}/(\text{kg}\cdot\text{bw})$。

（3）PG　PG 稳定性好，对猪油的抗氧化作用比 BHA 和 BHT 都强，不具有蓄积性，毒性小，ADI 值为 $0\sim1.4\text{mg}/(\text{kg}\cdot\text{bw})$。

（4）特丁基对苯二酚（TBHQ）　　TBHQ针对多不饱和脂肪酸的效果较好，ADI值为0~0.2mg/（kg·bw）。

（5）L-抗坏血酸类　　L-抗坏血酸可应用于啤酒、果汁等，而L-抗坏血酸钠盐在水中溶解度更大，可添加至肉制品中。L-抗坏血酸硬脂酸酯有较好的亲脂性，因此可用于各种油脂食品，且没有维生素C（抗坏血酸）的酸味。

（6）茶多酚（TP）　　由于茶多酚多为含有2个以上的邻位羟基多元酚，具有较强的供氢能力，故是一种理想的抗氧化剂。茶多酚按主要化学成分可分为儿茶素类、黄酮类、花青素类、酚酸类这4大类物质。其中尤以儿茶素含量最高，占茶多酚总量的60%~80%。儿茶素主要包括表儿茶素（EC）、表儿茶素没食子酸酯（ECG）、表没食子儿茶素（EGC）和表没食子儿茶素没食子酸酯（EGCG）4种物质。4种主要儿茶素中，抗氧化能力表现为EGCG>EGC>ECG>EC。作为油脂食品的抗氧化剂，其具有优异的抗氧化性能，效力远远优于BHA和BHT。茶多酚的抗氧化作用可应用于肉制品加工、油脂贮藏及焙烤食品、乳制品、油炸食品的制作，也可用于各种饮料的配制。在冷冻鲜鱼时，加入茶多酚抗氧化剂，可防止鱼体脂肪的氧化。

（7）竹叶抗氧化物（AOB）　　竹叶抗氧化物是一种从竹叶中得到的黄色或棕黄色的粉末或颗粒，其主要抗氧化成分包括黄酮、内酯和酚酸类物质，总黄酮糖苷含量在30%以上。它能有效清除亚硝酸盐和阻断亚硝胺的合成，兼具抗菌、抑菌、除臭的作用，风味平和，水溶性好，品质稳定，可广泛应用于食用油脂、中西式肉制品、水产制品和膨化食品，是一种天然、营养、多功能的新型食品添加剂。

5. 漂白剂

漂白剂是指能够破坏或者抑制食品色泽形成因素，使其色泽褪去或者避免食品褐变的一类添加剂。应用于食品的漂白剂主要有两种：氧化型漂白剂和还原型漂白剂。氧化型漂白剂是通过本身的氧化作用破坏着色物质或发色基团，从而达到漂白的目的，如过氧化氢，主要用于面粉，已归在食品工业用加工助剂中。还原型漂白剂主要是通过其中二氧化硫成分的还原作用，使果蔬中的色素成分分解或褪色，其作用比较缓和，但被其漂白的色素物质一旦再被氧化，可能重新显色，包括二氧化硫、焦亚硫酸钾、亚硫酸氢钠、低亚硫酸钠、焦亚硫酸钠、亚硫酸钠和硫黄，一般用于处理蜜饯、干果、保藏水果原料及其半成品，不适用于肉、鱼等动物性食品，需要严格控制其二氧化硫残留量。除了具有改善食品色泽的作用外，有些漂白剂还有钝化生物酶活性和抑制微生物繁殖的作用，可以起到控制酶促褐变及抑菌等作用。

6. 膨松剂

膨松剂是在颗粒或粉末食品加工过程中加入的，能产生气体，形成多孔状态从而使制品具有酥脆、膨松或柔软等特征的食品添加剂，又称疏松剂。主要用于膨化食品、方便面、油条、馒头、面包、包子、蛋糕等面制品使之快速疏松。以面包制作为例，发酵粉产生二氧化碳，面团受热膨胀，体积增大，形成松软绵状多孔结构，口感柔松可口，也使得面包更易被消化吸收。

膨松剂可分为生物膨松剂和化学膨松剂。生物膨松剂一般为微生物发酵，包括鲜酵母、压榨酵母、活性干酵母等，使食品风味独特，营养丰富，但对温度、pH有较高要求。化学膨松剂的原理为化学试剂受热或遇水分解，包括碳酸氢铵、碳酸氢钠、泡打粉（复合膨松剂），其价格低廉，保存性较好，使用时稳定性高，但其膨胀力较弱，缺乏香味，有的还会残留特殊异味。

　　泡打粉是最常用的一种膨松剂。它是一种复合膨松剂，由苏打粉添加酸性材料，并以玉米粉为填充剂制成的白色粉末，又称发泡粉和发酵粉。泡打粉是一种快速发酵剂，主要用于粮食制品的快速发酵。在制作蛋糕、发糕、包子、馒头、酥饼、面包等食品时用量较大。其中使用的碳酸盐或碳酸氢盐用以产二氧化碳，酸性剂一般为硫酸铝钾和酒石酸氢钾，能降低制品的碱性，调整食品酸碱度，去除异味，并控制反应速度。其中填充剂的作用是调节二氧化碳气体产生的速度，使气泡产生均匀，延长膨松剂的保存性，改善面团的工艺性能，增强面筋的强韧性和延伸性，能防止面团因失水而干燥。

　　我国曾出现过使用含铝泡打粉制作"毒包子"的食品安全事件，其中因钾明矾和铵明矾的过量使用，致使食品中铝含量超标，由于摄入铝过多会减退人的记忆力和抑制免疫功能，阻碍神经传导，而且铝从人体内排出速度很慢，致使安全隐患的产生。因为无铝泡打粉做出来的包子卖相不好，颜色不够白，口感也不好，促使商家为了食品的感官铤而走险。自 2014 年 7 月 1 日起，国家出台了相关规定，膨化食品生产中不得使用含铝食品添加剂。现使用的无铝膨松剂的成分为食用碱、柠檬酸、δ-葡萄酸酸内酯、酒石酸氢钾和磷酸二氢钙，其安全、高效、方便，得到了大众的青睐。

　　7. 胶基糖果中基础剂物质

　　胶基糖果中基础剂物质是赋予胶基糖果起泡、增塑、耐咀嚼等作用的物质，可分为天然的和合成的两大类。天然的有各种树胶，包括糖胶树胶、小蜡烛树胶、达马树胶、马来树胶等；合成的有各种树胶（丁苯树胶、丁基树胶）和松香脂（香甘油酯、氢化松香酯、歧化松香酯和聚合松香酯）。

　　胶基糖果中基础剂物质的基本要求是能长时间咀嚼而很少改变它的柔韧性，并且能够不降解成为可溶性物质，一般以高分子胶状物质为主（如天然树胶和合成橡胶），加上蜡类、软化剂、胶凝剂、抗氧化剂、防腐剂、填充剂等组成。胶基必须是惰性不溶物，不易溶于唾液，可制成的胶基有泡泡胶、软性泡泡胶、酸味软性泡泡胶、无糖泡泡胶、香口胶、酸味香味口胶、无糖香口胶等，并可根据生产厂家的需要，制作相应的胶基。

　　8. 着色剂

　　着色剂又称食品色素，是以食品着色为主要目的，赋予和改善食品色泽的物质。天然食物本身具有很好的色泽，但在加工过程中，因光、热、氧气等因素的影响，出现褪色或变色现象，使感官下降。绝大多数的食品需要添加色素，如何使食品色彩逼真自然并如何应用，对现代食品工业非常重要。

　　着色剂可分为天然的和合成的两大类。天然着色剂主要从动物、植物和微生物中提取，如高粱红、叶绿素、甜菜红、胭脂虫红、红曲红、辣椒红、焦糖色、姜黄色素等。天然着色剂有安全性高、着色自然等优点，但价格高、不稳定。另外，也有人提出浓缩后的天然着色剂性质是否发生变化不得而知，但推广的呼声甚高，是今后天然着色剂的发展趋势。

　　食品合成着色剂又称食品合成染料，是使用人工合成方法所制得的有机着色剂。合成着色剂着色力强、色泽鲜艳、稳定性好、容易调色且成本低但安全性可能不如天然着色剂。合成着色剂包括苋菜红、胭脂红、赤藓红、新红、柠檬黄、日落黄、亮蓝、靛蓝、诱惑红、二氧化钛等。

　　着色剂的发色机制是不同的物质能吸收不同波长的光。如果某物质所吸收的光，其波长在可见光外，这种物质看起来是白色；其波长在可见光区域内，那么该物质则呈现一定的颜色，吸收的光与呈现的颜色互补。

（1）苋菜红　苋菜红为紫红色均匀粉末，无臭，0.01%的水溶液呈玫瑰红色，可溶于甘油及丙二醇，不溶于油脂，耐光、热、盐、酸，但遇碱变为暗红色。

（2）胭脂红　胭脂红与苋菜红的性能接近，但加入很少其呈色效果就非常好，在橙色饮料中，大约加入百万分之一的量即可。

（3）赤藓红　赤藓红又称樱桃红，着色力强，耐热、耐碱且还原性好，但耐光性、耐酸性差，吸湿性强。因耐光性差，对罐头食品比较适用；因耐热耐碱，对饼干等加碱和高温加热的食品适用。

（4）柠檬黄　柠檬黄又称酒石黄，是一种偶氮型酸性染料。主要用于食品、饮料、药品及化妆品的着色，也用于羊毛、蚕丝的染色及制造色淀。它是水溶性合成色素，呈现鲜艳的嫩黄色，广泛用于冷冻饮品、果冻、风味发酵乳、饮料、罐头、糖果包衣等食品的着色。

（5）偶氮类色素　脂溶性偶氮类色素因不溶于水，进入人体后很难排除，毒性相对较大，现在全世界各国已经不再将这类色素用作食品着色剂。水溶性偶氮色素大多含有磺酸基（亲水性），能排出体外，基本无残留，毒性低。亲水基越多，排除速度越快，毒性越低。食品合成着色剂的安全性日益受到重视，各国对其均有严格的限制，不仅在品种和质量上有明确的限制性规定，而且对生产企业也有明确的限制，因此在生产中实际使用的品种正在逐渐减少。

9. 护色剂

护色剂是本身不具有颜色，但能够使食品产生颜色或者使食品颜色发生改善的添加剂，主要分为护色剂（肉类）和护色助剂（蔬菜）两种。护色剂以亚硝酸钠（钾）、硝酸钠（钾）和亚硝酸盐为主。护色助剂以抗血酸、D-异抗坏血酸、烟酰胺和有还原作用的有机酸为主。

下面以亚硝酸盐为例介绍护色剂的原理。

原料肉的红色是由肌红蛋白和血红蛋白所呈现的一种感官性质。由于肉的部位不同与家畜品种的差异，其含量不同，一般肌红蛋白占70%~90%，血红蛋白占10%~30%，因此，肌红蛋白是表现肉颜色的主要成分。鲜肉中还原型的肌红蛋白稍呈暗紫红色，很不稳定，易被氧化。开始形成氧合肌红蛋白，呈鲜红色；若继续氧化，肌红蛋白中的 Fe^{2+} 被氧化为 Fe^{3+}，变成高铁肌红蛋白，色泽变褐；再继续氧化，则变成氧化卟啉，呈绿色或黄色。成熟的肉因含有乳酸，pH在5.6~5.8，亚硝酸盐在此弱酸性条件下生成亚硝酸，亚硝酸很不稳定，即使在常温下也可分解产生亚硝基。生成的亚硝基很快与肌红蛋白反应生成鲜红色的亚硝基肌红蛋白。亚硝基肌红蛋白遇热后，放出巯基，成为具有鲜红色的亚硝基血色原，使肉制品呈鲜红色。但是，硝酸盐则需在食品加工中被细菌还原生成 NO 再起作用。

10. 乳化剂

乳化剂是能改善乳化体中各种构成相之间的表面张力，形成均匀分散体或乳化体的物质。如果乳化剂分子的亲水基团比亲油基团大而强，则属于亲水性的乳化剂，易形成水包油（O/W）型乳浊液；相反，如果乳化剂分子的亲油基团比亲水基团大而强，则属于亲油性的乳化剂，易形成油包水（W/O）型乳浊液。一般可用亲水亲油平衡值（HLB）来表示其乳化能力的差别。若 HLB 越大，则亲水作用越大，即可稳定水包油型乳化体；反之，HLB 越小，则亲油作用越大，即可稳定油包水型乳化体。

乳化剂一般应用于烘焙类、饮料类、甜品类等食品。例如在饼干中，乳化剂能够防止油脂渗出，提高脆性，改进结构，易于脱模、模印清晰。在面条中，能够提高面条弹性，不易煮烂，促进方便面湿润和水的渗透作用。而在冰淇淋中，乳化剂使组织细腻爽滑，保持一定的干燥度和膨胀率，使冰淇淋能够稳定保存。在人造奶油、起酥油、花生酱中，乳化剂能够防止分层和油水析出。糖果、巧克力中乳化剂的使用能够有效防止油脂分离和防潮性，防止黏牙，减少变形。

11. 酶制剂

酶制剂是从动物、植物或微生物中提取的具有生物催化能力的物质，能够加速食品加工过程、提高食品的产品质量。酶制剂有严格的卫生要求：菌种应严格鉴定，由不熟悉的非致病性微生物制成的酶剂应进行严格的毒性鉴定，动植物非可食部分须经毒理学鉴定。酶制剂的催化活性高，反应条件温和，有特异性，使用量少，副产物也少。不同的酶制剂用途不同，例如，淀粉酶类用于酒类酿造；葡萄糖异构酶用于生产高果葡萄浆；果胶酶类用于澄清果汁，破坏果蔬细胞壁，提高果蔬汁得率；蛋白酶在嫩肉粉中的应用。

（1）木瓜蛋白酶　木瓜蛋白酶属于植物蛋白酶，为浅黄色粉末，有特异臭味，无精制品，微溶于水。木瓜蛋白酶耐热性强，可在 $50 \sim 60℃$ 使用，最适 pH 为 $5.0 \sim 7.0$，但很多报道其在水解酪蛋白时最适 pH 为 8.0。可用于水解动物、植物蛋白，若用于嫩化肉制品、防止啤酒浑浊等，可根据需要添加。

（2）果胶酶　果胶酶为灰白色粉末或棕黄色液体，作用温度为 $40 \sim 50℃$，pH 为 $3.5 \sim 4.0$，铁、铜、锌等离子对其有抑制作用，多酚类物质也有抑制作用。常用于果酒、果汁、糖水橘子罐头的加工过程；主要用于水解果胶物质，提高出汁率，脱橘子囊衣，防止浑浊等，安全性较高。

（3）糖化酶　糖化酶又称糖化淀粉酶，生产此酶的菌种有黑曲霉、根酶和红曲霉等。主要用于将淀粉或淀粉水解物变成葡萄糖，也可用于酒精和酒类的生产。

（4）α-淀粉酶　α-淀粉酶又称为液化淀粉酶、细菌 α-淀粉酶、糊精化淀粉酶、高温淀粉酶，最适作用温度为 $50℃$。我国大多使用枯草杆菌深层发酵生产，主要用于水解淀粉，使其迅速液化而生产葡萄糖、饴糖和糊精；也有用于啤酒、黄酒、酱、味精的生产中。钙离子的使用对该酶有激活作用，安全性好，使用时依生产需要而定。

我国现批准许可使用的酶制剂还有固定化葡萄糖异构酶。关于多种来源酶制剂的安全性问题，JECFA 将食用酶制剂分为 5 类，前三类是分别来自动物、植物的可食用部分及传统的食品微生物所得到的酶。这三类酶皆可用于食品，只要制定出化学、微生物指标即可应用。第四类是从非致病微生物提取的酶，除制定化学、微生物指标外，还要进行短期毒性试验和评价并制定 ADI。第五类是从不熟悉的微生物中提取的酶，需要进行细致的毒理学评价。

12. 增味剂

增味剂是补充、增进、改善食品中原有的口味或滋味并提高食品风味的物质，且不影响酸、甜、苦、咸等 4 种基本味道。使用时需要注意的是，新生儿味觉不发达，不能感受增味效果，故一般断乳食品不使用增味剂。此外，生产出口产品时应注意销往国对增味剂的使用情况；有些增味剂混合使用具有增效作用，因此经常混合使用。按化学性质来分，增味剂可以分为氨基酸类、核苷酸类和有机酸类。

（1）氨基酸类　谷氨酸钠是氨基酸类增味剂的代表，即日常使用的味精，能够增加肉味、鲜味。谷氨酸钠为白色棱状结晶或结晶粉，口感有甜、咸和特异性的肉类鲜味，与食盐共存可增味。谷氨酸钠易溶于水、微溶于乙醇、不溶于乙醚，高温长时间加热会导致鲜味降低。可用于各种食品，一般常用量为 $0.2\% \sim 0.5\%$，与肌苷酸钠、鸟苷酸钠复合使用时，效果增强。pH

为 6~7 时鲜味最强。然而过量会导致血中谷氨酸增加，从而抑制人体对钙、镁的吸收利用。

（2）核苷酸类 核苷酸类增味剂包括 5′-鸟苷酸二钠，5′-呈味核苷酸二钠和 5′-肌苷酸二钠，能够增加肉味、鲜味，其效果是味精的 10 倍，研究发现核苷酸类增味剂与谷氨酸类复合使用有明显的协同作用。

（3）有机酸类 有机酸类增味剂主要有琥珀酸二钠。

13. 面粉处理剂

面粉处理剂包括面粉漂白剂、面粉增筋剂、面粉还原剂和面粉填充剂。

（1）面粉漂白剂 最常用的面粉漂白剂是过氧化苯甲酰。在面粉中水和酶的作用下，发生反应，释放出活性氧来氧化面粉中极少量的有色物质达到使面粉增白的目的，同时生成的苯甲酸，能对面粉起防霉作用。

2011 年以前，原《食品添加剂使用卫生标准》（GB 2760—2007）明确将过氧化苯甲酰归为面粉处理剂类（漂白剂），规定使用范围是小麦粉，最大使用量为 0.06g/kg。而在 2011 年，渭南面粉中涉嫌违法添加过氧化苯甲酰，引起使用争议。禁止使用方认为，由于欧盟全面禁用，加之苯甲酸对于肝功能衰弱的人和肝功能损伤的患者易导致其肝病变，且过氧化苯甲酰超标是小麦粉质量抽查发现的最主要问题等的一系列原因，2011 年 3 月 1 日，原卫生部等多部门发出公告，自 2011 年 5 月 1 日起，禁止在面粉生产中添加过氧化苯甲酰、过氧化钙，食品添加剂生产企业不得生产、销售食品添加剂过氧化苯甲酰、过氧化钙。在最新的 GB 2760—2014 中已将氧化苯甲酰移出允许使用的面粉处理剂的名单。

（2）面粉增筋剂 面粉增筋剂也属于氧化剂，用于改进和面搅拌的耐受性和气体保留性，缩短后熟时间，最常使用的面粉增筋剂是偶氮甲酰胺（ADA）。与面粉加水搅拌成面团时，ADA 很快释放出活性氧，将小麦蛋白质内氨基酸的硫氢根氧化成为二硫键，使蛋白质链相互联结而构成面团网状结构，从而改善面团的物理操作性质及面制品组织结构。根据 GB 2760—2014 规定，偶氮甲酰胺可以用于小麦粉，最大使用量为 0.045g/kg。

（3）面粉还原剂 面粉还原剂能够提高持气性和延伸性，降低面团筋力，缩短发酵时间。最常用的面粉还原剂是 L-半胱氨酸盐和 L-抗坏血酸。L-半胱氨酸盐与面粉增筋剂配合使用，主要在面筋的网状结构形成后发挥作用，具有时间滞后性，能提高持气性和延伸性，加速谷蛋白形成。GB 2760—2014 规定，L-半胱氨酸盐可以用于发酵面制品、生湿面制品和冷冻米面制品，最大使用量为 0.06~0.6g/kg；一般和 L-抗坏血酸并用，使得饼干制品在口感、外观上得到满意的效果。

（4）面粉填充剂 面粉填充剂是面粉处理剂的载体，除具有使微量的面粉处理剂分散均匀的作用外，还具有抗结剂、膨松剂、酵母养料、水质改良剂的作用。最常用的面粉填充剂包括碳酸镁和碳酸钙。碳酸钙主要作为钙强化、氢离子调节、配制发酵粉，作为食品添加剂多为轻质碳酸钙（0.03~0.05μm）。GB 2760—2014 规定，碳酸钙和碳酸镁均可以用于小麦粉，最大使用量分别为 0.03g/kg 和 1.5g/kg。

14. 被膜剂

被膜剂有工业用和食品用之分。食品被膜剂是一种覆盖在食物的表面后能形成薄膜的物质，可防止微生物入侵，抑制水分蒸发或吸收和调节食物呼吸作用。现允许使用的被膜剂有紫胶、白油（液体石蜡）、蜂蜡、吗啉脂肪酸盐（果蜡）、松香季戊四醇酯等，主要应用于水果、蔬菜、鸡蛋、糖果、巧克力制品等食品的保鲜或包衣。

被膜剂中，还可加入相应的防腐剂、抗氧化剂等，起相应的复合作用。被膜剂广泛应用水果，通过调节，防止水分蒸发，隔绝外来物（微生物、昆虫等）侵袭，以保持新鲜，延长货架期。

被膜剂可以防腐防垢，使用过程中依赖于两种机制。被膜剂溶于水后，便形成了一种胶态负离子，这种胶态负离子可以吸附水中的悬浮物及钙、镁离子，形成胶态粒子而不易沉积于管壁，易被排出系统之外，由于胶态负离子对碳酸盐、硫酸盐、硅酸盐等水垢的生成和沉积起抑制和分散作用，从而可以防止结垢，提高了设备的热效率，达到节约能源和降低成本的目的。另外，被膜剂的构成物质中含有对金属表面有强亲和力的成分，溶于水时，会在水通过的管道、设备内金属表面被吸附并生成一层微薄（<1μm）而又坚韧致密的不透性分子膜，这种膜具有极为优良的特性，可以防止水中的阴离子及溶解氧与金属表面的接触，因而能防止金属氧化腐蚀和电化腐蚀的发生，以及水藻类植物细菌的产生和附着，防止管道、设备系统内部"红水锈"现象的发生，从而可以达到保护金属设备，延长了设备的使用寿命。

被膜剂很少单独使用，更多的是与其他添加剂混合使用，例如，水果保鲜剂、水果光亮剂。水果保鲜剂其实是抗氧化剂、防腐剂和被膜剂等添加剂的俗称。

目前未发现被膜剂引发的食品安全事故，但是作为一种食品添加剂，其添加一定要遵循食品安全国家标准，否则会给人体带来危害。

15. 水分保持剂

水分保持剂是指在食品加工过程中，加入后可以提高产品的稳定性，保持食品内部持水性，改善食品的形态、风味、色泽等的一类物质。

水分保持剂多为用于肉类和水产品加工增强其水分的稳定性和具有较高持水性的磷酸盐类。作用机制如下：能够提高肉的 pH，使其偏离肉蛋白质的等电点；螯合肉中的金属离子，使肌肉组织中蛋白质与钙、镁离子螯合；增加肉的离子强度，有利于肌肉蛋白转变为疏松状态；解离肌肉蛋白中的肌动球蛋白。

在干酪制作中，广泛使用盐类来改善其内部结构，使之具有均匀柔嫩的质地。当盐加入干酪中时，盐的阴离子与钙离子结合，导致干酪蛋白质的极性和非极性区的重排和暴露，这些盐的阴离子成为蛋白质分子间的离子桥，因而成为捕集脂肪的稳定因素。干酪加工中使用的盐包括磷酸一钠、磷酸二钠磷酸三钠、磷酸二钾、六偏磷酸钠、酸式焦磷酸钠、焦磷酸四钠、磷酸铝钠、柠檬酸三钠、柠檬酸三钾、酒石酸钠和酒石酸钾钠等。向炼乳中加入一定量的磷酸盐如磷酸三钠能阻止乳脂和水相的分离。经高温短时消毒的炼乳在存放时常会发生胶凝，加入多磷酸盐如六偏磷酸钠和三聚磷酸钠，可通过蛋白质变性和增溶机制阻止凝胶的生成。

GB 2760—2014 规定，磷酸氢二钠等水分保持剂，单独或混合使用以磷酸根计，用于乳及乳制品的最大使用量为 5g/kg；其他常见食品的最大使用量为：水产品罐头 1g/kg；婴幼儿配方食品 1g/kg；杂粮粉 5g/kg；果冻 5g/kg；熟肉制品 5g/kg；焙烤食品 15g/kg；复合调味料 20g/kg。

水分保持剂中的磷酸盐是否安全是大家最为关心的话题。磷对所有处于生命活动的机体而言是一种重要的元素，它以磷酸根的形式为生物体所利用，在能量传递、人体组织（如牙齿、骨骼及部分酶）以及糖类、脂肪、蛋白质代谢方面都是不可缺少的成分。因此，磷酸盐常被用作食品的营养强化剂，一般动物与人对磷酸盐的耐受量较大，正常的用量不会导致磷和钙失去平衡。磷酸及磷酸盐的 ADI 值为 0.70mg/kg，此值包括天然存在于食品中和食品添加剂中的磷的总量，并应注意与钙摄入量之间的平衡。膳食中磷酸盐含量过多时，能在肠道中与钙结合成难溶于水的正磷酸钙，从而降低钙的吸收，这是规定膳食中钙、磷的供给量应有适宜比例的原因之一。钙磷比不恰当的食品，即缺钙或缺磷的食品，会导致从人体骨骼组织中释出钙或磷的不足部分。持续时间长会造成发育迟缓、骨骼畸形，骨和齿质量下降。长期大量摄入磷酸盐可导致旁甲状腺肿大，钙化性肾机能不全等。而在规定的标准下正常使用磷酸盐作为水分保持剂不会对机体造成损伤。

16. 防腐剂

食品防腐剂是用于防止食品因微生物引起的变质，提高食品保存性能，延长食品保质期而使用的食品添加剂。可分为酸型防腐剂、酯型防腐剂和生物防腐剂。

（1）苯甲酸及其钠盐　苯甲酸又称安息香酸，稍溶于水，在酸性条件下对多种微生物有明显抑菌作用。防腐效果受 pH 影响较大，pH 在 2.5~4.0 时抑菌效果最好，pH>5.4 则失去对大多数霉菌和酵母的抑制作用。苯甲酸溶解度低，实际生产中大多使用其钠盐，其钠盐的抗菌作用是转化为苯甲酸后起作用的。苯甲酸及其钠盐因有蓄积中毒现象的报道，国际上对其使用一直存有争议，欧共体儿童保护集团认为它不宜用于儿童食品中，日本也对它的使用做出了严格限制。但由于苯甲酸及其钠盐作为防腐剂价格低廉，目前仍被国内食品厂家广泛采用。

（2）山梨酸及其钾盐　山梨酸（2，4-己二烯酸），又称花楸酸，微溶于水，易溶于乙醇。对光、对热稳定，长期放置易被氧化着色。对霉菌、酵母和好气性细菌均有抑菌作用，但对嫌气性细菌、芽孢杆菌和嗜酸乳杆菌几乎无效。山梨酸是酸性防腐剂，适用范围在 pH 5.5 以下，随着 pH 的降低，山梨酸的抑菌效果增强。

（3）丙酸盐　丙酸盐的抑菌谱较窄，主要作用于霉菌，对细菌作用有限，对酵母无作用，所以丙酸盐常用做面包发酵和干酪制造的抑菌剂。在同一剂量下丙酸钙抑制霉菌的效果比丙酸钠好，但会影响面包的蓬松性，实际常用钠盐。环境 pH 越小，丙酸盐抑菌效果越好，一般 pH<5.5。

（4）对羟基苯甲酸酯类　对羟基苯甲酸酯又称尼泊金酯，对霉菌、酵母有抗菌作用，且正丁酯>正丙酯>乙酯。由于在对位上引入羟基，防腐效果优于苯甲酸及其钠盐，使用量约为苯甲酸钠的 1/10。抑菌效力受 pH 影响不大，在 pH 4~8 的范围内都有良好效果。缺点是水溶性较差，常需用醇类溶解后使用。

（5）乳酸链球菌素（Nisin）　Nisin 又称乳链菌素、尼生素、乳酸菌素，是某些乳酸链球菌产生的一种多肽物质，由 34 个氨基酸组成。肽链中含有 5 个硫醚键形成的分子内环。氨基末端为异亮氨酸，羧基末端为赖氨酸。根据化学结构的不同分为 Nisin A（第 27 位氨基酸为组氨酸）和 Nisin Z（第 27 位氨基酸为天冬酰胺）相对分子质量分别为 3354 和 3330。Nisin 能有效抑制革兰阳性菌，如对肉毒杆菌、金黄色葡萄球菌、溶血链球菌及李斯特菌的生长繁殖，尤其对产生孢子的革兰阳性菌和枯草芽孢杆菌及嗜热脂肪芽孢杆菌等有很强的抑制作用。但对革兰阴性菌、霉菌和酵母的抑制作用则很弱。

17. 稳定剂和凝固剂

稳定剂和凝固剂是使食品结构稳定，或使食品组织结构不变，增强黏性固形物的一类食品添加物质。

豆腐是家常菜中的常见原材料。它的制作过程中需要用到卤水，也就是氯化镁或硫酸钙。其中钙离子或镁离子使豆浆中的蛋白质发生凝固状变性反应才能得到进一步产物。

罐头加工是一种方便保鲜、储存和运输的生产方式，其中常会添加一种叫作柠檬酸亚锡二钠的稳定剂。它可以在罐头中能逐渐消耗残余氧气，起到抗氧防腐作用，保持食品的色质与风味。

干酪是人们熟知的一种固态乳制品。干酪中使用的凝固剂是氯化钙，作用方式与豆腐类似，都是通过促进蛋白质变性帮助凝固从而得到固态物质。

在面条和糕点中都可以添加丙二醇。它既可以增加面条的弹性和光泽，还能作为面包的保湿剂和柔软剂。此外丙二醇也可用于难溶于水的添加剂的溶剂。

除了上述食品添加剂外，还有一些其他物质由于其主要功能不同，未分在稳定剂和凝固剂的类别中，例如，海藻酸钙、可得然胶、乳酸钙等，它们同样在某些食品中发挥稳定剂和凝固剂的作用。

18. 甜味剂

甜味剂是指能赋予软饮料甜味的食品添加剂。甜味剂种类较多，按其来源可分为天然甜味剂和人工合成甜味剂；按其营养价值可分为营养性甜味剂和非营养性甜味剂；按其化学结构和性质可分为糖类和非糖类甜味剂。葡萄糖、果糖、蔗糖、麦芽糖、淀粉糖和乳糖等糖类物质，虽然也是天然甜味剂，但因长期被人食用，且是重要的营养素，通常视为食品原料，在我国并没有被列入食品添加剂。

（1）甜菊糖苷　甜菊属菊科属多年生草本植物，叶中含甜味成分。1997 年在江苏、山东等省引进成功，在江苏、福建、山东、新疆等地已有大面积栽培。甜度为蔗糖的 250～450 倍，带有轻微涩味，甜菊 A 苷带有明显的苦味及一定程度的涩味和薄荷醇味，味觉特性比甜菊双糖苷 A 差些，适度可口，纯品后味较少，是最接近砂糖的天然甜味剂。

（2）甘草　甘草又称甜甘草、粉甘草，为豆科植物甘草的干燥根及根茎。甘草甜味成分主要是甘草甜素，其甜度为蔗糖的 200 倍，其甜味不同于蔗糖，入口后稍经片刻才有甜味感，保持时间长，有特殊风味。甘草甜素虽无香气，但能增香。毒性甘草服用时间过长，可引起血压升高、血钾降低，特别是老年人和心血管病及肾脏病患者，易引起高血压症和充血性心脏病。但正常使用对人体无害，为无毒品。

（3）糖精钠　糖精钠为无色至白色结晶或晶体粉末，无臭或微有芳香气味，味极甜并微带苦，甜度为蔗糖的 300～500 倍。稀释 1000 倍的水溶液仍有甜味，易溶于水，溶解度随温度升高迅速增大，微溶于乙醇。然而糖精钠对人体没有任何营养价值，而且安全性一直备受质疑。糖精如果摄入过多会影响肠胃的消化吸收，进而引起食欲下降，营养不良，甚至可能出现短时间内血小板大量减少的恶性中毒事件。

（4）安赛蜜　安赛蜜为无色或白色、无臭，有强烈甜味的结晶性粉末。稳定性良好，室温散装条件下放置多年无分解现象，水溶液放置大约两年时间其甜度不会降低。虽然其在40℃条件下放置数月有分解，但是其在升温过程中保持稳定，灭菌和巴氏杀菌不影响其味道。安赛蜜具有强烈甜味，呈味性质与糖精相似，高浓度时有苦味，不吸湿，室温下稳定，与糖醇、蔗糖等有很好的混合性。作为非营养型甜味剂，可广泛用于各种食品。按我国 GB 2760—2014 规定，可用于液体和固体饮料、水果罐头、杂粮罐头、焙烤食品、果冻、果酱、蜜饯类等食品，其最大使用量均为 0.3g/kg。相对而言，安赛蜜是一种比较安全的食品添加剂，安全级别被美国食品药品监督局评为 A 级，号称最有前途的甜味剂。

（5）甜蜜素　甜蜜素的甜度约为蔗糖的 30～40 倍，可用作糖尿病人、肥胖症患者的代糖甜味剂，且比较稳定，可以长时间保存。但甜蜜素是一种无营养的食品添加剂，摄入过多可能会致畸、致癌，伤害肾脏、肝脏和神经系统等，尤其是对代谢排毒能力较弱者。在一些国家已经禁用该添加剂，而我国规定了使用范围和最大使用量。

（6）阿斯巴甜　阿斯巴甜是一种人造甜味添加剂，作为蔗糖的替代品应用十分广泛，主要用于食品及一些保健品。阿巴斯甜的甜度约为蔗糖的 200 倍，且价格便宜。但人体过量服用可引起消化系统、呼吸系统、泌尿生殖系统、神经系统等多方面的病变，造成血糖升高、高血压、长期疲劳、智力不足、免疫力下降等多方面的问题，精神上也可表现出抑郁和焦虑、混乱。需要注意的是阿巴斯甜中含有苯丙氨酸，建议苯丙酮尿症患者不要食用，建议孕妇也不要食用。

（7）木糖醇　木糖醇为白色结晶或结晶性粉末，几乎无臭，有清凉甜味，甜度约为蔗糖的 65%，耐热，pH 为 3~8 时较为稳定，体内代谢与胰岛素无关，因此适用于糖尿病患者，也可用于防龋齿的食品，常在糕点、果酱中代替糖使组织滋润，不易干裂。

（8）山梨糖醇　山梨糖醇为白色针状结晶或结晶性粉末，也可为片状或颗粒状，无臭，有清冷爽口的甜味。极易溶于水，微溶于乙醇、甲醇、乙酸。常用的山梨糖醇液浓度为 68%~76%，耐酸耐热，不产生美拉德反应，有持水性，不为微生物发酵，但人体饮食过量可导致腹泻和消化紊乱。

（9）麦芽糖醇　麦芽糖醇为无色黏稠液体，吸湿性强，商品一般含量为 70%，pH 3~9 时耐热、保湿性较好，具有非结晶性。用于冰淇淋、饮料、糖果、面包等，在体内不被分解，安全性较高。

对于可以允许使用的甜味剂来说，都是经过非常严格的食品安全性评价之后才确定可以使用，只要是按照标准中规定的剂量添加对于身体来说其实并无害处。在正常控制摄入量的情况下，甜味剂对于人体的影响微乎其微。对于致癌理论，如"给大鼠喂食大量糖精后，其患膀胱癌的概率明显上升"是一个比较极端的例子，但是也反映了食品添加剂确实存在一定的潜在危害。现实生活中，添加更多人工甜味剂的食品大多是不建议大家常吃的各种"甜食"，包括甜饮料、果脯蜜饯，甚至还有小朋友偏爱的各种精制糖类食品。虽然人工甜味剂对于身体的影响非常小，但并不代表着就可以放心喝饮料、吃果冻，糖类摄入越多，患龋齿、肥胖、糖尿病、痛风的概率就会越高；所以，从根本上减少这些甜味"零食"的摄入才是根本，对于以甜饮料为代表的各种甜食，浅尝辄止即可。

消费者应了解食品添加剂相关知识，注意合理膳食，应理性看待食品添加剂，注意从正规渠道购买产品。对于嗜好甜食的消费者，尤其是糖尿病患者，建议在合理膳食、均衡营养、控制总能量摄入的基础上，可选择通过甜味剂替代部分或全部添加糖的食品。

19. 增稠剂

增稠剂主要用于改善和增加食品的黏稠度，保持流态食品、胶冻食品的色、香、味和稳定性，改善食品物理性状，并能使食品有润滑适口的感觉，并兼有乳化、稳定或使其呈悬浮状态的作用。

增稠剂大多属于亲水性高分子化合物，按来源可分为动物类、植物类、矿物类、合成类或半合成类，也可分为天然和合成两大类。天然品大多数是从含多糖类黏性物质的植物及海藻类制取，如淀粉、果胶、琼脂、明胶、环状糊精、黄芪胶、多糖及其衍生物等；合成品有甲基纤维素、羧甲基纤维素钠等纤维素衍生物、酸处理淀粉、聚丙烯酸钠等。

饮料生产中常用的增稠剂以及用作乳化稳定剂用的增稠剂主要有羧甲基纤维素钠、海藻酸丙二醇酯、卡拉胶、黄原胶、果胶、瓜尔胶、槐豆胶等。

（1）海藻酸丙二醇酯（PGA）　海藻酸丙二醇酯为白色或淡黄色，略有芳香的粉末，易溶于水，浓度高时黏度大，60℃左右时稳定，超过60℃温度越高黏度越低。可用作乳化稳定剂，在连续相中产生黏性，提高乳浊液稳定性；可使固形物成分很好地悬浮于果汁中，提高果肉型饮料的稳定性。GB 2760—2014规定，海藻酸丙二醇酯在淡炼乳（原味）、水油状脂肪乳化制品、果酱、巧克力和巧克力制品、胶基糖果、各类米面制品等食品中的最大使用量为5g/kg，在冰淇淋、雪糕类食品中的最大使用量为1g/kg。

（2）果胶　果胶为白色或带黄色或浅灰色、浅棕色的粗粉至细粉，无臭，口感黏滑。水溶液呈乳白色胶态，几乎不溶于有机溶剂。果胶物质是植物细胞壁成分之一，存在于相邻细胞壁间的胞间层中，起着将细胞黏在一起的作用。柑橘、柠檬、柚子等果皮中约含30%果胶，是果胶的最丰富来源。果胶可用于果酱、果冻的制造；防止糕点硬化；改进干酪质量；制造果汁粉等。高脂果胶主要用于酸性的果酱、果冻、凝胶软糖、糖果馅心以及乳酸菌饮料等；低脂果胶主要用于一般的或低酸味的果酱、果冻、凝胶软糖以及冷冻甜点、色拉调味酱、冰淇淋、酸乳等。

20. 食品用香料

食品用香料是指能赋予食品以香气或同时赋予特殊滋味的食品添加剂（增香料），可分为天然香料、天然等同香料和人工合成香料。天然香料主要是指从芳香原料中用单纯的物理方法，从无毒的动、植物原料制得的香料；天然等同香料是指从芳香原料中用化学方法离析出来的，或是用化学方法制取并且在化学结构上与存在于供人类消费的天然制品中的物质相同的物质；人工合成香料则是纯粹人工合成，至今在供人类消费的天然制品中尚未发现的香料。

（1）柠檬油　柠檬油可用蒸馏法、压榨法或冷磨法这三种方法制得。蒸馏法得到的为无色至浅黄色精油，有柠檬皮特有的香气和微苦辛辣味；压榨品和冷磨品味淡，黄色至深黄色或绿黄色，主要应用于配制各种香精，为柠檬香型香料的主要原料。

（2）香兰素　香兰素为白至微黄色针状结晶或结晶粉，有香荚兰豆特有的香味，常用于配制香草、巧克力、奶油等型香精，一般用量为5%，最多可使用25%～30%。可直接用应用于食品中，在糕点饼干中约使用0.1～0.4g/kg，糖果中约使用0.2～0.8g/kg，冷饮食品中约使用0.01～0.3g/kg。

（3）乙基麦芽酚　乙基麦芽酚为白色结晶性粉末或针状结晶，有持久的焦糖和水果香气，味先酸后甚甜，稀释液呈甜的果味，常用于配制草莓、菠萝、葡萄、香草型香精，可直接添加入食品饮料、烟酒、罐头、肉制品等。

香料的使用也有一定的安全性要求。香辛料在正常使用范围内无毒，但感官上要求应干燥、无霉变、无虫蛀、无杂质、无污染，具有应有的香味。水溶性香精易挥发，故适用于冷饮及配制酒，果汁及水果罐头生产中则应在加工后期添加，水溶性香精使用过程中剂量要准、分布要匀，并注意不得与碱性剂混合使用，以防止色变等影响。油溶性香精适用于饼干、糕点、面包等焙烤食品和糖果食品的生产，油溶性香精虽耐热性好，但高温下易挥发，故饼干的生产中其使用量要稍高些，且不可直接接触化学膨松剂等碱性物质。

JECFA对天然食用香料和天然等同香料均加以暂时认可，只对人工合成香料才加以评价。我国允许使用的食用香料品种参照国际或发达国家的香料立法和管理状况制定。

21. 食品工业用加工助剂

食品工业用加工助剂就是有助于食品加工顺利进行的各种物质。这些物质与食品本身无关或不一定有关，如助滤、澄清、吸附、润滑、脱模、脱色、脱皮、提取溶剂、发酵用营养物质等。这些物质一般应在食品中除去而不应成为最终食品的成分，或仅有残留。食品工业用加工助剂不可食用，但是在食品加工过程中有重要的作用。

有些食品工业用加工助剂一般认为是无毒的，如月桂酸、硬脂酸等天然脂肪酸。然而有些食品工业用加工助剂本身的毒性和非食品级加工助剂存在潜在的危害。例如，食品级的滑石粉作为食品工业用加工助剂，有脱模和防黏的功能，限定其应用在糖果的加工工艺和发酵提取工艺中；而化工级的滑石粉常用于塑料类、纸类产品的填料，橡胶填料和橡胶制品防黏剂，高级油漆涂料等，但化工级的滑石粉一般含有致癌性的石棉。因此，若在食品加工中过量使用或误用化工级的滑石粉，将会对人体造成健康危害。

大豆磷脂粉末和卵磷脂目前被广泛用于食品添加剂。磷脂伴随着制油过程进入豆油中，这时的豆油中因含有较多的磷脂而被称为毛油，磷脂以分子分散状态溶解于油中。在大豆磷脂粉末和卵磷脂提取过程中，需要使用丙酮、乙醇等化学抽提剂作为食品工业用加工助剂，丙酮主要对中枢神经系统有抑制、麻醉作用，高浓度时对个别人群肝、肾和胰腺有损害，急性中毒可导致呕吐、气急、痉挛甚至昏迷。因此制定食品工业用加工助剂的使用标准，规定其功能和使用范围尤其重要，一方面要严格控制使用复合食品添加剂标准的加工助剂，另一方面要严格控制加工助剂在成品中的残留。

22. 营养强化剂

食品营养强化剂是指为增强营养成分而加入食品中的天然的或者人工合成的属于天然营养素范围的食品添加剂。营养强化指的是根据营养需要向食品中添加一种或多种营养素或者某些天然食品，提高食品营养价值的过程。这种经过强化处理的食品称为强化食品。食品营养强化剂主要包括维生素、矿物质、氨基酸三类。此外也包括用于营养强化的天然食品及其制品，如大豆蛋白、骨粉、鱼粉、麦麸等；矿物质类，如钙、铁、锌、硒、镁、钾、钠、铜等；维生素类，如维生素 A、维生素 D、维生素 E、维生素 C、B 族维生素、叶酸、生物素等；氨基酸类，如牛磺酸、赖氨酸等；其他营养素类，如二十二碳六烯酸（DHA）、膳食纤维、卵磷脂等。有关各类食品营养强化剂的使用细则可参阅《食品安全国家标准　食品营养强化剂使用标准》（GB 14880—2012）。

23. 其他

有的食品添加剂并不包含在以上功能类别中，因此单独归为其他类。

（1）高锰酸钾　高锰酸钾为深紫色有金属光泽的柱状晶体，无臭、味涩而甜，有收敛性。溶于水、丙酮、甲醇，遇乙醇分解，在酸、碱和有机溶剂中均可分解。有强氧化作用，可漂白、除臭和防腐，遇浓硫酸可爆炸，与有机物摩擦、碰撞可燃烧。可用于食用淀粉，最大使用量为 0.5g/kg，可使蛋白质变性，内服过量可导致肠胃炎、蛋白尿，甚至死亡。

（2）异构化乳糖液　异构化乳糖液为淡黄色透明糖浆样液体，甜度为砂糖的 48%～62%，溶于水，室温下无结晶析出。可使双歧杆菌增殖，降低肠内 pH，防止蛋白质异常发酵和抑制腐败菌，促进肠蠕动。其在饮料中的最大使用量为 1.5g/kg，乳粉为 15g/kg，饼干为 2g/kg。

（3）咖啡因　咖啡因为无色或白色针状晶体和粉末，有绢丝光泽，无臭、味苦，溶于水、乙醇、氯仿、乙醚。水合物可在空气中风化，80℃失去结晶水，有兴奋神经中枢作用，易上瘾。可用于可乐型碳酸饮料，最大使用量为 0.15g/kg。

（4）氯化钾　氯化钾为无色细长菱形或立方晶体，或白色结晶小颗粒粉末，无臭、味咸涩，易溶于水、甘油，微溶于乙醇，不溶于乙醚和丙酮。对光、热和空气都比较稳定，但有吸湿性，易结块。可用于盐及代盐制品。

第三节　食品添加剂的安全性

提到食品添加剂，最重要的就是其安全性，但是如何安全合理地使用食品添加剂并理性看待其毒性是我们首先要考虑的问题。

食品添加剂的安全性评价是对食品添加剂进行安全性或毒性鉴定，以确定该食品添加剂在食品中无害的最大限量，对有害的物质提出禁用或放弃的理由。

毒性是某种物质对机体造成损害的能力。毒性大表示用较小的剂量即可造成损害；毒性小则必须使用较大的剂量才能造成损害。总之，凡具有毒性的物质都有可能对机体造成危害，可以说食品添加剂大多都具有产生危害的可能性。

一、危险性

危险性是指在预定的数量和方式下，使用某种物质而引起机体损害的可能性。一般来说，某种物质不论其毒性强弱，对人体都有一定的剂量-效应关系；也就是说，一种物质只有达到一定的浓度或剂量水平才能显示其危害作用。因此，所谓毒性是相对而言的，而安全性也是相对而言的。即使毒性很大的物质，如氰化物，若天然存在且含量极低并不导致中毒，如桃、李的种子，当然是安全的。而一些低毒的物质，甚至大家公认的无毒物质纯净水，当大量饮用时也会产生危害。美国马萨诸塞州的一名妇女就因为饮用大量的水而肾衰竭死亡。这说明剂量决定毒性的毒理学基本原理，而安全性评价的目的就是确定食品添加剂在食品中无害的最大剂量。

二、安全性

安全性是指使用某种物质不会产生危害的实际必然性。如前所述，食品添加剂若大量使用则可能产生危害作用，但这并不意味着在适当使用时会给人群带来危险性。也就是说一种物质只要剂量合适，使用得当可不至于造成中毒。这就必须采用实验动物进行试验研究，在确定该物质毒性的基础上，来考虑其在食品中安全无害的最大使用量，并采取法律措施，保护消费者免受危害。

应当重点指出的是，近年来人们追求纯天然食品的热情，使人们的头脑中自然地产生一种印象，就是凡是天然的食品添加剂都是安全可靠的，而一提到化学合成的就谈虎色变，立即想当然地认为这类食品添加剂对人体有害。其实不然，许多天然的食物也因其成分复杂而存在潜在的食品安全问题。因此我们应当消除对人工合成添加剂的偏见，正确对待食品添加剂。一般来说，天然食品添加剂相对而言安全一些，但它们之间并不存在谁更有害的说法，事实上，有些天然添加剂的毒性远大于合成添加剂。在使用食品添加剂时不应存有偏见。

三、食品安全性毒理学评价

原国家卫生和计划生育委员会于 2014 年发布了《食品安全国家标准　食品安全性毒理学评价程序》（GB 15193.1—2014），适用于评价食品生产、加工、保藏、运输和销售过程中所涉及的可能对健康造成危害的化学、生物和物理因素的安全性，检验对象包括食品及其原料、食品添加剂、新食品原料、辐照食品、食品相关产品（用于食品的包装材料、容器、洗涤剂、消毒剂和用于食品生产经营的工具、设备）以及食品污染物。评价程序共分以下试验内容：急性经口毒性试验、遗传毒性试验、28d 经口毒性试验、90d 经口毒性试验、致畸试验、生殖毒性试验和生殖发育毒性试验、毒物动力学试验、慢性毒性试验、致癌试验以及慢性毒性和致癌合并试验。

在进行毒理学的综合评价时，应全面考虑受试物的理化性质、结构、毒性大小、代谢特点、蓄积性、接触的人群范围、食品中的使用量和食用范围、人的推荐（可能）摄入量等因素，对于已在食品中应用了相当长时间的物质，对接触人群进行流行病学调查具有重大意义，但往往难以获得剂量-反应关系方面的可靠资料。对于新的受试物则只能依靠动物试验和其他试验研究资料。然而，即使有了完整详尽的动物试验资料和一部分人类接触的流行病学研究资料，由于人类的种族和个体差异，也很难做出能保证每个人都安全的评价。所谓绝对的食品安全实际上是不存在的。在受试物可能对人体安全造成的危害及其可能的有益作用之间进行权衡，以食用安全为前提，安全性评价的依据不仅是安全性毒理学试验的结果，还与当时的科学水平、技术条件以及社会经济、文化因素有关。因此，随着时间的推移，社会经济的发展、科学技术的进步，有必要对已通过评价的受试物进行重新评价。

在毒理学评价的基础上，原国家卫生和计划生育委员会进一步发布了《食品安全国家标准　健康指导值》（GB 15193.18—2015），规定了食品及食品有关化学物质健康指导值的制定方法，适用于能够引起有阈值的毒作用的受试物。健康指导值指的是人类在一定时期内（终生或 24h）摄入某种（或某些）物质，而不产生可检测到的对健康产生危害的安全限值，其中包括每日容许摄入量（ADI）、耐受摄入量（TI）、急性参考剂量（ARfD）。

讨论：危险的辣条

2019 年中央广播电视总台 3·15 晚会，河南省兰考县辣条制造商被曝光，辣条生产环境肮脏不堪。节目中曝光了"虾扯蛋"辣条生产环境脏乱差。此外，"虾扯蛋"辣条的包装袋上印着虾和蛋的图片，但其实产品中既没有"虾"也没有"蛋"，只有面粉和添加剂。

1. 生产法规篇

（1）请查阅相关资料，结合所学知识回答：什么是辣条？从国家、地方和行业层面来看，目前有哪些相关标准？与其他现有休闲食品的标准相比有哪些问题？试说明。

（2）从本次曝光的事件来看，涉事厂家明显没有符合国家相关认证标准，结合所学知识，分析辣条生产厂家应该符合怎样的企业认证标准？

（3）目前辣条食品还没有出台相关食品安全国家标准，试以小食品安全专家的身份提出拟制定辣条国家标准的内容，并做出解释。

2. 专业知识篇

（1）请查阅相关材料，结合所学添加剂相关知识，分析目前市售常规辣条所采用的食品添加剂种类有哪些？对于辣条的质量分别有什么作用？

（2）2019 年 3·15 晚会曝光的所述的虾扯蛋辣条，既没有"虾"也没有"蛋"，只有面粉和添加剂，你认为主要涉及哪些食品安全问题？存在哪些安全隐患？

（3）从专业角度，你认为政府、生产者、专业从业人员、消费者应分别从什么方面采取行动，保障辣条这一新兴休闲食品的"舌尖上的安全"？

思考题

1. 食品添加剂的定义是什么？

2. 食品添加剂的作用以及相关标准有哪些？

3. 请简要叙述各类食品添加剂的功能类别与应用领域。

4. 分析食品添加剂的合理使用、食品添加剂的非法使用、非法添加剂的滥用和假冒伪劣产品四者的概念与区别。

参考文献

［1］Bahna, S., Burkhardt, J. The dilemma of allergy to food additives［J］. Allergy and Asthma Proceedings, 2018, 39（1）：3-8.

［2］Laviada-Molina, H., Molina-Segui, F. Sweeteners and new flavors［J］. Annals of Nutrition and Metabolism, 2017, 71（Suppl. 2）：227.

［3］Musso, P., Lampin-Saint-Amaux, A., Tchenio, P., et al. Ingestion of artificial sweeteners leads to caloric frustration memory in Drosophila［J］. Nature Communications, 2017, 8：1803.

［4］Oduse, K., Campbell, L., Lonchamp, J., et al. Electrostatic complexes of whey protein and pectin as foaming and emulsifying agents［J］. International Journal of Food Properties, 2018, 20（Suppl. 3）：S3027-S3041.

［5］Stavanja, M. S. Safety assessment of food additives［J］. Toxicology Letters 2016, 259（Suppl. S），S66.

［6］Trasande, L., Shaffer, R., Sathyanarayana, S., et al. Food additives and child health［J］. Pediatrics, 2018, 142（2）：e20181408.

［7］Wang, X., Ma, Z., Li, X., et al. Food additives and technologies used in Chinese traditional staple foods［J］. Chemical and Biological Technologies in Agriculture 2018, 5：UNSP 1.

［8］汪强，张月松，黄宇等. 食品中防腐剂的概述和应用前景［J］. 食品安全导刊，2018，（1-2）：90-92.

［9］袁蒲，杨丽，付鹏钰等. 我国食品防腐剂应用状况及未来发展趋势［J］. 科技创新导报，2017，（29）：85+88.

［10］齐晓东，刘娟娟，唐欣等. 食品着色剂行业发展及存在问题［J］. 粮油食品科技，2011，19（2）：57-60.

［11］张辉，贾敬敦，王文月等. 国内食品添加剂研究进展及发展趋势［J］. 食品与生物技术学报，2016，35（3）：225-233.

第五章

CHAPTER

生物毒素的危害控制

生物毒素又称生物毒和天然毒素，是指生物来源并不可自复制的有毒化学物质，包括动物、植物、微生物产生的对其他生物物种有毒害作用的化学物质。

生物毒素常以高特异性选择作用于特定靶位分子，如具有重要意义的生命酶系、细胞膜、受体、离子通道、核糖体蛋白等，产生各类不同的致死或毒害效应。生物毒素中存在多种高强毒性的神经毒素、心脏毒素、细胞毒素以及致癌物质。

生物毒素对人类的危害除直接中毒外，还可以造成农业、畜牧业、水产业损失和环境危害，如棘豆、紫茎泽兰与楝属等有毒植物对我国西部畜牧业危害严重，每年屡屡发生的赤潮也常造成渔业重大经济损失。

生物毒素的化学结构具有多样性，可以是简单的小分子化合物，也可以是复杂结构的有机化合物和蛋白质大分子等。除了了解生物毒素的毒性特征外，对生物毒素化学结构的修饰和改造，使其毒性降低或发生变化是关注的科学热点，也是寻找新药的基本途径之一。此外，生物毒素的多样性对许多基于生物毒素研究和新药分子结构模型的设计都有着十分重要的指导作用。

第一节 真菌毒素及控制方法

一、真菌毒素相关概念

1. 真菌

真菌是一类单细胞或多细胞异养真核微生物，包括单细胞真菌（酵母）、丝状真菌（霉菌）、大型子实体真菌（蕈菌或担子菌，包括蘑菇、木耳、灵芝等）。真菌无叶绿素，不能进行光合作用，一般具有发达的菌丝体，细胞壁多数含几丁质，营养方式为异养型，以产生大量无性和（或）有性孢子的方式进行繁殖，陆生性较强。

2. 真菌毒素

真菌毒素是一些真菌（主要为曲霉属、青霉属及镰孢属）在生长过程中产生的易引起人和动物病理变化及生理变态的次级代谢产物，毒性较强。

目前，已发现的对人类和动物有毒的真菌代谢产物有 300 种以上。代表性的真菌毒素有黄曲霉毒素、赭曲霉毒素、展青霉素、伏马毒素、玉米赤霉烯酮、单端孢霉烯族毒素等。

二、我国粮食安全中的真菌毒素问题

粮油作物产品是关乎国计民生的重要农产品，其质量安全直接影响国家粮食基本供给、口粮安全、社会稳定和国际粮价等，历来是世界各国关注的重点。据联合国粮农组织统计，全球每年有 25% 的农产品受到真菌毒素污染，约有 2% 的农作物因污染严重而失去利用价值。每年粮食及食品损失达到 10 亿 t。

据国家粮食局统计，中国每年有 3100 万 t 粮食在生产、贮藏、运输过程中被真菌毒素污染，约占粮食年总产量的 6.2%，相当于为保证国家粮食安全所需粮食增量的 6 倍多，超过陕西、甘肃、青海、宁夏、西藏 5 个西部省区全年粮食产量的总和，造成粮油产品的直接经济损失高达 680 亿~850 亿元。而粮油产品真菌毒素污染导致的应急抢救和医疗、善后抚恤、畜禽因病死亡、病畜销毁处理等间接损失更大。

2014 年 5 月 19 日，素有业界"奥林匹克"之称的国际真菌毒素大会在北京召开，中国农业科学院党组书记陈萌山在会上指出，在我国，由于农户个体种植、贮藏方式以及长江流域和华南地区高温高湿天气的影响、消费习惯的影响以及农产品受真菌毒素污染危害更为严重。担任大会主席的中国农业科学院农产品加工研究所研究员刘阳透露，真菌毒素超标已成为我国农产品出口欧盟的最大阻碍。2001—2011 年的 10 年间，受真菌毒素污染的影响，我国出口欧盟食品违例事件达 2559 起，其中真菌毒素超标占 28.6%，远高于公众熟知的重金属、食品添加剂、农药残留等因素。

三、我国对粮食中真菌毒素的管理

由于真菌毒素具有严重的危害性，世界各国不仅纷纷制定了相应的限量标准和法规，而且其限量标准值不断降低，越来越严。我国在真菌毒素检测技术研究方面起步较晚，投入相对较少，早期的技术水平比较落后，但近年来在国家标准委员会要求积极采用国际标准和国外先进技术并积极和国际接轨的大背景下，我国在真菌毒素检测国家标准制修订方面得到了迅猛的发展。我国现行的真菌毒素检测方法标准从适用范围上分为食品类和饲料类。

1. 限量标准

2017 年，为不断完善我国食品中真菌毒素限量标准，原国家卫生和计划生育委员会颁布了《食品安全国家标准　食品中真菌毒素限量》（GB 2761—2017）。GB 2761—2017 代替了 GB 2761—2011 中的真菌毒素限量指标。

相比国际标准，我国的限量标准普遍更为严格。我国对玉米中黄曲霉毒素 B_1 限量为 20μg/kg，与欧盟饲料用粮要求相当；对谷物及其制品中呕吐毒素的脱氧雪腐镰刀菌烯醇限量为 1000μg/kg，比欧盟的限量低 250~750μg/kg；对小麦和玉米中的玉米赤霉烯酮限量为 60μg/kg，与欧盟对玉米和其他粮食中限量分别为 350μg/kg 和 100μg/kg 相比，我国的限量标准严很多；只有谷物中赭曲霉毒素 A 的限量，我国的限量标准和欧盟的限量标准相同，均为 5μg/kg。

2. 粮食流通环节

为应对真菌毒素的污染，首先在粮食收获季节，粮食部门就应当适时组织开展粮食收获质量调查，开展全国性的监督检验。粮食收购经营者收购粮食，应当严格执行国家粮食质量、卫生标准和有关规定，应当及时对收购的粮食进行整理。省级粮食行政管理部门，可根据辖区内粮食可能受到有毒有害物质污染、真菌污染的情况，增设相关卫生检验项目。

粮食经营者应严格落实粮食入库和销售出库质量检验制度、索证索票制度和质量安全事故报告制度。

3. 取样和检测

2010 年国家粮食局（现更名为国家粮食和物资储备局）印发了《中央储备粮油质量检查扦样检验管理办法》，该办法适用于中央储备粮的质量检验和卫生检验。

我国粮食及其制品中真菌毒素的测定方法有酶联免疫吸附法、气相色谱-质谱联用法、高效液相色谱法（HPLC）、液相色谱-质谱联用法等。针对我国粮食收购特点，更加方便、快捷、经济的快速检验方法还有待开发。

四、真菌毒素引发的食品安全事件

1. 肯尼亚黄曲霉素中毒事件

在 2004 年的 1~6 月，肯尼亚东部地区曾报道发生黄曲霉毒素中毒事件。因粮食短缺，当地居民把玉米储存在潮湿的家中，使粮食容易被霉菌污染。事件过程中，317 人因肝脏衰竭而就诊，125 人死亡，其早期症状为食欲减退、全身不适及低热症状，可伴有呕吐、腹痛，严重者出现急性肝功能衰竭、死亡。通过分析玉米等样本，发现黄曲霉毒素 B_1（AFB_1）的浓度高达 $4400\mu g/kg$。

2. 江苏启东——罕见肝癌高发区

20 世纪 70 年代，江苏省启东地区的肝癌发病率在 0.05% 以上。近些年，依然维持在 0.06%~0.07%，是全国平均水平的 3 倍多。据统计，启东居民每死亡 5 人中，就有 1 人为癌症；3 个癌症患者中就有 1 个是肝癌。启东现有人口 116 万，每年因癌症死亡的有 2000 多人，其中死于肝癌的有 700 多人。经过 30 多年通过对启东地区的流行病学调查和实验研究，已经基本确定了启东肝癌高发的原因，现在已经基本形成了共识，即启东肝癌是在乙型肝炎病毒感染、黄曲霉毒素暴露、遗传因素、饮水污染和微量元素缺乏等多重因素的协同作用下引起的。

五、黄曲霉毒素

1. 理化性质

黄曲霉毒素是一类化学结构类似的二氢呋喃香豆素衍生物的总称，已分离鉴定出 12 种，分为 B_1 族和 G_1 族两大类。B_1 族在紫外线下产生紫色荧光，G_1 族则产生绿色荧光。黄曲霉毒素微溶于水，易溶于油脂和某些有机溶剂，对温度的敏感性差，分解温度为 237~280℃。酸性条件下比较稳定，碱性条件下极易降解，紫外线辐射也容易使黄曲霉毒素降解而失去毒性。

2. 来源及分布

黄曲霉毒素的产毒菌种主要是黄曲霉和寄生曲霉（图 5-1）。从物种上看，黄曲霉毒素广泛分布在土壤、动植物、各类坚果中，如发霉粮食及其制品，特别是花生、玉米及其制品。黄曲霉毒素在饲料中的残留也会在动物性食品（乳、肉、蛋）中积累，从而被人体摄取。从地区上看，黄曲霉毒素一般在热带和亚热带地区食品中检出率较高，我国的华中、华南和华北地区产毒株多，产毒量也大。

3. 毒性及主要危害

黄曲霉毒素的代谢部位主要是肝脏，吸收部位主要在肠道。黄曲霉毒素 B_1（AFB_1）在生

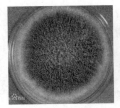 

（1）黄曲霉　　　　　（2）寄生曲霉

图 5-1　黄曲霉和寄生曲霉

物体内的代谢较为复杂。摄入含 AFB$_1$ 的食物后，约有 50% 在十二指肠被吸收，未被吸收的 AFB$_1$ 通过粪便排出体外。吸收的 AFB$_1$ 主要分布在肝脏，其次是肾脏，也有少量以游离的 AFB$_1$ 或其水溶性代谢产物形式分布在肠系膜静脉。

黄曲霉毒素的动物半数致死量（LD$_{50}$）为 0.249mg/kg，其毒性是氰化钾的 10 倍，砒霜的 68 倍，能引起急性中毒死亡。目前发现的十几种黄曲霉毒素中，黄曲霉毒素 B$_1$（AFB$_1$）毒性最强，黄曲霉毒素 M$_1$（AFM$_1$）、黄曲霉毒素 G$_1$（AFG$_1$）次之。黄曲霉毒素为强致癌物质，能使人体或动物的免疫功能丧失，诱导畸形和癌变（肝癌）的发生。AFB$_1$ 经体内代谢活化后能导致生物体遗传物质发生突变。研究证明，黄曲霉毒素会降低生殖能力，提高胚胎死亡率。

4. 检测方法

（1）生物鉴定法　利用黄曲霉毒素影响微生物、水生动物、家禽等生物体细胞代谢的特点对其进行鉴定，包括抑菌试验法、微生物遗传因子影响试验法、细菌发光试验和荧光反应法等。

（2）化学分析法　利用黄曲霉毒素的荧光特性检测定量，适用于粮食及其制品、调味品等黄曲霉毒素的检测，包括薄层层析法（TLC）等。

（3）仪器分析法　具有灵敏度高、分离能力强、特异性好及测定结果准确可靠等优点，包括高效液相色谱法（HPLC）等。

（4）免疫分析法　免疫分析法可实现对复杂的食品样品，如粮食、饮料、蛋、乳制品中黄曲霉毒素的检测，包括放射免疫法、亲和层析法和酶联免疫法等。

5. 防治措施

（1）预防措施　选育优良品种粮食，加强田间与收储管理；防虫防病、适时收割、及时脱粒、及时干燥；控制储粮水分和粮堆温度，抑制其生态环境；密闭粮堆，使之缺氧；采用化学防霉剂，包括熏蒸剂（磷化铝等）和拌合剂（丙酸等有机酸、漂白粉和食盐等）。

（2）去除措施　去除黄曲霉毒素污染的方法可分为物理方法、化学方法和生物方法（表5-1）。

表 5-1　　　　　　　　　　去除黄曲霉毒素污染的措施

去除措施	具体方法	特点
物理方法	挑选法	挑出霉坏粒、破损粒，适用于被黄曲霉毒素污染的颗粒状粮食的处理
	加工去毒法	机械脱皮、脱胚；适用于玉米和稻谷
	加热处理法	适用于花生油等
	吸附法	活性白土和活性炭；适用于植物油

续表

去除措施	具体方法	特点
化学方法	碱处理法	黄曲霉毒素在氢氧化钠溶液中能迅速水解生成邻位香豆素钠盐，可在碱炼后的水洗过程中去除
	氨熏蒸法	对被黄曲霉毒素污染的粮油中通人液氨，在常温下或加热条件下密封贮藏一定时间来达到去毒目的
	氧化剂处理法	黄曲霉毒素遇氧化剂迅速分解去毒
生物方法	微生物的生物转化	匍匐梨头霉、灰蓝色毛霉能够将 AFB_1 转变成一种毒性低 18 倍的物质

六、赭曲霉毒素

赭曲霉毒素是曲霉菌属和青霉菌属的某些种产生的结构相似的二级代谢产物，包括 7 种化合物。其中毒性最大、分布最广、产毒量最高、对农产品的污染最重、与人类健康关系最密切的是赭曲霉素 A（OTA）。

1. 理化性质

赭曲霉毒素 A 的化学式为 $C_{20}H_{18}ClNO_6$，是一种稳定的无色结晶化合物。OTA 呈弱酸性，可溶于极性有机溶剂和稀碳酸氢钠溶液，微溶于水，在紫外线照射下呈绿色荧光，有很高的化学稳定性和热稳定性。

图 5-2　赭曲霉

2. 来源及分布

欧洲和北美洲 OTA 主要来源于青霉属的疣孢青霉；热带地区主要来源于赭曲霉（图 5-2）；水果及果汁中 OTA 主要来源于炭黑曲霉和黑曲霉，动物制品中 OTA 来源主要是受污染的饲料。人类 OTA 摄入量的 50% 来源于谷物及相关产品。

3. 毒性及主要危害

OTA 的体内代谢路径目前尚未详细报道。从胃肠道吸收后，OTA 可与血清蛋白结合，在肾脏中可观察到 OTA 的重吸收，肝脏和肾脏是 OTA 生物转化的主要器官。大部分动物摄入

OTA 后从机体内排出的主要途径是粪便和尿液，还可通过向乳汁中转移以排出体外。

OTA 可在动物体内通过断裂肽键的水解反应快速脱毒代谢为赭曲霉毒素 α（OTα）。OTα（无毒）是 OTA 在大多数动物中主要的代谢产物。

赭曲霉毒素具有肾毒性、肝毒性、基因毒性、致畸性、胚胎毒性、免疫学毒性等，其毒性仅次于黄曲霉毒素。OTA 在 1993 年被国际癌症研究机构（IARC）划分为 2B 类致癌物。研究表明，赭曲霉毒素会损害线粒体的呼吸作用从而导致能量来源三磷酸腺苷（ATP）的耗竭，影响蛋白质、DNA、RNA 的合成，增加细胞中的脂质过氧化物。

4. 检测方法

（1）化学分析法　化学分析法较为简单，使用的试剂价格便宜，缺点是灵敏度较差，所需试剂繁多，检测周期长，重现性不好和无法实现自动化，包括薄层层析法（TLC）。

（2）仪器分析法　仪器分析法具有灵敏度高、分离能力强、特异性好及测定结果准确可靠等优点，包括高效液相荧光检测法、毛细管电泳二极管阵列检测法以及液相色谱-质谱联用法等。

（3）免疫分析法　免疫分析法特异性强、灵敏可靠、简单快速，适于对大量样品的筛查和检测，包括放射免疫法、胶体金免疫层析分析法和酶联免疫法吸附法等。

5. 防治措施

（1）防止霉变　控制产品水分含量和贮藏环境的相对湿度，使用抗真菌的化学药剂（如甲酸和丙酸）。

（2）物理降解　采用吸附剂、γ 射线、热处理的方法使毒素降解或者杀死真菌。

（3）化学降解　采用氢氧化钠、过氧化氢、次氯酸钠、氨等物质对污染 OTA 的农产品及饲料进行处理，使其分解降低毒性。

（4）微生物降解　利用生物转化作用破坏真菌毒素，降低毒性。胃肠道微生物对赭曲霉毒素的脱毒非常有效，因为它能将 OTA 水解为无毒性的 OTα。

七、展青霉素

展青霉素又称棒曲霉素，是一种非挥发性的内酯类有毒化合物，是青霉属、曲霉属和裸囊菌属等多种真菌的次生代谢产物。

1. 理化性质

展青霉素晶体呈无色菱形，熔点为 109~111℃，易溶于水、氯仿、丙酮、乙醇及乙酸乙酯，不溶于石油醚，在碱性条件下其生物活性被破坏，在 pH 3.5~5.5 条件下有较好的耐热性。

2. 来源及分布

产生展青霉素的霉菌有扩展青霉、展青霉、棒状青霉、新西兰青霉、石状青霉、粒状青霉、圆弧青霉、棒曲霉和土曲霉等。腐烂的水果、蔬菜、坚果等中均存在展青霉素，水果中的展青霉素主要来源于青霉菌。

3. 毒性及主要危害

展青霉素具有强烈的抗菌活性，对动物的细胞和组织具有很强的毒性。毒理学试验表明，展青霉素具有潜在的致癌、致畸、致突变性，此外还有免疫毒性、神经毒性和遗传毒性作用。目前已发现展青霉素对人类的影响主要表现为呕吐、反胃以及肠胃紊乱等症状。

展青霉素能不可逆地与细胞膜上的巯基结合，抑制含有巯基的酶的活性，如乳酸脱氢酶、磷酸果糖激酶、Na^+-K^+ATP 酶、Mg^{2+}ATP 酶、脑中乙酰胆碱酯酶等，并抑制网状细胞依赖 Na^+ 的甘氨酸转运系统。

4. 检测方法

（1）薄层色谱法　薄层色谱法的优点是设备简单和经济，但样品前处理复杂（萃取、净化、浓缩、薄层展开），易受杂质干扰和出现假阳性。

（2）液相色谱法　高效液相色谱法具有灵敏度高、选择性好、准确度高等优点，但在检测过程中如何完全分离展青霉素和羟甲基糠醛仍是需要解决的关键问题。

（3）色谱联用技术　可同时进行定性和定量检测，并且还具备气相色谱或高效液相色谱检测灵敏度高、选择性好等优点。气相色谱-质谱联用（GC-MS）法要求首先对样品进行衍生化，前处理较复杂。

（4）免疫学检测方法　具有特异性、高通量、快速简便等优点，但因展青霉素没有免疫源性而导致抗体特异性差、亲和力小，使得制备抗体困难。

5. 防治措施

（1）物理法　调控水果及制品的贮藏条件（低温贮藏、贮藏时间和气调贮藏等），提高人工挑选和清洗水果的效率。对于果汁类制品，可使用超声波去除、微波处理、吸附法、臭氧降解、辐照技术。

（2）化学法　使用各种杀菌剂（噻菌灵、咪酰胺、克菌丹、抑霉唑等）、护色剂物质、防腐剂和酚类抗氧化剂。

（3）生物法　酵母等生物防治菌种应用于果蔬的保藏。

八、伏马毒素

伏马毒素又称伏马菌素、腐马素等。1988 年，科学家首次从串珠镰刀菌培养液中分离出伏马菌素。随后，又从伏马菌素中分离出伏马菌素 B_1（FB_1）和伏马菌素 B_2（FB_2）。

1. 理化性质

伏马毒素的结构类似物可分为 A、B、C、P 四类，其中含量最高、毒性最强的是 FB_1，纯品为一种白色吸湿性粉末，易溶于水，不溶于氯仿、己烷等。FB_1 和 FB_2 在 $-18℃$ 下能够稳定贮藏，在大于 25℃ 时稳定性逐渐下降。伏马毒素有一定的生物毒性且对热很稳定，不易被蒸煮破坏。

2. 来源及分布

伏马毒素主要由串珠镰刀菌和再育镰刀菌产生，受其污染的食品主要是玉米及其制品，此外还有一些如大米、小麦、高粱、豆类、牛乳、啤酒等食物。比较温暖的地方如南美洲、非洲等地区玉米中，通常可以发现较高含量的伏马毒素。

3. 毒性及主要危害

一般情况下，肠道微生物可以水解 FB_1 成单酯和完全水解物氨基五醇（AP_1），并以原形或在 C_{14} 脱掉一个酯的丙烷三羧酸从粪便中排除，粪便可能是 FB_1 的主要消除途径。而研究人员只在粪便中发现了 AP_1，在尿和胆汁中并未发现水解物，推断水解作用在肠，而不是肝脏，可能由微生物分解。

研究证实伏马毒素可致马大脑白质软化症，神经性中毒而表现意识障碍、失明和运动失调等症状，严重者甚至造成死亡。可对猪造成肺水肿综合征，造成猪生殖系统紊乱，如早产、流产、死胎和发情周期异常，并能造成肝脏和食道损伤。伏马毒素也可引起灵长类动物的动脉粥样硬化样改变，诱发大鼠肝癌，同时与人类食道癌的发生密切相关。

目前伏马毒素的毒性作用机制尚无定论。主要观点认为，伏马毒素的结构与人或动物机体内的神经鞘氨醇极为相似，因此在神经鞘脂类的代谢过程中，伏马毒素竞争性地结合神经鞘氨醇 N-2 酰基转移酶，从而抑制了神经鞘氨醇的生物合成，阻碍了鞘脂类代谢。而神经鞘脂类是真核生物细胞膜的重要构成成分，在细胞的生长分化过程中起着关键作用，因而一旦其代谢被破坏，必然会引发各种疾病的发生。

4. 检测方法

（1）色谱方法　常用的方法包括薄层色谱法（TLC），气相色谱-质谱联用（GC-MS），高效液相色谱法（HPLC），液相色谱荧光检测（LC-FD）和液相色谱-串联质谱联用法（LC-MS/MS）。

（2）免疫学方法　其中，竞争酶联免疫吸附分析法（ELISA）对 FB_1 的检测限可达（0.5±0.2）μg/L，适用于定量检测；免疫化学发光法的基本原理与竞争 ELISA 法相同，但是在最后一步采用发光底物反应，通过检测发光值大小实现检测，检测限可达 0.09μg/L，其敏感性是竞争 ELISA 法的 10 倍以上；免疫胶体金技术以胶体金作为示踪标志物，应用于抗原抗体反应中的一种新型免疫标记技术，制成的胶体金试纸条具有简便、快速、灵敏、特异性高等优点。

5. 防治措施

（1）利用农业措施　加强栽培管理，选择合理种植密度，合理补充各种营养元素，加强害虫防治。确保粮食作物的适时收获，收获后及时干燥。作物储存过程中避免鼠害、机械碾压等伤害，储存过程中使用化学熏蒸法防止霉变。

（2）利用天然产物　许多天然产物对伏马毒素有抑制作用，其中天然酚类化合物影响细胞膜的破裂，中断伏马毒素的生物合成途径。绞股蓝和甜叶菊提取物具有很高的抗氧化活性，有效抑制串珠镰刀菌生长。香芹酚和丁香油酚能够有效抑制玉米粒中串珠镰刀菌孢子萌发和菌丝生长。香草酸、咖啡酸、高黄绿酸、苯甲酸和羟基肉桂酸等对伏马毒素的积累具有抑制作用。

（3）利用生物防治微生物　包括枯草芽孢杆菌、绿色木霉、食品级酵母在内的植物内生菌和微生物代谢产物。枯草芽孢杆菌 B-FS01 会分泌出一种抗菌物质芬荠素，能延滞串珠镰刀菌孢子的萌发，抑制串珠镰刀菌生长。枯草芽孢杆菌与串珠镰刀菌在植物体内有相同的生态位点，基于竞争性排斥作用可以有效抑制串珠镰刀菌的生长，阻碍伏马毒素的合成，被公认为一种安全的生物防治剂。

（4）选育抗真菌感染的粮食作物新品种　硬粒型玉米对伏马毒素的抗性强于马齿型玉米。

（5）利用基因工程技术开发抗性作物　表达苏云金杆菌（Bt）毒素的转基因玉米安全、高效、防虫，能够预防镰刀菌感染和伏马毒素的产生。

九、玉米赤霉烯酮

玉米赤霉烯酮又称 F-2 毒素，首先从有赤霉病的玉米中分离得到。玉米赤霉烯酮是由镰孢霉菌感染谷物产生的一种非固醇类真菌毒素。

1. 理化性质

纯品玉米赤霉烯酮为白色晶体，熔点 164～165℃，不溶于水，溶于碱性溶液、乙醚、苯、甲醇以及乙醇等，其甲醇溶液在紫外光下呈明亮的绿蓝色荧光。玉米赤霉烯酮很稳定，在储存、研磨、烹饪过程中均能稳定存在，有较强耐热性。

2. 来源及分布

玉米赤霉烯酮主要是由玉米赤霉菌、禾谷镰刀菌、三线镰刀菌、尖孢镰刀菌、大豆镰刀菌等真菌产生，玉米、小麦、大麦和燕麦都容易受到玉米赤霉烯酮的污染。联合国粮食及农业（农）组织调查结果显示，大多数国家的谷物和动物饲料都不同程度地受到玉米赤霉烯酮的污染，其中玉米的阳性检出率为45%，最高含量可达2909mg/kg。

3. 毒性及主要危害

玉米赤霉烯酮可由胃肠道持续吸收，肝肠循环可使其在胃肠道滞留时间延长。主要随粪便排出，少量可由乳汁排泄，玉米赤霉烯酮在动物体内主要有两条代谢途径，在 3α 和 3β 羟基类固醇脱氢酶作用下，分别形成 α 玉米赤霉烯醇（α-ZEL）和 β 玉米赤霉烯醇（β-ZEL），α-ZEL 和 β-ZEL 都具有类雌激素作用，α-ZEL 的雌激素活性比玉米赤霉烯酮要高3倍。

玉米赤霉烯酮的主要毒性包括生殖毒性、肾脏毒性、免疫毒性、肝脏毒性、遗传毒性、诱发肿瘤的形成，其急性毒性较弱。玉米赤霉烯酮是一种激素类真菌毒素，可引起哺乳动物发生雌性激素亢进症，导致不孕、流产、胎儿畸形和死胎，对雄性动物导致睾丸萎缩、精液质量降低、乳房增大。

玉米赤霉烯酮与内源性雌激素在结构上相似，能像雌激素一样，通过与雌激素受体竞争性的结合，激活雌激素反应元件，使受体发生二聚化，从而发生一系列拟雌激素效应。

氧化损害可能是玉米赤霉烯酮毒性的又一途径。维生素 E 是一种有效的抗氧化剂，而葡萄糖醛酸是抗热应激反应一个异常诱导者，具有抗氧化特性。研究发现维生素 E 和葡萄糖醛酸能阻止玉米赤霉烯酮对细胞蛋白质毒害，暗示玉米赤霉烯酮可能通过扰乱依赖性细胞的氧化还原状况，导致毒性作用。

4. 检测方法

（1）薄层色谱法（TLC）　TLC 法操作简单，适用于未经专门培训人员的操作；且成本低，无须价格昂贵仪器，目前得到广泛使用。

（2）高效液相色谱法（HPLC）　HPLC 法具有准确度高、灵敏性强、可微量测定的优点。

（3）毛细管电泳法　毛细管电泳法具有灵敏度高、精密、准确等特点，但样品处理还有待进一步简化。

（4）免疫亲和柱——荧光检测法　荧光检测法具有灵敏度高、重现性好、准确等特点，可作为饲料及饲料原料中玉米赤霉烯酮含量的快速检测方法。

（5）免疫学检测技术　免疫学检测技术具有特异性强、灵敏度高、实验操作较简单等优点。

（6）高效薄层色谱法　改善常规薄层色谱法（TLC）在灵敏度和重现性方面不足，且保持 TLC 法简便、快速和样品容量大等特点，分辨率几乎与 HPLC 法相当。

5. 防治措施

（1）预防措施　控制玉米赤霉烯酮的生长环境，包括控制温度、控制水分、控制氧气、添加防霉剂、控制污染源等。

（2）脱毒处理　主要是对饲料原材料进行脱毒处理，包括石灰水浸泡法、氯化法、去皮法、脱胚去毒法、化学处理法、使用吸附剂、脱霉剂等。

（3）微生物法　利用微生物如乳酸菌等可以减轻肠道对玉米赤霉烯酮的吸收。

十、单端孢霉烯族毒素

单端孢霉烯族（TcTc）毒素，是由镰刀菌属、漆斑菌属中的一些菌种产生的一类具有生物活性、化学结构类似的真菌二级代谢物。单端孢霉烯族毒素的基本化学结构为四环倍半萜，在 C_{12}、C_{13} 位上含有一个环氧基，又称 12，13-环氧单端孢霉烯族化合物。目前分离得到的单端孢霉烯族毒素已有上百种，根据各自独特的官能团分为 4 类（A~D 类）。自然界中以 T-2 毒素为主的 A 类和以脱氧雪腐镰刀菌烯醇（DON）为主的 B 类最为常见。在食品中天然存在，与人类健康关系密切相关的单端孢霉烯族毒素为 T-2 毒素、DON 和雪腐镰刀菌烯醇。

1. 理化性质

天然存在的单端孢霉烯族毒素为无色结晶，一般溶于有机溶剂中，少量溶于水。A 型单端孢霉烯族毒素易溶于氯仿、二乙醚、乙酸乙酯等中极性溶剂；B 型单端孢霉烯族毒素易溶于甲醇、乙腈等强极性溶剂，不溶于乙醚、正己烷、石油醚等非极性溶剂。多数单端孢霉烯族毒素在紫外线光谱中缺乏吸收峰，在紫外线下不直接产生荧光，化学性质比较稳定，遇热、光、酸、碱均不引起分解。

2. 来源及分布

单端孢霉烯族毒素广泛存在于粮食、饲料、农作物中。产生 A 型单端孢霉烯族毒素的菌种，包括镰刀菌属中的三线镰刀菌、梨孢镰刀菌、茄病镰刀菌等；产生 B 型单端孢霉烯族毒素的菌种，包括雪腐镰刀菌、禾谷镰刀菌、黄色镰刀菌；产生 C 型单端孢霉烯族毒素的菌种，主要是巴豆素头孢霉等；产生 D 型单端孢霉烯族毒素的菌种主要是疣孢漆斑霉等。

3. 毒性及主要危害

单端孢霉烯族毒素在体内半衰期很短，在啮齿动物、鸡、牛、猪体内，毒素被吸收后很快被代谢为多种产物。进入体内的单端孢霉烯族毒素及其代谢产物很快与葡萄糖醛酸结合生成糖苷类化合物，在不同生物体内代谢产物有所不同。除了肠道和肝这两个主要代谢的场所外，皮肤、血液和胃也在代谢过程中起到重要作用。

单端孢霉烯族毒素对动物的毒性包括呕吐、心跳迟缓、腹泻、出血、水肿、皮肤组织坏死，对造血系统、免疫功能具有破坏和抑制作用，导致胃肠道上皮黏膜出血、神经系统紊乱、厌食、心血管系统损坏，以及致癌、致畸、致突变作用，并可引起多种家畜的急性中毒。

T-2 毒素是单端孢霉烯族化合物中毒性最强的毒素之一，被认为是 20 世纪俄罗斯食物中毒性毒性白细胞缺乏症的主要原因，中毒症状表现为发热、坏死性咽炎、白细胞减少、内脏和消化道出血等。

4. 检测方法

（1）LC 及其联用技术　LC-三重四极杆-线性离子阱质谱具有较高的灵敏度，以及同时定量定性分析的优点。

（2）GC 及其联用技术　GC 氢火焰离子化检测法（GC-FID）、GC 电子捕获检测法（GC-ECD）以及质谱检测法（GC-MS）是目前单端孢霉烯族毒素的分析检测中广泛应用的 GC 及其联用方法。T-2 毒素自身并不具挥发性，因此，使用 GC 检测时，一般需要以硅烷化或氟酰基化试剂进行衍生化处理。

（3）免疫法　酶联免疫吸附分析法（ELISA）具有样品前处理简单、快速方便、特异性和灵敏度高且不需要昂贵的仪器设备等特点，比较适合推广普及。但是，针对小分子真菌毒素的该类免疫分析法仍存在抗体制备复杂、交叉反应及非特异性反应干扰严重、假阳性概率较高等缺点。

5. 防治措施

去除单端孢霉烯族毒素污染的方法可分为物理方法、化学方法和生物方法（表5-2）。

表5-2　　　　　　　　　　　　　去除单端孢霉烯族毒素污染的方法

方法类型	具体方法	实例
物理方法	热处理	脱氧雪腐镰刀菌烯醇（DON）在120℃时很稳定，在210℃部分分解
	辐照	为了分解DON、3-ADON和T-2毒素，干物料所需的辐照剂量要高于湿物料的辐照剂量
化学方法	碱处理	单端孢霉烯族毒素与碱反应后，结构会发生变化
	氧化剂	次氯酸钠将疣孢霉素转化成两种产物，将DON转化成一种产物
	还原剂	食品添加剂中的还原剂，如抗坏血酸、亚硫酸氢钠（NaHSO$_3$）和焦亚硫酸钠（Na$_2$S$_2$O$_5$），具有转化粮食中DON的能力
生物方法	利用微生物的羟基化和氧化作用、脱环氧作用、水合作用等	真细菌菌株BBSH797是唯一商品化运用于动物饲料脱毒的微生物，这种胶囊化的微生物产品被用于家禽和猪的饲料

第二节　海洋生物毒素

海洋生物毒素是指海洋生物在其生长过程中，通过自身合成或通过食物链、共栖关系从其他生物（如单细胞藻类、细菌）中获取的对人和动物有害的毒素。

海洋生物毒素表现出与陆地生物毒素等不同的性质，因为海洋生物中含有大量有机卤化物、胍衍生物、多氧和多醚类等物质，其毒素往往对肌体神经系统、心血管系统、细胞系统等表现出较高的特异性，尤其是对细胞调控的受体、离子通道及生物膜等关键靶点具有特异生理活性。

一、分类

根据化学结构来分，海洋生物毒素可分为多肽类毒素（包括河豚毒素、芋螺毒素等）、聚醚类毒素（包括岩沙海葵毒素、西加毒素等）以及生物碱类毒素（包括石房蛤毒素、刺尾鱼毒素）。

　　根据生物系统来分，海洋生物毒素可分为鱼类毒素、贝类与螺类毒素、藻类毒素以及海蛇毒素。

二、河豚毒素

1. 理化性质

　　河豚毒素可以分为河豚素、河豚卵巢毒素、河豚酸、河豚肝脏毒素，其中河豚卵巢毒素是毒性最强的非蛋白神经毒素。河豚毒素理化性质稳定，不溶于大多数有机溶剂，微溶于水、乙醇和浓酸，易溶于稀酸，易被碱还原。煮沸、盐腌、日晒等加工手段不能破坏河豚毒素的毒性。河豚在日光下曝晒 20d 或在盐水中盐腌 30d，其毒性仍不能去除；在 100℃ 加热 7h，或在 200℃ 加热 10min 以上才能被破坏。

2. 来源及分布

　　河豚毒素主要存在于河豚体内。同时，它在鲀科鱼中普遍存在，如红鳍东方鲀、豹纹东方鲀、密点东方鲀。河豚毒素主要分布在河豚的卵巢、精巢、肝、血液和肠中，在皮肤中只含有少量河豚毒素，肌肉中基本不含毒。当鱼死后，毒素会从内脏中逐渐溶入肌肉，导致肌肉带毒。每年春季为河豚的生殖、产卵期，此时毒素含量最高，因而较容易发生中毒事件。

3. 毒性及主要危害

　　河豚中毒发病急速而剧烈，潜伏期为 0.5~3h（一般为 10~45min）。初期有颜面潮红、头痛；继而出现剧烈恶心、呕吐、腹痛、腹泻等胃肠道症状；然后出现感觉神经麻痹症状，口唇、舌、指端麻木和刺痛；感觉减退；继而出现运动神经麻痹症状，手、臂肌肉无力，抬手困难，腿部无力以致运动失调，步履蹒跚，身体摇摆；舌头发硬、语言不清，甚至全身麻痹、瘫痪。病情严重者出现低血压、心动过缓和瞳孔固定放大，呼吸迟缓浅表，逐渐呼吸困难，以致呼吸麻痹，脉搏由亢进到细弱不整，最后死于呼吸衰竭。可于 4~6h 内死亡，致死时间最快者可在发病后 10min 死亡。如抢救及时，病程超过 8~9h 未死亡者多能恢复，病死率为 40%~60%。

　　河豚毒素是典型的钠离子通道阻断剂，它能选择性地与肌肉、神经细胞的细胞膜表面的钠离子通道受体结合，阻断电压依赖性钠离子通道，从而阻滞动物电位，抑制神经肌肉间的兴奋传递，导致与之相关的生理机能障碍，主要造成肌肉和神经的麻痹。

4. 防治措施

　　（1）加强卫生宣传与市场监管　河豚中毒多因缺乏有关河豚的知识而误食或贪其美味处理不当而中毒，有关部门应加强卫生宣传，说明河豚形态特点及其毒性。

　　（2）加工预处理　某些毒性相对较小用于食用加工的河豚，在加工时，应在专门单位由有经验的人进行，不新鲜的河豚禁止食用。

　　（3）中毒解治　河豚毒素中毒目前尚无特效解毒药。中毒早期应彻底催吐、洗胃和导泻，以排出尚未吸收的毒素，催吐应尽快进行。

5. 药用价值

　　河豚毒素的麻醉作用比常用麻醉药可卡因强 16 万倍，而且持续时间长，临床上可以代替吗啡、杜冷丁等，用于治疗神经痛、关节痛、肌肉痛、麻风痛以及创伤、烧伤引起的疼痛，一般生效较吗啡、杜冷丁迟，镇痛时间长达 12~20h。此外，还可用于癌症晚期镇痛。

　　以河豚毒素为主要有效成分的戒毒药高效、安全、无毒副作用，戒毒平均有效率达 98%，而且未见成瘾报道。河豚毒素对药物诱发的心律失常模型具有较好的对抗作用，特别是在抗室颤方面效果显著；在治疗癌症、延缓衰老和提高免疫力等方面也取得了一定的效果。

三、西加毒素

"西加中毒"一词是 18 世纪的西班牙医生创造的。他们发现，在古巴哈瓦那，当地居民吃了一种叫"西加"的海生软体动物后发生中毒。后来观察到许多热带鱼类，食用此软体动物后也有类似中毒症状，故沿用此名。现在泛指食用所有热带或亚热带的鱼类（河豚除外）引起的中毒。西加中毒症状难以捉摸，有"海上怪病"之称，常发生于热带海域。位于北纬 35°和南纬 35°间的海域，是西加中毒流行的危险区，而主要发生区域在太平洋南部和西部的岛上，以在有珊瑚礁的海域捕捞的鱼为主。

西加毒素是 20 世纪 60 年代夏威夷大学 Scheuer 教授从爪哇裸胸鳝肝脏中提取发现的，它是深海藻类分泌的毒素，被热带或亚热带海草性鱼类蓄积并在鱼体内被氧化而成的一类强毒性聚醚类毒素，通过食物链逐级传递和积累，最终传递给人类。

据报道全世界每年至少 2 万人不同程度的遭受西加毒素的伤害，食入 0.1μg 的西加毒素即可使成年人致病。

1. 来源及分布

西加毒素的主要产毒藻类有毒冈比亚藻、利马原甲藻、梨甲藻属等热带和亚热带底栖微藻种类。通常西加毒素仅限于热带和亚热带海区珊瑚礁周围摄食剧毒冈比亚藻和珊瑚碎屑的鱼类，特别是刺尾鱼、鹦嘴鱼等以及捕食这些鱼类的肉食性鱼类如海鳝、石斑鱼、沿岸金枪鱼等。

能够在体内积累西加毒素的鱼类大约有 400 种，其中有些鱼类对人类产生食品安全隐患，如红斑鱼、青星九棘鲈、棕点石斑鱼、波纹唇鱼、中巨石斑鱼等。

西加毒素对鱼类自身没有危险，毒素会慢慢积聚，体型越大的珊瑚鱼，所含毒素也越多。西加毒素在鱼类体内的含量不是均匀分布的，通常在内脏和生殖腺中含量最高，在肌肉和骨骼中含量相对较低。有研究表明，有毒新西兰鲷鱼的肝脏中西加毒素含量比其肌肉中高 50 倍；而有毒海鳝肝脏中西加毒素含量比其肌肉高 100 倍。

西加毒素中毒的发生是由于食用热带、亚热带海鱼引起的。尽管西加毒素中毒是全球性现象，但多发生于太平洋、西印度洋和加勒比海三个海域。加勒比海周围、佛罗里达、波多黎各、维尔京群岛、夏威夷、法属波利尼西亚群岛、日本冲绳等地经常发生，印度洋地区也有报道。

我国南海诸岛和华南沿海地区处于热带和亚热带海域，虽位于全球西加毒素中毒主要流行区域的边缘地带，但活珊瑚鱼贸易加重了西加毒素中毒对我国的影响，其中香港和广东等地每年与南太平洋岛国之间活珊瑚鱼贸易较为频繁。我国西加毒素中毒事件绝大部分发生在香港和广东，少量发生在深圳、海南和北海等地。

2. 毒性及症状

西加毒素为聚醚类化合物，属神经毒素，主要作用于神经末梢和中枢神经节，导致静息状态下打开神经细胞膜上的钠离子通道，造成钠离子内流，即大量钠离子进入细胞内，使细胞的兴奋性增强，细胞膜去极化而引发神经系统的中毒症状。

由于西加毒素稳定性高，即使经高温烹煮、冷冻、干燥或人体胃酸，也不会被破坏。人误食含该毒素的海鱼后，会出现肠胃、神经系统及少部分的心血管不适症状，包括恶心、呕吐、腹泻、四肢及口、喉的刺激与麻痹感、身体痒、关节和肌肉痛、心律不齐、血压降低等。严重中毒者身体虚弱，较难恢复健康。不经治疗者其自然死亡率为17%～20%，死因多为呼吸肌麻痹所致。

西加毒素中毒的症状与其他海产毒素，如河豚毒素、麻痹性贝类毒素等的中毒症状都非常相似，但西加毒素中毒所产生的"热感颠倒"是较为独特的现象，又称"干冰感觉"的热感颠倒，即当触摸到热的东西时会感觉凉，将手放入水中会有触电或摸干冰的感觉。

3. 防治措施

（1）预防　加强鱼类的管理。各餐饮业经营单位尽可能不购进较大的深海鱼类，尽可能不向消费者提供深海鱼类食品；各海鲜鱼类批发市场的经营者做好市场登记，详细登记鱼类的产地、来源、数量、种类、分销等情况，以便发现问题时能及时进行追踪处理，及时控制事态的发展。

做好预防知识的宣传。消费者尽量避免食用深海珊瑚鱼，特别是大鱼；不要进食鱼的某些部位，如头、肝、生殖器官等，加工时就应把这些部分剔除，尤其是卵巢；一定要进食珊瑚鱼时，不要喝酒或吃花生等果仁和豆类食品，因为这些食物会使症状变得更严重；曾有过中毒历史的人，以后中毒的机会将更大，更要减少进食珊瑚鱼的频率。

（2）诊断　西加毒素中毒经常被误诊为如流行性感冒一类的疾病。临床诊断主要是根据中毒者出现胃肠道症状，尤其是特征性温度感觉倒错，可与急性胃肠炎、细菌性食物中毒作鉴别。但在中毒的早期，仅有胃肠道症状表现，容易误诊为急性胃肠炎、细菌性食物中毒。

美国疾病控制与预防中心提出西加毒素中毒的临床诊断依据，在72h内进食过珊瑚鱼并同时具备下列3个条件：①有腹痛、腹泻、恶心、呕吐等之中3个症状；②肢端感觉异常、关节痛、肌痛、瘙痒、头痛、头晕、口腔金属味、视觉异常、牙痛等之中3个症状；③心动过慢、口周感觉异常、温度感觉倒错等症状之一。

（3）治疗　目前仍没有特效解毒剂，主要为对症支持疗法。腹痛明显者用阿托品解痉；心率每分钟小于60次者给予心电监护的同时用阿托品静脉滴注；低血压者静脉滴注多巴胺；皮肤瘙痒者用抗组胺药扑尔敏、10%葡萄糖酸钙及维生素类药；神经系统症状明显者可静脉注射钙剂。

甘露醇的静脉输入是唯一的已知可以逆转感觉症状和自主神经体征的治疗西加毒素中毒的方法。在恢复阶段，中毒者3~6个月内避免食用鱼类和饮酒。

四、贝类毒素

贝类毒素属海洋天然有机物，它的形成与海洋中有毒藻类赤潮密切相关。有毒藻类产生的毒素往往通过食物链进入贝类体内，因而通常称这些毒素为贝类毒素。常见的贝毒有腹泻性贝类毒素（DSP）、麻痹性贝类毒素（PSP）、神经性贝类毒素（NSP）和遗忘性贝类毒素（ASP）。

1. 腹泻性贝类毒素（DSP）

腹泻性贝类毒素最初是从紫贻贝的肝胰腺中分离出来的一种脂溶性毒素，因被人食用后产生以腹泻为特征的中毒效应而得名。

（1）来源及分布　目前认为，腹泻性贝类毒素是由有毒赤潮藻类鳍藻属和原甲藻属中部分藻种产生的一类脂溶性天然化合物，主要成分为软海绵酸及其衍生物。

这些藻类作为食物被海洋贝类摄食后，转移到其胃或食道中，经胃和肠消化、吸收并导致腹泻性贝类毒素在贝体内的积累和转化，从而引起食用者腹泻性中毒。可被腹泻性贝类毒素毒化的贝类有扇贝、贻贝、蛤蜊、牡蛎、蛤仔、斧文蛤等。

（2）毒性及症状　腹泻性贝类毒素的毒性主要在于其活性成分软海绵酸抑制细胞质中磷酸酶的活性，导致蛋白质的过度磷酸化，从而对人体的生理功能造成影响。主要症状是恶心、呕吐、腹痛、腹泻等胃肠道刺激症状。一般潜伏期短，进食后 0.5~4h 即可发病，患者不发热，无须特殊治疗，3~4d 后基本痊愈。

（3）防治措施　食用前确保贝类来源可靠。烹煮前先刷洗外壳，摘除双壳贝类的内脏，并弃掉烹煮的汁液再进食。避免一次性或短期内进食过量贝类，确保均衡饮食。定期加强检测环境中有毒赤潮藻类鳍藻属和原甲藻属的数量变化，避免在高风险污染区域误食贝类引起中毒，对采集贝类样品进行分析。

2. 麻痹性贝类毒素（PSP）

麻痹性贝类毒素是海洋贝类摄食漆沟藻、裸甲藻等在体内累积的四氢嘌呤类毒素的总称。

（1）来源及分布　麻痹性贝类毒素来源于海洋中有毒的甲藻类，是山膝沟藻属的涡鞭藻所产生的一组毒素。常见的含有麻痹性贝类毒素的生物有日月贝、巨蛎、硬壳蛤、文蛤、扁顶蛤、贻贝、扇贝、蛤仔、石房蛤等。

（2）毒性及症状　麻痹性贝类毒素是一类通过阻断神经细胞钠离子通道来阻断神经传导，对人体神经系统产生麻痹作用的海洋生物毒素。麻痹性贝类毒素是毒性很强的毒素之一，其毒性与河豚毒素相当。

食入 30min 内嘴唇周围有刺痛感或麻木感，并逐步扩展至面部或颈部。指尖足尖有刺痛感，伴有头痛、晕眩、恶心、呕吐、腹泻。中毒严重时，会导致肌肉麻痹、呼吸困难、有窒息感，食入 2~24h 会因呼吸肌麻痹而导致死亡。

（3）防治措施　麻痹性贝类毒素中毒在治疗上无特殊的解药，一般只能根据症状进行治疗。烹煮前先去其内脏，避免食用烹饪汁液，每次进食较少分量的贝类，儿童、病患者、老人较容易因进食含有毒素的贝类而中毒，应倍加小心。进食贝类后若出现不适，应立即就医。

（4）应用举例——石房蛤毒素（STX）　在研究平滑肌和心肌离子流、钠离子（Na^+）通道结构、化学药物对神经肌肉传导的影响等方面，麻痹性贝类毒素成为研究 Na^+ 通道的重要工具药。

石房蛤毒素（STX）具有显著的抗肿瘤、抗病毒活性，对癌细胞的破坏性相当高；STX 具有较强的降压作用，剂量为 2.0~3.0μg/kg 时可降低狗和猫正常动脉血压的 2/3，剂量大于 1.5μg/kg 时可能阻滞血管神经而减小外周阻力；剂量大于 1.5μg/kg 时则直接弛缓血管肌肉而达到降压目的。

麻痹性贝毒素的镇痛、麻醉、解痉、止喘以及作为抗癌药物方面的应用正在积极探索中。

3. 神经性贝类毒素（NSP）

神经性贝类毒素是贝类摄食短裸甲藻等藻类后在其体内蓄积的毒素，人体食用后会产生以神经麻痹为主要特征的中毒症状。

（1）来源及分布　NSP 是一类与赤潮有关的毒素，源自于海洋中的短裸甲藻。短裸甲藻在细胞裂解、死亡时会释放一组毒性较大的短裸甲藻毒素，这种毒素的典型发生区域为墨西哥湾、美国南大西洋海岸以及新西兰。

短裸甲藻毒素是赤潮生物短裸甲藻的代谢产物。它是一种有毒的、无保护甲片的甲藻，在海洋中大量异常繁殖时可使海水变色，是引起赤潮的最主要浮游生物之一。1971 年，在美国佛罗里达州暴发的震惊世界的赤潮灾难，主要就是由短裸甲藻引起的。这场灾难不但导致每天有上百吨的鱼、贝类死亡，而且还因人、畜吸入有毒的气雾而引起严重毒害作用。

（2）毒性及症状　短裸甲藻毒素可选择性地开放钠离子通道，使细胞膜对钠离子的通透性增强，活化电压门控钠离子通道，产生较强的细胞去极化作用，引起神经肌肉的兴奋传递发生改变（其与钠离子通道结合的部位不同于河豚毒素）。

当人误食了被短裸甲藻污染的贝类，0.5～3h 会出现中毒的症状，如腹痛、恶心、呕吐、腹泻，并伴随嘴周围区域和四肢的麻木，同时还有眩晕、肌肉骨骼疼痛、乏力，冷热知觉的颠倒即冷热不分等症状。除了通过食物链引起中毒外，也可通过海洋中的毒素气溶胶造成呼吸道急性中毒。中毒后表现为晕眩、瞳孔放大、气喘、干咳、流鼻涕及眼角膜炎等，有的还染上红眼病和疥疮。

（3）防治措施　食用贝肉的时候，应将内脏、生殖腺部分剔除掉，使毒素降至最低程度，降低中毒概率。在赤潮多发季节应避免过多食用贝类。

一旦误食有毒贝类，出现舌、口、四肢发麻等症状，首先要进行人工催吐，同时要到医院进行洗胃、灌肠等治疗，防止发生呼吸肌麻痹。

4. 遗忘性贝类毒素（ASP）

遗忘性贝类毒素又称失忆性贝类毒素，是由于海洋中贝类大量摄食沟藻、裸甲藻等有毒藻类，而在其体内积累的大量毒素（软骨藻酸等）。遗忘性贝类毒素属于海洋神经毒素，是一类具有神经兴奋的氨基酸类物质，其主要成分为软骨藻酸。

（1）来源及分布　遗忘性贝类毒素最初在加拿大被发现，是大量硅藻属海藻生长产生的软骨藻酸污染所致。与产生软骨藻酸相关的贝类主要是滤食性贝类，如舌贝、牡蛎、文蛤、海瓜子等，通过滤食毒藻将软骨藻酸富集在体内，人类因食用被软骨藻类污染的贝类而中毒。目前，遗忘性贝类毒素只在北美洲东北、西北海岸有发现，在中国海域尚未发现。

（2）毒性及症状　软骨藻酸是谷氨酸的一种异构体，能够与控制细胞膜 Na^+ 通道的神经递质谷氨酸受体紧密结合，提高钙离子（Ca^{2+}）的渗透性，使神经细胞长时间处于去极化的兴奋状态，最终导致细胞死亡，并可能对中枢神经系统海马区和丘脑区与记忆有关的区域造成损伤，从而导致记忆力丧失。

人类中毒后，潜伏期为 3～6h，主要临床表现为腹痛、腹泻、呕吐、流涎等胃肠系统症状，同时出现记忆丧失、意识障碍、平衡失调等神经系统中毒症状，部分患者中毒后记忆丧失可长达 1 年，严重者昏睡，可导致死亡。

（3）防治措施　绝对不要购买被赤潮污染的贝、螺类等海产品食用。每次进食贝类不要过量，避免进食其内脏、生殖器及卵子。加工时要彻底烹煮达到沸点，以降低微生物污染所造成的风险。进食贝类后若出现中毒症状，应立即前往邻近医院求医，并将剩余的食物留作调查及化验之用。禁止被赤潮污染的贝、螺类在海产品市场买卖，避免群体性中毒。需要定期对海产品中软骨藻酸进行监测，预防食物中毒事件的发生。

五、微囊藻毒素

水体富营养化是指湖泊、水库和河流中接纳过多的氮和磷等营养物质，使水体的生态结构与功能发生变化，导致藻类特别是蓝藻的异常繁殖生长而出现的蓝藻水华现象。蓝藻水华污染所带来的主要危害是在有毒蓝藻细胞破裂后向水体中释放多种不同类型的藻类毒素。

关于蓝藻毒素的记载可追溯至三国时代，诸葛亮率军南征，蜀国士兵从一条发绿的河中取水饮用而中毒身亡，此事甚至被引入世界卫生组织 1999 年出版的《水中的蓝藻毒素》一书。如果此传说真实，大概是人类历史上最早关于蓝藻毒素对人产生毒害作用的记载了。

在已发现的各种不同的藻类毒素中，微囊藻毒素是一种在蓝藻水华污染中出现频率最高、产生量最大和造成危害最严重的藻类毒素。

1. 来源及分布

微囊藻毒素主要产自微囊藻、鱼腥藻、颤藻、念珠藻、项圈藻等浮游性蓝藻。我国湖泊富营养化以及有毒蓝藻水华污染时有发生，如滇池、太湖、巢湖等。一般认为，微囊藻毒素进入人体的途径主要是通过饮水，少部分通过水上娱乐活动或通过口服蓝藻类保健品。

2. 毒性及症状

微囊藻毒素通过与蛋白磷酸酶中的丝氨酸/苏氨酸亚基结合，抑制其活性，从而诱发细胞角蛋白高度磷酸化，使哺乳动物肝细胞微丝分解、破裂和出血，使肝充血肿大，动物失血休克死亡。另外，由于蛋白磷酸酶的活性受到抑制，这样就相对增加了蛋白激酶的活力，打破了磷酸化和脱磷酸化的平衡，从而促进了肿瘤的发生。人或动物通过接触或饮用含有微囊藻毒素的水会出现乏力、腹泻、呕吐、呼吸急促等症状，严重者可导致肝肿大出血及肝坏死，并因呼吸阻塞而死亡。

3. 防治措施

利用水生生物控制微囊藻水华是重要的、简单易行的、带有根本性的途径之一，水体恢复到原初状态时间相对较短，即采用生物防治方法。主要包括以下方式：减少甚至完全排除以浮游动物为食的鱼类，增加浮游植物食性的鱼类；利用高等水生植物竞争光和矿质营养从而抑制藻类生长，此外其根系可向水体中分泌有机物质，这些物质能够伤害或杀死某些藻类；利用微生物细菌的降解作用。

化学防治适用于小型水体，目前主要采用硫酸铜进行处理，根据水体的自然条件和水华发生的程度不同，采用不同的处理方法。

物理防治主要采取截流、疏浚、稀释和污水分流等措施，物理方法有费时、费钱、操作困难的缺点。

此外，需要把好水源关。对养殖鱼塘应严格控制进水，严防引入其他鱼塘排出的"铜绿水"；进水后尽快施肥，培养有益藻类，使有益藻类占优势，抢占生态位，抑制微囊藻的繁殖；精养鱼塘定期换水，降低有机物含量。

第三节　生物胺

生物胺是一类具有生物活性、含氮的低分子质量有机化合物的总称，可看作是氨分子中 1~3 个氢原子被烷基或芳基取代后而生成的物质，是脂肪族、酯环族或杂环族的低分子质量有机碱，常存在于动植物体内及食品中。

根据化学结构可分为脂肪族（腐胺、尸胺、精胺、亚精胺等）、芳香族（酪胺、苯乙胺等）和杂环胺（组胺、色胺等）。

一、来源

各种动植物的组织中都含有少量的生物胺，生物胺是生物有机体内的正常活性成分，在机体内起着重要的生理作用。此外，也普遍存在于多种食品和含酒精的发酵饮料中，如干酪、肉制品、水产品、啤酒、葡萄酒等。

人们从食品中摄入的一定数量高质量的外源生物胺，具有一定的生理和毒理活性。一般来说，食品中的生物胺大多是在食品中的微生物所产生的氨基酸脱羧酶的作用下，脱去氨基酸的羧基而生成的。

二、产生生物胺的食品

1. 肉类及其制品

无论是在新鲜的还是经过加工的肉类产品中都可以检测出多种生物胺类物质。肉制品中的酪胺、腐胺、精胺和亚精胺含量比组胺和尸胺高。此外，肉及其制品中的微生物与生物胺关系密切。

2. 水产品及其制品

以鱼类为代表的水产品及其制品被认为是生物胺含量最高的一类食品，尤以海产鲭科鱼类为主，如金枪鱼（吞拿鱼）、鲭鱼、沙丁鱼、大麻哈鱼等，其含量范围为 1～15g/kg。

3. 乳及乳制品

在牛乳和人的乳汁中都含有精胺、亚精胺和腐胺，纯乳中的生物胺含量很低，但在各种乳制品中却很高。干酪中组胺含量仅次于鱼类，位居第二，其中主要的生物胺有酪胺、组胺、腐胺、尸胺、色胺。

4. 酒类

葡萄酒中含有多种氨基酸，在乳酸菌产生的脱羧酶作用下脱羧而生成组胺、酪胺、腐胺、尸胺及苯乙胺等生物胺；啤酒中生物胺的主要来源与葡萄酒相同，也是通过乳酸菌对啤酒的代谢作用产生的。

5. 水果和蔬菜

水果汁中的胺类物质以腐胺为主。白菜、茼蒿菜、莴苣和菊苣等植物内生物胺含量约为 14～20mg/kg，其中精胺为主要成分，为 7～15mg/kg。亚洲泡菜中胺的含量较低，日本腌制的蔬菜商品中酪胺的检出量极低。

三、毒性及症状

研究生物胺的重要性不仅在于它们的毒性，还在于它们可以作为判断食品腐败程度的指标。

适量摄入生物胺能促进生长、增强代谢活力、增强免疫力和清除自由基等，但当人体摄入过量时，会引起诸如头痛、恶心、心悸、血压变化、呼吸紊乱等过敏反应，严重的还会危及生命。

其中，组胺对人类健康的影响最大，其次是酪胺。口服 8～40mg 组胺产生轻微中毒症状，超过 40mg 产生中等中毒症状，超过 100mg 产生严重中毒症状。口服酪胺超过 100mg 引起偏头痛，超过 1080mg 引起中毒性肿胀。当食品中生物胺含量达到 1000mg/kg 时会对人体健康造成严重危害。除了组胺、酪胺本身的作用外，其他生物胺的存在会增强组胺和酪胺的不良作用。腐胺、尸胺、精胺和亚精胺能够与亚硝酸盐反应产生致癌物质亚硝基胺。

四、防治措施

1. 控制食品中游离氨基酸含量

氨基酸是生物胺形成的原料，无氨基酸和蛋白质的食品中是不含有生物胺的，而游离氨基酸含量丰富的食品中生物胺含量往往也较高，黄酒就是典型的例子。黄酒中含有丰富的氨基酸是其生物胺含量比其他酒类高的一个主要原因。但氨基酸是食品价值重要的一部分，在食品风味、功能及营养价值方面起着重要作用。虽然降低氨基酸含量能减少生物胺的含量，但对食品行业会产生不利影响，因此很少采用此策略控制食品中生物胺的含量。

2. 控制产氨基酸脱羧酶微生物的生长

产氨基酸脱羧酶微生物的参与是形成生物胺的前提条件，因此可以通过无氨基酸脱羧酶微生物发酵或者控制产氨基酸脱羧酶微生物的生长而降低食品中生物胺的含量，这也是目前控制生物胺含量最有效的方法之一。

理论上一切控制微生物生长的措施，如真空包装、低温、pH、高渗处理等，均能降低食品中生物胺的含量。一般通过控制微生物的生长来降低普通食品中的生物胺含量。

对于酿造酒类产品，使用优良的发酵菌株是降低生物胺含量最有效的方式。

3. 控制氨基酸脱羧酶的活性

影响氨基酸脱羧酶活性的主要因素为 pH、温度及含盐度等，因此可以通过改变这些因素而控制生物胺的含量。

腌制食品中，组胺很少被检测到，因为高盐环境会抑制组氨酸脱羧酶活性，组胺在此条件下几乎无法产生。但由于 pH、含盐量等一般是食品本身的特性，改变这些特性将会影响食品的品质和感官特性，因此利用此方法控制生物胺含量的研究并不是很多。

4. 增强生物胺的降解水平

胺氧化酶分为单胺氧化酶和二胺氧化酶，它们能将生物胺降解生成乙醛、氨和过氧化氢。

从鱼酱中分离到的沙克乳杆菌能有效分解组胺。将这些具有胺氧化酶活性的菌株作为优势菌株强化发酵或者直接作为起始发酵剂应用于发酵食品，可以有效降低食品中生物胺的水平。但具有胺氧化酶活性的菌株并不适合用于发酵酒类产品，这是因为乙醇可以有效抑制胺氧化酶的活性，因此需要寻找新型的、能降解生物胺的微生物。

讨论：无处不在的霉菌毒素

如今，人们在饮食上越来越讲究，不但追求食品的色、香、味，就连筷子也是花样繁多，市场上就出现了各种材质的筷子，有竹子、木质、塑料、半陶瓷半金属，不锈钢等。那么，什么样的筷子更实用、更健康呢？回忆自己家庭的实际情况，你家里使用哪种材质的筷子？是否阅读过筷子的包装？筷子放在厨房的什么位置？家中多久更换一次筷子？

近期，市面上流传"筷子使用不对或使用时间过长会致癌"的说法，此言论一出，立即引起了大众的关注和恐慌。那么，这到底是怎么回事？联系前几节课的学习内容，筷子可能受到哪些污染？可以采取哪些有效的措施避免污染？

思考题

1. 请说出三种以上真菌毒素以及它们的来源和毒性。
2. 生物胺的特点以及来源、毒性。
3. 简述常见的贝类毒素有哪几种？预防贝类毒素中毒有哪些措施？
4. 生物毒素有哪些常见的检测方法？各有何利弊？

参考文献

［1］Belykh, O., Gladkikh, A., Sorokovikova, E., et al. Saxitoxin-Producing cyanobacteria in Lake Baikal ［J］. Contemporary Problems of Ecology, 2015, 8（2）：186-192.

［2］Jaiswal, P., Jha, S., Kaur, J., et al. Detection of aflatoxin M1 in milk using spectroscopy and multivariate analyses ［J］. Food Chemistry, 2018, 238（SI）：209-214.

［3］Moon, Y., Kim, H., Chun, H., et al. Organic acids suppress aflatoxin production via lowering expression of aflatoxin biosynthesis-related genes in Aspergillus flavus ［J］. Food Control, 2018, 88：207-216.

［4］Qileng, A., Wei, J., Lu, N., et al. Broad-specificity photoelectrochemical immunoassay for the simultaneous detection of ochratoxin A, ochratoxin B and ochratoxin C ［J］. Biosensors & Bioelectronics, 2018, 106：219-226.

［5］Ribeiro, D., Kupski, L., Furlong, E., et al. Pro-inflammatory and toxic effects of ochratoxin and ochratoxin alpha in human neutrophils ［J］. Toxicology Letters, 2018, 238（2）：S88.

［6］Thottumkara, A., Parsons, W., Du Bois, J. Saxitoxin ［J］. Angewandte Chemie-International Edition, 2014, 53（23）：5760-5784.

［7］Xiong, J., Xiong, L., Zhou, H., et al. Occurrence of aflatoxin B1 in dairy cow feedstuff and aflatoxin M1 in UHT and pasteurized milk in central China ［J］. Food Control, 2018, 92：386-390.

［8］李志军, 吴永宁, 薛长湖. 生物胺与食品安全 ［J］. 食品与发酵工业, 2004, 30（10）：84-91.

［9］刘景, 任婧, 孙克杰等. 食品中生物胺的安全性研究进展 ［J］. 食品科学, 2013, 34（5）：322-326.

［10］王光强, 俞剑燊, 胡健. 食品中生物胺的研究进展 ［J］. 食品科学, 2016, 37（1）：269-278.

［11］曹利瑞, 朱松, 俞剑燊等. 黄酒中9种生物胺的高效液相色谱分析法 ［J］. 食品科学, 2016, 37（4）：103-107.

［12］严忠雍, 张小军, 李奇富等. 免疫亲和柱净化-液相色谱-串联质谱法测定海洋生物中河豚毒素 ［J］. 分析化学, 2015, 43（2）：277-281.

［13］郑睿行, 周子焱, 傅晓等. HPLC测定玉米中玉米赤霉烯酮和赭曲霉毒素A ［J］. 食品研究与开发, 2017, 38（19）：139-142.

食物中毒与食源性疾病

第一节 食品腐败变质

食品腐败变质是指食品受到各种内外因素的影响，造成其原有化学性质或物理性质和感官性状发生变质，降低或失去其营养价值和商品价值的过程，如油脂酸败、水果腐烂、粮食霉变等。食物腐败变质实质上是食品中蛋白质、碳水化合物、脂肪等被微生物代谢分解或自身组织酶所发生的某些生物化学的变化过程。食品腐败变质不仅降低食品的营养价值，使人产生厌恶感，而且还可产生各种有毒有害物质，引起食用者发生急性中毒或产生慢性毒害。食品的腐败变质是各类食品中普遍存在的实际问题，因此，必须研究和掌握食品腐败变质的规律，有针对性地制定控制措施以防止食品发生腐败变质。

一、食品腐败变质的因素

食品腐败变质的主要因素有以下三大类（图6-1）。

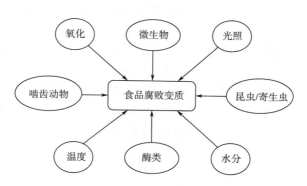

图6-1 食品腐败变质的主要因素

1. 生物学因素

（1）微生物 食品中含有蛋白质、糖类、脂肪、无机盐、维生素和水分等丰富的营养成分，是微生物的良好天然培养基。引起食品腐败变质的微生物有细菌、酵母和霉菌等，它们在生长和繁殖过程中会产生各种酶类物质，破坏细胞壁而进入细胞内部，使食品中的营养物质分解，食品质量降低，进而使食品发生变质和腐烂。

（2）害虫和啮齿动物　包括甲虫类、蛾类、蟑螂类、螨类和鼠类。

2. 化学因素

（1）酶作用　指食品在酶类作用下使营养成分分解变质的一种现象。在适宜的条件下，酶促使食品中的蛋白质、脂肪和糖类等物质分解，产生硫化氢、氨等难闻气体和有毒物质，使食品变质而不能食用。

（2）非酶作用　包括美拉德反应和焦糖化反应。

（3）氧化　油脂与空气中的氧气接触而被氧化，生成醛、酮、醇、酸等，使油脂本身变黏，相对密度增加，出现难闻的气味和有毒物质。其他如维生素 C、天然色素（如番茄色素等）也会发生氧化，使食品质量降低乃至变质。

3. 物理因素

包括温度、水分、光照、氧气、机械损伤、包装材料不当等。

二、食品腐败变质的卫生学意义

产生不良感官性质，如刺激性气味、异常颜色、酸臭味道、组织溃烂等。蛋白质分解产物有胺类、硫化氢、硫醇、吲哚、粪臭素等，都是臭味强烈物质，使人嗅后有厌恶感。脂肪酸败产生醛、酮类等，并进一步分解出现特殊的酸败味。此外，食品外形的组织溃烂、黏液污秽物等严重影响食品的感官卫生质量。

降低或丧失食用价值。不仅食品中的主要成分蛋白质、脂肪和碳水化合物发生降解破坏，而且维生素、无机盐和微量元素也有严重的流失和破坏。

引起人体不良反应和食物中毒。腐败变质食品一般都污染严重，有大量微生物繁殖，由于菌相复杂和菌量增多，致病菌和产毒霉菌存在机会较大，在人食用后引起食源性疾病。

三、食品腐败变质的控制

对食品的腐败变质要及时准确鉴定并严加控制，但这类食品的处理还必须充分考虑具体情况。如轻度腐败的肉、鱼类，通过煮沸可以消除异常气味，部分腐烂的水果蔬菜可拣选分类处理，单纯感官性状发生变化的食品可以加工复制等。然而人体虽有足够的解毒功能，但在短时间内摄入量不可过大。因此应强调指出，一切处理的前提，都必须以确保人体健康为原则。

控制食品腐败变质，主要是从减弱或消除引起食品腐败的各种因素作用来考虑。如减少微生物污染和抑制微生物的生长繁殖，采取抑菌或灭菌措施，抑制酶活力，防止各种环境因素对食品的不利作用，以达到防止或延缓食品腐败变质的目的。目前常用的防止食品腐败变质的方法如下。

1. 加热杀菌法

食品经高温处理后，可杀死其中绝大部分微生物，并可破坏食品中酶类。但是对微生物发生作用的大小取决于温度的高低、加热时间的长短。大多数微生物在 60℃，15～30min 即可被杀死，但细菌芽孢与霉菌因耐受力强，需更高温度或更长时间。

2. 低温保藏法

低温可以抑制微生物的繁殖，降低食品内化学反应的速度和酶的活力。低温保藏的食品，营养和质地能得到较好的保持，对一些生鲜食品如水果、蔬菜等更适宜。

3. 脱水干燥法

食品中的水分降低至一定限度以下，微生物不能繁殖，酶的活性也受到抑制，从而能防止食品腐败变质。

4. 化学添加剂保藏法

为了保藏的目的而加入食品的化学物质需符合食品添加剂的有关规定。常用的食品防腐添加剂有防腐剂、抗氧化剂，防腐剂用于抑制或杀灭食品中引起腐败变质的微生物，抗氧化剂可用于防止油脂酸败（详见第四章）。

5. 辐照保藏法

食品辐照是利用射线照射食品（包括原材料），延迟新鲜食物某些生理过程（发芽和成熟）的发展，或对食品进行杀虫、消毒、杀菌、防霉等处理，达到延长保藏时间，稳定、提高食品质量目的的操作过程。经辐照的食品，温度基本不会上升，因此可以减少营养素的损失，有利于保持食品质量。

6. 其他

如真空保存，盐渍、糖渍加工和酸发酵等。

第二节 食源性疾病与食物中毒

一、食源性疾病

根据美国食品和药物管理局（FDA）的定义，食源性疾病是指由于食用受污染的食品或者饮料而引起的疾病。世界卫生组织（WHO）则将其定义为"凡是通过摄食进入人体内的各种致病因子引起的，通常具有感染性质或中毒性质的一类疾病"。其病因主要有病毒、细菌、寄生虫、毒素、重金属以及有毒化学物质。其症状也各有不同，从轻微胃肠炎到致命的神经毒性作用，以及肝肾综合征等。食源性疾病具有3个基本要素，即食物是传播疾病的媒介、引起食源性疾病的病原物是食物中的致病因子、临床症状为中毒性或感染性表现。

食源性疾病病原物分类有3种：第一，生物性病原物。包括细菌、真菌、病毒和寄生虫，这是食源性疾病最常见的病原。食品的生物性污染是最重要的食品卫生问题。第二，化学性病原物。危害最严重的是化学农药、重金属、多环芳烃类和N-亚硝基化合物，滥用食品添加剂、植物生长促进剂等也是食品化学污染的重要因素。第三，物理性病原物。来源于放射性物质的生产和使用过程。

一般来说，在食品安全管理方面国外主要采用食源性疾病这个概念，而我国则更多地采用食物中毒这个概念。食源性疾病与食物中毒相比范围更广，它除了包括一般概念的食物中毒外，还包括经食物感染的病毒性、细菌性肠道传染病、食源性寄生虫病，以及由食物中有毒、有害污染物引起的慢性中毒性疾病，甚至还包括食源性变态反应性疾病。随着人们对疾病的深入认识，食源性疾病的范畴还有可能扩大，如由食物营养不平衡所造成的某些慢性退行性疾病（心脑血管疾病、肿瘤、糖尿病等）。

二、食物中毒

食物中毒是指摄入了含有生物性、化学性有毒有害物质的食品或者把有毒有害物质当作食品摄入后出现的非传染性（不属于传染病）的急性、亚急性疾病，属于食源性疾病的范畴。它既不包括因暴饮暴食而引起的急性胃肠炎、食源性肠道传染病（如伤寒）和寄生虫病（如囊虫病），也不包括因一次大量或者长期少量多次摄入某些有毒、有害物质而引起的以慢性毒害（如致畸、致癌、致突变）为主要特征的疾病。

食物中毒是一种比较常见的疾病，分为多种类型，如细菌性食物中毒、真菌性食物中毒、化学性食物中毒、动植物性食物中毒等。食物中毒的特征有以下几个方面。

①潜伏期短，发病突然，呈爆发性。集体性爆发的食物中毒在短期内很快形成发病高峰。

②中毒病人有类似的临床表现，以恶心、呕吐、腹痛、腹泻等胃肠炎症状为主。因为这些病人进食的是同一种有毒食品，病源相同，因此患者的临床症状相似，但由于个体差异，其临床症状也可能有差异。

③发病者均与某种食物有明确的关系，近期内都食用过同样的食物，发病范围局限在食用该类有毒食物的人群，未吃者不发病。

④病人对健康人群无传染性，停止食用有毒食品，发病很快停止。发病曲线呈突然上升、又迅速下降的趋势，无传染病流行时的余波。

⑤从中毒食品和中毒病人的生物样品中能检出引起中毒临床表现一致的病源。

第三节　细菌性食物中毒

细菌性食物中毒是指因进食被致病菌或其毒素污染的食物引起的急性或亚急性疾病，是食物中毒中最常见的一类。一般来说，若生活中食物的加工、贮藏等方式不当，会导致食物被病菌污染，使得细菌大量生长和繁殖，产生毒素，引发食物中毒，例如食用变质食物、食物没有煮熟、食物贮藏时间过久等，都会导致胃肠道感染疾病的发生。

细菌性食物中毒常呈爆发态或集体发病，有共同的传染源，即被细菌或其毒素污染的食物，夏秋季细菌容易繁殖，发病人数多。常见致病菌有沙门菌属、嗜盐菌（副溶血性弧菌）、变形杆菌、大肠杆菌及副大肠杆菌、金黄色葡萄球菌、肉毒杆菌等。

细菌性食物中毒按发病机制可分为三种类型：

①感染型中毒。细菌在食品中大量繁殖，摄取了这种带有大量活菌的食品，因肠道黏膜受感染而发病。沙门菌、副溶血性弧菌、变形杆菌、致病性大肠杆菌等皆可引起此类型中毒。

②毒素型中毒。由细菌在食品中繁殖时产生的毒素而引起的中毒，摄入的食品中可以没有原来产毒的活菌。如肉毒中毒、葡萄球菌肠毒素中毒。

③过敏型中毒。由于细菌的作用，食品中产生大量的有毒胺（如组胺）而使人产生过敏样症状的食物中毒，引起此类型中毒的食品为不新鲜或腐败的鱼。含组胺较多的鱼有鲭科的鲐鱼、鲹科的蓝圆鲹、竹荚鱼，金枪鱼科的金枪鱼、扁舵鲣、鲔鱼和鲱科的沙丁鱼。这些鱼青皮

红肉，即鱼皮为黑青色而肉色较红，因其中血管系统较发达，含血红蛋白较多。引起此类型中毒的细菌是含组胺酸脱羧酶的细菌，其中酶活性最强的为摩根氏变形杆菌、组胺无色杆菌和溶血性大肠杆菌。

一、沙门菌食物中毒

1. 病原菌及特点

细菌性食物中毒占我国食物中毒总发病原因的50%以上，而沙门菌属食物中毒在我国的细菌性食物中毒中长期居于前两位，并被列为食品安全国家标准中食品微生物学检验常规检测项目之一。

沙门菌是细菌性食物中毒最常见的病原菌之一，是寄居在人和动物肠道中的革兰阴性杆菌。引起食物中毒的沙门菌主要为鼠伤寒、猪霍乱和肠类沙门菌，具有明显的季节性，以7~9月为中毒高发期。

易受沙门菌污染的食品主要为畜禽肉，也可污染乳、蛋及鱼类，因植物性食品污染引起的沙门菌中毒现象很少。沙门菌在肉类中不分解蛋白质，因此即使已繁殖到相当严重的程度，被污染的食品通常也没有发生感官性状的改变。

沙门菌对外界抵抗力较强，适当的温度下（22~30℃）能在食物中大量繁殖，在水中可存活2~3周，在人的粪便中可存活1~2月。100℃下立即死亡，80℃加热2min，70℃加热5min或60℃加热1h会死亡，氯处理5min死亡。

食物中沙门菌的来源有：①生前感染。原发性或继发性沙门菌病；②宰后污染；③沙门菌病乳牛的牛乳、蛋类污染。水禽及其蛋类带菌率为30%~40%；④烹饪后熟制品的再次污染。

2. 中毒机制

沙门菌中毒属于感染型中毒，进入人体肠道后主要引起胃肠道反应。沙门菌中毒潜伏期较短，一般为6~24h。发病初期有恶心、头晕、头痛、全身无力、食欲不振、出冷汗等表现，继而出现呕吐、腹泻、腹痛、体温升高等。腹泻一日数次至10余次，粪便主要为恶臭、带有黏液或血的黄绿色水样便，体温多在38~39℃。重症病人可出现嗜睡、惊厥、抽搐、休克甚至昏迷。

3. 预防措施

沙门菌污染食品的途径很多，预防沙门菌食物中毒须依靠良好的卫生规范，从食品的原料、加工、运输、贮藏及销售等全过程进行控制。按照低温冷藏的要求贮藏食物，生熟食品加工工具应分开使用，肉类食品在食用前必须彻底加热，生食蔬菜瓜果应洗净、消毒。对屠宰场、肉类食品加工厂等部门须加强卫生检疫和饮水消毒，对餐饮单位食品操作环境、加工工具做好消毒管理。冷荤凉菜间的刀墩在使用前须蒸汽消毒大于20min，清洗餐具时同时使用化学消毒和热力消毒。沙门菌在手指尖至少能存活10min，因此，还须强化个人卫生意识，做到准备食物前、用餐前及便后勤洗手。

二、霍乱弧菌

1. 病原菌及特点

霍乱是一种烈性传染病，在历史上曾引起7次世界性大流行，造成数以百万计人死亡。由于该病往往来势凶猛，传播迅速，容易超越国界引起世界性大流行，因此被《国际卫生条例》

和《中华人民共和国国境卫生检疫法》规定为必须实施国境卫生检疫的国际检疫传染病之一，也是我国强制管理的甲类传染病之一。

霍乱弧菌是人类霍乱的病原体，属于革兰阴性菌、需氧菌。霍乱弧菌对热、干燥、日光、化学消毒剂和酸均很敏感，耐低温，耐碱。55℃湿热条件下15min、100℃条件下加热1~2min，或水中加0.5mg/L氯15min均可被杀死。0.1%高锰酸钾浸泡蔬菜、水果可达到消毒目的。氯化钠的浓度高于4%或蔗糖浓度在5%以上的食物、香料、醋及酒等，均不利于霍乱弧菌的生存。在正常胃酸中仅能生存4min。

人类在自然情况下是霍乱弧菌的唯一易感者，主要通过污染的水源或未煮熟的食物如海产品、蔬菜经口摄入。居住拥挤，卫生状况差，特别是公用水源污染是造成霍乱暴发流行的重要因素。人与人之间的直接传播不常见。

2. 中毒机制

霍乱属于感染型和毒素型中毒。正常胃酸可杀灭霍乱弧菌，当胃酸分泌缺乏或低下，或者入侵的霍乱弧菌数量较多时，未被杀灭的弧菌就进入小肠，在碱性肠液内迅速繁殖，并通过黏液对细菌的趋化吸引作用、细菌鞭毛活动及弧菌黏蛋白溶解酶和黏附素等的作用，黏附于小肠黏膜的上皮细胞表面，并在此大量繁殖。霍乱弧菌产生的肠毒素，是一种剧烈的致泄毒素。该毒素作用于肠壁促使肠黏膜细胞极度分泌从而使水和盐过量排出，导致严重脱水虚脱，进而引起代谢性酸中毒和急性肾功能衰竭。

霍乱潜伏期有数小时至5d，一般为1~3d。临床特点是严重的腹泻及呕吐；排便次数不多但排便量很大，排泄物呈白色"米泔水"样；尿量减少、血压下降，甚至休克。由于大量水分和电解质丧失而导致失水、代谢性酸中毒、低碱血症、低容量性休克及心律不齐和肾衰竭，如未经治疗处理，病人可在12~24h内死亡，死亡率高达25%~60%，但若及时给病人补充液体及电解质，死亡率可小于1%。

3. 预防措施

必须贯彻预防为主的方针，做好对外交往及入口的检疫工作，严防本菌传入。此外应加强水、粪管理，注意饮食卫生。对病人要严格隔离，必要时实行疫区封锁，以免疾病扩散蔓延。人群的疫苗预防接种，可获良好效果。

三、肠出血性大肠杆菌感染性疾病

1. 病原菌及特点

肠出血性大肠杆菌是大肠杆菌的一个亚型，分为O157、O26、O111血清型，主要致病菌株为O157：H7，可引起感染性腹泻，因能引起人类的出血性肠炎而得名。

大肠杆菌O157：H7为革兰阴性菌，对热敏感，最适生长温度为37℃，30~42℃在肉汤中也生长良好，55℃经60min可有部分存活，在75℃水中1min可被杀死。在外体环境存活力强，广泛分布在水、土壤、食物中。被O157：H7污染的水、食物是该菌传播的主要媒介，O157：H7耐冷、耐酸，在pH为2的胃液中可存活2h以上；发酵食品（酸乳、泡菜）4℃贮藏一周后仍可检出；在新鲜蔬菜表面也可存活较长时间。

该疾病为人畜共患病。动物作为传染源的作用尤其重要，较常见的可传播本病的动物有牛、鸡、羊、狗、猪等。带菌动物在其活动范围内也可通过排泄的粪便污染当地的食物、草场、水源或其他水体及场所，造成交叉污染和感染，危害极大。人与人之间的密切接触也可引起大肠杆菌 O157∶H7 的传播。

2. 中毒机制

大肠杆菌 O157∶H7 缺乏侵袭力，不产生肠毒素，主要依靠它产生的志贺样毒素、溶血素和对上皮细胞的黏附力引起人体损伤。志贺样毒素能抑制真核细胞的蛋白质合成、促进血小板聚集、损伤内皮细胞，与出血性肠炎和血小板减少性紫癜的发生有关。大肠杆菌对上皮细胞的黏附力是许多肠道病原菌的共同特征。

肠出血性大肠杆菌感染潜伏期为 1~14d，常见为 4~8d。轻者不出现任何症状及体征，或仅出现轻度腹泻。部分病人有发热或伤寒症状，发热为自限性，一般 1~3d 消退，多数患者 5~10d 内痊愈。典型表现是急性起病、腹泻，前期水样便，继而有类似下消化道出血的便血或低烧，伴随痉挛性腹痛、不发热或低热，可伴恶心、呕吐及上呼吸道感染样症状。重者可引起出血性肠炎，少数病人可在病程 1~2 周内出现溶血性尿毒素综合征，表现为苍白无力、血尿、少尿、无尿、皮下黏膜出血、黄疸、昏迷、惊厥等，或者血栓性血小板减少性紫癜等并发症。多见于老人、儿童、免疫功能低下者，病死率 10%~50%。

3. 预防措施

开展和健全监测、报告系统。肠出血性大肠杆菌感染主要是由于食入被污染的家畜、家禽肉类、乳类及蔬菜水果等引起，因而要大力加强对这类产品的监测，以便早期发现疫情，了解大肠杆菌 O157∶H7 的分布特征及疾病流行趋势，评价各项预防措施的实施效果，为制定有效的防治对策提供依据。

加强对食物和水源的管理，避免经食物和水传播肠出血性大肠杆菌。加强对家畜、家禽、肉产品和乳类的管理。要从食物链的每个环节，即从农牧业生产活动、副食品的加工和在工厂及家庭条件下的制备过程等各环节采取控制措施。防止或减少动物携带致病菌应是降低其对动物性食品污染及对环境污染的关键控制点。动物粪便的无害化处理及屠宰场的卫生是也阻止动物携带致病菌传播的一个关键环节。另外应加强对冷冻食品的管理，防止食品被污染。同时要养成良好的生活习惯，饭菜食用前要充分加热、饭前便后要洗手、避免生食蔬菜、水果要洗净再吃等。

四、金黄色葡萄球菌食物中毒

1. 病原菌及特点

金黄色葡萄球菌是人类的一种重要病原菌，隶属于葡萄球菌属，有"嗜肉菌"的别称，是革兰阳性菌的代表，可引起许多严重感染。金黄色葡萄球菌对营养要求不高，在普通培养基上生长良好，需氧或兼性厌氧，最适生长温度为 37℃，最适生长 pH 为 7.4。在干燥环境中可存活数月，空气中存在但不繁殖。耐热性强，在 70℃下加热 1h，或在 80℃下加热 30min 不会杀死；耐低温，在冷冻食品中不易死亡；耐高渗，在含有 50%~66% 蔗糖或 15% 以上高盐食品中才可被抑制，能在 15% 食盐溶液和 40% 胆汁中生长。金黄色葡萄球菌具有较强的抵抗力，对磺胺类药物敏感性低，但对青霉素、红霉素等高度敏感。

季节分布多见于春、夏季；易受污染的食品种类较多，如乳、肉、蛋、鱼及其制品。此外，剩饭、油煎蛋、糯米糕及凉粉等引起的中毒事件也有报道。上呼吸道感染患者鼻腔带菌率83%，所以人畜化脓性感染部位常成为污染源。

一般来说，金黄色葡萄球菌可通过以下途径污染食品：食品加工人员、炊事员或销售人员带菌，造成食品污染；食品在加工前本身带菌，或在加工过程中受到了污染，产生了肠毒素，引起食物中毒；熟食制品包装不密封，运输过程中受到污染；乳牛患化脓性乳腺炎或禽畜局部化脓时，对肉体其他部位的污染。

2. 中毒机制

金黄色葡萄球菌食物中毒属于毒素型中毒，致病力的强弱主要取决于其产生的毒素和侵袭性酶（溶血毒素、杀白细胞素、血浆凝固酶、脱氧核糖核酸酶、肠毒素等），可引起局部化脓感染，也可引起肺炎、伪膜性肠炎、心包炎等，甚至败血症、脓毒症等全身感染。

金黄色葡萄球菌能产生数种引起急性胃肠炎的蛋白质性肠毒素。肠毒素可耐受100℃煮沸30min而不被破坏，并能抵抗胃肠道中蛋白酶的水解作用。因此，若破坏食物中存在的金黄色葡萄球菌肠毒素则需在100℃下加热2h以上。

金黄色葡萄球菌食物中毒潜伏期短，一般为2~5h，极少超过6h。起病急骤，恶心、呕吐、中上腹痛和腹泻，以呕吐最为显著。呕吐物可呈胆汁性或带血及黏液。剧烈吐泻可导致虚脱、肌痉挛及严重失水等现象。体温大多正常或略高。一般疗程较短，1~2d即可恢复。经合理治疗后即痊愈，死亡率较低。儿童对金黄色葡萄球菌毒素较为敏感，但一般在1~3d痊愈，极少死亡。

3. 预防措施

从事畜禽屠宰分割以及厨房加工分切的操作人员，应严格避免伤口感染。餐饮从业人员应特别注意个人卫生和操作卫生，凡患有化脓性疾病及上呼吸道炎症者，应禁止其从事直接食品加工和供应工作。带奶油的糕点及其他乳制品要低温保藏，冰箱内存放的食品要及时食用。

五、细菌性食物中毒的诊断与治疗原则

1. 诊断

细菌性食物中毒的诊断可参考流行病学调查资料、患者临床表现及实验室诊断（可疑食物、患者呕吐物、粪便和血液）。诊断原则为：①发病有明显的季节性；多见于夏秋季，肉毒毒素中毒则多见于蔬菜供应淡季；②共同暴露史。往往是共同用餐者一起发病，发病范围局限于食用某种致病食物的人群；③查明中毒原因。找到引起中毒的食品及其具体原因；④临床诊断。应符合该食物中毒的临床特征；⑤实验室诊断。进行细菌学、血清学检查和动物实验，获取实验证据。

2. 治疗

首先应迅速排出毒物，可用催吐、洗胃的方法促使毒物排出。对肉毒中毒的早期患者可用清水或1∶4000高锰酸钾溶液洗胃。一般治疗仅需卧床休息，早期饮食应为易消化的流质或半流质饮食，病情好转后可恢复正常饮食。沙门菌食物中毒应床边隔离。

对症治疗针对腹痛、腹泻明显者，纠正酸中毒，抢救循环衰竭及呼吸衰竭的中毒患者。呕吐、腹痛明显者，可口服丙胺太林（普鲁本辛）或皮下注射阿托品，也可注射山莨菪碱。能进食者应给予口服补液，剧烈呕吐不能进食或腹泻频繁者，给予糖盐水静脉滴注，维持酸碱平衡和水电介质平衡。出现酸中毒时，酌情补充5%碳酸氢钠注射液或11.2%乳酸钠溶液。脱水严重甚至休克者，应积极补液，保持电解质平衡并给予抗休克处理。急性腹泻一般不用止泻的药物，会针对性、支持性地对症治疗。

对于细菌性食物中毒可选用合适的抗生素，但对葡萄球菌肠毒素引起的中毒，一般不用抗

生素，以补液、调节饮食为主。肉毒中毒患者应尽早使用多价抗毒血清。

3. 预防

（1）防止污染　加强对污染源的管理，做好畜禽宰前、宰后的卫生检验，防止已感染沙门菌属的病肉进入市场，防止食品容器在加工、储存、运输和销售过程中的污染。化脓性疾病和上呼吸道感染的病人，在治愈前不应参加接触食品的工作。患乳腺炎的牛所产的乳，应禁止销售。对从事饮食行业者必须进行严格的体检，不具备卫生条件设备者不得营业，无证摊贩更要坚决取缔。

（2）防止病原体繁殖及毒素的形成　食品应低温保存，或放置在干燥、阴凉通风处，搁置时间不能太长。食品中含盐量达到 10%，也可控制细菌繁殖及毒素形成。自制发酵酱类时，盐量要达到 14% 以上，并提高发酵温度，酱要经常日晒，充分搅拌，使氧气供应充足，抑制厌氧的肉毒梭菌生长，以防该菌引起的食物中毒。

（3）杀灭细菌及破坏毒素　对可疑食品进行彻底加热是杀灭细菌、破坏毒素、预防中毒的可靠措施。为了彻底杀灭动物性食品中可能存在的沙门菌，应使肉块深部温度至少达到 80℃，并持续 12min。要求肉块质量不超过 2kg，厚度不超过 8cm，持续煮沸 3h；蛋类煮沸 8~10min；海产品蒸煮时需在 100℃保持 30min，防止半生不熟、外熟内生。对凉拌的海产品要置食醋内浸泡或在沸水中漂烫以杀灭副溶血性弧菌。对可能形成葡萄球菌肠毒素的食品必须加热到 100℃并持续 2h 以上方可食用。肉毒梭菌毒素不耐热，对可疑食品应作加热处理，100℃持续 10~20min 可破坏。

第四节　真菌毒素和霉变食物中毒

真菌在生长繁殖过程中产生的次生有毒代谢产物，称为真菌毒素。目前，国际上普遍关注的真菌毒素包括黄曲霉毒素、伏马菌素、脱氧雪腐镰刀菌烯醇和玉米赤霉烯酮等。真菌毒素的特点是结构简单，分子质量小，对热稳定，在一般的加热温度下不被破坏。

人们可通过食用被真菌毒素污染的粮食、食品而中毒或食用被真菌毒素污染的饲料喂养畜禽的肉、乳、蛋而致病。发生中毒与食物有一定的联系，检查可疑食物、饲料或中毒者的排泄物时，常可发现真菌或真菌毒素。常见的中毒类型有麦角中毒、赤霉病麦和霉玉米中毒、霉变甘蔗中毒等。

粮食饲料在收获时未被充分干燥或贮运过程中温度或湿度过高，就会使带染在粮食饲料上的真菌迅速生长。几乎所有在粮食仓库中生长的真菌都会侵染种胚造成谷物萌发率下降，同时产生毒素。谷物的含水量是真菌生长和产毒的重要因素，一般把粮食储存在相对湿度低于 70% 的条件下，谷物的含水量维持在 15% 以下就可控制霉菌的生长。

真菌生长繁殖和产生毒素需要一定的温度和湿度，因此中毒往往有明显的季节性和地区性。真菌毒素是小分子有机化合物，不是复杂的蛋白质分子，所以它在机体中不能产生抗体，也不能产生免疫。用化学药物或抗菌素治疗一般疗效差或无效。

根据目前研究，真菌毒素对人畜的致癌作用机制，大致有以下几个方面。

①真菌毒素与细胞大分子物质结合，它的作用如化学致癌物，大都需要经过生物体活化

后，与 DNA、RNA 等生物大分子结合，导致基因结构和表达上的异常，从而使正常的组织细胞转化为癌细胞。

②一些真菌毒素还可以是免疫抑制剂，可抑制机体的免疫功能，从而对癌症的发生、发展起促进作用或辅助作用。

③有些霉菌不仅能产生致癌的真菌毒素，还能使基质的成分转化成致癌物质的前体，或将无致癌性物质转化为致癌物。如从发霉的玉米面饼中可检出致癌性亚硝胺的前体物质——二级胺、亚硝酸盐和硝酸盐，其含量比发霉前明显增多。

我们日用食品及粮食常被真菌污染，甚至产生霉菌毒素，所以加强防霉措施十分必要。真菌生长的条件需要一定的水分和温度，所以应在干燥和低温条件下保存。如粮食储存在 10℃ 以下，水分保持在 10% 以下就能有效地防霉。环氧乙烷是较好的防霉剂，如每立方米粮食用环氧乙烷 100~200mg 封仓数日，可使粮食的真菌减少 90% 以上，并可维持近 4 个月。

一、麦角中毒

1. 特点

早在 17 世纪中叶，人们就认识到食用含有麦角的谷物可引起中毒，即麦角中毒。麦角是麦角菌侵入谷壳内形成的黑色和轻微弯曲的菌核，菌核是麦角菌的休眠体。在收获季节如碰到潮湿和温暖的天气，谷物很容易受到麦角菌的侵染。

麦角菌在潮湿、多雨和气候温暖的季节中易生长，在小麦收获前后，阴雨连绵，上垛后发霉，或麦类贮于潮湿、温热而又不通风的库内则易使麦角菌生长发育。新鲜的麦角菌毒性最大，不易被高温破坏，其毒性可保持 4 年之久。

2. 中毒机制

麦角菌毒素的有毒成分主要为麦角毒碱、麦角胺和麦角新碱。前两种毒性强，不易溶于水；后一种毒性较小，易溶于水。

当被麦角菌污染的糠麸和谷物粉料或混入饲料中的麦角素被畜禽采食后，直接刺激胃肠黏膜引起肠胃炎，毒素被吸收进入血液后，侵害中枢神经系统。

3. 预防措施

详细检查谷物饲料，清除被麦角菌污染的谷粒，对可能的粉料或铡短的饲草应及时化验，如有麦角菌污染，严禁饲喂；将饲料放置在阳光下曝晒或用紫外线灯照射，可减弱毒性；用清水或盐水浸泡，使含油丰富的麦角浮在水面上然后去掉，从而达到预防目的。

二、赤霉病麦中毒

1. 特点

食用被赤霉菌感染的麦类、玉米等谷物后引起的中毒。这种霉菌分布很广，只要繁殖条件合适，如梅雨季节的高温（16~24℃）、高湿（相对湿度 80%~100%）。在麦类的扬花、灌浆直至收割以后均可感染种子繁殖产毒，使麦子外观呈灰色带有红褐色斑点，麦粒皱瘪，重量减轻。谷物中含有的毒素主要为单端孢霉烯族化合物和玉米赤霉烯酮。

2. 中毒机制

潜伏期一般为 10~30min，也可延长至 2~4h，主要症状有恶心、呕吐、腹痛、腹泻、头昏、头痛、嗜睡、流涎、乏力，少数病人有发烧、畏寒等。症状一般 1d 左右可自行消失，缓慢者一周左右，预后良好。个别重病例有呼吸、脉搏、体温及血压波动，面部潮红或发紫，四肢酸软、步态不稳，形似醉酒，故有的地方称为"醉谷病"和"迷昏麦"。一般患者不经治疗可自愈，呕吐严重者应进行补液。

3. 预防措施

加强田间管理和粮食贮藏期的防霉工作。选择或研究抗赤霉的小麦品种是预防赤霉病麦中毒的根本措施。精耕细作对减轻赤霉病害有较好的作用，适当地选择高效、低毒、低残留的杀菌剂也是田间防赤霉的措施之一。

尽量设法去除或减少粮食中的病粒或毒素。①根据相对密度不同，利用水漂洗可除去大部分病麦，下沉的麦磨粉后食用一般不会中毒。②由于毒素主要集中于麦粒外层，可将麦粒磨成精粉，即将含毒量高的粮谷外层去除。

感染重的病麦可做工业淀粉或工业酒精原料。

三、黄曲霉毒素中毒

1. 特点

黄曲霉毒素最早发现于 1960 年，是黄曲霉和寄生曲霉的次级代谢产物，目前已分离鉴定出 12 种以上。其中，黄曲霉毒素 B_1 污染最普遍，危害最大。

世界范围内黄曲霉毒素的污染相当广泛，是霉菌毒素中毒性最大、对人类健康危害最为突出的一类霉菌毒素，包括谷物、坚果和籽类、香辛料以及牛乳等，尤以玉米、花生被污染的程度最严重，其主要原因是食物在田间未收获前被黄曲霉等产毒菌侵染，在适宜的气温和湿度等条件下繁殖并产毒，或未经充分干燥，在贮藏期间产生大量毒素。

人类接触黄曲霉毒素的主要来源是受污染的食物，有两种通过膳食的摄入途径：①由受黄曲霉毒素（主要为 B_1）污染的植物性食物中摄入；②经饲料而进入乳或乳制品（包括干酪、乳粉等）的黄曲霉毒素（主要为 M_1）。

2. 中毒机制

黄曲霉毒素 B_1 是目前已知霉菌毒素中毒性最强的物质。它主要作用于肝脏，多呈急性肝炎、出血性坏死、肝细胞脂肪变性和胆管增生。脾脏和胰脏也有轻度的病变。长期摄入小剂量的黄曲霉毒素则造成慢性中毒，其主要变化特征为肝脏出现慢性损伤，如肝实质细胞变性、肝硬化等。动物出现生长发育迟缓，体重减轻，母畜不孕或产仔少等系列症状。黄曲霉毒素是目前所知致癌性最强的化学物质。

食用受黄曲霉毒素污染的食品，会出现急性中毒。临床表现以黄疸为主，并有恶心、呕吐、食欲减退、体重减轻、腹胀、发烧等症状。重症者在 2~3 周后将出现腹水、下肢水肿、疼痛等表现，甚至死亡，死亡前出现胃肠道出血。

3. 预防措施

（1）改善贮藏方法　降低水分、温度和氧气浓度；加强管理，如仓库干燥、通风，不要将已受污染的与未受污染的农产品混放。

（2）不要将受黄曲霉毒素污染的饲料喂养牲畜　黄曲霉毒素 B_1 在乳牛体内能转化为有致癌作用的黄曲霉毒素 M_1 而进入牛乳，进而进入人体。

（3）淘选去毒　黄曲霉毒素常常集中在少数颗粒中，这些带毒颗粒比健康颗粒轻，外表也较易辨认，可用机械或人工淘除。

（4）吸附去毒　植物油受黄曲霉毒素污染，可利用活性白土和活性炭吸附，效果较好。

（5）高温高压去毒　黄曲霉毒素较耐高温，在一般烹饪温度下难以消除。但在高温高压下去毒效果较好。

（6）碾磨去毒　在粮食中，黄曲霉毒素大部分集中于含脂肪较多的胚体和糠皮等部位。稻谷经精碾后，可去除95%的毒素，玉米磨粉也有类似的效果。煮饭前用手将米反复擦洗，经水冲淘5~6次，毒素去除率可达80%以上。

四、霉变甘蔗中毒

1. 特点

霉变甘蔗主要是由于在不良条件下经过冬季长期储存造成的，到次年春季出售，受冻后化冻，在适宜温度下真菌繁殖。未成熟甘蔗因其含糖量低更有利于霉菌生长繁殖。霉变甘蔗外观色泽不好、质软，瓤部呈灰黑色、棕褐色或浅黄色，结构疏松，有酸味及酒糟味。

2. 中毒机制

目前认为引起甘蔗变质的霉菌为节菱孢霉菌，该菌为世界性分布的一种植物腐生菌，其产生的毒素为3-硝基丙酸。3-硝基丙酸是一种神经毒素，是引起霉变甘蔗中毒的主要毒性物质，进入人体后迅速吸收，短时间内引起广泛性中枢神经系统损害，可引起脑组织水肿、缺血、缺氧、坏死。

潜伏期较短，多在食后0.25~8h内发病，也有长至48h。

首先表现为一时性胃肠道功能紊乱，如出现恶心、呕吐、腹痛等，无腹泻，并可出现神经系统症状，如头痛、头晕、眼前发黑等。轻者很快恢复，较重者胃肠道症状加重，频繁恶心、呕吐，并可发生昏睡。

在上述症状出现后，很快出现抽搐、昏迷。抽搐表现为阵发性、痉挛性，每次发作1~2min，每日可多次发作。抽搐发作后便呈昏迷状态，且眼球向上看，瞳孔散大。尚可发生急性肺水肿和血尿，体温初期正常，3~5d后可升高。一般在5~10d后疾病开始恢复，可能伴有神经系统后遗症如全身性痉挛性瘫痪、去大脑皮质综合征等。

3. 预防措施

首先在储存过程中，采取通风干燥等措施防止霉菌繁殖。甘蔗必须成熟后收割，防止因不成熟而易霉变。甘蔗应随割随卖，尽量不存放。霉变甘蔗绝对禁止出售。食用者应留心观察甘蔗，霉变甘蔗外皮可见橘红色或白色霉斑，切开断面处可见白色絮状物或绒毛状菌丝，蔗体硬度差、质地软。

第五节　化学性食物中毒

化学性食物中毒是指由于食用了受到有毒有害化学物质污染的食品所引起的食物中毒。化学性食物中毒一般发病急、潜伏期短，多在几分钟至几小时内发病，病情与中毒化学物剂量有显著的关系。临床表现因毒物性质不同而多样化，一般不伴有发热，也没有明显的季节性、地区性的特点，也无特异的中毒食品。化学性食物中毒一旦发生，病死率较高，后果严重。引起化学性食物中毒死亡的主要化学物质仍然是国家明令禁止生产使用的剧毒鼠药、亚硝酸盐和有机磷农药等。

引起化学性食物中毒的食品主要如下。

①被有毒有害的化学物质污染的食品;

②被误用为食品、食品添加剂、营养强化剂的有毒有害化学物质,如用工业酒精兑制白酒引起甲醇中毒,把砷化物误认为是发酵粉造成砷中毒,把桐油误认为是食用油等;

③添加非食品级、伪造或禁止使用的食品添加剂、营养强化剂的食品,以及超量使用食品添加剂的食品;

④营养素发生化学变化的食品,如油脂酸败引起的食物中毒。

一、亚硝酸盐食物中毒

1. 特点

亚硝酸盐食物中毒又称肠原性青紫病、紫绀症,是指由于食用硝酸盐或亚硝酸盐含量较高的腌制肉制品、泡菜及变质蔬菜,误将工业用亚硝酸钠作为食盐食用,饮用含有硝酸盐、亚硝酸盐的苦井水、蒸锅水后所引起的中毒症状。亚硝酸盐是剧毒物质,成人摄入 0.3~0.5g 可引起中毒,3g 可引起死亡。

2. 中毒机制

硝酸盐广泛存在于自然界中,当食入硝酸盐含量较高的食物后,硝酸盐在肠道细菌(以沙门菌和大肠杆菌为主)的硝基还原作用下转化为亚硝酸盐,随同食物进入人体,引起中毒。亚硝酸盐进入血液后,血红蛋白中二价铁离子被氧化为三价,血红蛋白变为高铁血红蛋白而失去携带氧的能力,从而引起组织缺氧、发绀。

潜伏期长短因摄入亚硝酸盐的量和中毒的原因而异。误食亚硝酸盐纯品会引起中毒,如误将工业用盐亚硝酸钠当作食盐摄入,潜伏期最短,一般为 10min 左右。大量食用青菜引起的亚硝酸盐中毒,潜伏期为 1~3h,长者可达 20h。

主要症状为口唇、指甲以及全身皮肤出现紫绀等组织缺氧表现,并有头晕、头痛、心率加速、嗜睡、烦躁不安、呼吸急促等症状,甚至抽搐、昏迷,有呕吐、腹痛、腹泻、腹胀等消化系统症状。严重中毒者起病急、发展快、病情重,若不及时抢救治疗,可因呼吸困难、缺氧窒息或呼吸麻痹、循环衰竭而死亡。

3. 预防措施

加强自我防护意识,防止误食亚硝酸盐引发的食物中毒。建议消费者购买正规渠道销售的食盐。要注意食用新鲜蔬菜,不食用存放过久或变质的蔬菜。

腌制肉食品及肉类罐头加入的亚硝酸盐量,应严格按照国家标准添加。腌渍的蔬菜要腌透后食用,一般两周以后亚硝酸盐的含量逐步减少,30d 后基本检测不到,可以放心食用。在食用加工肉制品、咸菜等食品时,可搭配富含维生素 C、茶多酚等成分的食物,以降低可能含有的亚硝酸盐的毒性。

加强水质监测,对于亚硝酸盐含量高的地下水,一定要进行处理,达到国家饮用水标准后方可饮用。亚硝酸盐运输和贮藏要有明显标志,严格管理,防止污染食品和误食误用。

二、毒鼠强中毒

1. 特点

毒鼠强,俗称"一步倒""闻到死",因制作工艺简单,生产成本低廉,具有起效快等特点，在农村及城乡接合部有一定市场需求。但由于它毒性大、不能降解，对生态环境易造成严重破坏，对人的身体健康和生命安全有着致命的威胁，是国家明令禁用的剧毒杀鼠剂。

毒鼠强化学名为四亚甲基二砜四胺，是无色无味的白色粉末或结晶体，是一种神经毒性杀鼠剂。毒鼠强对所有温血动物都有剧毒，其毒性相当于氰化钾的 100 倍，砒霜的 300 倍，5mg 即可致人死亡。毒鼠强中毒多系误食含有鼠毒制作的杀鼠饵料和被毒鼠强污染的食物引起。

2. 中毒机制

毒鼠强可经消化道和呼吸道吸收，能迅速通过口腔黏膜和咽部黏膜吸收，通过血液进入中枢神经系统发生毒性作用。表现为中枢神经兴奋，具有强烈的致惊厥作用，中毒者可因剧烈的强直性惊厥导致呼吸衰竭而死亡。神经系统表现为头痛、头晕、无力，有的出现口唇麻木，醉酒感；重者迅速出现神志模糊、躁动不安、四肢抽搐，继而阵发性强直性抽搐，每次持续约 1~6min，多自行停止，间隔数分钟后再次发作。消化系统表现为恶心、呕吐，伴有上腹部烧灼感和腹痛，重者有呕血。

3. 预防措施

国内外的科学实验和灭鼠实践早已证明，毒鼠强对所有温血动物都有剧毒，且化学性质稳定，主要通过肾脏以原形从尿中排出，易对环境造成二次污染。国家已加强执法力度，严禁生产、销售和使用毒鼠强，坚决取缔无照销售杀鼠药商贩。

第六节　有毒动植物食物中毒

有毒动植物食物中毒，主要是指有些动植物中含有某种有毒的天然组成成分，往往由于其形态与无毒的品种类似，容易混淆而误食，或食用方法不当而引起中毒。包括①有毒动物组织中毒，如河豚、贝类、动物甲状腺及肝脏等；②有毒植物中毒，如毒蕈、木薯、四季豆、发芽马铃薯、山大茴及鲜黄花菜等。

季节性和地区性较明显，这与有毒动物和植物的分布、生长成熟、采摘捕捉、饮食习惯等有关；潜伏期较短，大多在数十分钟至十余小时，少数也有超过 1d；发病率和病死率较高，但因有毒动物和植物种类的不同而有所差异。

一、植物性食源性疾病

1. 发芽马铃薯中毒

（1）特点　马铃薯又称土豆、洋芋，为人们所喜食。马铃薯如果保存不当，极易发芽变青。发芽的马铃薯中含一种称为龙葵素的毒素，又称茄碱。这是一种糖苷生物碱，能溶于水，有腐蚀性和溶血性，但遇醋酸加热后能被分解破坏。

一般每 100g 马铃薯含龙葵素仅 5~10mg。未成熟的或因储存时接触阳光引起表皮变绿和发芽的马铃薯，则每 100g 中龙葵素的含量高达 500mg，以马铃薯芽、芽孔、外皮及溃烂处含量最高，大量食用可引起急性中毒。

（2）中毒机制　龙葵素的毒性在于对黏膜有强烈刺激，对中枢神经系统有麻醉作用，尤其对呼吸中枢作用显著，对红细胞有溶解作用；中毒严重的患者可发生呼吸循环衰竭。

发芽马铃薯中毒后的潜伏期很短，食后数十分钟至数小时发病。先有咽喉及口内刺痒或灼热感，继有恶心、呕吐、腹痛、腹泻、头晕、耳鸣、怕光等症状，轻者 1~2d 自愈。重者因剧烈呕吐而致失水及电解质紊乱，血压下降，可出现发热、抽搐、昏迷、脱水、呼吸困难、意识丧失。严重中毒患者昏迷及抽搐，最后因呼吸中枢麻痹而死亡。

（3）预防措施 马铃薯应低温贮藏，避免阳光照射，防止生芽。未成熟青紫皮和发芽马铃薯不可食用，少许发芽马铃薯应深挖去发芽部分，并浸泡半小时以上，弃去浸泡水，再加水煮透，倒去汤汁才可食用。在煮马铃薯时可加些米醋，因其毒汁遇醋酸可分解，变为无毒。

中毒后应立即用 1∶5000 高锰酸钾或 0.5% 鞣酸或浓茶洗胃，对症处理，静脉补充液体，纠正电解质及酸碱失衡。剧烈呕吐、腹泻者可给予阿托品。呼吸困难时可供氧或适量的呼吸兴奋剂。

2. 含氰苷类食物中毒

（1）特点 含氰苷类食物的有毒成分为氰苷，其中苦杏仁含量最高，平均为 3%，而甜杏仁平均为 0.1%，其他果仁平均为 0.4%~0.9%。生氰糖苷的毒性极强，对人的致死剂量为 18mg/kg 体重。

苦杏仁氰苷为剧毒，对人的最小致死剂量为 0.4~1.0mg/kg 体重，约相当于 1~3 粒苦杏仁。木薯含有氰苷，且 90% 存在于皮内，食用鲜木薯必须去皮。白果内含有氢氰酸毒素，毒性很强，遇热后毒性减小，故生食更易中毒。

（2）中毒机制 当咀嚼或破碎含氰苷类植物食品时，其细胞结构被破坏，使 β-葡萄糖苷酶释放出来，和氰苷类物质作用产生氢氰酸。氢氰酸被胃肠黏膜吸收后，氰离子即与细胞色素氧化酶中的铁结合，致使呼吸酶失去活性，氧不能被组织细胞利用，导致组织缺氧而陷于窒息状态。氢氰酸可直接损害延髓的呼吸中枢和血管运动中枢。

苦杏仁中毒的潜伏期为 1~2h。木薯中毒的潜伏期为 6~9h。早期主要有恶心、呕吐、腹痛、头痛、头晕、心悸、脉快、无力、嗜睡等。中毒严重者可出现呼吸困难、躁动不安、心跳加快、瞳孔散大、对光反应迟钝或消失，以致昏迷，最后因抽搐、缺氧、休克或呼吸衰竭而死亡。

（3）预防措施 采取去毒措施，加水煮沸可使氢氰酸挥发，可将苦杏仁等制成杏仁茶、杏仁豆腐。木薯食用时通过去皮、蒸煮等方法可使氢氰酸挥发。

3. 毒蘑菇中毒

（1）特点 毒蘑菇又称毒蕈，在我国，毒蘑菇有 100 种左右，但多数种类的毒性轻微或尚不能确定。常引起人严重中毒的有 10 种，分别是褐鳞环柄菇、肉褐鳞环柄菇、白毒伞、鳞柄白毒伞、毒伞、秋生盔孢伞、鹿花菌、包脚黑褶伞、毒粉褶菌、残托斑毒伞等。蘑菇味道鲜美，由于某些毒蘑菇的外观与无毒蘑菇相似，较难区别，常因误食而中毒，多发于高温多雨季节，误食者死亡率高。

（2）中毒机制 毒蕈的毒性主要是由其含有的毒素所致，一种毒蕈可含有多种毒素，一种毒素也可分布于多种毒蕈中，毒蕈毒素单独或联合作用，引起复杂的临床表现。一般可分为以下五种类型。

①胃肠炎型。可能由类树脂物质、胍啶或毒蕈酸等毒素引起。一般在进食毒蘑菇后 10min~2h 发病，少数患者潜伏期达 6h，表现为恶心、剧烈呕吐、腹痛、腹泻等。病程短，预后良好。

②神经精神型。引起中毒的毒素有毒蝇碱、蟾蜍素和幻觉原等，潜伏期 6~12h。中毒症状

除有胃肠炎外，主要有神经兴奋、精神错乱和抑制，也可有多汗、流涎、流泪、兴奋、脉缓、瞳孔缩小等症状。此型多预后良好。

③溶血型。同鹿蕈素、马鞍蕈毒等毒素引起，潜伏期6~12h，除急性胃肠炎症状外，可有贫血、黄疸、血尿、肝脾肿大等溶血症状。此型多伴有中枢神经系统表现，多为误食鹿花蕈所致，严重者可致死亡。

④肝肾损害型。主要由毒伞七肽、毒伞十肽等引起。毒素耐热、耐干燥，一般烹饪加工不能破坏。毒素损害肝细胞核和肝细胞内质网，对肾也有损害。进食后10~30h出现胃肠炎型表现。部分患者可有假愈期，然后出现以肝、脑、心、肾等多脏器损害的表现，以肝脏损害最为严重。部分患者可有精神症状。一般病程2~3周，临床经过可分为6期：潜伏期、胃肠炎期、假愈期、内脏损害期、精神症状期、恢复期。该型中毒病情凶险，如不及时积极治疗，病死率极高。

⑤类植物日光性皮炎型。误食胶陀螺（猪嘴蘑）中毒时，身体露出部分如颜面肿胀、疼痛。特别是嘴唇肿胀外翻，形如猪嘴。此外，还有指尖剧痛、指甲根部出血等，少有胃肠炎型。此外，有少数病例呈暴发型，出现多功能脏器衰竭，1~5d内死亡。

（3）预防措施　人们误食毒蘑菇最主要的原因就是对其没有分辨意识，因为大多数毒蘑菇与可食用蘑菇外形相似，极其不易分辨，所以在采摘时如果不细心观察细节，就会发生中毒状况。还有一些黑心商家在食用蘑菇中掺入毒蘑菇，使得人们在食用后引发中毒。

为了减少人们误食毒蘑菇所产生的中毒事件发生率，可以进行以下防治措施。第一，各地有关政府部门要提高群众对于毒蘑菇的分辨意识，加强对群众的宣传教育，分发毒蘑菇种类宣传单。野生蘑菇固然鲜美，但也不可随意采摘，因此要提高群众自我防范意识及保护能力。第二，要增加毒蘑菇干预工作的时效性。第三，可以在毒蘑菇聚集生长区域建立指示牌，以此告诫人们不要采摘毒蘑菇，从而减少毒蘑菇中毒的发生率。若是已经误食毒蘑菇中毒，要根据中毒状况进行合理救治。

急救治疗方法主要有：①及时采用催吐、洗胃、导泻、灌肠等措施，迅速排除尚未吸收的有毒物质。②对症治疗。胃肠炎型可按一般食物中毒处理；神经精神型可用阿托品治疗；溶血型可用肾上腺皮质激素治疗；中毒性肝炎型可用二巯基丁二酸钠或二巯基丙磺酸钠解毒，保护含巯基酶的活性；③支持治疗。中毒性肝炎型可并用保肝疗法。

4. 豆浆中毒

（1）特点　豆浆是以大豆为原料制成的流质食品，含有丰富的蛋白质、脂肪、碳水化合物和钙、磷、铁及多种维生素等营养物质，对人体健康非常有益。但生豆浆中含有胰蛋白酶抑制素、皂苷，可抑制体内蛋白酶的活性，并对胃肠有刺激作用。这种有毒物质耐热，高热煮沸至熟才能破坏，如果误食生豆浆或未经煮熟的豆浆，可引起食物中毒。

（2）中毒机制　未经充分加热煮透的豆浆含有胰蛋白酶抑制素，导致蛋白质不能被消化吸收，影响人体正常生理代谢，使人出现呕吐、腹胀、腹泻等急性胃肠炎症状。而皂苷是一种配糖体，对胃肠黏膜有刺激作用，能破坏红细胞并有溶血作用，同时可引起恶心、呕吐、腹痛、腹泻等胃肠炎症状及轻微的神经症状。

豆浆中毒的潜伏期很短，一般为0.5~1h，有的也可短或更长。病人主要表现为喉部发痒、恶心、呕吐、腹胀、腹痛、腹泻。此外，还有头晕、无力、呼吸道麻痹等症状。一般当日可恢复，轻者不经治疗也可自愈。

（3）预防措施　豆浆中毒并不多见，人们对豆浆这种营养丰富的食品会引起食物中毒还没有充分的认识，应加强食品安全知识宣传。

预防豆浆中毒的根本方法就是把豆浆彻底煮开后饮用。豆浆在受热时产生大量的泡沫，影响了豆浆的热交换和热传导，使豆浆受热不均匀，呈现"假沸"现象。此时豆浆还未煮开，应适当减小火力继续加热至泡沫消失、豆浆沸腾。然后再持续加热 5~10min，这样豆浆就彻底煮熟了，这时饮用豆浆就不会发生中毒。另外，市场上销售的豆粉在出厂前已经过高温加热处理，饮用豆粉冲的豆浆不会中毒。

二、动物性食源性疾病

1. 河豚中毒

（1）特点　河豚是一种味道鲜美但含有剧毒的鱼类，品种甚多，产于我国沿海及长江下游一带。河豚的卵巢和肝脏有剧毒，其次是肾脏、血液、眼睛、鳃和皮肤。新鲜洗净的鱼肉一般不含毒素，但鱼死后较久，毒液及内脏的毒素可渗入肌肉组织中。个别种类的肠、精囊和肌肉有弱毒。

有毒物质为河豚毒素，它是一种神经毒素，对热稳定，加热至100℃煮沸10min不被破坏，需220℃以上方可分解，盐腌、日晒、加热烧煮等方法都不能破坏它。河豚中毒多发生于春季，每年 2~5 月为河豚卵巢发育期，毒性最强。已有研究表明，0.5g 的河豚毒素即可毒死体重达70kg 的成年人。通常食用 10g 或更多一些的河豚卵就能致死。至于一些高毒性的河豚品种，在冬季时，1g 的河豚卵就可以产生致死性中毒。

（2）中毒机制　河豚毒素可使神经末梢和神经中枢发生麻痹，阻断神经肌肉间传导，使各随意肌的运动神经麻痹。直接阻断骨骼肌纤维，导致外周血管扩张及动脉压急剧降低。

潜伏期为 10min~3h。中毒后全身不适，早期有手指、舌、唇刺痛感，然后出现恶心、呕吐、腹痛、腹泻等胃肠症状。重症患者瞳孔与角膜反射消失，四肢肌肉麻痹，以致发展到全身麻痹、瘫痪，血压和体温下降，呼吸困难，最后因呼吸中枢和血管神经中枢麻痹而死亡。

（3）预防措施　最有效的方法是将河豚集中加工处理，禁止零售。新鲜河豚应该经过统一加工处理，先去除头、充分放血，去除内脏和皮后，肌肉经反复冲洗，加 2% 碳酸钠处理24h，经鉴定合格后方准出售。同时应对群众大力普及禁食河豚的健康知识，通过宣传教育工作，使人们对河豚毒性危害的认识得到有效增强，以防误食中毒的发生。

2. 鱼类组胺中毒

（1）特点　鱼类组胺中毒是由于食用某些不新鲜的鱼（含有一定量组胺）而引起的类过敏性食物中毒，可能也与个人体质的过敏性有关。多发生在夏秋季，在温度为 15~37℃、有氧、弱酸性（pH 为 6.0~6.2）和渗透压不高（盐含量 3%~5%）的条件下，组氨酸易于分解形成组胺引起中毒。

组胺是组氨酸的分解产物，一般海鱼中的青皮红肉鱼如鲐巴鱼、竹夹鱼、金枪鱼等鱼体中含有较多的组氨酸，当鱼体不新鲜或腐败时，污染于鱼体的细菌如组胺无色杆菌，特别是摩氏摩根变形杆菌所产生的脱羧酶，就可使组氨酸脱羧基形成组胺。一般认为，成人摄入组胺超过100mg（相当于 1.5mg/kg 体重）即有引起中毒的可能。

（2）中毒机制　组胺引起毛细血管扩张和支气管收缩，导致一系列的临床症状。组胺中毒的特点为发病快、症状轻、恢复快。潜伏期一般为 0.5~1h，短则只有 5min，长则 4h。主要症状为面部、胸部及全身皮肤潮红，眼结膜充血，并伴有头晕、头痛、脉快、胸闷、心跳呼吸加快、血压下降，有时可出现荨麻疹、咽喉烧灼感，个别患者出现哮喘，一般体温正常，1~2d 内均恢复健康。

（3）预防措施　主要是防止鱼类腐败变质，应尽量保证在冷冻条件下运输和保存鱼类，市场不出售腐败变质鱼，其组胺含量应符合相关食品安全国家标准规定，避免食用不新鲜或腐败变质的鱼类食品。

对于易产生组胺的鲐巴鱼等青皮红肉鱼，家庭制作时，烹饪前应彻底刷洗鱼体，去除鱼头、内脏和血块，然后将鱼切成两半后以冷水浸泡，然后红烧或清蒸、酥焖，不宜油煎或油炸，烹饪时可加入适当的雪里蕻或山楂，可使组胺降低 65%。

有过敏性疾病的患者，尽量避免食用青皮红肉鱼类。

3. 贝类中毒

（1）特点　贝类遍布江河湖海、种类众多。目前，已知的贝类超过 12 万种，我国沿海贝类有 4000 余种。常见的有海螺、蛤蜊、牡蛎、扇贝、海虹等。贝类鲜香美味，深受大众喜爱，然而夏天因食用贝类引发贝类毒素中毒的事件时有发生。

（2）中毒机制　贝类本身不产生毒素，但如果其摄食了有毒藻类或与有毒藻类共生，则可能会在体内蓄积毒素，形成贝类毒素。

贝类中毒潜伏期一般为数分钟至数小时。腹泻性贝类毒素中毒的主要症状是恶心、呕吐、腹痛、腹泻等。麻痹性贝类毒素中毒的主要症状为口唇刺痛和麻痹，并扩散至面部、脖子、肢端，伴有头痛、晕眩、呕吐、腹痛、腹泻等；严重者会停止呼吸、窒息死亡。神经性贝类毒素中毒的主要症状为肌关节无力、冷热感觉颠倒、说话吞吐困难等；遗忘性贝类毒素中毒的主要症状是头晕、眼花、短期记忆功能丧失。

（3）预防措施　贝类毒素不会使贝体发生肉眼可见的变化，通过颜色和气味并不能判断其是否已染毒。煎炒、水煮、高温、高压等常用的烹饪方法也不能完全破坏贝类毒素。所以，预防和及时对症治疗是减轻贝类毒素危害的主要方法。建议消费者在购买贝类时，尽量去正规的超市或市场。沿海地区的居民不要在有毒赤潮预警期间"赶海"打捞或采食海产品。食用贝类时要去除消化腺等内脏，每次食用量不宜过多。食用后如出现恶心、呕吐、腹泻、四肢肌肉麻痹等症状，要立即赶往医院治疗。

4. 人畜共患病

人畜共患病是指在脊椎动物与人类之间自然传播的、由共同的病原体引起的、流行病学上又有关联的一类疾病。从我国现有的《人畜共患病名录》来看，法定的人畜共患病类共有 26 种，其中 1 种为立克次氏体、1 种为螺旋体、8 种为寄生虫病、12 种为细菌性疾病、4 种为病毒性疾病。

人畜共患病的影响因素有很多，应该充分认识到人畜共患病的危害性，建立一套完善的预防管理制度，制定严格的检疫措施，增强人们自我防护意识，从而降低疾病的发生风险。

（1）结核病　结核病是由人类专性致病菌——结核分枝杆菌感染引起的慢性传染病，也是一种全身性疾病，人体各个器官都可以患结核病。在人体中患结核病较多的脏器有肺、肾、肝、胃、脑、肠、膀胱、皮肤、睾丸、骨等，最常见的是肺结核。

该病的主要宿主是人和牛。主要感染途径是由于肺病患者通过咳嗽向空气中释放肺部的结核菌，导致传染性飞沫吸入肺部而感染，但是通过消化道，特别是食用受污染的牛乳也会发生感染。生活贫困、居住拥挤、营养不良、社会经济落后、艾滋病毒感染等是人群结核病高发的原因。呼吸道传播是结核病最常见和最重要的途径。

结核病潜伏期为4~8周，其中80%发生在肺部。全身症状较局部症状出现得早，早期很轻微，不引起注意。严重的渗出性病灶，如干酪样肺炎或急性粟粒性结核，因其炎症反应较强、范围较广，中毒症状非常显著。全身症状有身体不适、倦怠、乏力、不能坚持日常工作，容易烦躁，心悸、食欲减退、体重减轻、妇女月经失调等。发热常是肺结核的早期症状之一，盗汗多发生在重症患者，在入睡或睡醒时全身出汗，严重者衣服尽湿，伴随衰竭感。局部症状主要由于肺部病灶损害所引起，有咳嗽、咳痰、咯血、胸痛、不同程度胸闷或呼吸困难。

控制空气的污染是防止结核病的关键，主要可采取下列措施：①培养良好的卫生习惯。结核菌对湿热的抵抗力最差，煮沸15min即可杀灭。主要应该防止痰液污染，日常消毒采用70%的酒精最为有效，结核菌接触15~30s后即被杀死。定时开窗通风、保持室内空气新鲜。实行分食制、洗漱用具专人专用、勤洗手、勤换衣、定期消毒等；②定期的肺部健康检查；③卡介苗接种。

（2）口蹄疫 口蹄疫俗名"口疮""辟癀"，是由口蹄疫病毒所引起的偶蹄动物的一种急性、热性、高度接触性传染病。主要侵害偶蹄兽（猪、牛、羊等），偶见于人和其他动物。感染动物种类多、传播速度快、传染性极强，会引起重要经济畜种的巨大经济损失，是目前国际公认的对畜牧业危害最大的动物传染病，在我国口蹄疫被定为一类动物疫病。

口蹄疫的传染源主要是患病的动物，发病初期开始传染，出现症状后排毒量最多，其中水泡皮含毒量最多，粪尿、乳汁、精液、呼出的气体等都含有病毒，康复的动物也含有大量病毒，可以成为传染源。口蹄疫可以通过直接接触传播，放牧条件下常见，患病动物的分泌物、排泄物、脏器、血液以及被污染的饲草、垫料、水源、用具、车辆都是传播媒介。人类患口蹄疫的主要传播途径大多是直接和患病动物接触或挤乳时，病毒通过皮肤微小伤口进入人体发病。偶尔也可通过食用污染的牛乳、干酪、牛油或其他乳制品被感染发病。人与人之间很难互相传染。

人类口蹄疫的潜伏期为2~18d。前期常有倦怠、发热、头痛及口腔黏膜烧灼感等症状。儿童症状较成人更严重，但一般皆很轻。经2~3d后，在颊黏膜、舌、唇以及掌跖、指（趾）间等处发生水疱，但有时只发生于口腔或手掌。初起水疱内容物澄清或稍浑浊，破溃后形成疼痛的表浅性溃疡，且有水肿。局部淋巴结肿大。数日后体温下降，经1周而愈，愈后局部不留瘢痕，但也有致死的报道。

口蹄疫防控的总原则是做好预防，行政措施和防治手段相结合才能做好防控工作。首先要预防口蹄疫的传入，严禁从疫区引入易感动物及其产品。严格履行卫生检疫制度，在交通要道设置动物检疫站，对来往载畜及畜产品的车辆消毒、管理，禁止疫区易感动物进入。对动物进行预防接种可有效预防口蹄疫的发生。加强日常饲养管理，及时消毒，保持环境卫生。

病畜疑似患有口蹄疫时，应立即报告兽医机关，将病畜就地封锁，所用器具及污染地面用2%氢氧化钠消毒。划定疫点、疫区、受威胁区，进行诊断，确诊后立即进行严格封锁、隔离、消毒及防治等一系列工作。

5. 食源性寄生虫病

寄生虫病在过去被认为是贫困所导致的疾病，主要流行于贫穷落后的地区。20世纪50年代，传统的五大寄生虫病包括疟疾、血吸虫病、黑热病、丝虫病和钩虫病的患病率非常高，感染人数多。

食源性寄生虫病指因生食或半生食含有感染期寄生虫的食物而感染的寄生虫病，可分为肉源性、鱼源性、淡水甲壳动物源性、螺源性、植物源性和水源性寄生虫病六大类，有30余种。常见食源性寄生虫病有以下几种。

（1）并殖吸虫病 全世界报道的并殖吸虫有50多种，我国有6种可致病，其中以卫氏并殖吸虫、斯氏狸殖吸虫最常见。人体发生感染通常与患者食用含有并殖吸虫囊蚴的生的或半生的淡水蟹、蝲蛄和虾有关。

（2）旋毛虫病 本病除人外，还在猪、犬、羊、鼠等120多种哺乳动物间广泛传播。生食或半生食含有旋毛幼虫囊包的肉类是人体发生感染的主要途径。

（3）带绦虫感染与猪囊尾蚴病 猪、牛带绦虫病是由于生食或半生食含有囊尾蚴的猪肉或牛肉而导致的。如云南的一些少数民族地区习惯用生猪肉制作食物，生片火锅、肉馅包子和饺子、过桥米线等烹煮的时间过短使得不能将囊尾蚴完全杀死；切生、熟食品的刀和砧板不分导致食材污染而造成人体感染。

（4）华支睾吸虫病 华支睾吸虫寄生于肝胆管，又称肝吸虫，因含有活囊蚴的淡水鱼或淡水虾被人食用之后而感染。

（5）广州管圆线虫病 该病因食用生的或是未烹制熟的、含有感染期幼虫的中间宿主（螺类或蛞蝓）或转续宿主（蛙、蜗牛、鱼、虾、蟹）而感染。生吃被幼虫污染的蔬菜、瓜果或饮水也可感染。广州管圆线虫寄生于鼠类肺部血管，人是其非正常宿主，幼虫侵入后可引起嗜酸性粒细胞增多性脑膜炎，即发病后患者会表现出明显的嗜酸性粒细胞增高。

（6）刚地弓形虫病 该疾病在人与动物中均可发病，孕妇感染弓形虫后，能够通过胎盘传播给胎儿，从而导致流产、早产、死胎、先天性畸形等异常情况，孕期感染时间越早则危害越大，这也是宫腔感染造成胎儿畸形的主要原因之一。后天性感染主要是食用了生的或是不熟的含有弓形虫的肉制品、蛋类、乳类或弓形虫卵囊污染的水或食物，输血、器官移植等也会导致弓形虫感染。

随着人民生活水平的提高，饮食口味和风味日趋多元化，烹饪方式和食物来源也越来越丰富，如生鱼片、醉蟹虾、冰镇螺肉、特色牛排等，使得发生食源性寄生虫病患者的人数越来越多，并以城镇居民为主，与其热衷尝鲜、外出用餐机会增多密切相关。因此，食源性寄生虫病已成为影响我国食品安全和威胁人民健康的重要因素之一，是不容忽视的公共卫生问题。

食源性寄生虫病的防控主要包括以下几个方面。

①加强宠物监管。饲养宠物给人们带来快乐的同时，也对人的生活环境造成污染，可带来许多健康隐患，人兽共患疾病和食源性寄生虫病等的发病率增高。

②加强食品的卫生检验与检疫。加强食品安全风险管理，从保证食品安全的源头抓起，加强肉与肉制品、水产品市场的卫生检疫，并尽快将食品中可能携带寄生虫的种类、监测方法列入食品安全行动计划，健全检疫制度，重点开展寄生虫病综合防治项目等措施，保证人民群众的饮食安全。

③培养科学合理的饮食习惯。改变不良的饮食习惯和生活方式，严把"入口关"。坚决不吃生的或未经彻底加热的肉类或荸荠、茭白、红菱等水生植物；不喝生水；不吃生蔬菜和不洁瓜果；生、熟器皿、刀具、砧板分开等。

④做好宣传、教育和培训，多层次提高人们对食源性寄生虫病的认识。通过现代媒体如网

络、电视、广播等手段，开展各种形式的科学普及教育，大力宣传食源性寄生虫病感染的原因、危害等知识，引导、教育群众，逐步改变不利于健康的生活方式、饮食和卫生习惯，提高群众防控食源性寄生虫病的意识和自我保护能力。

第七节　病毒传播与食品安全

在食源性微生物危害因子中，除了细菌、真菌及其产生的毒素外，还包括那些具有很大危害性、能以食物为传播载体和经粪-口等途径传播的致病性病毒。病毒是一种个体微小、结构简单，只含一种核酸（DNA 或 RNA），必须在活细胞内寄生并以复制方式增殖的非细胞型生物。一般来说，病毒在食品中不能繁殖，但食品却是病毒存留的良好生态环境。病毒不会导致食品的腐败变质，但食品中的病毒可以通过感染人体细胞引起疾病。目前这类病毒主要有：轮状病毒、星状病毒、冠状病毒、腺病毒、杯状病毒、甲型和戊型肝炎病毒等。食源性病毒所造成的疾病中不乏有流行范围广、传染性强、易流行易爆发、危害严重的，如 2019 新型冠状病毒性肺炎、严重急性呼吸综合征（SARS）、中东呼吸综合征（MERS）、禽流感、甲型 H1N1 流感等，对公共卫生和人类健康造成了极大威胁。

一、　2019 新型冠状病毒性肺炎

1. "新冠"事件

2019 年 12 月，我国湖北省武汉市的华南海鲜市场陆续出现不明原因的肺炎病人。后来武汉市持续开展流感及相关疾病监测，发现病毒性肺炎病例 27 例。调查发现，此次肺炎病例大部分为华南海鲜市场经营户。2020 年 1 月初，病例数量有所增加，同时经过初步调查，已排除流感、禽流感、腺病毒、SARS 和 MERS 等呼吸道病原。然而，1 月 7 日，实验室检出了一种新型冠状病毒。1 月 20 日，钟南山院士明确表示，可以肯定此次新型冠状病毒感染的肺炎存在人传人的现象。武汉肺炎事件持续发酵，1 月 23 日至 31 日，全国累计确诊新冠肺炎病例从 830 例增至 9722 例。1 月 23 日，武汉市发布交通封城的通告。因疫情而"封闭"城市，这在新中国历史上尚属首次。1 月 31 日，WHO 宣布新冠疫情为国际关注的突发公共卫生事件。

随着春运时期的人口流动，疫情逐渐扩散至全国 34 个省、市、自治区。疫情发生后，党中央高度重视，迅速作出部署，全面加强对疫情防控的集中统一领导。习近平总书记提出了"坚定信心、同舟共济、科学防治、精准施策"的 16 字方针，多次强调，我们完全有信心、有能力打赢这场疫情防控阻击战。2020 年 2 月，我国疫情蔓延势头已得到初步遏制，防控工作取得阶段性成效，全国新增确诊病例和疑似病例数总体呈下降趋势，新增病例零报告的省份逐渐增多，全国新冠肺炎疫情数据趋势向好。

3 月 1 日 24 时，全国累计报告确诊病例超 8 万例。4 月 8 日 0 时，武汉历时 76d 的离汉通道管控解除，武汉"解封"标志着中国以武汉为主战场的本土疫情传播已基本阻断，疫情控制取得了重大阶段性成果，经济社会秩序加快恢复。截至 5 月 25 日 24 时，全国现有确诊病例 81 例，累计报告确诊病例 82992 例，累计死亡病例 4634 例。其中湖北省累计确诊病例 68135 例（武汉 50340 例），累计死亡病例 4512 例（武汉 3869 例）。境外输入现有确诊病例 46 例，

累计确诊病例 1731 例，无死亡病例。

国内疫情缓解，而国外疫情已成恶化之势。3 月 11 日，WHO 认为当前新冠肺炎疫情可被称为全球大流行。据不完全统计，截至 5 月 26 日 12 时，疫情已蔓延至 200 多个国家和地区，全球累计新冠肺炎确诊病例超 547 万余例，累计死亡超 34 万余例。美国累计新冠肺炎确诊病例超 166 万例，巴西确诊病例数升至全球第二，累计有 37 万余例，俄罗斯、英国、西班牙、意大利、德国等国的疫情也相当严重。

2. 新型冠状病毒

（1）病毒命名　2020 年 1 月 12 日，WHO 将此次肺炎疫情的新型冠状病毒命名为"2019 新型冠状病毒（2019-nCoV）"。2 月 8 日，国家卫生健康委员会表示，将新型冠状病毒感染的肺炎暂命名为"新型冠状病毒肺炎"，简称"新冠肺炎"，英文简称为"NCP"。WHO 于 2 月 11 日宣布，将新型冠状病毒感染的肺炎命名为"COVID-19"。与此同时，国际病毒分类委员会声明，将新型冠状病毒命名为"SARS-CoV-2"，并认定这种病毒是 SARS 冠状病毒的姊妹病毒。2 月 22 日，国家卫健委决定将"新型冠状病毒肺炎"英文名称修订为"COVID-19"，中文名称保持不变。

（2）病理学特点　冠状病毒最早是在 20 世纪 60 年代被发现的，当时是从普通感冒患者的鼻腔中分离出来的。冠状病毒为不分节段的单股链 RNA 病毒，属于巢病毒目，冠状病毒科，正冠状病毒亚科，根据血清型和基因组特点冠状病毒亚科被分为 α、β、γ 和 δ 四个属。因为在电镜下观察其形状像皇冠或光环，就用了拉丁词 *corona* 命名为 Coronavirus。冠状病毒进入宿主细胞的第一步，是病毒表面的蛋白质（抗原）和宿主细胞表面的蛋白质（受体）契合，就像钥匙插入钥匙孔一样。病毒和细胞第一次"亲密接触"后，细胞结构就会产生变化，让病毒进来。所以病毒表面蛋白质就是"骗"宿主细胞放它们进去的关键，而帮助冠状病毒进入宿主细胞的表面蛋白质就是那些皇冠状的棘突蛋白。

已知能感染人的冠状病毒有 6 种：α 属的 229E、NL63，β 属的 OC43、HKU1、中东呼吸综合征相关冠状病毒（MERS-CoV）和严重急性呼吸综合征相关冠状病毒（SARS-CoV），COVID-19 即为第 7 种，为 β 属。此次新型冠状病毒的受体和 SARS 一样都是血管紧张素转化酶 2，而人体恰好有不少拥有这种酶的细胞暴露在空气中——黏膜细胞，我们的嘴唇、眼睛、鼻腔和口腔里都有大量的黏膜细胞。当病毒接触到黏膜细胞与受体结合，感染就开始了。每个被感染的细胞都会产生成千上万个新病毒颗粒，蔓延到气管、支气管，最终到达肺泡，引发肺炎。由于冠状病毒发生抗原性变异产生了新型冠状病毒，人群缺少对变异病毒株的免疫力，所以可引起新型冠状病毒肺炎的流行。

冠状病毒对紫外线和热敏感，56℃加热 30min、乙醚、75%乙醇、含氯消毒剂、过氧乙酸和氯仿等脂溶剂均可有效灭活病毒，但氯己定（又称洗必泰）不能有效灭活病毒。

（3）病毒来源　果子狸、蝙蝠、竹鼠、獾等是冠状病毒的常见宿主。蝙蝠距今有 5200 万年的历史，体内暗藏着 140 多种病毒，其中人畜共患病毒超过 60 种，包括埃博拉病毒、马尔堡病毒、尼帕病毒、亨尼巴病毒、狂犬病毒、丽沙病毒、汉他病毒等。前 4 种病毒被列为生物安全等级 4 级，艾滋病和 SARS 为 3 级，可见其危害之大。

2003 年的 SARS 冠状病毒来源于蝙蝠，针对 COVID-19 的研究结果将该病毒的来源再次指向蝙蝠，但尚待证实。这次的新型冠状病毒和蝙蝠体内的冠状病毒相似性高达 85%以上，和 SARS 的相似性也有 79.5%。武汉的华南海鲜市场一度被认为是疫情发源地。随着全球疫情的发展，不少专家表示新冠病毒起源以及中间宿主等还难以定论，对病毒完全溯源可能需要更长时间。

对病毒完全溯源可能需要更长时间。2020 年 5 月 1 日，WHO 表示多次听取数位仔细研究过新冠病毒基因序列和病毒本身的专家的意见后，确定新冠病毒源自自然界。现在重要的是确定新冠病毒的自然界宿主，以更好了解新冠病毒以及病毒如何打破物种界限由动物传播给人。

3. 新型冠状病毒性肺炎的特点

（1）流行病学特点

①传播途径。经呼吸道飞沫和密切接触传播是主要的传播途径，在相对封闭的环境中长时间暴露于高浓度气溶胶情况下存在气溶胶传播的可能。直接传播是指患者喷嚏、咳嗽、说话的飞沫、呼出的气体近距离直接吸入导致的感染；接触传播是指飞沫沉积在物品表面，接触污染手后，再接触口腔、鼻腔、眼睛等黏膜，导致感染；气溶胶是指悬浮在气体中所有固体和液体的颗粒，气溶胶传播是指飞沫混合在空气中形成气溶胶，吸入后导致感染。由于在粪便及尿中可分离到新型冠状病毒，应注意粪便及尿对环境污染造成气溶胶或接触传播。

②易感人群。人群普遍易感。COVID-19 感染的肺炎在免疫功能低下和免疫功能正常人群中均可发生，与接触病毒的量有一定关系。对于免疫功能较差的人群，如老年人、孕产妇或存在肝肾功能异常、有慢性病的人群，感染后病情更重。

（2）临床特点　基于目前的流行病学调查，新冠肺炎潜伏期为 1~14d，甚至更长，但多为 3~7d。新型冠状病毒肺炎起病以发热、干咳、乏力为主要表现，部分早期患者可以不发热，仅有畏寒和呼吸道症状，可合并轻度干咳、乏力、呼吸不畅、腹泻等症状，流涕、咳痰等症状少见。一半患者在一周后出现呼吸困难，严重者病情进展迅速，数日内即可出现急性呼吸窘迫综合征、脓毒症休克、难以纠正的代谢性酸中毒和出凝血功能障碍，还可出现多器官功能衰竭。部分患者起病症状轻微，可无发热。多数患者预后良好，少数患者病情危重，甚至死亡。患有新冠肺炎的孕产妇临床过程与同龄患者接近。部分儿童及新生儿病例症状可不典型，表现为呕吐、腹泻等消化道症状或仅表现为精神弱、呼吸急促。

4. 临床识别及确诊

（1）临床识别新冠肺炎病例　疑似病例判定分两种情况。一是"有流行病学史中的任何一条，且符合临床表现中任意 2 条"，二是"无明确流行病学史的，且符合临床表现中的 3 条"。

①流行病学史。在发病前 14d 内有武汉市及周边地区，或其他病例报告社区的旅行史或居住史；发病前 14d 内与 COVID-19 感染者（核酸检测阳性者）有接触史；发病前 14d 内曾经接触过来自武汉市及周边地区，或来自有病例报告社区的发热或有呼吸道症状的患者；聚集性发病。

②临床表现。发热，部分早期患者可以不发热，仅有畏寒和呼吸道症状；具有病毒性肺炎影像学特征；发病早期白细胞总数正常或降低，或淋巴细胞计数正常或减少。

（2）临床确诊新冠肺炎病例　疑似病例同时具备以下病原学或血清学证据之一者：实时荧光 RT-PCR 检测新型冠状病毒核酸阳性；病毒基因测序，与已知的新型冠状病毒高度同源；血清新型冠状病毒特异性 IgM 抗体和 IgG 阳性，或者新型冠状病毒特异性 IgG 抗体由阴性转为阳性或恢复期较急性期 4 倍及以上升高。

（3）鉴别诊断

①细菌性肺炎。常见症状为咳嗽、咳痰，或原有呼吸道症状加重，并出现脓性痰或血痰，

伴或不伴胸痛。一般不具有传染性，并不是一种传染性疾病。

②SARS/MERS。COVID-19 与 SARS、MERS 冠状病毒虽同属于冠状病毒这一大家族，但基因进化分析显示它们分属不同的亚群分支，它们的病毒基因序列差异比较大。钟南山院士表示新冠肺炎有提高的传染性，比 SARS、MERS 都高。

③其他病毒性肺炎。如流感病毒、腺病毒、呼吸道合胞病毒等其他已知病毒性肺炎及肺炎支原体感染所致的肺炎。

二、 SARS

1. SARS 事件

SARS 事件是指严重急性呼吸综合征（俗称非典），于 2002 年 11 月首次在中国广东顺德发现，并扩散至东南亚乃至全球，直至 2003 年中期疫情才被逐渐消灭的一次全球性传染病疫潮。截至 2003 年 8 月 16 日，全球累计 SARS 病例共 8422 例，涉及 32 个国家和地区。全球因 SARS 死亡人数 919 人，病死率近 11%。其中中国大陆确诊 5327 例，死亡 349 人。

2. SARS 冠状病毒

2003 年 4 月 16 日，WHO 宣布 SARS 的病因是一种新型的冠状病毒，称为 SARS 冠状病毒（SARS-CoV）。2005 年 9 月，确认了 4 种菊头蝠属物种，即中华菊头蝠、马铁菊头蝠、大耳菊头蝠和皮氏菊头蝠，是 SARS 冠状病毒的天然宿主。花面狸（果子狸）、貉、獾等可作为中间宿主。

3. SARS 特点

严重急性呼吸综合征是一种由 SARS 冠状病毒引起的急性呼吸道传染病，主要传播方式为近距离飞沫传播或接触患者呼吸道分泌物。潜伏期为 1~16d，常见为 3~5d。发病急、传染性强，以发热为首发症状，可有畏寒，体温常超过 38℃，热程多为 1~2 周，伴有头痛、肌肉酸痛、全身乏力和腹泻。病情于 10~14d 达到高峰，发热、乏力等感染症状加重，并出现频繁咳嗽、气促和呼吸困难。轻症患者临床症状轻，重症患者病情重，易出现呼吸窘迫综合征。儿童患者的病情似较成人轻。有少数患者不以发热为首发症状，尤其是有近期手术史或有基础疾病的患者。

三、禽流感

流感是由流感病毒引起的一种急性呼吸道传染病。根据病毒抗原特性及其基因特性的不同，流感病毒分为甲（A）、乙（B）、丙（C）三型。甲型流感病毒有着极强的变异性，当新的流感病毒亚型出现时，人群普遍对其缺乏免疫力，常会造成世界性大流行；乙型次之，而丙型流感病毒的抗原性非常稳定。

禽流感就是禽类的病毒性流行性感冒，是由甲型流感病毒引起禽类的一种从呼吸系统到严重全身败血症等多种症状的传染病，分为高、中、低/非致病性三级。禽流感容易在鸟类间流行，过去在民间称为"鸡瘟"，国际兽疫局将其定为甲类传染病。

甲型流感病毒依据其外膜血凝素（H）和神经氨酸酶（N）蛋白抗原性的不同，目前可分为 16 个 H 亚型（H1~H16）和 9 个 N 亚型（N1~N9）。由于禽流感病毒的血凝素结构等特点，一般感染禽类，当病毒在复制过程中发生基因重配，致使结构发生改变，获得感染人的能力，才可能造成人感染禽流感疾病的发生。已发现的感染人的禽流感病毒亚型有 H4N8、H5N1、

H6N1、H7N2、H7N3、H7N7、H9N2、H7N9、H5N6、H10N7、H10N8、H7N4。我国是近年人感染新亚型禽流感病毒的高发地区。1997 年首先在我国香港特区出现的人感染高致病性 H5N1 亚型禽流感病毒，以及 2013 年首次在我国华东、华南地区发现的人感染 H7N9 亚型禽流感尤为引人关注。至 2018 年 6 月，人感染 H7N9 禽流感在中国大陆地区已造成 1536 人感染发病，611 例患者死亡，病死率近 40%。

调查显示，活禽市场及感染的家禽是我国人感染禽流感的主要来源。人通过近距离接触感染病毒的禽鸟、粪便或暴露于被病毒污染的环境等直接感染致病。人感染初期一般会发热（大多在 39℃以上），可伴有流涕、鼻塞、咳嗽、咽痛、头痛、肌痛、全身不适。部分伴有腹痛、腹泻等消化道症状。重症者有严重肺炎、呼吸窘迫等表现，甚至因多器官衰竭导致死亡。

四、甲型 H1N1 流感

2009 年 3 月底，一种新型的流感病毒开始在墨西哥和美国加利福尼亚州、得克萨斯州爆发，并不断蔓延。这场疫情曾被认为是从猪传染给人的，又称"猪流感"，后改称为甲型 H1N1 流感。从 2009 年 3 月第一例患者确诊开始，到 2010 年 8 月 WHO 宣布疫情结束。这场历时 16 个月的世界范围"猪流感"，造成约 1.85 万人死亡，出现疫情的国家和地区达到了 214 个。2010 年 3 月 31 日，我国累计报告甲型 H1N1 流感确诊病例 12.7 万余例，其中死亡病例 800 例。

甲型 H1N1 流感病毒携带有 H1N1 亚型猪流感病毒毒株，包含有禽流感、猪流感和人流感三种流感病毒的核糖核酸基因片断。主要为呼吸道传播，也可通过接触感染的猪或其粪便、周围污染的环境等途径传播。甲型 H1N1 流感症状与感冒类似，患者会出现发烧、咳嗽、疲劳、食欲不振等。有报道说，美国 2009 年疫情中发现病例的主要表现为突然发热、咳嗽、肌肉痛和疲倦，其中一些患者还出现腹泻和呕吐症状；墨西哥发现病例还出现眼睛发红、头痛和流涕等症状。

五、　MERS

2012 年，一种未知原因的肺炎在中东地区发生，同年 9 月，沙特阿拉伯和荷兰科学家合作，从沙特阿拉伯一个急性肺炎死亡的病人样品里分离出一种冠状病毒。2013 年 5 月 23 日，WHO 正式命名这种病为"中东呼吸综合征"，简称 MERS，该病毒即为 MERS 冠状病毒（MERS-CoV）。2015 年 5 月 20 日，韩国爆发了较为严重的涉及多家医疗机构的 MERS 疫情。截至 2015 年 5 月 25 日，据 WHO 公布数据显示，全球累计实验室确诊的感染 MERS 人数共 1139 例，其中 431 例死亡（病死率 37.8%）。病例来自 24 个国家和地区，多集中在沙特阿拉伯、阿联酋等中东地区。中东地区每年仍会出现患者案例。

单峰骆驼是 MERS 传染源之一，沙特阿拉伯每年从非洲国家进口成千上万只骆驼，其中大部分是作为入口的食物来源。MERS 以飞沫传播、密切接触传播为主，平均潜伏时间为 5.2d，95%患者出现症状时间约为 12d。通常临床表现为重症肺炎呼吸道感染，以发热（≥38℃）、咳嗽、气促、肌肉酸痛等为首发症状，起病急，病情进展迅速，进一步发展为肺炎，严重者可出现呼吸窘迫综合征、感染性休克和多器官衰竭。

六、病毒传染过程中的防护措施与食品安全

1. 注意食品安全

①很多野生动物都可能携带病原体，成为某些传染病的传播媒介，广大消费者应主动抵制

非法野生动物交易行为，坚决不购买、不消费野生动物，不乱食野味，同时要主动参与执法监督，积极举报野生动物违法交易行为；对于国家重点保护动物，如果是野外猎捕的，需要捕猎证，可以通过国家医药生产任务直接进入医药市场；人工繁育的可以进入其他各种市场，但是除了列入《人工繁育国家重点保护野生动物名录》即驯养繁殖技术成熟的物种外，都不能食用；②自觉抵制活禽和私宰家禽销售，选择正规活禽经营市场消费，选购来源清楚、严格检疫的生鲜家禽产品，养成文明、安全的饮食消费习惯；发现违法违规交易活禽、违法违规加工经营未经检验检疫的肉及肉制品等可进行投诉举报；③避免到就餐人员密集、通风不良的餐饮场所就餐；订购餐饮外卖，需查验食物是否已密封盛放或使用"食安封签"，防止配送污染。

2. 控制传染源

早发现、早隔离、早治疗。对临床诊断病例和疑似诊断病例应在指定的医院按呼吸道传染病分别进行隔离观察和治疗；对医学观察病例和密切接触者，如条件许可应在指定地点接受隔离观察。

3. 切断传播途径

减少大型群众性集会或活动，保持公共场所通风换气、空气流通；避免在未加防护情况下与病人接触（包括在公共场所吐痰、触摸眼睛、鼻子或嘴巴）以及与农场牲畜或野生动物接触；咳嗽和打喷嚏时，用纸巾或屈肘遮住口鼻；在制备食品之前、期间和之后洗手，在餐前便后、外出回家、接触垃圾、抚摸动物或处理动物排泄物后要洗手，注意清洁。

4. 保护易感人群

保持乐观稳定的心态，均衡饮食，多喝汤饮水，注意保暖，避免疲劳，保证足够的睡眠以及在空旷场所做适量运动等。

5. 营养膳食指导

由中国营养学会编著、国家卫生健康委员会 2016 年发布的《中国居民膳食指南》是日常居家饮食的基本原则，科学合理的营养膳食能有效改善营养状况、增强抵抗力。以下营养膳食指导可供参考：①能量要充足。保证每天摄入优质蛋白质类食物；通过多种烹调植物油增加必需脂肪酸的摄入，特别是单不饱和脂肪酸的植物油；②多吃新鲜蔬菜和水果。蔬菜每天 500g 以上，水果每天 200~350g，多选深色蔬果；③保证充足饮水量。多次少量，主要饮白开水或淡茶水，饭前饭后喝汤也较佳；④坚决杜绝食用野生动物，少吃辛辣刺激性食物；⑤食欲较差进食不足者、老年人及慢性病患者，可选用营养强化食品、特殊医学用途配方食品或营养素补充剂；⑥保证充足的睡眠和适量身体活动。

科学合理的营养膳食还需与牢固的食品安全理念相结合。酱卤肉等即食食品尽量一顿吃完，吃不完的必须热透再吃；少做凉拌菜，不吃过期、变质的食物；倡导分餐制，自觉使用公筷、公匙、公勺，少吃或不吃冷食、生食；生、熟食品需分开存放，处理生食和熟食的切菜板及刀具等要分开；食物要完全煮熟煮透，特别是肉、禽、蛋和水产品类等微生物污染风险较高的食物。许多食源性病毒引起的疾病还没有很好的治疗方法，因此，拒绝野味、讲究卫生和严格食品加工的安全操作是预防和杜绝食源性病毒传播所必需的。

讨论：从新型冠状病毒的传播看中国的"饮食"文化

中国餐饮源远流长，色香味形俱佳，举世闻名，但发展到今天，也是经历了一个从无知，到了解，进而讲究，以至精美，到自成一套体系的过程。这里我们不说其他，单说我国餐饮的健康标准。

　　许多人不光认为野生动物是一种难得的美味，还强烈相信它们对人体有重要的滋补功能，陷于一种迷之自信、不可自拔的状态。售食野生动物最大的危害在于自带病毒的野生动物逃避了卫生检疫而直接进入餐桌，更不用说会加剧部分珍稀保护动物的灭绝，或是使野生动物所携带的病毒感染人类，甚至导致在人际间传播。更可怕的是这种现象大有愈演愈烈之势，难道真的要为了追求自身的口欲，寻求猎奇而舍弃健康吗？2020 年 2 月 24 日，全国人大常委会通过了《关于全面禁止非法野生动物交易、革除滥食野生动物陋习、切实保障人民群众生命健康安全的决定》，售食野味与忽略饮食卫生的风气能否就此遏止还需要时间去证明。

　　通过分析不正确的饮食观及饮食行为，与对应的食源性疾病相结合，谈谈如何建立健康的饮食观，提出对提升健康饮食行为与食品安全观念的建议。

思考题

1. 什么是食物中毒？它与食源性疾病有什么区别？
2. 列举三种常见食源性致病菌，并解释如何预防其污染食品。
3. 讨论如何预防食源性疾病的发生。
4. 谈谈在病毒传播过程中应注意的饮食行为和食品安全问题，以及相应的防护措施。

参考文献

[1] 刘弘，高围微. 食源性疾病与食物中毒 [J]. 上海预防医学杂志，2003，15 （1）：3-4.

[2] 王霄晔，任婧寰，王哲等. 2017 年全国食物中毒事件流行特征分析 [J]. 疾病监测，2018，33 （5）：359-364.

[3] 杨慧，金玉娟，洪敏丽等. 肠炎沙门菌食物中毒的病原学检测分析 [J]. 现代预防医学，2020，47 （1）：123-126.

[4] 王卫明. 亚硝酸盐中毒的临床预防治疗体会 [J]. 世界最新医学信息文摘，2017，17 （28）：59-60.

[5] 何东. 常见有毒动植物中毒的种类和预防措施 [J]. 广东化工，2018，45 （13）：144-145.

[6] 张彧. 急性中毒 [M]. 西安：第四军医大学出版社，2008：320.

[7] 付萍，王连森，陈江等. 2015 年中国大陆食源性疾病暴发事件监测资料分析 [J]. 中国食品卫生杂志，2019，31 （1）：64-70.

[8] Keesing, F. , Belden, R. K. , Daszak, R. , et al. Impacts of biodiversity on the emergence and transmission of infectious diseases [J]. Nature, 2010, 468 （7324）：647-652.

[9] 张诚武，石海梅，郭鄂平. 食物源性寄生虫病感染途径及防治对策研究 [J]. 世界最新医学信息文摘，2018，18 （64）：174+176.

[10] 周旺. 新型冠状病毒肺炎预防手册 [M]. 武汉：湖北科学技术出版社，2020.

[11] 谭龙飞. 食品安全与生物污染防治 [M]. 北京：化学工业出版社，2007.

[12] 国家卫生健康委员会. 关于印发新型冠状病毒肺炎诊疗方案（试行第七版）的通知 [EB/OL]. 2020-3-4/2020-4-8. http：//www. nhc. gov. cn/yzygj/s7653p/202003/46c9294a7dfe4cef80dc7f5912eb1989. shtml.

[13] 吕亚兰，刘聪，周文正，尹平. 新型冠状病毒肺炎与 SARS 和 MERS 的流行病学特征及其防控措施 [J/OL]. 医药导报：1-13 [2020-02-25].

http：//kns. cnki. net/kcms/detail/42. 1293. R. 20200215. 1149. 004. html.

食物过敏

第一节　食物不良反应

食物不良反应又称为食物异常反应，是一个总的概念，适用于由摄入的食物和（或）食物添加剂引起的所有异常反应。它是饮食引起人体不适的常见表现，也是诱发消化道不适症状的重要原因之一，包括人体对食物成分或添加剂引起的免疫反应［免疫球蛋白 E（IgE）介导和非 IgE 介导的免疫反应］及非免疫性副反应（如食物不耐受，中毒性、代谢性、药理性和特异体质的反应以及精神心理因素所引起的异常反应等）。

一、食物不耐受

食物不耐受最早的系统性阐述是由英国的 Frances Hare 医生在 1905 年提出的。Frances Hare 在临床工作中发现，很多疾病如心绞痛、痛风、湿疹等疾病都和患者摄入的食物有关，特别是一些慢性的疾病，患者摄入某种或某些食物后会导致某些症状加重。但是，如果让患者停止摄入该种食物后，该患者的症状明显改善，有的甚至症状消失。这是有关食物不耐受最早的发现和描述。

1. 基本概念及发病机制

食物不耐受是指人们食入某些食物后，机体免疫系统将其当成有害物质从而产生过度的保护性免疫反应，产生食物特异性免疫球蛋白 G（IgG）抗体。IgG 抗体通过抗原抗体反应与食物消化颗粒形成免疫复合物，免疫复合物随着血液循环可以沉积于全身各个器官或系统，如心血管系统、泌尿系统、呼吸系统、消化系统、皮肤等。如果免疫复合物沉积于消化系统，可累及从口腔至肛门的所有消化器官，常见症状为腹胀、消化不良、腹泻、腹痛等。

食物不耐受的产生原理当前仍然存在分歧，但是其存在的事实及产生的后果是公认的，这一研究领域现在得到较广泛认可的是德国科学家 Fooke 博士阐述的食物不耐受的发生原理。

食物在进入消化道后，理论上应当被消化到氨基酸、脂肪酸和单糖的水平，这样才能完全转化为能量提供人体所需。但因个体体质差异（酶、胃酸缺乏或肠道内环境紊乱等），许多食物无法被人体完全消化，则以多肽或其他大分子形式进入肠道，在那里被机体作为外来物质识别，从而导致免疫反应的发生，产生食物特异性的 IgG 抗体。高浓度的 IgG 可能引起嗜酸性粒细胞脱颗粒，释放组胺，引起类似过敏的症状。由于某些大分子免疫复合物无法通过肾小球滤膜，堵塞了肾脏的滤过结构，导致肾小球滤过压升高，激发血压升高、血管壁扩张和胆固醇沉积。人体废液不能正常通过肾脏排出而滞留在组织中，尤其是脂肪细胞，最终导致水肿和肥胖。如果不能及时改变饮食结构，不耐受的食物会继续形成复合物，加重原有的症状并继续下去。免疫系统超负荷，致使人体各系统出现系列症状疾病，包括高血压、肥胖、头痛或偏头痛、慢性腹泻、疲劳、感染等。好消息是食物不耐受是可逆的，不吃不耐受食物则过敏症状会很快消失，病变的组织和器官可能恢复正常。

据统计，人群中有高达至少 50% 的人对某些食物产生不同程度的不良反应，婴儿与儿童的发生率比成人高。多数食物不耐受的患者表现为胃肠道症状和皮肤反应。通常要做食物不耐受 14 项检测的食物有牛肉、鸡肉、鳕鱼、玉米、螃蟹、鸡蛋、蘑菇、牛乳、猪肉、大米、虾、大豆、番茄和小麦。

典型案例有乳糖不耐受，这是由于乳糖酶分泌少，不能完全消化分解母乳或牛乳中的乳糖所引起的非感染性腹泻。87% 的儿童乳糖不耐受发生在 7~8 岁。

2. 食物不耐受症状

食物不耐受能够诱发全身各系统的慢性症状，包括①消化系统。恶心、腹痛、腹胀、腹泻、口臭、胃溃疡；②皮肤系统。湿疹、荨麻疹、皮炎、红斑、皮肤瘙痒、非青春期痤疮；③呼吸系统。哮喘、慢性咳嗽、过敏性鼻炎、鼻窦炎、慢性咽炎；④代谢系统。肥胖、高血糖、高尿酸、体重变化快；⑤心脑系统。高血压、血脂高、心律不齐、心率过快、胸部疼痛；⑥神经系统。疲劳、晕眩、头疼、焦虑、注意力不集中、暴躁易怒、慢性疲劳；⑦肌肉骨骼系统。关节炎、关节痛等。

3. 食物不耐受相关疾病

（1）过敏性紫癜　这是一种超敏反应性全身毛细血管和细小血管炎，其主要症状为非血小板减少性紫癜，可伴有关节肿痛、腹痛和肾脏病变，多发于儿童。以往只单纯认为过敏性紫癜是由于大量 IgE 吸附于肥大细胞，导致肥大细胞释放生物活性物质引起的损害，而近年来多个研究显示，过敏性紫癜的发病与 IgG 介导的食物不耐受有紧密关系。

（2）肠应激综合征　食物特异性 IgE 和 IgG 抗体可介导肠易激综合征患者的高敏反应，激活黏膜肥大细胞分泌各种化学信使，如介质、细胞因子，可使肠道感觉和运动功能失常。

（3）皮炎　在敏感的人群中，摄入相关的食物可以激发由 IgE 介导的速发型过敏反应的所有症状，可累及从口腔到皮肤几乎所有的器官，累及皮肤时可表现为风疹、红斑、血管神经型水肿等。同时也可以引起由 IgG 介导的迟发型过敏反应，可观察到严重皮疹。

（4）偏头痛　食物不耐受可促进去甲肾上腺素分泌，引起血管收缩或舒张，并刺激三叉神经、脑干和皮层通路。去甲肾上腺素和其他儿茶酚胺类物质、5-羟色胺、乙酰胆碱、各种激肽和 P 物质可介导偏头痛发生。引起偏头痛前三位的食物为酒精、巧克力、味精，其发生率分别为 33%、22%、10%~15%。

二、食物中毒

食物中毒是由于进食被毒物污染或本身具有毒性的食物在效应部位积累到一定量而产生的全身性疾病。一般不涉及免疫反应。

三、药理样食物反应

药理样食物反应是指食物及其衍生物中有内源性药理作用样物质（咖啡因、酒精、组胺等），机体摄入达到一定量后，产生的某种药物所具有的药理作用及表现。如咖啡因可引起偏头痛、兴奋、心悸等，酒精可引起头痛、饶舌、健谈、情绪不稳定、易激怒、恶心、呕吐、乏力，甚至共济失调、昏迷等。不涉及免疫反应。

四、代谢样食物反应

代谢样食物反应包括一组疾病，是指具有遗传素质的易患个体，摄入某种食物后，由于体内缺乏某种酶，使食物中该酶所催化的底物大量蓄积。同时，大量中间代谢产物进入代谢途径，产生某种物质，引起不同脏器受损的疾病，如糖原累积病、先天性高氨血症、肝豆状核变性、苯丙酮尿病等。

五、假性食物过敏

假性食物过敏多指由于精神及心理因素引起的食物异常反应，其临床表现类似食物过敏，但不涉及免疫机制介导的化学介质释放。

第二节　食物过敏

近 20 年来过敏性疾病和自身免疫性疾病持续增加，其中过敏性疾病累及约 25% 的儿童。过敏性疾病主要包括哮喘、过敏性鼻炎、食物过敏、过敏性皮炎等。不管在发达国家还是发展中国家，食物过敏患者都越来越多，全球数据显示食物过敏发生率在增加，尤其在儿童中，食物过敏已被世界卫生组织列为五大重要的公共卫生问题之一。

食物过敏也称为食物变态反应或消化系统变态反应、过敏性胃肠炎等，是由于某种食物或食品添加剂等引起的 IgE 介导和非 IgE 介导的免疫反应，而导致消化系统内或全身性的变态反应。

一、与食物不耐受的区别

目前临床上认为食物过敏分为速发型和迟发型两种。速发型食物过敏反应由 IgE 介导，大多数学者认为其是由天然的蛋白质或其消化产物引起的。这种反应发生速度很快，摄入食物后几分钟就可以发生，有的通过皮肤接触后就可发生，表现为恶心、呕吐、腹泻、腹痛、发热、皮疹等症状，其本质就是抗原抗体反应介导的速发型超敏反应，即通常所说的食物过敏。而一般认为食物不耐受主要是由 IgG 介导的迟发型超敏反应，有较长的潜伏期，引起的临床表现也多样。食物过敏和食物不耐受在发病率发作特点、作用机制等方面存在显著区别，如表 7-1 所示。

表 7-1　食物过敏与食物不耐受的区别

项目	食物不耐受	食物过敏
发病率	较高	较低
发作特点	迟发型，症状较轻	速发型为主，症状较重
作用机制	IgG 介导	主要为 IgE 介导
发病时间	进食不耐受食物后 2~24h	进食过敏食物后 2h
发病人群	各年龄段的人群	主要见于儿童，成人相对较少
常见症状	各种各样的慢性症状	主要表现为荨麻疹、湿疹、呕吐、腹泻等典型过敏症状
发病组织	人体各组织器官都可能受累	主要影响皮肤、呼吸道和消化系统
诊断难易	起病隐匿、涉及食物多，患者难以自我发现不耐受食物	发作迅速、涉及食物少，患者容易自我发现敏感食物
敏感食物	牛肉、鸡肉、鳕鱼、玉米、螃蟹、鸡蛋、蘑菇、牛乳、猪肉、大米虾、大豆、番茄和小麦等	多为花生、坚果、鱼、贝类、蛋、乳、小麦、大豆等
检测手段	IgG 检测阳性	IgE 检测及皮肤试验阳性
治疗措施	避食及饮食调整	避食及对症治疗
预后情况	避食后 3~6 个月，症状多能消除	如高度过敏应永久避食
与疫苗过敏	无关	如鸡蛋过敏建议不能注射含鸡胚成分的疫苗

二、流行病学特点

地域环境、基因遗传、膳食结构、种族差异等是造成食物过敏流行病学地区分布差异的主要原因。研究表明多种因素会影响食物过敏的发病率，不可控因素如年龄（婴幼儿比成人更易对食物过敏）、性别（儿童中男孩发病率较高）、种族（非白种人比白种人发病率更高）以及遗传基因、家族遗传病等；还有一些可控的潜在因素如特征性皮炎、卫生习惯、肠道菌群、维生素 A 和维生素 D 缺乏、膳食结构（脂肪过多）、抗氧化剂和抗酸剂的使用（影响过敏原的消化）等。地域环境、膳食结构使得不同地区食物过敏的主要过敏原种类有所不同，如亚洲主要为甲壳类及贝类过敏，美国主要为花生及牛乳过敏。年龄对过敏发病率也有很大影响，调查发现在对鸡蛋、牛乳、小麦以及大豆过敏的儿童中，70%~80% 在成年后不再对相应过敏原有过敏反应，约 50% 在 6 岁后就不再对鸡蛋和牛乳过敏；而花生过敏儿童中仅有 20% 在成年后不再过敏，坚果过敏儿童中更是仅有 10% 在成年后不再过敏。

三、发病机制

食物中的过敏原透过肠黏膜，进入机体的淋巴组织与血液循环，刺激淋巴细胞产生抗体或特异的淋巴细胞反应，并能与抗体及致敏的淋巴细胞发生特异性结合，激发各种生物活性物质的释放，机体随之产生各种不同的生物效应，即是临床表现的各类症状及体征。

1. 食物变态反应类型

根据免疫反应发生的过程及机制的不同，普遍将变态反应分为 4 种类型。

（1）Ⅰ型变态反应（反应素型）　食物引起的速发型过敏多属于此型。过敏原进入机体后，诱导 B 细胞产生反应素，即 IgE（或 IgG_4）。人体内广泛存在的肥大细胞及血液中嗜碱粒细胞表面有大量受体可与 IgE 结合，机体即呈致敏状态。当相应的过敏原再进入机体，与细胞表面的两个相邻的 IgE 分子结合形成"抗原桥"，将刺激"信号"传输到细胞内，激活一系列酶反应，产生并释放各种介质，如组胺等。这些介质导致的生物效应是平滑肌痉挛、毛细血管扩张及通透性增加、腺体分泌亢进等。临床表现则因靶器官而异，如皮肤——风疹块；鼻——黏膜水肿、打喷嚏；眼——充血、流泪、结膜肿胀；肺——支气管痉挛；消化道——胃肠炎。

（2）Ⅱ型变态反应（细胞毒型）　这类型的过敏反应相对少见。参与反应的抗体多属 IgG，少数为免疫球蛋白 M（IgM）、免疫球蛋白 A（IgA）。抗体与细胞膜本身的抗原成分或结合在膜表面的抗原成分起反应，并常需补体成分的参与，造成靶细胞损伤、溶解或死亡，如溶血性贫血、血小板减少性紫癜、粒性白细胞减少症等。

（3）Ⅲ型变态反应（免疫复合物型）　一些迟发型的食物过敏属于此类反应。过敏原进入机体后，导致相应的 IgG 或 IgM 抗体的形成。当抗原量稍高于抗体量时，可形成中等大小的不溶性抗原抗体复合物。在一定条件下，沉积于毛细血管的基底膜上，激活补体，促使白细胞及组织细胞释放各种活性溶酶，产生炎症反应，造成血管壁及周围组织的损伤，如肾小球肾炎、关节炎、偏头痛等。

（4）Ⅳ型变态反应（迟发型）　这类反应往往发生在与抗原接触后 24h 以上，系由 T 淋巴细胞的作用。在机体首次接触抗原后，T 细胞即处于对此抗原的敏感状态，并开始大量繁殖。当机体再次与相同的抗原接触时，致敏的 T 细胞继续大量分化繁殖，释放各种淋巴因子，局部出现以淋巴细胞为主的单核细胞浸润，导致组织炎症坏死，典型的例子是结核菌素试验。由食物引起的某些消化道过敏可能属于此型。

2. 食物诱发过敏的途径

食物诱发小儿过敏的途径有 5 种：胃肠道食入、呼吸道吸入、皮肤接触或注射、通过人乳和胎盘进入。

①胃肠道。因为胃肠道是接触食物的部位，故为食物致敏最常见的途径，也是最常发生反应的器官。

②呼吸道。高度敏感的患儿在煮牛乳、蒸鸡蛋的过程中吸入食物的气味也会诱发症状。

③皮肤。高度敏感的皮肤接触过敏食物或皮试时可诱发症状。

④人乳。母亲在进食牛乳、鸡蛋等抗原性很强的大分子时，未被完全消化的颗粒可以通过多个生物屏障进入婴儿体内，由于婴儿的消化能力较低，仍有部分片段进入体内，婴儿进食母乳后会诱发症状。

⑤胎盘。母体的血清抗体意外地通过胎盘使胎儿被动过敏，或大分子食物抗原意外地通过胎盘致敏婴儿，所以有少数婴儿出生后第一次进食就发生过敏反应。大量的研究认为，母亲在怀孕最后 3 个月大量进食了某种蛋白质食物如牛乳、鸡蛋、海产品等，易使小儿对该食物过敏。

3. 食物过敏的影响因素

（1）遗传与环境因素　部分 IgE 相关食物过敏的发生有遗传因素的参与，有一个医学术语是"过敏三联症"，包含了湿疹、哮喘、花粉症及食物过敏在内的过敏症状。如果父母一方或兄弟姐妹中有人存在这些症状，那他们的孩子在生命中某一阶段出现过敏的风险就很高。美国国家科学院（NAS）报告考虑大量被认为是影响食物过敏风险的环境因素和理论背后的证据并作出综述，如表7-2所示。

表7-2　　　　　　　　NAS报告中关于食物过敏环境危险因素的假说和观察结果

假说	关键特征	评价（危险和预防）
微生物暴露假说	微生物暴露减少抑制免疫调节反应	①微生物群改变与食物过敏。证据有限 ②补充益生菌。证据有限，不支持降低食物过敏发生率 ③分娩途径。剖宫产是食物过敏危险因素的证据有限 ④抗生素暴露作为危险因素。证据有限 ⑤动物暴露作为保护因素。证据有限
过敏原避免假说	基于早期回避可能预防致敏/过敏理念	①母亲孕期/哺乳期回避。支持证据有限或不鼓励从高危婴儿的母亲膳食中剔除过敏原 ②低敏配方乳粉。完全或部分水解婴儿配方乳预防食物过敏的证据有限；用于推荐预防之前，需要高质量的临床试验验证
双重过敏原暴露假说	致敏性的皮肤暴露推翻耐受性的口服暴露	①有力证据显示早期摄入花生在高危人群中具有保护作用 ②关于延迟摄入过敏原的危险效应缺乏证据
营养免疫调节假说	具有免疫调节潜力的膳食元素可能影响危险性	①关键期维生素D水平低会增加风险，证据有限 ②现有证据不支持母亲增加 $\omega-3$ 摄入与食物过敏保护效应的关联性 ③关于叶酸的致病性缺乏证据 ④关于其他营养素（抗氧化剂）缺乏证据
其他假说（如肥胖、加工食品、食品添加剂和转基因食品）	肥胖代表一种炎症状态，添加剂可能具有毒性免疫效应，转基因食品可能代表新的过敏原等	多属推测，缺少数据得出可靠结论

（2）胃肠黏膜屏障功能失调　正常机体的胃肠道生理及免疫屏障能够避免大多数食物引起的可能有害的免疫反应。生理屏障包括阻止食物抗原通过的机制，如上皮细胞及其表面的黏液层、小肠绒毛、内皮细胞间紧密连接、胃肠运动等，以及降解食物抗原的机制，如胃酸、消化酶、肠上皮细胞溶酶活性等。免疫屏障则包括血清中的抗原特异性IgA、IgG以及网状内皮系统等。

对于特定个体，先天发育不成熟或外界因素的破坏造成胃肠道免疫系统发生异常，如酶缺乏、囊性纤维变性、分泌型 IgA 缺乏、肝脏网状内皮系统功能缺陷、免疫调节细胞功能紊乱等，均可增加胃肠黏膜通透性，致黏膜不能充分发挥其免疫监视功能，其结局是未消化的食物大分子抗原被人体吸收，导致通过胃肠黏膜屏障的抗原量增加，这是食物过敏发生的基础。

第三节　食物致敏原

食物致敏原指的是能引起免疫反应的食物抗原分子。几乎所有食物致敏原都是蛋白质，大多数为水溶性糖蛋白，相对分子质量 10 万 ~ 60 万，每种食物蛋白质可能含有几种不同的致敏原。

一、食物致敏原的特点

1. 任何食物可诱发变态反应

虽然任何食物都可以致敏，但有 8 类食物经常引起过敏反应，占总过敏案例的 90% 以上，分别为蛋、牛乳、鱼类、甲壳类动物、花生、大豆、核果类食物及小麦。

小儿常见的食物过敏为牛乳、鸡蛋、大豆过敏，其中牛乳和鸡蛋是幼儿最常见的强致敏食物，但也因各地区饮食习惯不同而异。花生既是小儿也是成人常见的致敏食物，海产品不是小儿的主要致敏食物，坚果诱发的过敏在小儿中也比较少见。

2. 食物中仅部分成分具致敏性

以牛乳和鸡蛋为例，牛乳至少含有 20 种能诱发产生抗体的蛋白质成分，其中只有 5 种具有致敏性，其中以酪蛋白、β-乳球蛋白致敏性最强。鸡蛋中蛋黄具有相当少的致敏原，蛋清中的卵白蛋白和卵类黏蛋白为鸡蛋中最常见的致敏原。

3. 食物致敏性的可变性

加热可使大多数食物致敏性降低。胃液酸度增加和消化酶的存在可减少食物的致敏性。

4. 食物间存在交叉反应性

由于许多蛋白质可具有共同的抗原决定簇，使致敏原具有交叉反应性。食物致敏原之间发生交叉反应，例如，至少 50% 牛乳过敏者也对山羊乳过敏；对鸡蛋过敏者可能对其他鸟类的蛋也过敏；对甲壳类动物（如虾、蟹）过敏者可能对软体类动物（如贝类）过敏；对花生过敏者可能对坚果类过敏。

植物的交叉反应性比动物明显，如对大豆过敏者也可能对豆科植物的其他成员如扁豆、苜蓿等过敏。食物致敏原与非食物致敏原之间也可发生交叉反应，如对花粉过敏者也可能会对水果和蔬菜有反应；对桦树花粉过敏者也对苹果、榛子、桃、杏、樱桃、胡萝卜等有反应；对艾蒿过敏者也对伞形酮类蔬菜如芹菜、茴香和胡萝卜有反应。

5. 对食物的中间代谢产物过敏

此类型十分少见。

二、食物致敏原的种类

目前国内外报告的主要引发食物过敏的食物有：牛乳、鸡蛋、含麸质的谷类、鱼、甲壳类、贝类、大豆、花生、坚果、水果（猕猴桃、草莓、橙等）、芝麻、芹菜、芥末、葵花籽、棉籽、罂粟籽、豆类（不包括绿豆）、豌豆和小扁豆、亚硫酸盐、柠檬黄、含有光敏感物质的食物。

1. 植物性食品过敏原

（1）花生　花生属于联合国粮食及农业组织（FAO）在 1995 年报道的 8 类过敏食物的重要过敏原之一。据报道，食物诱导的过敏反应中，花生过敏占 10% ~ 47%。不同的花生过敏者，其致敏组分有所不同。花生过敏原是一种种子贮藏蛋白，包括多种高度糖基化的蛋白质组分，它们属于两个主要的球蛋白家族，即花生球蛋白和伴花生球蛋白，目前在花生中 Arah1 和 Arah2 是主要致敏原。虽然花生与豆科植物有交叉反应蛋白，临床交叉反应却不多见。花生过敏多见于对蛋、乳、核桃等过敏的个体，但并未发现其与核桃有交叉反应性蛋白。多数情况下，花生过敏会终生存在且可恶化。

（2）大豆　大豆也是最主要的食品过敏原之一，大豆过敏原能引起婴儿或幼龄动物产生过敏反应，从而造成肠道损伤。大豆含有多种致敏组分，其主要致敏蛋白的发现可能与研究的大豆品种不同、受试人群的不同有关。

2. 动物性食品过敏原

（1）乳及乳制品　乳及乳制品是 FAO/WHO 认定的导致人类食物过敏的八大类食品之一，也是美国及欧盟新食品标签法中规定必须标示的过敏原成分之一。牛乳过敏是婴儿最常见的食物过敏之一，在欧洲、美国等发达地区和国家，婴儿牛乳过敏发生率 2% ~ 7.5%。50%牛乳过敏的婴儿可能对其他食物也产生过敏。

牛乳过敏是由乳及乳制品中蛋白过敏原所引发的一种变态反应，它是由 IgE 介导或非 IgE 介导的免疫反应。绝大多数牛乳蛋白都具有潜在的致敏性，但目前普遍认为酪蛋白、α-乳白蛋白和 β-乳球蛋白是主要的过敏原，而牛乳中的微量蛋白（牛血清白蛋白、免疫球蛋白、乳铁蛋白）在过敏反应中也起着非常重要的作用。

（2）蛋类及其产品　鸡蛋是儿童食物过敏反应最常见的诱因之一，其阳性率在儿童食物过敏中高达 35%，而在成人过敏中也高达 12%。蛋白的主要过敏原为卵类黏蛋白、卵白蛋白、卵转铁蛋白和溶菌酶，蛋黄的主要过敏原为卵黄蛋白。据报道，鸡蛋过敏中，蛋白比蛋黄更易引起过敏，卵类黏蛋白为主要过敏原。

（3）海产品　海产食品过敏反应经常发生在沿海人群中，以前我们只知道引起过敏的海产种类有虾、贝类和一些鱼类。现有研究发现主要海产品过敏原为热稳定性糖蛋白，且各种甲壳类动物过敏原具有高度交叉反应性。在虾肉中至少有 13 种 IgE 结合蛋白，但是原肌球蛋白被鉴定为唯一的主要过敏原。

3. 我国常见过敏食物

在我国导致过敏的常见食物包括①富含蛋白质的食物，如牛乳、鸡蛋；②海产类，如鱼、虾、蟹、海贝、海带；③有特殊气味的食物，如洋葱、蒜、葱、韭菜、香菜、羊肉；④有刺激性的食物，如辣椒、胡椒、酒、芥末、姜；⑤某些生食的食物，如生番茄、生花生、生栗子、生核桃、桃、葡萄、柿子等；⑥某些富含细菌的食物，如死的鱼、虾、蟹和不新鲜的肉类；⑦某些含有真菌的食物，如蘑菇、酒糟、米醋；⑧富含蛋白质而不易消化的食物，如蛤蚌类、鱿鱼、乌贼；⑨种子类食物，如各种豆类、花生、芝麻；⑩一些外来而不常吃的食物。

第四节　食物过敏的临床表现

由于过敏食物蛋白的质和量不同，患者年龄及过敏反应类型也有差异，临床表现呈多样化。食物过敏临床表现的严重程度，也与食物中致敏原性的强弱和宿主的易感性有关。

一、　IgE 介导的食物过敏

临床症状出现较快，可在进食后几分钟到 1~2h。有时极微量就可引起十分严重的过敏症状，主要涉及皮肤、消化系统、呼吸系统和心血管系统等。就症状出现的次序而言，最早出现的常是皮肤、黏膜症状。呼吸道症状，如哮喘，出现较晚或不出现，但严重者常伴随呼吸道症状。食物诱发的哮喘在婴儿比较多见，除吸入所致者外，一般均合并其他过敏症状。青少年和成人食物虽可诱发多种过敏症状，包括休克在内，但诱发哮喘的并不多见。食物一般不引起过敏性鼻炎，过敏性鼻炎作为食物变态反应的唯一症状更是十分罕见。

变应性嗜酸粒细胞性胃肠病的特点为胃或小肠壁有嗜酸性粒细胞（EOS）浸润，常有外周血 EOS 增多。患者常表现饭后恶心和呕吐、腹痛、间歇性腹泻，婴幼儿生长发育停滞。肌层浸润导致胃和小肠变厚和僵硬，临床可出现阻塞征象。本病的致病机制不明。其中部分患者在进食某种食物后症状加重，涉及 Ⅰ 型变态反应，患者十二指肠液中和血清中 IgE 升高，多伴特应性疾病。对多种食物和吸入物进行皮肤点刺试验呈阳性，可继发缺铁性贫血和低白蛋白血症。本病常累及 6~18 个月的婴儿。

婴儿肠绞痛，表现为婴儿阵发性烦躁不安，极度痛苦喊叫、腿蜷缩、腹膨胀、排气多，一般于婴儿出生后 2~4 周发病，至 3~4 个月痊愈。

食物依赖性运动诱发的过敏反应是摄入某种食物后 2h 内由高强度运动诱发的 IgE 介导的过敏反应。临床上按照严重程度可分为 5 度，主要表现有皮肤瘙痒、颜面潮红、荨麻疹和血管性浮肿；消化道有口腔内瘙痒、口唇浮肿和口腔不适、恶心和呕吐等症状；呼吸系统有鼻塞和喷嚏等；还可出现腹泻、声音嘶哑、犬吠样咳嗽、吞咽困难、呼吸困难、发绀、心动过速和心律失常、轻度血压下降、轻度头疼和死亡恐怖。本病少见，青少年相对易发。阿司匹林等非甾体抗炎药会加重病情。目前没有药物可以预防该类食物过敏反应。根据病史、过敏试验、激发试验等判断，减少致敏食物的摄入是非常必要的，特别是运动前 2h 不要吃可能致敏的食物。

口腔（黏膜）变态反应综合征是指患者在进食某种或几种水果或蔬菜几分钟后，口咽部如唇、舌上腭和喉发痒、肿胀，少数患儿出现全身过敏症状。多发生于花粉症患者或提示以后可能发生花粉症。这是由于花粉和水果或蔬菜间出现了交叉反应的缘故。

食物过敏的临床表现见表 7-3。

表 7-3　　　　　　　　　　　　　　食物过敏的临床表现

部位	临床表现
消化系统	恶心、呕吐、腹泻、腹痛、腹胀、消化性溃疡，少见的有便血和唇、口腔黏膜、咽部水肿及溃疡

续表

部位	临床表现
皮肤	荨麻疹、血管神经性水肿、过敏、皮炎、湿疹、红斑、瘙痒
呼吸系统	鼻炎、咳嗽、哮喘、喉头水肿、分泌性中耳炎、呼吸困难
心血管系统	心律不齐、高血压、低血压甚至休克
神经系统	头痛、偏头痛、眩晕、癫痫、遗尿、晕厥、性格改变
全身性表现	苍白、贫血、疲劳、乏力、营养不良、肥胖、消瘦

二、非 IgE 介导的食物过敏

Ⅱ、Ⅲ、Ⅳ型免疫病理均可涉及，但直接的证据很少，人们相信有些食物不良反应涉及非 IgE 的免疫机制。涉及Ⅱ型者如牛乳诱发的血小板减少；涉及Ⅲ型和Ⅳ型者，如疱疹样皮炎、麸质致敏肠病、牛乳诱发肠出血、食物诱发小肠结肠炎综合征、食物诱发吸收不良综合征等，还可引起过敏性肺炎、支气管哮喘、过敏性皮炎、接触性皮炎、过敏性紫癜等。

第五节 食物过敏的诊断

食物过敏的诊断主要依据病史、体格检查、皮肤试验、血清特异性 IgE 检测、排除性饮食试验、食物激发试验等。通常诊断 IgE 介导的食物过敏首先通过调查病史和进行体格检查，这是准确诊断食物过敏的关键。其次，经过初步确定可疑致敏物质后，再进行皮肤点刺实验，可结合血清学检验并一步确定致敏原。最后，阳性试验反应者可经双盲口服激发试验证实是否对该食物过敏。尽管食物过敏诊断的金标准仍是双盲食物激发试验，但该试验需要在临床进行，耗时、费用高，而且有一定风险。

一、食物激发试验

多数病例根据病史、体格检查、皮试、食物排除法等可以做出食物过敏的判断，但是如果诊断仍不能确立，食物激发试验是唯一能够证实某种特殊食物引起过敏反应的方法。该法适用于所有类型的食物过敏。既可以采用盲法，也可以采用开放性食物激发试验，其中双盲安慰剂对照食物激发试验是诊断食物过敏的金标准。该试验前 72h 内需停止抗组胺药、激素等的使用，并停用可疑过敏食物至少 2 周以上。当前临床上一般采用开放性食物激发试验（OFC）。在食物激发试验前 1 周和激发期间，病人应严格避免接触和食用被测试的食物和可疑的过敏食物。激发试验时，口服经伪装过的可疑过敏食物，最初剂量通常为 $0.2 \sim 2mg/kg$，主要依照病人对食物的敏感程度而定，观察有无过敏反应。

二、皮肤试验

临床上皮肤试验应用最广，其原理是抗原能与结合在肥大细胞表面上的相应 IgE 结合，刺激肥大细胞脱颗粒，而引起相应的临床表现。

（1）皮肤点刺试验（SPT）　这是一种简便、快速、安全、可靠的常用方法，通常用于最初的筛选试验，SPT检测可提示确切的致敏原，从而为预防和医治过敏性疾病提供依据。将食物致敏原浸液滴1~2滴于前臂内侧皮肤上，然后针刺或划痕，使其发生抗原抗体反应。20min内如受试部位出现硬结，周边有红斑（风团和潮红）则为皮试阳性。这种方法虽简便、快速，但其操作不安全，假阳性或假阴性的结果出现率也较高。

（2）斑贴试验　通过含致敏原的贴片斑贴，观察皮肤反应进行诊断和检测。

（3）皮内试验　特异性低，对高敏感的个体存在较大的危险性，一般不作为食物过敏的诊断方法。真皮内皮肤试验虽比SPT敏感，但特异性差，且易诱发系统反应。

三、血清特异性 Ig E 检测

1. 放射过敏原吸附试验（RAST）

RAST是将已知的食物过敏原与固相载体（不溶于水的多糖载体如纤维素膜、滤纸片等）结合，加入待检患者血清及参考对照，再与同位素标记的抗IgE抗体反应，然后测定固相的放射活性，通过标准曲线计算出待检血清中特异性IgE的含量，或在标本放射活性高于正常人均数3.5倍以上时判定为阳性。

它是特异性过敏原体外测定方法之一，是国外首选的体外诊断方法。它同其他体外测定方法一样，最大的优点是绝对安全，可完全避免体内可能发生的过敏反应，同时不会有使病人致敏或增加病人敏感性的危险，尤其对高度敏感的儿童特应性患者更为适宜。

该试验使用离体血清，便于运输和保存，在方法上准确性、敏感性、特异性和重复性均很高，易于自动化，因此在国外是广泛应用而仅次于皮肤试验的测定方法。但该试验需要的放射性同位素价格昂贵、半衰期短，操作和处理均需要专门的设备，使其推广应用受到一定的限制。

2. 酶联免疫吸附试验（ELISA）

ELISA原理及步骤基本等同于RAST，区别在于以酶标记抗体代替放射标记抗体与吸附在固相载体上的抗原或抗体发生特异性结合。此种结合不会改变抗体的免疫学特性，也不影响酶的生物性活性。

滴加底物溶液后，底物可在酶作用下使其所含的供氢体由无色的还原型变成有色的氧化型，出现颜色反应。因此，可通过底物的颜色反应来判定有无相应的免疫反应，颜色反应的深浅与标本中相应抗体或抗原的量呈正比。此种显色反应可通过ELISA检测仪进行定量测定，这样就将酶化学反应的敏感性和抗原抗体反应的特异性结合起来，使ELISA成为一种既特异又敏感的检测方法。

食物过敏症状的多样性和非特异性，使得本病应与许多疾病相鉴别。食物过敏的诊断标准是：①证实摄入某种食品能够反复引起病人的症状和体征；②有免疫功能受影响的证据。结合其他筛选试验和免疫学检查基本上可以明确诊断。但实际诊断时应因人而异，考虑的因素包括病人的年龄、病史的可靠性和症状的严重程度等。专家小组提出了一个食物过敏诊断程序图，考虑了病史、流行病学、病理生理和检测结果以及诱发食物的识别（图7-1）。食品过敏是食品安全领域的一个重要方面，食品过敏原的检测日益显出重要的意义。随着科技的发展，未来食品过敏原检测将向准确、安全、经济、快速、高通量、高灵敏的方向发展。

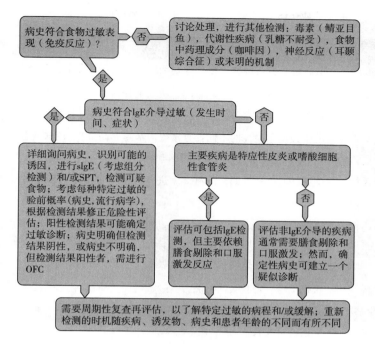

图 7-1　食物过敏的诊断方法

第六节　食物过敏的防治

由于无根治措施，食物过敏有效的治疗管理要求避免摄入相应食物，以及发生过敏反应及时治疗。表 7-4 所示为食物过敏管理注意事项的举例。

表 7-4　　　　　　　　　　　　　食物过敏管理注意事项（选择性举例）

领域	主题	教育性建议（有益经验和资源）
回避	加工食品	每次购买前详读标签，了解标签法（不同国家有差异），回避带警告的产品
	饭店	与工作人员讨论过敏，使用书面的"厨师证"，严重性和交叉接触相关的教育提出避免过敏原引入的方法建议（如在烧烤中用铝箔）
	交叉反应性	提出饮食注意，如摄入相关食物的安全性（如对其中某一种坚果过敏时回避所有的坚果或仅允许进食已经耐受的坚果）
	旅行	提前准备药品，安全食物，附近医疗救助点，考虑有小厨房的房间，携带书面材料
	家庭	准备餐食时避免交叉接触，规划碗橱，急救药触手可及
	按照年龄	幼儿严密监护，刚上学的孩子教育其不在外就餐或分享食物；年长学生教会阅读食品标签；青少年携带药物并且知晓何时及如何进行自我救治，并告知同伴

续表

领域	主题	教育性建议（有益经验和资源）
回避	警戒	教育随身携带药物，治疗计划到位，确保食品安全，医疗识别饰品
	试验	如果对是否真正过敏有疑问，应在有医疗监护的条件下摄入，而不能在家中试验
	吃或不吃	关于强调危险性的不同：直接摄入暴露（高危）、皮肤接触（低危，除非传递到嘴）或吸入（取决于食物及暴露的密度）
急救处理	携带药物	强调随时带药，即使没有计划进餐；预先安排使易于携带或获得（小包、套子和大手提包）
	使用药物	复习何时（症状）和如何使用药物，及呼叫急救小组（打紧急求助电话，不必是需要使用肾上腺素时）等详情，关于肾上腺素的安全性及需要早期使用的教育，不必依赖抗组胺药或吸入支气管扩张剂
	准备	根据年龄、自我救治的能力、过敏情况、地点制定计划，佩戴医疗识别首饰
	据年龄	从几岁到十几岁逐步转移严重过敏反应处理的责任，携带并知道何时以及如何进行自我救治
	急救计划	建立书面的急救计划，及应急小组来处理一个反应
其他	鼓励学习	网址：clinicaltrials. gov；foodallergy. org

一、避免接触致敏食物

对食物过敏病人而言，预防比治疗更重要。限制食谱既是重要的预防措施，又是最简单而有效的治疗方法。对病人进行健康教育，是保证合理食谱的前提。要求病人警惕食物过敏的潜在来源，避免摄入过敏的食物及成分。应让患者和患儿家长阅读食物成分表并识别常见致敏原名称，以避免患者误食含有致敏原的食物。在外吃饭时应问清楚食物的成分，如对花生或芝麻过敏的患者应注意涮羊肉调料或凉拌菜中可能含有花生酱或芝麻酱，进食时应注意。对过敏食物的烹饪或加工也可减轻食物的致敏原性，如将牛乳加热 20min 后可以大大降解牛乳的致敏原。

但严格限制食谱，可能会带来严重的营养不良，影响身体健康。因此，制定食谱时既要最大限度地减少过敏原的摄入，又要考虑到病人的口感和营养。如牛乳过敏的患者可采用豆乳或羊乳代替，但羊乳和豆乳有时也可诱发过敏，这时可采用米汁和油脂的混合物或鸡汤来替代。对花生、坚果类、鱼和甲壳类海产品的过敏患者往往需要终身禁食。

总之，对食物过敏的防治要遵循个体化的原则，详细了解食物过敏的种类、敏感程度及症状的严重性。

尽管限制食谱对多数病人是有效的，但也有少数效果不理想。值得注意的是，有些食物之间存在交叉过敏抗原，研究表明对牛乳过敏的婴幼儿中，25%～35%患儿可对大豆蛋白过敏。当食物过敏的症状和体征消失后，每隔 3～6 个月可谨慎地食用少量可疑过敏食物。如无症状可逐渐加量，直至放心食用，如有症状则应停止食用。

二、药物治疗

对严格限制饮食仍有食物过敏症状的病人则应考虑针对性药物治疗。

1. 抗组胺剂

在症状发生之前应用效果更好。H_1 受体拮抗剂（如氯苯那敏、特非那定）能抑制组胺引起的风疹、红斑、疹痒，对减轻荨麻疹、结膜炎、湿疹也有一定作用，但在改善或减轻胃肠道症状方面的疗效不明显。

2. 色甘酸钠

它可抑制人胃肠黏膜肥大细胞在抗原激发下的组胺释放，改变肥大细胞膜的通透性，阻止钙离子进入细胞内，从而抑制肥大细胞脱颗粒发生。也可吸入给药用于预防呼吸道过敏。

3. 抗胆碱药物

主要适用于消化道过敏患者，常用药物有阿托品或普鲁本辛，腹痛较重者可皮下注射阿托品。

4. 糖皮质激素

糖皮质激素治疗食物过敏的作用是多方面的，可短期用于那些严重过敏的病人。成年人一般少有使用糖皮质激素的适应证，但同时患嗜酸粒细胞胃肠炎的患者除外。

三、脱敏疗法

脱敏疗法又称减敏治疗，或称特异性免疫治疗方法，是将不能避免的并经皮肤试验或其他方法证实或怀疑的主要抗原性物质，制成一定浓度的浸出液，以逐渐递增剂量及浓度的方法进行注射、含服、经皮渗透，通过反复给病人输入特异性抗原，促使体内产生相应的抗体，从而达到免疫耐受。如牛乳可以从稀释 1000～10000 倍的浓度开始定量口服，根据有无反应逐步增加浓度。在耐受治疗过程中可每隔 2～5 年进行一次食物特异性皮肤试验或食物激发试验以判断患者是否已对过敏食物产生耐受性。

脱敏疗法最适用于吸入过敏原引起的过敏性鼻炎或者过敏性哮喘，因为吸入性过敏原到处飘散，难以避免，故采用脱敏疗法是一种预防哮喘复发的重要措施。

四、其他疗法

免疫治疗除经典特异性免疫疗法外，还包括致敏原免疫疗法、细胞因子免疫调控、抗 IgE 单克隆抗体治疗、中草药治疗、过敏原基因免疫。

益生菌作为肠道微生态的平衡者和肠黏膜免疫系统调节者，最早是被用于特异性湿疹的临床治疗，并取得了较好的效果。此后有不少研究证实益生菌对预防和治疗食物过敏也有一定的作用，发现益生菌可明显的调节健康者和过敏者单核细胞的吞噬能力。

第七节　食物过敏原的安全管理

国际上食品过敏原的安全管理作为一个公共健康问题，为了保护消费者的健康，在整个食品产业链上，食物过敏原问题必须时时加以关注。为此，各国特别是西方发达国家制定了各种法令或条款对食品过敏原以及食品标签作出规定。

一、过敏原的标识管理

目前在医学上尚无特效的治疗方法来解决人们的食物过敏问题，最好的方法就是远离和避免食用或接触含有过敏原的食物。预防食物过敏远比治疗食物过敏容易得多，这也符合我国对疾病提倡的"重预防"策略。在现代食品制造业中，食品原料原始形态已完全发生改变，一种食品成分往往来源于几种乃至几十种原料，消费者单从食品外形上观察并不能了解食品中所包含的食品过敏原。加之现代食品科技的飞速发展，食品种类越来越多，加大了消费者对食品过敏原辨识的难度。因此在未加适当标注情况下，食物过敏消费者就很容易因误食而发生食物过敏事件。由于食品中的过敏原是食品中的固有成分，是食品营养成分之一，因此，其管理与食品安全卫生的污染物管理有显著区别，食品包装上标明食品过敏原标签就显得很有必要。

许多发达国家已经将食物过敏原信息加入到食品标签中。消费者通过查看预包装食品容器上的文字、图形、符号，以及一切说明物，可以快速了解食品的内在质量、营养、时效和食用指导等方面的信息。有助于食物敏感消费者进行明确理性的选择，降低发生食物过敏的风险。详尽的食品标签信息是消费者选择食品的重要依据之一，在日常生活中起到维护消费者知情权和保护消费者的作用。

1. 国际社会对过敏原的标识管理

（1）食品法典委员会（CAC）　食品法典委员会在《预包装食品通用标签标准》中明确规定，对已知的导致过敏反应的食品和配料应始终加以说明。CAC 中规定的过敏原有：含有麸质蛋白的谷类，如小麦、大麦、燕麦、黑麦等；甲壳纲类动物及其制品；蛋类及蛋类制品；鱼类及鱼类制品；花生、大豆及其制品；乳及乳制品；坚果及其制品；浓度大于等于 10mg/kg 的亚硫酸盐。

（2）欧盟　欧盟的食品标签标准体系比 CAC 的体系更具体和完善，能更好地保护消费者的合法权益，保障食品安全。2000 年出台了指令 2000/13/EC，详细描述实施食品标签管理的具体措施，也首次涉及食品过敏原标识管理。在接下来的 2003 年、2006 年、2007 年，陆续对指令进行修订，对食品过敏原标签标注的要求不断更新。迄今为止，欧盟要求强制性标示的过敏物质已达到 14 类，包括乳及乳制品、蛋类及其制品、花生及其制品、坚果及其制品、鱼类及其制品、甲壳纲类动物及其制品、大豆及其制品、含有麸质蛋白的谷类及其制品、芹菜、芥末、芝麻、浓度为 10mg/kg 及以上的亚硫酸盐、羽扇豆类及其制品和软体贝类及其制品。

2014 年 12 月 13 日，欧盟委员会颁布的（EU）No1169/2011 新食物标识法是目前为止最完善的食物标识法规。该法规在食物标识管理方面着重修订多达十二处，其中针对食物过敏原标识管理有两处修订：对于预包装食物，食物过敏原不但要在配料表中标注，还要通过诸如字体字号、背景颜色等方式来突出显示以明确区分其他配料成分；对于散装食物、直接售卖或预定食物，过敏原信息也应强制性标示。

（3）美国　美国是食品标签法规要求最为严谨和完善的国家之一。1996 年 6 月，美国发布通知要求食品生产企业在食品标签上声明食品中的过敏原信息。在 2006 年 1 月正式实施的《食品过敏标签和消费者保护法案》中明确要求，必须在食品标签上用简单明确的语言标识以下过敏原：牛乳、蛋类、鱼类、贝类、坚果、花生、小麦、大豆。

该法案要求食品生产商或包装商必须在含主要食品过敏原的食品包装标签中，按照以下两种方式之一标识过敏原：一是当含主要过敏原的食物来源名称没有出现在营养成分列表中时，必须在食品过敏原名称后加括号标注食品来源。例如，营养成分：强化营养面粉（小麦面粉、麦芽、核黄素和叶酸）、酵母（牛乳）、蛋类、香精、发酵剂（酸式焦磷酸钠和无水磷酸二氢钙）、蛋黄素（大豆）和单硬脂酸甘油酯及甘油二酯（乳化剂）。二是在营养成分列表后紧跟食物过敏原的食物来源名称，字体必须不小于营养成分所用字体，例如，含有小麦、牛乳和蛋类。

美国还有《食品法典》《现行良好操作规范》等对食品过敏原标签都有不同程度的规定，形成了较为完善的制度体系，食品企业按规定进行生产，政府在制度的实施中起到监管作用。FDA 是在清楚了解本国人群对于食物过敏的食品过敏原种类以及食物过敏人数的前提下，即基于大量相关数据而制定本国食品的过敏原标签规定。食物过敏在美国人群中较易发生，这也就是 FDA 对食品过敏原标签规定如此详细并对违反规定的行为采取较为严苛惩罚的原因所在。

（4）日本 1999 年 FAO/WHO 食品法典委员会会议通过了将 8 种含过敏原的食物列入食品标签的决议，这一举动促使了日本政府采取新措施来应对本国的食物过敏问题。

2002 年 4 月日本正式实施的《食品卫生法》加入了关于食品中过敏原强制性标识的相关条文。该法规最初只规定了鸡蛋、牛乳、花生、小麦、荞麦这 5 种强制性标注食物，当食品含有这 5 种食物中的任一种，或含有由这 5 种物质的成分时，必须标注。后来，根据开展的为期一年的"全国性过敏食物调查"，又建议将橙子、猕猴桃、桃子、苹果、香蕉、山药、松茸、腰果、胡桃、芝麻、大豆、鲍鱼、鱿鱼、鲑鱼卵、鲑鱼、鲭鱼、牛肉、鸡肉、猪肉、明胶这 20 种可能引起过敏反应的食物进行自愿性标识。随着社会的发展、饮食结构的变化，2007 年 12 月日本对《食品卫生执行条例》进行修正，将虾/龙虾和螃蟹加入到强制性标识食物之内，2008 年 4 月批准和生效。至此，强制性标识食物共 7 种，推荐性标识食物共 20 种。

日本于 2015 年 3 月 20 日公布的新《食品标识基准》中要求过敏原以单独标识为原则，特殊情况允许统一标识。单独标识是指加工食品原料中含有上述 27 种食材时，每个原材料后面需用括号单独标识过敏原，如酱油（含有大豆、小麦）、乳（含有乳成分）等。同样，加工食品中使用了 27 种食材来源的添加剂时，添加剂名称后面用括号单独标识过敏原，如卵磷脂（蛋来源）、酪蛋白（乳来源）等。统一标识是指原材料项下或添加剂项下用括号统一标识所有过敏原。如原材料项最下端用括号标注"部分含有大豆、乳成分、小麦"。单独标识过敏原时，可以省略过敏原的重复标记，还可以采用代替标识（如鸡蛋、鸭蛋来代替"含有蛋"的标记）和扩大标识（如标注"上海蟹"，可以理解其中含有特定原材料蟹）。

2. 我国食物过敏原管理现状

2008 年奥运会，北京出台的地方标准《奥运会食物安全食物过敏原标识标注》（DB11/Z 521—2008），首次规定第 29 届奥运会过敏原食物标识的原则和内容。同年，广州亚运会期间颁布《亚运会食物安全食物过敏原标识标注》，基本内容大致相似。

但这些标准都随着奥运会（包括残奥会）和亚运会的结束而废止。目前，《食品安全国家标准 预包装食品标签通则》（GB 7718—2011）只是推荐食品包装上标注过敏物质，鼓励企业自愿标示以提示消费者，有效履行社会责任。除含有麸质的谷物及其制品、甲壳纲类动物及其制品、鱼类及其制品、蛋类及其制品、花生及其制品、大豆及其制品、乳及乳制品（包括乳糖）、坚果及其果仁类制品等 8 类致敏物质以外，生产者也可自行选择是否标示其他致敏物质。

具体标示形式由食品生产经营企业参照标准自主选择。致敏物质可以选择在配料表中用易识别的配料名称直接标示，如牛乳、鸡蛋粉、大豆磷脂等；也可以选择在邻近配料表的位置加以提示，如"含有……"等；对于配料中不含某种致敏物质，但同一车间或同一生产线上还生产含有该致敏物质的其他食品，使得致敏物质可能被带入该食品的情况，则可在邻近配料表的位置使用"可能含有……""可能含有微量……""本生产设备还加工含有……的食品""此生产线也加工含有……的食品"等方式标示致敏物质信息。于 2015 年 7 月实施的《食品安全国家标准　预包装特殊膳食用食物标识》（GB 13432—2013），主要适用于预包装特殊膳食用食物的标识，包括营养标识，但是没有提及过敏原标识标示问题。

二、食物过敏原安全管理展望

1. 发挥法律性规制工具的规范作用

国外较为先进的国家对于食品过敏原标签的规定都有独立的法律法规，相同或有所不同的规定了强制性标注食品过敏原的类型与要求。我国现行《食品安全国家标准　预包装食品标签通则》只是规定食品企业推荐性标注食品过敏原标签，导致食品过敏原标签标注形式混乱，消费者不能读懂其标注含义，从而丧失了标注食品过敏原标签的初衷，对于食物过敏的预防无法起到有效作用。目前我国在食品过敏原标签规定上还没有采取强制性标注措施，使有些食品企业有机可乘，所以我国食品过敏原标签规定的完善就显得至关重要。2018 年 11 月，食品安全国家标准审评委员会发布了关于征求对《食品安全国家标准　预包装食品标签通则》（征求意见稿）修订草案意见的函，其中将致敏物质标示由推荐性条款变为强制性条款，并明确如只使用 8 类致敏物质的非蛋白质成分，可免于标示。另外，我国地域辽阔、民族众多，各地区各民族风俗习惯的差异使得我国的食品过敏原标签的内容具有复杂性与多样性，利用包容性将其整合才能形成具有我国特色的食品过敏原标签规定。

2. 细化行政性规制工具的监管作用

继续细化食品安全监管部门的监管职责，重点突出其在预防食物过敏中的职能。对于预防食物过敏工作而言，食品过敏原标签的标注从规定到实施的每个环节都应该有相应的部门负责。国家市场监督管理总局负责食物生产、流通、消费等环节的食品安全、食品过敏原标签的使用，将为预防食物过敏提出有效途径，对食品过敏原标签规定的重新制定与规定实施的监督。国家卫生健康委员会负有食品安全风险评估和食品安全标准制定的责任，负责食物过敏的风险评估与食品过敏原标注标准的制定。农业农村部作为负责农产品质量安全的监管部门，对于农产品中那些易引起消费者发生食物过敏反应的种类应加以记录并定时传达给其他相关部门，履行其职能。除此之外，借鉴欧盟经验，国家市场监督管理总局在食品过敏原标签规定的更新中起主要领导作用，督促国家卫生健康委员会在现实基础上论证食品过敏原标签的完善与否，适时调整食品过敏原标签的标注种类。

在现有食品安全管理体系下，继续细化完善食品安全标准体系。食品过敏原标签标注出现问题时应按有关规定处置。在食品过敏原标签成为强制标注标签之后，如若标注不符合规定，食品企业就得按照《食品召回管理办法》规定采取相应的召回措施或补救措施，对食品过敏原标签加以说明，从而达到食品过敏原标签标注的目的。

3. 强化社会性规制工具的监督作用

在传统的食品安全管理意识中，食品安全监管部门、食品企业是重点关注的对象，往往忽略了与食品安全利益最相关的消费者。在强调保护消费者权益的今天，消费者的责任渐渐被忽略，消费者的作用尚未得到发挥。消费者作为食品安全的当事者，分布范围广、群众基础好，在监督食品安全行为方面有着其他部门或机构无法取代的优势。

加强食物过敏知识的宣传普及和信息交流，通过各种传媒和网络等手段，增强消费者食品安全相关知识的学习及食品安全意识。有关部门必须加强这方面的宣传和培训工作，使食品生产企业能主动地运用标签技术壁垒，建立市场和企业的保护机制，提高公众对食品过敏原安全问题的认识，共同推进食物过敏标识工作的顺利开展。

4. 善用经济性规制工具的约束作用

食品属于生活必需品，食品的安全性关乎消费者健康、食品市场的发展以及国家的稳定。在食品行业实行准入规制，不仅可以防止食品企业出现欺诈行为，而且可以要求食品企业在进入食品行业时做好在包装上标注食品过敏原标签的准备，只有得到认可的食品企业才可以进入市场，这样可以减少食品企业的投机行为。使食品过敏原标签作为食品企业准入时的条件，可以有效预防消费者对食物的过敏情况的发生。

法律性规制工具是食品过敏原标签标注的基本标准，行政性规制工具是实现食品过敏原标注的有效保障，社会性规制工具是食品过敏原标签标注的全面监督，经济性规制工具是食品过敏原标签标注的前期准备。在预防食物过敏的措施中，食品过敏原标签的运用是最简单直接有效的方法。各种规制工具具有不同的功能，对于食品过敏原标签标注的实现有着不可忽略的作用。不同规制工具所作用的范围可能存在重叠交叉之处，在实际应用中，要注意规制工具的合理选择，才能恰到好处地解决所面临的问题。

讨论：食品标签警示的必要性

食品标签是指预包装食品容器上的文字、图形、符号以及一切说明物。预包装食品是指预先包装于容器中，以备交付给消费者的食品。食品标签的所有内容，不得以错误的、引起误解的或欺骗性的方式描述或介绍食品，也不得以直接或间接暗示性的语言、图形、符号导致消费者将食品或食品的某一性质与另一产品混淆。食品标签是依法保护消费者合法权益的重要途径。

生活中你或者你周围的人经历过食物过敏吗？在购买食品时是如何避免选择含致敏原的食物的？对食品标签的了解有多少？结合实例学习具体食品标签内容，了解国内外关于食品标签管理的相关政策规定，体会食品标签警示的必要性。

思考题

1. 常见食品过敏原有哪些？举例说明。
2. 食物过敏的临床表现有哪些？简述食物过敏与食物不耐受的区别。
3. 食物过敏诊断的主要流程是什么？
4. 谈谈对现行有关食物过敏原标签标识国家标准的认识。

参考文献

［1］余保平，王伟岸．消化系疾病免疫学［M］．北京：科学出版社，2000．

［2］谭全会，李兴华．食物不耐受和功能性胃肠病关系的研究进展［J］．世界华人消化杂志，2013，21（25）：2551-2556.

［3］Chinthrajah, R. S., Hernandez, J. D., Boyd, S. D., et al. Molecular and cellular mechanisms of food allergy and food tolerance［J］. Journal of Allergy and Clinical Immunology, 2016, 137（4）：984-997.

［4］傅玲琳，谢梦华，王翀等．肠道菌群调控下的食物过敏机制研究进展［J］．食品科学，2018，39（17）：305-313.

［5］Sicherer, S. H., Sampson, H. A. Food Allergy：A review and update on epidemiology, pathogenesis, diagnosis, prevention and management［J］. Journal of Allergy and Clinical Immunology, 2017, 141（1）：41-58.

［6］曹军皓，阎有功．食物过敏的研究进展［J］．医学综述，2011，17（13）：1985-1987.

［7］杨勇，阚建全，赵国华等．食物过敏与食物过敏原［J］．粮食与油脂，2004，（3）：43-45.

［8］郑颖，陈曙光，叶钰等．日本食物过敏原的管理及对我国的启示［J］．食品科学，2016，37（3）：253-257.

［9］Bird, J. A., Lack, G., Perry, T. T. Clinical management of food allergy［J］. Journal of Allergy and Clinical Immunology-In Practice, 2015, 3（1）：1-11.

［10］邹丽，李欣，佟平等．欧盟、澳大利亚和新西兰食物过敏原标识管理及对我国启示［J］．食品工业科技，2016，37（4）：365-369+373.

［11］闫瑞．消费者食品过敏原标签的认知现状与对策研究［D］．山西医科大学，2016.

转基因与食品安全

人类已经存在于这个世界上数万年，在这个过程中，人类学会了种植植物、养殖动物来让自己度过不利的季节。在生产过程中，人类也发现并认识到一些自然界的普遍规律。如中国古语中的"种瓜得瓜，种豆得豆"和"一母生九子，九子各不同"，这是最早关于遗传和变异的描述。在自然界中变异是非常慢的，人类利用杂交获得更优良的植物需要很多年的时间。现如今，基因工程的出现，大大缩短了人类对于植物选种的时间，转基因在现代的生物学研究中发挥着重要的作用。

第一节　转基因食品概述

20 世纪 90 年代以来，转基因食品陆续实现商业化生产并逐渐进入人们的生活。转基因食品的发展给人类社会带来了显著的营养改善、经济效益和社会效益，但转基因技术的风险性和安全性一直存在争议，其产生的过敏性和毒性对生态环境和社会存在潜在风险。因此，需要综合对其分析研究，从科学角度全面清晰认识转基因食品，廓清对转基因食品的认知迷思，取利舍弊，利用转基因技术更好地服务和造福于社会大众。

一、转基因

"转基因"这个在全球承受无尽争议的词汇，成为 2014 年"科学美国人"中文版《环球科学》杂志年度十大科技热词之一。而争议的关键在于人类是否像自己所认为的那样，已经可以代替上帝改造自然，毕竟人类曾经认为地球是宇宙的中心。

基因，又称遗传因子，是指携带有遗传信息的 DNA 序列，是控制人类特征和性状表现的基本遗传单位。转基因是将不同来源的 DNA 分子进行重组，克服了天然物种生殖隔离的屏障，将具有某种特性的基因分离和克隆，再转接到另外的生物细胞内，可以按照人们的意愿创造出自然界中原来并不存在的新的生物功能和类型。人们常说的"遗传工程""基因工程""遗传转化"等词都是转基因的同义词。

二、转基因技术

转基因技术是指使用基因工程或分子生物学技术（不包括传统育种、细胞及原生质体融合、杂交、诱变、体外受精、体细胞变迁和多倍体诱导等技术）将人工分离和修饰过的基因导入活细胞或生物体中，产生基因重组现象，并使之生物体性状表达并遗传的相关技术。

三、转基因生物

转基因生物（GMO），是指遗传物质基因被改变的生物，是采用基因工程手段将从不同生物中分离或人工合成的外源基因在体外进行酶切和连接，构成重组 DNA 分子，然后导入受体细胞内整合、表达，并能通过无性或有性繁殖过程将外源基因遗传给后代。其基因改变的方式是通过转基因技术，而不是以自然增殖或自然重组的方式产生。目前已经进入食品领域的三类转基因生物包括转基因动物、转基因植物（最多、最重要）、转基因微生物。

1. 转基因动物

转基因动物就是把外源性目的基因导入动物的受精卵或其囊胚细胞中，后改用注入受精卵的任何一个前核，并在细胞基因组中稳定整合，再将合格的重组受精卵或囊胚细胞筛选出来，采用借腹怀孕法寄养在雌性动物的子宫内，使之发育成携带有外源基因的转基因动物。

2. 转基因植物

植物基因工程用作外源基因的转化受体有许多种，包括胚性愈伤组织、分生细胞、幼胚、成熟胚、受精胚珠、种子和原生质体等。从这些受体细胞都可获得再生的转基因植株。

（1）农杆菌介导法　外源基因通过同源重组整合在农杆菌的 Ti 质粒上，然后用这种农杆菌去转化植物细胞，将外源基因转入植物细胞的基因组，例如，转基因抗虫害玉米，如图 8-1 所示。

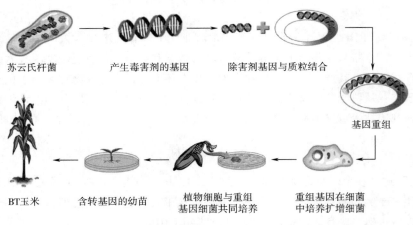

图 8-1　转基因抗虫害玉米（Bt 玉米）的开发流程

（2）直接转入法　这是将裸露的 DNA 直接导入植物细胞，然后将这些细胞在体外培养再生出植株。裸露 DNA 的转化效率较低，因而要辅之以高效率的组织培养系统。

（3）原生质体融合　将不同物种的原生质体进行融合，可实现两种基因组的结合。也可将一种细胞的细胞器如线粒体或叶绿体与另一种细胞融合，此时，一种细胞的细胞核处于两种细胞来源的细胞质中，这就形成了胞质杂种。

（4）花粉管通道法　在授粉后向子房注射含有目的基因的 DNA 溶液，利用植物在开花、受精过程中形成的花粉管通道，将外源 DNA 导入受精卵细胞中，并进一步整合到受体细胞的基因中，随受精卵的发育而成为转基因新个体。该方法是由我国学者在 20 世纪 80 年代提出的。我国目前推广面积最大的转基因抗虫棉就是采用花粉管通道法培育出来的。

3. 转基因微生物

微生物由于具有结构简单、繁殖迅速、容易培养等特点，成为良好的转基因对象。将目的基因通过适当改建后导入大肠杆菌等工程菌中，通过原核生物来表达基因蛋白。对于细菌或细胞基因工程的生物反应器都是基于传统发酵工程技术，以细菌或动植物细胞做载体，通过高密度发酵培养、分离纯化获得所需要的目的产物，由此逐渐形成了第一代基因药物。一般过程主要包括各种新型的、具有不同功能的基因菌的构建与筛选、发酵培养、分离和纯化等。

四、转基因食品

转基因食品是指用转基因生物制造生产的食品、食品原料及食品添加剂等，包括转基因动植物、微生物产品，转基因动植物、微生物直接加工品，以转基因动植物、微生物或者其直接加工品为原料生产的食品和食品添加剂。

根据转基因食品来源的不同可分为以下三种不同类型。

1. 转基因植物食品（如转基因的玉米、大豆等）

目前研究最多和商业化最广的转基因食品就是转基因植物食品。例如，抗虫和推迟成熟的转基因番茄，由于其抗虫能力的提高和成熟期的延长，减少了化学农药的使用和对其依赖性，减少了环境污染，减少了运输损坏量，具有显著的社会经济效益。

（1）耐受除草剂型　这是一类商业应用广泛的转基因植物。主要有以下方式来达到耐受除草剂的目的：抑制除草剂的吸收与转运；除草剂敏感的靶蛋白代偿性增加；使靶蛋白改变为不敏感的形式；使除草剂代谢失活。

（2）抗病虫害型　杀虫剂不仅污染环境，且因病虫害对其产生抗药性而效果降低。因此大多数转基因作物的目的在于通过导入抗病毒、抗真菌或抗细菌性疾病的基因或抗病虫害基因，以提高作物产量和便于管理。如将苏云金杆菌中抑菌基因 *cry1Ab* 转入棉花、玉米、大豆等，可以发挥特有的抗虫作用，该类作物已投入商业化生产。

（3）改善食物成分型　通过转基因改善谷物和豆类蛋白质品质，如氨基酸不平衡等问题。豆类通常缺乏含硫氨基酸，谷物缺乏赖氨酸和色氨酸。增加产油植物中油的含量或改进其组成成分（脂肪酸），改进碳水化合物的构成（淀粉含量或直链与支链淀粉比例）。

（4）改善农业品质型　如增加产量，增强耐热或耐寒冷的能力，增强抗干旱以及耐受盐碱地的能力。

（5）延长食品货架期型　番茄成熟后采摘会很快软化腐烂，这与聚半乳糖醛酸苷酶有关，它是一种果胶降解酶。而转基因番茄可以抵抗软化和微生物感染，采摘后仍保持青色，销售时通乙烯变红。

2. 转基因动物食品（如转基因的鱼、肉类等）

主要是利用胚胎移植技术培养生长速率快、抗病能力强、肉质好的动物或动物制品。例如，通过转入适当的外源基因或对自身的基因加以修饰的方法来降低结缔组织的交联度可使动物肉质得到改善。将基因重组的猪生长激素注射至猪体内，可使猪肉瘦型化，从而改善肉的品质。

1997 年已成功克隆出 2 只携带人凝血因子Ⅸ基因的绵羊。1998 年我国拥有第一头乳汁中含有人凝血因子白蛋白的转基因山羊。

3. 转基因微生物食品

指以含有转基因微生物为原料的转基因食品，如转基因微生物发酵而制得的葡萄酒、啤酒、酱油等。

在微生物领域转基因技术主要用于改良菌种。第一个采用基因工程改造的食品微生物为面包酵母，酿酒酵母在传统上被广泛用于生产面包、啤酒、葡萄酒等。人们把具有优良性状的酶基因转入酿酒酵母，使其麦芽糖通透酶和麦芽糖酶含量大大提高，面包加工中产生的二氧化碳量增多，使面包膨发性良好、松软，且因通过加热酵母菌株最终被灭活。

20世纪80年代中期，将猪、牛等胰岛素、干扰素、生长素基因克隆入微生物，开创了微生物生产高等动物基因产物的新途径。例如，将牛胃蛋白酶基因克隆入微生物，解决了干酪工业受制于牛胃蛋白酶来源不足的问题。

第二节　转基因食品的发展历史与现状

转基因技术是科技进步的产物。1856年奥地利科学家孟德尔揭示了生物性状是由遗传因子控制的规律；1910年美国科学家摩尔根建立了基因学说；1953年美国科学家沃森和英国科学家克里克提出 DNA 双螺旋结构模型；1973年基因克隆技术诞生；1982年利用转基因技术重组了世界上第一个转基因大肠杆菌，用于生产胰岛素，同年诞生了全球首例转基因烟草，它是一种含有抗生素类抗体的烟草，也是世界上最早的转基因作物；1994年，美国孟山都公司研制的延熟保鲜转基因番茄在美国批准上市，这是发达国家批准商业化的第一个转基因作物，1996年由其制造的番茄酱允许在超市出售。

一、国际转基因技术发展历史

全球转基因技术研发势头强劲，发达国家都在抢占这个技术的制高点，发展中国家有很多也在积极跟进。美国政府态度积极，方向明确，已经占据了全球转基因产业发展先机，在全球种植业具有明显优势。根据国际农业生物技术应用服务组织（ISAAA）的2018年度报告，全球转基因作物种植面积从1996年的170万 hm^2 增加到2018年的1.917亿 hm^2，增加了近113倍。1996年转基因作物开始大规模种植时，种植国家仅有6个，分别是中国、美国、加拿大、澳大利亚、墨西哥和阿根廷。2018年全球总计有70个国家/地区应用了转基因作物，其中26个国家种植转基因作物，另外44个国家进口转基因作物。五大转基因作物种植国（美国、巴西、阿根廷、加拿大和印度）占全球1.917亿 hm^2 转基因作物面积的91%。

最早进行转基因食品研究的是美国，始于20世纪80年代初。美国也是第一个批准转基因食品上市的国家，其转基因农作物种植面积一直以来处于全球首位。1996年，美国转基因作物种植面积为150万 hm^2，占全球总面积的88%，从此以后，该比例逐年虽有所下降，但仍稳居世界第一位。2018年种植面积增加至7500万 hm^2，主要是大豆（3408万 hm^2）、玉米（3317万 hm^2）和棉花（506万 hm^2）。此外，美国还种植少量其他转基因作物，如油菜、甜菜、苜蓿、木瓜、南瓜、马铃薯和苹果，美国也是全球转基因种植种类最多的国家。美国市场上75%

的加工食品均含有转基因成分。

巴西转基因种植虽然起步较晚，但自 2003 年开始种植以后发展迅速，其转基因种植面积于 2009 年超过阿根廷，成为全球第二大转基因种植国。2018 年种植面积为 5130 万 hm²，为 2003 年的 17 倍（300 万 hm²），现包括 3486 万 hm² 大豆、1538 万 hm² 玉米、100 万 hm² 棉花以及 400hm² 甘蔗（这是巴西在全球种植的第一批转基因甘蔗）。中国是巴西大豆和棉花的主要出口市场，在 2018 年，巴西 80% 的大豆出口到中国，出口总额预计达到 8300 万 t，创历史新高。

阿根廷 2018 年转基因作物的种植面积总计达到 2390 万 hm²，是 1996 年的 239 倍（10 万 hm²），包括 1800 万 hm² 大豆、550 万 hm² 玉米和 37 万 hm² 棉花。阿根廷政府批准了耐除草剂的低木质素转基因紫花苜蓿商业化（紧随美国和加拿大之后，成为世界上第三个批准该项目的国家），还批准了耐旱小麦、耐旱大豆和新一代耐除草剂大豆以及不褐变苹果的田间试验。

在加拿大，转基因农业生产发展也十分迅速，1996 年开始种植转基因玉米和油菜，1997 年开始种植转基因大豆，2011 年开始种植转基因甜菜，另外还种植了转基因苜蓿、马铃薯和苹果。2018 年的转基因作物种植总面积为 1275 万 hm²，是 1996 年的 127 倍（10 万 hm²），但较 2017 年减少了约 3%。加拿大是全球转基因作物商业化的重要推手之一，特别是转基因油菜居世界第一。

二、我国转基因技术发展历史

我国人多地少、耕地面积递减的趋势难以逆转，农业资源短缺，生态环境脆弱，重大病虫害多发、频发，干旱、高温、冷害等极端天气条件时有发生，农药、化肥过度使用，农业用水供需矛盾突出。推进转基因技术研究与应用，既是着眼于未来国际竞争和产业分工的必然选择，也是解决我国粮食安全、生态安全、农业可持续发展的重要途径。既是顺势而为，也是大势所趋。

中国是 20 世纪 90 年代初进入商业型转基因农业生产的第一个发展中国家。2018 年我国转基因作物种植面积为 290 万 hm²（棉花和木瓜），位列全球转基因作物种植面积第七名，在亚洲排在第二，第一为印度（种植 1160 万 hm² 棉花）。我国第一批列入目录的农业转基因生物是大豆（大豆种子、大豆、大豆粉、大豆油、豆粕）；玉米（玉米种子、玉米、玉米油、玉米粉）；油菜（油菜种子、油菜籽、油菜籽油、油菜籽粕）；棉花（转基因抗虫棉）；番茄（番茄种子、鲜番茄、番茄酱）。截至目前，农业农村部共批准了 7 种植物生产应用安全证书，分别是耐储存番茄、抗虫棉花、改变花色矮牵牛和抗病辣椒（甜椒、线辣椒）、抗病番木瓜、抗虫水稻和转植酸玉米，但仅有转基因抗虫棉和抗病毒番木瓜进入商业化种植生产。批准进口的农业转基因作物包括玉米、大豆、油菜、棉花、甜菜 5 种，仅批准用作加工原料。

原农业部曾于 2009 年向国产转基因植酸酶玉米"BVLA430101"和转基因抗虫水稻"华恢 1 号""Bt 汕优 63"发放安全证书，但均止步于品种审定阶段，未投入商业化生产。在 2019 年年末，农业农村部公示了 192 个拟颁发的"农业转基因生物安全证书"植物品种，其中包括 189 个棉花品种、2 个玉米品种和 1 个大豆品种。这是继 2009 年之后，国家 10 年来再次在主粮领域向国产转基因作物拟批准颁发安全证书。"十三五"国家科技创新规划中明确提出"推进新型抗虫棉、抗虫玉米、抗除草剂大豆等重大产品产业化"，我国也积极稳慎地推进转基因科研成果产业化，按照"非食用—间接食用—食用"的路径逐步发展。

第三节　转基因食品安全问题

一、转基因食品的伦理问题

自第一种转基因生物问世，人类有关转基因技术和转基因食品的争论就从未停止过。转基因食品的伦理问题主要包括以下6个方面。

1. 转基因食品是自然的还是非自然的

自然和生态系统都具有整体性，转基因食品对生态整体性的影响将是一个突出的问题。一旦自然的整体性被打破，人类可能面临灭顶之灾。而且，人类对自然的干预要遵循自然本身进化的规律。

2. 转基因食品的安全性问题

安全性问题是转基因食品伦理问题的核心，争论也最激烈，分歧也很大，后面许多伦理问题（例如，标识问题、人体实验问题、商业化问题）都与其密切相关。

3. 人体试验问题

尽管很少有正式发表的文章讨论转基因食品的人体试验问题，但是这并不表示它不重要。人体试验问题主要是考虑对人体健康的安全，即食品的安全性。

4. 标识问题和知情选择

对转基因食品进行标识是为了尊重消费者的知情选择权，不对转基因食品进行标识就是不尊重消费者的权利。对转基因食品的标识在伦理上的分歧并不大，反对标识主要是来自一些不负责任的厂商，其主要目的是谋求经济利益。

5. 基因专利、利益分配和国际合作

基因专利中的核心问题是，是否应该给基因授予专利权？是否应该给转基因作物和转基因动物的品种授予专利权？如何解决基因专利中的利益分配不公问题？

6. 商业化问题

其实上述5个伦理问题，都同这一问题密切相关，或最终的目的是来分析和判断转基因食品是否应该商业化。商业化的两个核心问题是风险-收益的权衡问题和利益的公正分配问题。

二、转基因食品的安全问题

1. 各国对于转基因食品的态度

国际社会对转基因食品安全性问题的广泛争议，起源于美国的"斑蝶事件"、墨西哥的"玉米事件"和英国的"普兹台事件"。

（1）英国"普兹台事件"　1998年，英国罗伊特研究所普兹台教授说他的实验证明，幼鼠食用转基因马铃薯会使内脏和免疫系统受损。

（2）美国"斑蝶事件"　1999年美国康奈尔大学副教授约翰·罗西在《自然》杂志上发表文章称，一种转基因玉米可产生杀死害虫的花粉，而身为益虫的一种美洲大蝴蝶食用了这种转基因玉米花粉后有44%死亡。

（3）墨西哥"玉米事件"　墨西哥政府曾经规定不允许种植转基因玉米，但是后来由于种种原因，美国转基因玉米到了墨西哥，数量还不少（有些是作为救济物资进入的）。于是，在该国两个州之间的一些地区发生了玉米的基因污染。

然而，后来的科学研究证实，上述实验本身即存在诸多问题，不足以证明转基因作物与食品安全之间有必然联系。

以美国为首的支持派。美国、加拿大等国家大部分人认为转基因食品不会引发安全问题，因为迄今为止并没有确切的证据能证明转基因食品危害人体健康和环境。在过去 10 年里，美国和加拿大经过批准的转基因作物占加工食品的 70%，相当于北美洲有超过 3 亿人食用过转基因食品，在这期间并没有发现有任何问题。经调查，美国和加拿大的消费者中仅有 27% 的人认为食用转基因食品有可能会危害人体健康。

以欧洲为首的反对派。欧洲的消费者对于转基因食品的安全问题普遍持怀疑态度，有 79%的英国人反对转基因作物的种植以及转基因食品进入市场。因为某些证据表明转基因作物正在危害环境，例如，种植含抗草甘膦的转基因作物使得草甘膦除草剂的使用量激增，而草甘膦会对蜜蜂等有益昆虫造成伤害。

当前对转基因食品的安全性争论依然非常激烈，也存在许多分歧。经过转基因技术改造过的生物体是否安全？它是否会对其他的生物体尤其是人类造成危害？它是否破坏生物多样性？转基因食品的安全问题主要包括人类健康安全（食品安全）和生态环境安全。

2. 转基因食品安全性

转基因食品是全新的事物，人们对它缺乏了解，公众关注它的安全性也在情理之中。就目前而言，转基因食品的食品安全性主要是指对人体产生潜在的伤害风险。

（1）毒性　许多食品原料和生物本身就能产生大量的毒性物质和抗营养因子，如蛋白酶抑制剂、溶血栓、神经毒素等以抵抗病原菌和害虫的入侵。当然，现有食品中一些毒素含量并不一定会引起毒性效应，但是如果处理不当，某些食品（如木薯）能引起严重的生理问题甚至死亡。在转基因食品加工过程中可能由于基因的导入使得毒素蛋白发生过量表达，产生各种毒性。从理论上讲任何基因转入的方法都可能导致遗传工程体产生不可预知的或意外的变化，包括多向性效应。

（2）食品过敏性　食品过敏是世界性的食品安全和公共卫生问题。转基因作物通常插入特定的基因片断以表达特定的蛋白质，而所表达的蛋白质如果是已知过敏原，则有可能引起人类的不良反应。即使表达蛋白为非已知过敏原，但只要是在转基因作物的食用部分表达，则也需对其进行评估。国际食品生物技术委员会（IFBC）与国际生命科学研究院的过敏性和免疫研究所一起制定出一套分析转基因食品过敏性的树状分析法（树型判定法），该法重点分析基因的来源、目标蛋白与已知过敏原的序列同源性、目标蛋白与已知过敏病人血清中的 IgE 能否发生免疫反应，以及目标蛋白的生理、化学特性。

（3）抗生素抗性　转基因食品影响人类健康的另一个潜在安全问题是抗生素标记基因。抗生素标记基因可与插入的目的基因一起转入目标作物中，用于帮助植物遗传转化筛选和鉴定转化的细胞、组织和再生植株。标记基因本身并无安全性问题，有争议的一个问题是水平基因转移的可能性，即抗生素标记基因是否会水平转移到肠道被肠道微生物利用，产生抗生素抗性，从而降低抗生素在临床治疗中的有效性。一般来讲，转基因植物中的标记基因在肠道中水平转移的可能性极小。只有当标记基因转入发生，其特性威胁人类健康时，才有必要收集该基因转入的信息数据。但是在评估任何潜在健康问题时，都应该考虑人体或动物抗生素的使用以及胃肠道微生物对抗生素产生的抗性。

（4）营养价值　转基因食品中的外源基因是否对转基因食品的整体营养有影响，目前还不清楚。而且，食物的营养成分也有它的内在规律，科学家不能一味地提高营养成分，否则就会打破食物的整体营养平衡。例如，人为改变了蛋白质组成的食物是否能被人体有效地吸收利用。有人认为，导致转基因食品安全性问题的关键因素是外源基因的导入位点和外源蛋白质的表达。由于外源基因的来源和导入位点不同，以及具有随机性，因此极有可能产生基因缺失、错码等突变，使得所表达的蛋白质产物的性状、数量及部位与期望值不符。

3. 生态安全性

目前对转基因食品的生态安全性问题的争论主要集中在：转基因作物是否会演变成超级杂草？是否会引起"基因污染"？是否对非目标生物造成伤害？大面积种植是否破坏生态平衡？

有关转基因食品的生态安全性问题主要有两种观点。认为转基因食品不会破坏生态的支持者的可能理由如下。

①美国FDA和一些科学家认为转基因作物不会演变成超级杂草，这种可能性很小。

②转基因作物不会引起基因污染，不会对非目标生物造成伤害，"斑蝶事件"是一种误导。

③转基因作物大面积种植不仅不会破坏生态平衡，而且还可以减少污染，有利于维护生态平衡。推广转基因作物的种植，可以减少农药、杀虫剂、化肥的使用，减少对环境的污染，同时利用转基因技术与基因工程可以解决工业生产所带来的许多环境问题。目前已培养出能够降解农药、除草剂、塑料、防治重金属污染、清除石油污染的基因工程菌。利用转基因技术改造杨树，在生长过程中可清除土壤、地下水中重金属的污染；将可分解石油基因工程细菌接种到海滩，可清除海滩的原油污染，其清除速度比无基因工程细菌快得多。

④转基因作物不会威胁生物多样性，且通过转基因技术可以创造新物种。

反对者提出了针锋相对的观点。

①转基因作物有演变成超级杂草的可能性。转基因作物扩散到近缘野草物种，可以产生超级杂草。2002年2月，英国政府环境顾问向《自然》杂志提交的一份报告中，特意描述了加拿大转基因油菜演变成超级杂草的威胁。在加拿大的一些农田中，同时拥有抗3种以上除草剂的杂草化油菜非常普遍。转基因油菜的油菜籽掉到农田里，来年会重新萌发，当在一片田地上种植的不是同一个物种时，它们就成了不受欢迎的超级杂草。而抗3种以上除草剂是由于对不同除草剂具有抗性的转基因油菜植株之间交叉授粉实现的。这种超级杂草会与野生草竞争生存环境，从而对野生草的生物多样性构成威胁。而这种超级杂草的出现，距离加拿大首次种植转基因油菜的时间间隔只有两年。

②墨西哥的"玉米事件"反映了转基因作物可能引起基因污染。目前，转基因动物、植物和微生物相关行业发展迅速。在商业利益的驱动下，许多变异、重组和修饰的基因，堂而皇之地进入了自然界，进入了食物链，再进入生物链。这意味着基因重组物走出了封闭的试管或实验室，有可能导致生物圈的"基因污染"。相对于以往任何种类的污染而言，"基因污染"最为特别也最为危险，因为它是一种可以自己迅速繁殖并且大面积扩散的污染，而人类又对其束手无策。

③转基因作物通过基因漂流或基因逃逸也可能引起"基因污染"，破坏生态平衡，从而对

环境造成更大的危害。

　　④转基因作物的种植会威胁到生物多样性，主要表现为对非目标生物的伤害、"基因污染"，以及对传统物种的威胁。

第四节　转基因食品安全性评价

　　我们日常食用的食物中，大部分是天然食物及其简单加工产品，如谷物、蔬菜、水果、畜禽产品及其初级加工产品，这些食品都是经过人类的长期实践经验认为是安全的，并没有进行专门的食用安全性评价。随着科技的发展，又出现了许多新型食品如辐照食品、功能食品等，以及各种化学食品添加剂、酶制剂等食品成分。这些食品和食品成分都要通过专门的食用安全性评价才能供消费者食用。人们通过长期的试验摸索，针对这些新型食品和食品添加剂已经建立起一套以动物为主要试验对象的、较为完善的食用安全性评价方法。

　　与传统育种方法不同，转基因生物技术是通过生物技术手段打破了物种生殖隔离屏障，将某一基因片段引入到其他生物基因组中以改变其遗传性状，使动物、植物、微生物三界的遗传物质实现交流。人们对可能出现的新组合、新性状能否影响人类健康和生物环境缺乏足够的知识和经验。按目前科学水平还不可能完全精确地预测一个外源基因在新的遗传背景中会产生什么样的互作结果。

　　因此，转基因食品的安全性评价是在以往食品安全性评价的基础上，结合转基因食品的特点而建立的，并随着科学技术的进步不断补充和完善其严格的安全评价过程，有助于将可能的风险降到最低。转基因食品安全性评价的目的在于提供科学决策的依据，保障人类健康和环境安全，回答公众疑问，促进国际贸易并维护国家权益，促进生物技术可持续发展。

一、转基因食品安全性评价原则

　　1. 国际食品生物技术委员会（IFBC）原则

　　IFBC 于 1988 年提出采用判定树的原则与方法对转基因食品进行安全性评价。

　　①了解被评价食品的遗传学背景与基因改造方法；

　　②检测食品中可能存在的毒素；

　　③进行毒理学试验。

　　IFBC 认为没有必要对这三个方面的内容同时进行试验，只有某一层次的分析表明它不存在安全问题时才进入下一层次的工作。

　　2. FAO/WHO 联合专家评议会的原则

　　1990 年，FAO 和 WHO 召开第一次有关生物技术食品安全性分析会议，并制定生物技术食品安全性评价原则和相关政策，包括以下几个方面。

　　①安全性评价应以科学为依据，慎重与灵活相结合，考虑适用性，适应生物技术的发展。不能高估该类食品存在的危害性，也不能低估该类食品可能存在的问题；

　　②任何生物技术食品的安全性评价，应首先阐明其 DNA 分子、生物学和化学特性；

　　③由转基因生物制作的食品，如果它的分子、生物学和化学分析表明与传统食品一致，则

强调在加工过程中实施 HACCP 和 GMP 以评价其在加工过程中的安全性；

④转基因动物性食品、哺乳类动物本身的健康状况就可作为安全性评价的指标。当然，有些鱼类和无脊椎动物可能产生毒素，需要进一步的安全性评价；

⑤对于已进行安全性评价并已批准用于消费的食品，需有计划地对食用后的人群进行健康监测。

3. 实质等同性原则

1990 年召开的第一届 FAO/WHO 联合专家咨询会议在转基因食品的安全评估方面迈出了重要一步。会议明确阐述了"转基因食品及食品成分的安全评价策略是基于产品被加工过程的充分了解，以及产品本身的详细特征描述"。1993 年，经济合作与发展组织（OECD）提出了"实质性等同"概念，作为现代生物技术食品的安全性评价原则，得到了 FAO/WHO 的认同。"实质等同性"原则是指，如果某种新食品或食品成分同已经存在的某一食品或成分在实质上相同，那么在安全性方面，新食品和传统食品同样安全。

会议将实质等同性分为以下 3 类。

①与传统食品和食品成分具有等同性，即转基因食品或食品成分能证明与传统食品或食品成分具有实质等同性，可以认为该食品与传统食品具有相同的安全性，所以不需要进一步的专门评价，如用转基因大豆生产的食用油。

②除某些特定差异外，与传统食品和食品成分具有等同性。主要考虑插入片段带来的食品的特定性状，并且着重检查插入片段是否含有有毒物质或过敏原。如果经过营养学、毒理学及免疫学试验等证实该转基因食品与传统食品对生物的影响无显著差异，就认为转基因食品与传统食品具有实质等同性。如引入抗虫基因的植物。

③与传统食品和食品成分无实质等同性。要对新产品的性质和特征进行逐一评价，全面分析食品的营养成分和安全性。

（1）实质等同性原则评估内容　实质等同性评价需要比较的主要内容如下。

①生物学特性的比较。对植物来说包括其形态、生长情况、产量、抗病性和其他有关农艺性状；对微生物来说包括分类学特征、定殖能力或侵染性、寄主范围、有无质粒、抗生素抗性和毒性；对动物来说包括形态、生长生理特征、繁殖、健康特征和产量。

②营养成分比较。包括主要营养因子、抗营养因子、毒素、过敏原等。主要营养因子包括脂肪、蛋白质、碳水化合物、矿物质、维生素等；抗营养因子主要是指一些能影响人对食品中营养物质吸收和对食物消化的物质，如豆科作物中的一些蛋白酶抑制剂、脂肪氧化酶、植酸等；毒素是对人体有毒害作用的物质，如马铃薯茄碱、番茄碱等；过敏原是指能造成某些人群食用后产生过敏反应的一类物质。

③标记基因。包括除草剂抗性标记基因和抗生素标记基因，标记基因是否具有转移性是安全评价的重点。

对于转基因食品而言，实质等同性本身不是危险性分析，是对新的转基因食品与传统销售食品之间相对的安全性比较。它强调了安全性评价的目的，不是要了解该食品的绝对安全性，而是评价它与非转基因同类食品比较的相对安全性。在评价时应注重个案分析，即对转基因食品的安全性不能一概而论，而是采用实质等同一对一地进行个案分析，分析它们的安全性至少不低于相应的参照食品或不会增加来自食品的风险。

（2）实质等同性原则局限性　实质等同性的概念已经被众多国家所采用，用来指导有关管理机构对转基因食品的安全性做出评估。但是实质等同性原则也受到了一些科学家的怀疑，认为其有种种局限性，因为它片面地强调了转基因食品与传统食品在化学成分上的比较。就目前的科学水平而言，科学家还不能通过转基因食品的化学成分准确地预测它的生化或毒理学影响。而且实质等同性概念的界定不清楚，容易引起误导，所以实质等同性原则不利于转基因食品的安全性评价。FAO 和 WHO 的专家解释说实质等同性只是一个原则，用来指导安全评估，并不是代替安全性评价。它强调一项安全性评估应该表明一个转基因品种应和它的传统相似物一样安全；实质等同性可以证明转基因食品并不比传统食品不安全，但并不证明它是绝对安全的。

4. 其他

（1）比较分析原则　非转基因植物由于具有长期的食用历史，因而被认为是安全的。如果转基因植物食品在化学组成上与对应的非转基因植物食品无实质性差异，可以认为该转基因植物食品是安全的。

（2）预先防范原则　虽然转基因生物及其产品尚未对环境和人类健康产生危害，但是从生物安全的角度来考虑，必须将预先防范的原则作为风险评价的指导原则，必须以科学为基础，采取对公众透明的方式，结合其他的评价原则，对转基因生物及其产品研究的试验进行风险性评价，防患于未然。

（3）个案评价原则　由于转基因生物及其产品中导入的基因来源和功能各不相同，受体生物及基因操作也可能不同，即使是同样的基因与受体，其插入位点不同也可能带来未知的变化。因此，必须对每一种新产品针对性地逐个进行评价，目前世界大多数国家立法当局都采取个案评价的原则。

（4）逐步评价原则　转基因生物及其产品的开发过程需要经过实验室研究、中间试验、环境释放和商业化生产等环节。逐步评价原则要求依次在每个环节上对转基因生物及其产品进行风险评价，根据前步实验积累的相关数据和经验作为评价基础，确定是否进入下一个开发阶段。

（5）科学透明原则　对转基因生物及其产品的评价应建立在科学、客观和透明的基础上，应该充分应用现代科学技术的研究手段和成果对转基因生物及其产品进行科学检测、分析和评价，不能用不科学的、主观臆测的安全问题或现代科学技术无法实现的手段来要求对转基因生物及其产品进行评价。

（6）熟悉原则　转基因生物及其产品的风险评价工作既可以在短期内完成，也可能需要长期监测，这需要人们了解转基因产品的外源基因的来源物种与转入物种的特性、与其他生物或环境的相互作用、预定用途等背景知识，通过已经积累的经验来指导新产品的开发。

二、转基因食品安全性评价内容

1. 营养学评价

转基因食品导入外源基因后，食品的营养价值可能会发生一定的变化，因此要对转基因食品进行营养学评价。转基因食品的营养学评价主要是针对食品的蛋白质、淀粉、纤维素、氨基酸、矿物质元素、灰分和维生素等与人类身体健康密切相关的物质，还有抗营养因子如植酸、凝集素等，还包括天然毒素如棉酚、硫苷和芥酸等。

评价标准为①与亲本同源食品相比，主要营养素的种类、含量和比例不发生改变。可检验转基因食品中蛋白质、氨基酸等成分的含量及比例；②不产生新的抗营养因子，原有抗营养因子含量稳定。可采用高效液相色谱、薄层层析等方法；③与原食品相比，食物生物利用率、营养成分吸收率等营养效价不发生大的改变。可建立动物学模型，检验食物转化率等指标。

2. 毒理学评价

食品安全性毒理学评价的作用就是从毒理学的角度出发，研究食品中可能含有的有毒有害物质对食用者的作用机制，检验和评价食品的安全性或安全范围，从而达到确保人类健康的目的。总体而言，毒性评价可以分两个方向进行：一是对目的基因体外表达获得目的蛋白，以此蛋白为材料进行毒性评价；二是以全食品为材料进行毒性评价。

转基因食品毒性的评价方法可以采用动物饲喂试验或其他毒性测试。我国对转基因食品安全性毒理学评价采用的方法见表8-1。

表8-1 转基因食品安全性毒理学评价程序与方法

第一阶段试验	第二阶段试验	第三阶段试验	第四阶段试验
急性毒性试验	（1）遗传毒性试验 ①Ames 试验 ②小鼠骨髓微核率测定或骨髓细胞染色体畸变分析 ③小鼠精子畸形分析和睾丸染色体畸变分析 ④V79/HGPRT 基因突变试验 ⑤显形致死试验 ⑥果蝇伴性隐性致死试验 ⑦程序外 DNA 修复合成试验 （2）传统致畸试验 （3）30d 短期喂养试验	①90d 喂养试验 ②繁殖试验 ③代谢试验	慢性毒性试验 （包括致癌试验）

转基因食品的毒理学评价还包括新表达蛋白质与已知毒蛋白和抗营养因子氨基酸序列相似性的比较、新表达蛋白质热稳定性试验、体外模拟胃液蛋白消化稳定性试验。当新表达蛋白质无安全食用历史、安全性资料不足时，必须进行急性经口毒性试验，必要时应进行免疫毒性检测评价。新表达的物质为非蛋白质，如脂肪、碳水化合物、核酸、维生素及其他成分等，其毒理学评价可能包括毒物代谢动力学、遗传毒性、亚慢性毒性、慢性毒性/致癌性、生殖发育毒性等方面。具体需进行哪些毒理学试验，采取个案分析的原则。

3. 致敏性评价

评估任何新表达的蛋白质致敏的可能性，首先要确定：引入蛋白质的来源；该蛋白质的氨基酸序列与已知致敏原的氨基酸序列之间是否显著相似；该蛋白质的结构特性，包括其对酶的降解作用，对热的稳定性或对酸处理和酶处理的易感性。

对转基因食品致敏性的分析包括以下几个步骤：①检测外源基因的来源和表达蛋白质在动物中的含量；②表达蛋白质与所有已知致敏原氨基酸序列的同源性分析；③表达蛋白质对热、加工过程和蛋白酶降解作用的稳定性研究；④进行特异的血清筛选试验；⑤通过一些致敏动物模型（啮齿类）试验进行致敏性分析。

我国转基因食品安全性评价同样遵循国际食品法典委员会（CAC）的标准，从营养学评价、新表达物质毒理学评价、致敏性评价等方面进行重点评估，具体技术路线如图 8-2 所示。根据 CAC《重组 DNA 植物及其食品安全性评价指南》和我国《农业转基因生物安全管理条例》以及配套的《农业转基因生物安全评价管理办法》的相关规定，我国转基因生物研究与应用要经过规范严谨的评价程序。食用安全主要评价基因及表达产物在可能的毒性、过敏性营养成分、抗营养成分等方面是否符合法律法规和标准的要求，是否会带来安全风险。我国按照国际通行做法，在安全评价中努力做到评价指标科学全面、评价程序规范严谨、评价结论真实可靠、决策过程慎之又慎。实践表明，通过强化研发人员和研发单位的第一责任，严格安全评价，强化政府监管，充分发挥公众监督的作用，可以有效规避风险，最大限度地保障转基因食品的安全，更好地为人类服务。

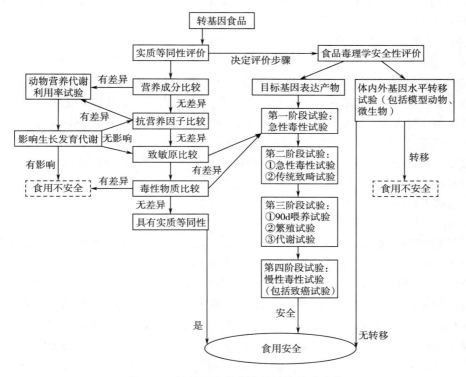

图 8-2　转基因食品安全性评价技术路线

三、转基因食品的检测技术

转基因食品的检测技术主要包括核酸水平和蛋白质水平的检测两种。核酸水平检测又包括 PCR 定性检测、PCR 定量检测、基因芯片检测；蛋白质水平上的检测包括酶联免疫法、Western 杂交两种。这些检测方法适用于不同的国家、不同的食品门类。经过大量实践证明，这些检测方法基本能胜任普通的检测工作。但是，每种检测方法都有其不足之处，在重要检测环节需要将各种检测方法有机结合，才能更好地确保检测效果。

第五节　转基因食品的管理与法规

一、国外转基因食品安全管理

1. 国际组织

OECD 于 1986 年采用蓝皮书《重组 DNA 安全性考虑》作为转基因生物总体指南；1992 年，根据《生物技术安全性考虑》明确了生物安全的概念和原则，根据《生物技术作物田间试验安全考虑》确定了分阶段原则和个案原则对转基因生物进行了管理；1993 年，根据《现代生物技术加工食品风险评估概念和原理》，采用实质等同原则作为转基因生物安全评估的原则。

CAC 最早提出应用风险分析原则进行食品安全管理，1999 年建立生物技术食品政府间特别工作组，在转基因领域制定风险分析原则和指南。《卡塔赫纳生物安全议定书》是第一个关于改性活生物体越境转移的全球性政府间协定，包含 125 个缔约国，于 2003 年 9 月生效。我国于 2000 年签署，并于 2005 年经国务院核准加入。

CAC 制定的一系列转基因食品安全评价指南，是全球公认的转基因食品安全评价准则和世贸组织裁决国际贸易争端的依据。国际上关于转基因食品的安全性是有权威结论的，即通过安全评价，获得安全证书的转基因生物及其产品是安全的。

2. 美国

2016 年国际农业生物技术应用服务组织报告称，美国转基因农作物种植面积达到 7290 万 hm^2，占全球种植面积的 40%，是全球转基因作物的主要种植国家。

在立法和监管上，美国采取的是以产品为基础的立法模式，奉行"可靠的科学原则"，施行非强制性的标识制度，要求只有转基因食品与传统食物的成分有重大不同或含有致敏性成分时才需标识。自 2013 年 5 月起，美国东北部的康涅狄格州、缅因州、佛蒙特州三个州，分别通过了转基因强制标识法案。三个州法案相似之处在于：①转基因食品必须强制标识，且规定了标识产品范围与内容；②处罚规定相同，要求任何被发现违法者将按每件商品处以每天不超过 1000 美元的民事罚款；③转基因食品不得被称为"天然的"食品。

美国前总统奥巴马于 2016 年 7 月 29 日签署了强制标识转基因食品的法案。新法要求，食品生产商需要标识产品中的转基因成分，但可自主选择标识形式，使用文字、符号或由智能手机读取的二维码。美国农业部将利用两年时间撰写相关规定，包括说明食品中究竟含有多少成分的"生物工程加工物质"才必须标注转基因成分。该法案将取代美国佛蒙特州此前通过的一项法案，成为全美通用的转基因标识法案。

3. 欧盟

与美国不同，欧盟严格限制转基因农作物的种植，针对转基因农作物种植采取下放决定权的管理模式，即允许欧盟成员国自行批准、禁止或限制在本国境内种植转基因农作物。以玉米为例，MON810 型玉米是目前唯一在欧盟获批可商业化种植的转基因作物，但其种植面积仅占欧盟玉米总种植面积的 1.56%，仅限于有限的几个欧盟国家内种植。

当前全球范围内关于转基因食品的管理和监督，欧盟转基因法规体系比较系统和全面。其法律管制框架分为两个层次：第一层次针对转基因生物（如农作物）；第二层次针对转基因食品和转基因生物加工过程中出现的特殊问题。另外，根据欧盟标识制度和可追溯性法规进行管理和监督。标识制度规定转基因食品安全性的阈值为0.9%，即食品中转基因成分含量在0.9%以下时才可不贴标签；可追溯性法规规定，应建立转基因生物的标识系统，使每一种转基因生物都有一个独一无二的标识代码，无论生产商还是经销商都必须建立信息档案，从而形成了一个可以严格追踪转基因食品去向的系统。

4. 日本

目前日本尚未批准在其境内商业化种植转基因农作物，但市场上有大量经食品安全委员会审查后允许进口的转基因农产品。关于标识制度，日本采取的是定量部分强制性标识，即对特定类别产品只要其转基因成分含量超过阈值就必须标识，如日本规定对豆腐、玉米小食品、纳豆等24种由大豆或玉米制成的食品进行转基因标识，设定阈值为5%。

5. 巴西

目前巴西已成为全球转基因作物种植面积和大豆出口的第二大国家。在立法和监管上，巴西最新的《生物安全法》实施条例指出转基因生物风险评估最终由国家生物安全技术委员会决定。国家建立了生物安全信息发布系统，系统发布与转基因生物技术及其产品相关的分析、批准、注册、监控和调查活动的信息。在标识管理上，巴西《生物安全法》及相关条例规定，转基因成分含量超过1%的食品必须在商品标签上含有警示标识，警示标识由一个黄色三角形中间黑色大写字母"T"构成。但该警示标识限制了对转基因食品的消费，巴西众议院全会于2015年4月28日通过了关于转基因食品标签无须带有警示标识的法律草案。根据此法律草案，以转基因饲料饲养的动物，其衍生产品也不需要在标签中带有警示标识。制成品中转基因成分含量超过1%的食品，厂商仍必须向消费者提供关于转基因性质的信息，但该法律草案并未规定信息提供的标准。

6. 阿根廷

阿根廷仍然保持其全球第三大转基因作物生产国的排名，国家具有较为完整的法律监管体系。其中，农畜渔食秘书处是该国生物技术及其产品的主管部门，也是转基因作物产业化的最终决策机构。审批程序有环境释放、生产性试验和产业化种植的审批。体系管理采用分阶段的模式，即在转基因作物的实验研究阶段、环境释放阶段、生产性试验阶段和产业化生产阶段采取不同的监管措施。在转基因食品标识方面，阿根廷不强制要求对转基因食品进行标识，因为民众充分信任本国国内的法规和标准体系。转基因作物经审批后，其食用安全性便已经得到确认，同时目前转基因食品和非转基因食品在营养成分方面并无不同，也没有负面作用，因此阿根廷认为不应该强制对转基因食品进行标识。

7. 加拿大

加拿大是全球排名第四的转基因作物种植国，对转基因食品持支持态度。在立法和监管方面，加拿大没有针对转基因生物安全的专门立法，而是在法律制度中分散存在。加拿大政府对转基因食品的安全管理以产品本身为基础，而不涉及产品生产过程，主要体现在全面上市前安全评估制度和食品标签制度两个方面。目前加拿大对转基因生物及其产品的标签采取自愿标识的方式，也没有明确要求转基因成分含量阈值。

二、我国转基因食品安全管理

1. 我国转基因相关法律法规

为了加强农业转基因生物安全管理，保障人类健康和动植物、微生物安全，保护生态环境，促进农业转基因生物技术研究，中华人民共和国国务院于 2001 年 5 月 23 日颁布了《农业转基因生物安全管理条例》（2017 年 10 月 7 日修订）。原农业部于 2002 年 1 月 5 日发布了《农业转基因生物安全评价管理办法》《农业转基因生物进口安全管理办法》和《农业转基因生物标识管理办法》三个配套规章，此后又发布了《进出境转基因产品检验检疫管理办法》和《农业转基因生物加工审批办法》，发布了农业转基因生物标识目录，并建立了从研究、实验、生产、加工、经营、进口许可审批到标识管理的一系列制度。

2002 年原卫生部根据《中华人民共和国食品卫生法》和《农业转基因生物安全管理条例》，制定并公布了《转基因食品卫生管理办法》，针对转基因食品安全和卫生管理制定的法规，建立了转基因食品食用安全性和营养质量评价制度和标识制度。

2009 年 2 月 28 日，《中华人民共和国食品安全法》发布，《中华人民共和国食品卫生法》自 2009 年 6 月 1 日起废止。明确转基因食品安全管理适用本法，法律、行政法规另有规定的依照其规定，即在《农业转基因生物安全管理条例》没有规定的情况下，适用《中华人民共和国食品安全法》。

我国于 2018 年 12 月 29 日最新修订的《中华人民共和国食品安全法》第六十九条规定，生产经营转基因食品应当按照规定显著标识，未按规定进行标识最高可处货值 5 倍以上 10 倍以下罚款，情节严重的责令其停产停业直至吊销许可证。并对我国转基因安全监管机构职责进行初步划分，其中建立了食品安全风险监测制度、食品安全风险评估制度等，在一定程度上解决了我国食品安全领域面临的一些亟待解决的问题。

自 2015 年起，原农业部为持续加强农业转基因生物研究、试验、生产、加工的安全监管，切实做好农业转基因生物技术研究、安全管理和科学普及工作，制定农业转基因生物安全监管工作方案。《2020 年农业转基因生物监管工作方案》已于 2020 年 1 月 10 日由国家农业农村部印发。

2. 我国转基因食品标识管理

标识在日常生活中非常普遍，它可以用图案、符号、文字等形式来表示，用来描述产品的名称、功能、特性等信息。标识其实是一种直观传递产品信息的工具，可以使消费者能更好地了解产品，从而弥补消费者对产品信息拥有量上的匮乏。对产品信息进行标识，这样既有利于保护消费者的知情权，使他们能够自由选择自己所需要的产品，保护自己的合法权益，也方便监管主体对产品安全进行管理。

大多数国家、许多科学家、广大消费者对转基因食品的标识没有什么异议。他们认为，转基因食品存在潜在风险，有可能危害人类健康，应该对转基因食品进行标识，供消费者自主选择。一方面，转基因食品的标识是对消费者自主选择权的一种尊重；另一方面，转基因食品的标识也符合国际惯例。现在世界上大部分国家和地区都要求对转基因食品进行标识，如欧盟、澳大利亚、新西兰、中国、日本等。

截至目前，我国转基因食品标识的法律规定主要是依据农业转基因生物、食品安全、食品标识等方面的立法，具体的立法有《中华人民共和国食品安全法》《农业转基因生物安全管理条例》《农业转基因生物标识管理办法》《食品标识管理规定》以及《食品安全国家标准　预包装食品标签通则》（GB 7718—2011）。我国目前采取的是以产品为基础的强制性标识管理模式。国务院最新修订并于 2017 年 10 月 7 日实施的《农业转基因生物安全管理条例》规定，在中华人民共和国境内销售列入农业转基因生物标识目录的农业转基因生物，应当有明显标识。2017 年 11 月 30 日最新修订的《农业转基因生物标识管理办法》制定了首批标识目录，包括大豆（大豆种子、大豆、大豆粉、大豆油、豆粕）、玉米（玉米种子、玉米、玉米油、玉米粉）、油菜（油菜种子、油菜籽、油菜籽油、油菜籽粕）、棉花（棉花种子）、番茄（番茄种子、鲜番茄、番茄酱）5 类共 17 种转基因产品。新修订的《中华人民共和国食品安全法》规定生产经营转基因食品应当按照规定显著标示，并赋予了食品药品监管部门对转基因食品标示违法违规行为的行政处罚职能。

标识的方法分为 3 种，以转基因大豆为例：①转基因大豆在进口时应在外包装上注明"转基因大豆"；②进口经加工为豆油后，应注明"转基因大豆加工品"；③如果某面食的加工中使用了转基因豆油，但制成品中已检测不出转基因成分，仍要注明"本产品加工原料中含有转基因豆油，但本产品中已不含有转基因成分"。

3. 促进我国转基因产业发展的相关对策

（1）健全完善转基因相关法律　目前我国尚未正式出台从整个生物安全角度对转基因生物技术及产品的监督管理做出全面、系统规定的高立法层次的综合法律。此外，当前我国法律中强制标识制度虽然严格，但对转基因成分的含量没有规定。加之标签上呈递的内容有限，过于简单的信息难以保障消费者的知情权。同时由于"显著标识"的定义不明确，在转基因与非转基因产品相比没有优势的现状下，转基因标识系统的不规范造成消费者在超市消费时，会有误买转基因食品的情况发生。

因此，完善转基因食品的法律法规作为转基因作物种植、转基因食品生产、有关部门监管的依据势在必行。此外，还要保障消费者的知情权，如健全强制标识法规和坚持可追溯原则。相关部门可以根据消费者的态度以及我国当前转基因技术为出发点，借鉴欧盟和日本的相关法律法规，制定能安全检测出的转基因成分的比例，使得执法部门在执法时可以量化操作。转基因食品大国——美国是不提倡消费者知情权的，但是基于当前市场上的转基因食品管理情况，我国始终以保障我国人民健康为首要目标，应制定完善的食品安全法规以及强制标识法规并配套相应的操作细则。在转基因作物种植、转基因食品生产过程中进行严格监控管理，对于违法行为也要加大处罚的力度，例如建立生产主体企业的诚信档案，在公开、透明的法律法规中做到有法可依、有法必依、执法必严、违法必究。

（2）加强转基因食品安全监管力度　当前转基因相关法律和法规在执行中出现很多现实难题，如机构设置、安全性认定和商业种植认定等。此外，依托一些科研院校进行安全性认定和资质评定出现了信息不对称状态下的认定失责和监管不力现象，加剧了公众的恐慌和不信任。

转基因食品的销售和食用属于转基因食品链的下游，要想解决转基因食品的安全性问题必须要从源头抓起。在进行转基因作物的大规模生产之前必须由专门的转基因农产品种植评定机构经过一系列严格科学的检测，例如，毒理学评价、营养学评价、安全性评价等。符合转基因安全评定标准的作物才能批准种植，在流入市场前还要检验其含量是否在安全范围内、是否适合人类长期食用。转基因食品安全性认定机构要严格按照规章制度认真排查是否有未经过验证的作物成分在市场上流通，商品标签上是否明确标记其含有适当范围内的转基因食品成分等。

（3）扩大转基因食品科普宣传范围　在现有国情下，发展转基因生物技术已势不可挡。然而我国的转基因论战，"挺转"和"反转"意见分歧较大，相关人士和群体的知识结构和储备差异甚大，因此客观且理性的对话较为欠缺，更加剧了公众的猜想和担忧，对政府监管和公信力形成较大压力。

转基因食品也许存在各种各样的安全问题，但目前为止并没有确切的证据证明其危害人体健康。相反，公众对于转基因食品无端的恐慌对于社会稳定而言危险性更高，我们有必要进行适当的科普活动。可以建立专门的科普机构，学习美国联邦政府建立专门的网站，加强转基因相关知识的科普宣传。还可以在各大社交网站上及时收集和发布信息，并适时在各大高校、公共场所进行讲座，提高全民素养，为转基因技术的健康发展营造良好氛围。转基因是一项新技术，也是一个新产业，具有广阔发展前景。作为一个新生事物，公众对其安全性的认识有一个过程，存在一些疑虑和担心也很正常。正因如此，2015年的中央一号文件提出"加强农业转基因生物技术科学普及"。要对转基因发展的科研、产业化和行业管理三个层面做出全面统筹，使这项新技术实现服务社会、造福人类的价值。

讨论：转基因食品的利弊博弈

1983年，世界上第一例转基因植物———一种含有抗生素药类抗体的烟草在美国成功培植。当时有人惊叹："人类开始有了一双创造新生物的'上帝之手'"。随后，"转基因"一词逐渐成为人们关注的焦点。但是，你真的了解转基因吗？在转基因食品的发展史上有过哪些典型案例呢？我国的"黄金大米"、"为祸人间"的孟山都公司、加拿大"超级杂草"等，你了解这些事件背后的意义吗？

翻开人类近百年的科学史，也很难找到一个科学话题能够像转基因这样引起全社会的关注——既被视为人类的天使，又被视为潜在的恶魔。民以食为天、食以安为先，面对转基因技术和转基因食品可能带来的人类健康风险、生态风险和生物多样性的不利影响，"挺转"和"反转"针锋相对，根据所学内容，谈谈你对转基因食品安全性的看法及相应对策的想法。

思考题

1. 学习转基因食品的种类并举例说明。
2. 转基因食品可能存在的主要安全问题有哪些？
3. 为什么要对转基因食品进行安全性评价？
4. 阐述转基因食品安全性评价的原则。

参考文献

［1］农业转基因生物安全管理部际联席会议办公室. 理性看待转基因［J］. 农家参谋（种业大观），2014，（10）：18-19.

［2］侯大军，李洪军. 转基因食品的发展历史与未来趋势［J］. 四川食品与发酵，2007，43（5）：24-27.

［3］张玲. 转基因食品发展及其影响因素研究［D］. 南京医科大学，2007.

［4］刘谦，朱鑫泉. 生物安全［M］. 北京：科学出版社，2001年版. 230-232，238-251.

［5］国际农业生物技术应用服务组织.2018年全球生物技术/转基因作物商业化发展态势［J］.中国生物工程杂志，2019，39（8）：1-6.

［6］郭慧敏，李涛，王建龙.转基因作物全球发展现状及检测技术研究进展［J］.食品安全质量检测学报，2017，8（12）：4870-4876.

［7］宋欢，王坤立，许文涛等.转基因食品安全性评价研究进展［J］.食品科学，2014，35（15）：295-303.

［8］王立平，王东，龚熠欣等.国内外转基因农产品食用安全性研究进展与生产现状［J］.中国农业科技导报，2018，20（3）：94-103.

［9］王国义，贺晓云，许文涛等.转基因植物食用安全性评估与监管研究进展［J］.食品科学，2019，40（11）：343-350.

［10］Nicolia, A., Manzo, A., Veronesi, F., et al. An overview of the last 10 years of genetically engineered crop safety research［J］. Critical Reviews in Biotechnology, 2014, 34（1）：77-88.

［11］王虎，卢东洋.欧美转基因食品标识制度比较及启示［J］.食品与机械，2016，32（8）：220-223.

［12］郭桂环，纪金言.美国转基因食品强制标签立法及对我国的启示［J］.食品科学，2018，39（9）：305-309.

CHAPTER

第九章

营养伴生变化

9

营养伴生变化是指营养素在物理、化学与生物学反应中发生变化的过程。典型的营养伴生变化包括油脂氧化、反式脂肪酸生成、蛋白质变性和维生素破坏。其中油脂氧化、反式脂肪酸生成、维生素破坏是典型的营养伴生危害，但在通常情况下，蛋白质变性则是有益的。

第一节 营养伴生危害

一、油脂氧化

油脂氧化是指油脂在空气中氧气的作用下产生氢过氧化物的过程。根据油脂氧化过程中氢过氧化物产生的途径不同分为自动氧化、光敏氧化和酶促氧化。

1. 油脂的自动氧化

自动氧化是指化合物和空气中的氧在室温下，未经任何直接光照，未加任何催化剂等条件下的完全自发的氧化反应，随反应进行，其中间状态及初级产物又能加速其反应速度，故又称自动催化氧化。脂类的自动氧化反应具有十分普遍的意义。油脂的变质，绝大部分是由于自动氧化造成的。特别是在油脂工业中，如何减缓油脂的自动氧化即有效地增加油脂的稳定性成为一大难题。

油脂的自动氧化即自由基链式反应，包括引发、传递、终止这3个步骤。

在起始的引发步骤中，脂肪酸或甘油酯脱氢生成脂质烷基自由基（R·）。加热、金属催化剂、紫外线及可见光都会加速脂肪酸或甘油酯的自由基形成。从脂肪酸或甘油酯中脱去氢所需的能量取决于分子中的氢位置。与双键相邻的氢原子，尤其是与2个双键之间的碳相连的氢更容易被脱去。

传递步骤中，烷基自由基与O_2反应生成过氧自由基（ROO·），再与不饱和脂肪酸（RH）反应生成氢过氧化物（ROOH），同时产生的R·可继续与氧反应生成过氧自由基，使得链式反应循环下去。

脂质过氧自由基和氢过氧化物的形成速率取决于氧的可用量和温度。体系中自由基达到一定浓度时，相互碰撞聚合，生成非自由基产物，导致反应终止。油脂的自动氧化步骤见图9-1。

$$引发：RH \longrightarrow R\cdot + H\cdot$$

$$传递：R\cdot + O_2 \longrightarrow ROO\cdot$$

$$ROO\cdot + RH \longrightarrow ROOH + R\cdot$$

$$终止：ROO\cdot + R\cdot \longrightarrow ROOR$$

$$R\cdot + R\cdot \longrightarrow RR$$

图9-1　油脂的自动氧化步骤

2. 油脂的光敏氧化

光敏氧化是指不饱和脂肪酸与单线态氧直接发生氧化反应。单线态氧是指不含未成对电子的氧，有一个未成对电子的称为双线态，有两个未成对电子的成为三线态，基态氧为三线态。

食品体系中的光敏剂在吸收光能后形成激发态光敏素，激发态光敏素与基态氧发生作用，能量转移使基态氧转变为单线态氧。单线态氧具有极强的亲电性，能以极快的速度与脂类分子中具有高电子密度的部位（双键）发生结合，从而引发常规的自由基链式反应，进一步形成氢过氧化物（图9-2）。

$$光敏素（基态） + \hbar v \longrightarrow 光敏素^*（激发态）$$

$$光敏素^*（激发态） + {}^3O_2 \longrightarrow 光敏素（基态） + {}^1O_2$$

$$不饱和脂肪酸 + {}^1O_2 \longrightarrow 氢过氧化物$$

图9-2　油脂的光敏氧化过程

3. 油脂的酶促氧化

酶促氧化是指自然界中存在的脂肪氧合酶可以使氧气与油脂发生反应而生成氢过氧化物。植物体中的脂氧合酶具有高度的基团专一性，它只能作用于脂肪酸的$\omega-8$位。在脂氧合酶的作用下脂肪酸的$\omega-8$先失去质子形成自由基，而后进一步被氧化。大豆制品的腥味就是不饱和脂肪酸在脂氧合酶的作用下氧化形成六硫醛醇。

4. 影响油脂氧化的因素

就油脂的主要构成而论，脂肪酸的不同类型对空气的反应各异。例如饱和脂肪酸较稳定，不饱和脂肪酸不太稳定，容易与空气中的氧反应。油酸、亚油酸、亚麻酸、花生四烯酸的相对氧化速度为1∶10∶20∶40。此外，油脂中所含非甘油酯的情况，对油脂的稳定性有很重要的影响。例如，毛油中的水分、酶及胶体等非甘油酯成分，它们往往能够加速油脂的酸败；而其中含有的维生素 E 和某些色素，它们大多数具有保护油脂，延缓酸败历程的作用。总的来说，不饱和脂肪酸的氧化速度比饱和脂肪酸快，顺式脂肪酸的氧化速度比反式脂肪酸快，共轭脂肪酸的氧化速度比非共轭脂肪酸快，游离型脂肪酸的氧化速度比结合型脂肪酸快。

（1）温度　温度越高，氧化速度越快。在 21～63℃范围内，温度每上升 16℃，氧化速度加快 1 倍，所以低温贮藏油脂比较理想。

（2）氧气　有限供氧的条件下，氧化速度与氧气浓度呈正比，在无限供氧的条件下氧化速度与氧气浓度无关。在相同环境中，油脂容器有无盖子，以及打开盖子的次数对过氧化值都有影响。有盖、开盖次数少，过氧化值低。

（3）水分　水分活度对油脂氧化作用的影响很复杂，水分活度很高或很低时，油脂氧化都会迅速发生。

（4）光和射线 光、紫外线和射线是强烈的油脂氧化促进剂，能激发自由基反应，都能加速油脂氧化，其中紫外线的作用最为强烈。

（5）助氧化剂 过渡金属 Ca、Fe、Mn、Co 等可以促进氢过氧化物的分解，一般的助氧化顺序为 Pb>Cu>Se>Zn>Fe>Al>Ag。

（6）抗氧化剂 油脂中含有的天然抗氧化活性物质有生育酚、生育三烯酚、类胡萝卜素、谷维素、酚类化合物和甾醇等。抗氧化活性物质主要通过延长氧化诱导期，降低氧化速率来实现抗氧化作用。主要作用方式可以分为以下三种：通过清除自由基，减少脂质自由基的浓度；通过螯合过渡金属离子，降低其反应活化能；通过淬灭单线态氧和灭活光敏剂的方式。

减缓酸败的方法之一是向食品中添加抗氧化剂。目前，常用的食品抗氧化剂有丁基羟基茴香醚（BHA）、二丁基羟基甲苯（BHT）、叔丁基对苯二酚（TBHQ），但越来越多的动物毒性试验表明，许多合成抗氧剂会引起动物肝脏肿大，增加肝微粒体的酸活性，甚至致癌，越来越多的国家已停止或严格限制使用合成抗氧化剂。目前，寻找高效低毒的天然抗氧化剂已受到食品科学工作者的广泛关注。

番茄红素是一类重要的类胡萝卜素，由 11 个共轭及 2 个非共轭碳–碳双链组成的直链型碳氢化合物，主要存在于番茄、西瓜、南瓜等果蔬中。现已证实，番茄红素具有多种功能，如抗氧化、清除自由基、诱导细胞间连接通讯、调控肿瘤增殖等。有研究将不同浓度的番茄红素加入豆油体系和猪油体系中，进行抗光敏氧化试验。结果表明，20mg/kg 的番茄红素添加量能有效地抑制豆油体系的光敏氧化作用，能使豆油的过氧化值（POV）平均降低 31.78%；4、8、12、20mg/kg 的番茄红素添加量能分别使猪油的 POV 平均下降 30.76%、29.15%、41.42%、52.35%。

（7）色素 叶绿素是食用植物油中常见的色素。在原油中，叶绿素和它的降解产物叶褐素作为光敏剂，在光照时将大气中的 $^3O_2$ 激发产生 $^1O_2$，加速了油脂的氧化。尽管在光照下叶绿素是很强的促氧化剂，但在避光条件下，叶绿素也可以作为抗氧化剂，为自由基提供氢原子，清除自由基。

二、油脂的酸败

氢过氧化物极不稳定，当食品体系中此类化合物的浓度达到一定水平后就开始分解，形成烷氧基自由基，再通过不同的途径形成烃、醇、醛、酸等化合物。这些化合物具有异味，会产生所谓的油哈喇味，由此引发的现象称为油脂的酸败。油脂酸败的类型包括：水解型酸败、酮型酸败和氧化型酸败。

1. 水解型酸败

油脂在食品所含的脂肪酶或乳酸链球菌、乳念球菌、霉菌、解脂假丝酵母分泌的脂肪酶以及光、热作用下，吸收水分，被分解生成甘油和小分子的脂肪酸，如丁酸、乙酸、辛酸等，这些物质的特有气味使食品的风味劣化。水解型酸败常发生在奶油以及含有人造奶油、麻油的食品中。

2. 酮型酸败

在曲霉和青霉等微生物产生的酶类作用下，油脂的水解产物被进一步氧化（发生在 β 位碳原子上）生成甲基酮，常发生在含椰子油、奶油等的食品中。

3. 氧化型酸败

油脂水解后生成的游离脂肪酸，特别是不饱和游离脂肪酸的双链位置容易被氧化生成过氧化物，而这些过氧化合物中，少量环状结构的、与臭氧结合形成的臭氧化物，性质很不稳定，容易分解为醛、酮及小分子的脂肪酸。大量的氢过氧化物，因其性质很不稳定容易分解外，还能聚合而导致油脂酸败，且酸败还会因氢过氧化物的生成，以连锁反应的方式使其他的游离脂肪酸分子也迅速变为氢过氧化物。最终导致油脂中醛、酮、酸等小分子物质越积越多，表现出强烈的不良风味及一定生理毒性，从而恶化食品的感官质量，加重人体肝脏解毒功能的负担。多数食品中的油脂均能发生这种氧化型酸败。

三、油脂酸败的危害

很多疾病的发生发展或病理过程与脂质过氧化有关。油脂酸败后营养价值降低，高度酸败则会完全失去食用价值；酸败还会造成油脂本身所含的不饱和脂肪酸和脂溶性维生素 A、维生素 D、维生素 E、维生素 K 的严重破坏，降低营养价值；酸败的过氧化物对机体的酶系统，如细胞色素氧化酶等也有明显的破坏作用，同时还可能引起肿瘤，长期食用引起动物生理的变化，如体重减轻、肝脏肿大和生长发育障碍等。

四、反式脂肪酸

反式脂肪酸是分子中含有一个或多个反式双键的非共轭不饱和脂肪酸，天然脂肪酸中的双键多为顺式，双键上两个碳原子结合的两个氢原子在碳链的同侧，空间构象呈弯曲状。而反式双键上两个碳原子结合的两个氢原子分别在碳链的两侧，空间构象呈线性。反式脂肪酸是顺式脂肪酸的同分异构体、手性异构体。

1. 反式脂肪酸的来源

反式脂肪酸的来源可归纳为人工来源和天然来源。具体如下。

（1）油脂的精炼与氢化　经过部分氢化的植物油，常温下是半固体，具有耐高温、不易变质、能增添食品酥脆口感、易于长期保存等优点，因此被大量用于加工食品中。

（2）不当的烹饪方式　将油加热到冒烟或用油反复煎炸食物，会使食物中反式脂肪酸含量增加。

（3）天然来源　反式脂肪酸的天然来源是反刍动物，如牛、羊肉以及乳和乳制品。因为在反刍动物的胃里有很多细菌参与消化过程，会发酵产生反式脂肪酸。

此外，临床实验发现，当天然反式脂肪酸摄入高到一定程度以后（>10.2g/2500kcal[①]）也对血胆固醇有升高作用。但是在正常情况下，按满足膳食指南要求的喝1.5杯牛乳和120~200g肉的标准，即使摄入的肉都是牛肉，我们每天摄入的天然反式脂肪酸量也只有不到1g。

2. 反式脂肪酸的食物来源

（1）脂肪含量高的面包　起酥面包、丹麦面包、奶油面包等。

（2）油炸食品　麻花、油条、汉堡、月饼、方便面等，还有一些零食，如膨化食品、薯条薯片、江米条等。

（3）高脂肪零食　饼干、泡芙、薄脆饼、油酥饼、蛋黄派或草莓派、奶油蛋糕、奶油夹心

---

① 1cal=4.1855J。

饼干、冰淇淋等。

（4）以"植脂末"或"奶精"命名的食品　咖啡伴侣、奶茶等。

3. 从食物配料表看反式脂肪酸

通常情况下，食物成分配料表中写有植脂末、起酥油、（部分）氢化植物油、人造黄油（又称植物奶油、植物黄油、植物脂肪、人造奶油）、麦淇淋、色拉油名词的食物都含有或多或少的反式脂肪酸。

起酥油（"氢化××油"的别称）中反式脂肪含量范围为 7.3%～31.7%，一般在 10% 以上。植脂末，又称奶精，主要成分是氢化植物油、甜味剂和各种稳定剂。三合一速溶咖啡、冰淇淋、奶茶等食物的配料表里基本是这些成分。植物奶油，其实就是人造奶油，主要成分是植脂末。真正的奶油是指从牛、羊乳中提炼出的乳制品，一般名称有"动物奶油""淡奶油""鲜奶油"等。植物黄油，又称人造黄油，也是听上去很健康，虽然热量比动物黄油稍微低一点，但含有大量反式脂肪（约 15%）。市面上的巧克力很多都含有代可可脂。只有非常优质的巧克力，可以做到不含代可可脂。

4. 反式脂肪酸的主要危害

反式脂肪酸的对人体健康的危害不是一蹴而就的，主要危害包括以下几点。

（1）容易引发心血管疾病　摄取反式脂肪酸会使血液中高密度脂蛋白胆固醇（HDL-C）浓度减少，增加低密度脂蛋白胆固醇（LDL-C）浓度；其增加 LDL/HDL 比例的能力，比饱和脂肪酸还高出两倍。反式脂肪酸会引起细胞炎症反应，产生动脉硬化，破坏血管内皮细胞，增加中风或心肌梗死危险。

（2）形成血栓　反式脂肪酸会增加人体血液的黏稠度和凝聚力，容易导致血栓的形成，对于血管壁脆弱的老年人来说，危害尤为严重。

（3）影响发育　怀孕期或哺乳期的妇女，过多摄入含有反式脂肪酸的食物会影响胎儿的健康。除此之外还会影响生长发育期的青少年对必需脂肪酸的吸收。反式脂肪酸还会对青少年中枢神经系统的生长发育造成不良影响。

（4）影响生育　反式脂肪酸会减少雄性激素分泌，对精子的活跃性产生负面影响，中断精子在身体内的反应过程。

（5）降低记忆　研究认为，青壮年时期饮食习惯不好的人，老年时患阿尔茨海默病（老年痴呆症）的概率更大。

（6）容易发胖　反式脂肪酸不容易被人体消化，容易在腹部积累，导致肥胖。喜欢吃薯条等零食的人应提高警惕，油炸食品中的反式脂肪酸会造成明显的脂肪堆积。

据世界卫生组织估计，每年有 50 多万人因摄入反式脂肪酸而死于心血管疾病。近年来的研究发现，反式脂肪酸会增加 LDL-C 水平，同时还会提升甘油三酯和脂蛋白的水平，这三点都与心脏病相关。它还能降低起保护作用的 HDL-C 水平，会让血小板更加黏稠，容易形成血栓，导致心脏病等。

相比其他食物，反式脂肪酸会带来 2 倍、3 倍，甚至是 4 倍的严重危害，导致心脏病发病率升高。关于反式脂肪和肥胖、癌症、糖尿病、生长发育、生殖健康、阿尔茨海默病、抑郁、暴力倾向等健康效应的研究确实有一些文献报道，但是研究的结果并不一致或证据不充分，因此学术界尚无定论。目前达成的共识是，反式脂肪酸不是人体必需的营养物质，对健康有明显的潜在危害。

《食品安全国家标准　预包装食品营养标签通则》（GB 28050—2011）规定，如食品配料含有或生产过程中使用了氢化和（或）部分氢化油脂，必须在食品标签的营养成分表中标示反式脂肪酸含量。

为避免过量摄入反式脂肪酸带来的风险，世界卫生组织曾建议反式脂肪酸的供能比应低于1%，这对于一个每天需要摄入2000kcal能量的成年人来说，大约相当于摄入2.2g反式脂肪酸。

5. 减少反式脂肪酸摄入的措施

反式脂肪酸多来自于人为，即不正确的烹饪方式和过度加工食物。因此，通过采取一系列措施，能有效降低反式脂肪酸的摄入，具体措施如下。

（1）控制植物油的使用量　调查显示，中国人摄入的反式脂肪酸大约有29%来自牛、羊肉、乳制品，接近50%来自于植物油，其余来自其他加工食品。

虽然植物油的反式脂肪酸含量比黄油、奶油低不少，但是中国人吃奶油、黄油少，吃植物油多，因此中国人要注意控制烹饪过程中植物油的使用量。

（2）学会看食品配料表　氢化油脂在标签配料表中常见的"马甲"包括氢化××油、部分氢化××油、××起酥油、人造××油、麦淇淋、植物黄油、酥皮油等。消费者在购买包装食品时，若配料表中包括上述成分，要多留意标签上的营养成分表，可以选择不含反式脂肪酸或反式脂肪酸含量较低的食品。

（3）避免油温过高　烹饪时，应避免油温过高和反复煎炒烹炸。油温应控制在150~180℃，锅中放油的同时，可以把一根筷子插入油中，或放一小条葱丝，当筷子、葱丝四周冒出较多小气泡时，就可以下菜了。

（4）点心换成粗粮饼　反式脂肪酸在甜点中很常见，如曲奇饼、牛角包、蛋挞、奶油蛋糕等。建议以自制麦饼等粗粮饼替代酥皮点心，不含反式脂肪酸的同时还能补充膳食纤维。

（5）酱料自己做　沙拉酱、花生酱等酱料也是反式脂肪酸大户，加工制作时往往加入氢化植物油，令酱料浓稠香滑。可以用酸乳代替沙拉酱制作果蔬沙拉，不但能避免反式脂肪酸，还有利于补充人体所需乳酸菌和钙质。还可以自制油醋汁，一勺芝麻油或橄榄油，搭配半勺醋。

（6）炼乳替代咖啡伴侣　咖啡伴侣是反式脂肪酸的"重灾区"，配料中的奶精（植脂末）就是以氢化植物油为主要原料的物质。建议人们喝咖啡时别加咖啡伴侣，用牛乳或炼乳代替最好。高血脂人群还可选用脱脂牛乳和淡炼乳。市场上常见的"二合一"或"三合一"速溶咖啡一般是咖啡和咖啡伴侣的结合，含不少反式脂肪酸。

五、维生素破坏

食物经过烹饪、加工可改善其感官性状，增加风味，去除或破坏食物中的一些抗营养因子，提高其消化吸收率、延长保质期，但同时也可使部分营养素受到破坏和损失，从而降低食物的营养价值，主要是对维生素的破坏。导致维生素破坏的原因包括加工、烹饪、氧化、食盐使用等。因此应采用合理的加工及烹饪方法，最大限度地保存食物中的营养素，以提高食物的营养价值。

1. 加工方法对维生素的影响

（1）谷类加工　谷类加工主要有制米和制粉两种。由于谷类结构的特点，其所含的各种营养素分布极不均匀，加工精度越高，糊粉层和胚芽损失越多，营养素损失也越多，尤其以 B 族维生素损失最为显著。不同出粉率条件下小麦粉的营养成分变化见表9-1。

表9-1　　　　　　　　　　不同出粉率条件下小麦粉的营养成分变化

出粉率 /%	粗蛋白 /%	粗脂肪 /%	碳水化合物 /%	粗纤维 /%	灰分 /%	B 族维生素 /（mg/100g）	维生素 E /（mg/100g）
100	9.7	1.9	84.8	2.0	1.6	5.7	3.5
93	9.5	1.8	86.0	1.4	1.3	2.5	3.3
88	9.2	1.7	87.2	0.8	1.1	1.8	3.1
80	8.8	1.4	88.6	0.5	0.7	1.1	2.5
70	8.3	1.2	89.8	0.3	0.5	1.0	1.9
60	8.2	1.0	90.1	0.2	0.4	0.8	1.7

（2）蔬菜水果加工　蔬菜和水果的深加工首先需要清洗和整理，如摘去老叶及去皮等，可造成不同程度的营养素丢失。蔬菜水果经加工可制成罐头食品、果脯、菜干等，加工过程中损失的主要是维生素和矿物质，特别是维生素 C。

（3）畜、禽、鱼类加工　畜、禽、鱼类食物可加工制成罐头食品、熏制食品、干制品、熟食制品等，与新鲜食物比较更容易保藏且具有独特风味。在加工过程中对蛋白质、脂肪、矿物质影响不大，但高温制作时会损失部分 B 族维生素。

2. 烹饪对维生素的影响

（1）谷类烹饪　米类食物在烹饪前一般需要淘洗，在淘洗过程中一些营养素特别是水溶性维生素和矿物质油部分丢失，淘洗次数越多、水温越高、浸泡时间越长，营养素的损失就越多。

谷类烹饪的方法有煮、焖、蒸、烙、烤、炸及炒等，不同的烹饪方法引起营养素损失的程度不同，主要是对 B 族维生素的影响。如制作米饭，采用蒸的方法 B 族维生素的保存率比弃汤捞蒸方法要高，米饭在电饭煲中保温时，随时间延长，维生素 B_1 的损失增加，可损失所剩余部分的50%～90%；在自制面食时，一般用蒸、烤、烙的方法，B 族维生素损失较少，但用高温油炸时损失较大。如油条制作时因加碱及高温油炸会使维生素 B_1 全部损失，维生素 B_2 和烟酸仅保留一半。

（2）畜、禽、鱼、蛋类烹饪　畜、禽、鱼等肉类的烹饪方法多种多样，常有炒、焖、蒸、炖、煮、煎炸、熏烤等。在烹饪过程中，蛋白质的变化不大，而且经烹饪后，蛋白质变性有利于消化吸收。无机盐和维生素在炖、煮时，损失不大；在高温制作过程中，B 族维生素损失较多。上浆挂糊、急火快炒可使肉类外部蛋白质迅速凝固，减少营养素的外溢损失。蛋类烹饪除 B 族维生素损失外，其他营养素损失不大。

（3）蔬菜烹饪　在烹饪中应注意水溶性维生素及矿物质的损失和破坏，特别是维生素 C。烹饪对蔬菜中维生素的影响与烹饪过程中洗涤方式、切碎程度、用水量、pH、加热的程度及时间有关，如蔬菜煮5～10min，维生素 C 损失达70%～90%。

使用合理加工烹饪方法，即先洗后切、急火快炒、现做现吃是降低蔬菜中维生素损失的有效措施。

3. 保藏对维生素的影响

食物在保藏过程中维生素含量可以发生变化，这种变化与保藏条件如温度、湿度、氧气、光照、保藏方法及时间长短有关。

（1）谷物保藏对维生素的影响　谷物保藏期间，由于呼吸、氧化、酶的作用可发生许多物理化学变化，其程度大小、快慢与贮藏条件有关。在正常的保藏条件下，谷物蛋白质、维生素、矿物质含量变化不大。若保藏条件不当，粮粒会发生霉变，感官性状及营养价值均降低，严重时完全失去食用价值。由于粮谷保藏条件和水分含量不同，各类维生素在保存过程中变化不尽相同，如谷粒水分含量 17% 时，贮藏 5 个月，维生素 B_1 损失 30%；水分含量为 12% 时，损失减少至 12%；谷类不去壳贮藏 2 年，维生素 B_1 几乎无损失。

（2）蔬菜和水果保藏对维生素的影响　蔬菜和水果在采收后仍会不断发生生理、生化、物理和化学变化。当保藏条件不当时，蔬菜和水果的鲜度和品质会发生改变，使其营养价值的食用价值降低。

水果和蔬菜一旦收获，维生素 C 就开始降解。例如，绿色豌豆在收获后的 24~48h 内维生素 C 重量百分比损失 51.5%。Hunter 发现，在持续的贮藏过程中，维生素 C 稳步降解。例如，4℃ 下贮藏 10d 的新鲜豌豆和菠菜，其维生素 C 含量下降到冻藏产品水平以下。新鲜水果和蔬菜在室温下贮藏将导致更多的维生素 C 损失。例如，新鲜豌豆在室温下贮藏一周维生素 C 损失 50%，而新鲜菠菜在室温下贮藏不到 4d，维生素 C 损失 100%。冷冻产品在持续的贮藏过程中维生素 C 持续降解。如西蓝花和菠菜，在 -18~20℃ 贮藏 1 年后平均损失 20%~50%。芦笋和青豆，对加工最具有抵抗力，遭受的损失也最少。

第二节　蛋白质变性

蛋白质变性是指蛋白质分子中的酰氧原子核外电子受质子的影响，向质子移动，相邻的碳原子核外电子向氧移动，相对裸露的碳原子核被亲核加成，使分子变大，流动性变差。变性作用是蛋白质受物理或化学因素的影响，改变其分子内部结构和性质的作用。一般认为蛋白质的二级结构和三级结构有了改变或遭到破坏，都是变性的结果。

1. 引起蛋白质变性的原因

能使蛋白质变性的化学方法有加强酸、强碱、重金属盐、尿素、丙酮等；能使蛋白质变性的物理方法有加热（高温）、紫外线及 X 射线照射、超声波、剧烈振荡或搅拌等。

（1）重金属盐使蛋白质变性　是因为重金属阳离子可以和蛋白质中游离的羧基形成不溶性的盐，在变性过程中有化学键的断裂和生成，因此是化学变化。

（2）强酸、强碱使蛋白质变性　是因为强酸、强碱可以使蛋白质中的氢键断裂，也可以和游离的氨基或羧基形成盐，在变化过程中也有化学键的断裂和生成，因此，可以看作是化学变化。

（3）尿素、乙醇、丙酮等　它们可以提供自己的羟基或羰基上的氢或氧而形成氢键，从而破坏了蛋白质中原有的氢键，使蛋白质变性。但氢键不是化学键，因此在变化过程中没有化学键的断裂和生成，所以是物理变化。

（4）加热、紫外线照射、剧烈振荡等物理方法使蛋白质变性 主要是破坏蛋白质分子中的氢键，在变化过程中也没有化学键的断裂和生成，没有新物质生成，因此是物理变化。

在临床医学上，变性因素常被应用于消毒及灭菌。反之，注意防止蛋白质变性就能有效地保存蛋白质制剂。蛋白质的变性很复杂，要判断变性是物理变化还是化学变化，要视具体情况而定。如果有化学键的断裂和生成就是化学变化；如果没有化学键的断裂和生成就是物理变化。

2. 蛋白质变性的误区

蛋白质变性并不等于蛋白质变质。蛋白质变性是食物制作中常见的变化，主要是通过外在的因素，让食物中的蛋白质发生变化，如常见的煮鸡蛋、做豆腐、制作咸鸭蛋等，但是这个过程并不会让食物的营养过多的流失，因为蛋白质变性并不是"变质"。究其原因，蛋白质其实是由众多氨基酸组成，摄入蛋白质后并不能直接吸收，而是需要把蛋白质水解成氨基酸。而蛋白质变性在食物制作的过程中，并不会减少食物中的氨基酸，而且变性后的蛋白质更容易被水解，可以更好地被人体吸收，所以蛋白质变性并不会影响食物中的营养，反而更容易让人体吸收，其营养价值更不会流失。

第三节　世界十大"垃圾"食品

以下列举了目前国际社会较为公认的十大"垃圾食品"，建议少吃。"垃圾"食品的原材料并不垃圾，多是由于不正当的烹饪方式和加工方式，使健康的食品变成了"垃圾"食品。

1. 腌制类

腌制类食品的代表包括：酸菜、咸菜、咸蛋、咸肉。

腌制类食品的危害包括：高盐饮食易导致高血压，肾负担过重；影响黏膜系统（对肠胃有害）；易引起溃疡和发炎。

2. 油炸类

油炸类食品的代表包括：油条、油饼、薯片、薯条。

油炸类食品的危害包括：对心血管疾病有害（油炸淀粉）；含致癌物质；破坏维生素。

3. 加工肉类

加工肉类食品的代表包括：熏肉、腊肉、肉干、鱼干、香肠。

加工肉类食品的危害：含三大致癌物质之一亚硝酸盐；含大量防腐剂，这会加重人体肝脏负担。

4. 汽水、可乐类

汽水、可乐的危害主要包括：因这类食品含大量磷酸和碳酸，会带走体内大量的钙，造成人体钙的流失，这对于缺钙人群和老年人来说更是雪上加霜；含糖量过高，喝后有饱胀感，影响食欲和正餐，尤其对儿童养成良好健康的饮食习惯不利。

5. 饼干、糖果类（不含低温烘烤和全麦饼干）

饼干、糖果类食物的危害主要包括：食用香精和色素过多，这会对肝脏功能造成负担；严重破坏维生素；热量过多、营养成分低且单一。

6. 方便类（主要指方便面和膨化食品）

方便类食品的代表包括：方便面、方便米粉、雪米饼。

方便类食品的危害包括：盐分过高，含防腐剂、香精（损肝）；对一般人群来讲营养价值低。

7. 罐头类（包括鱼类和水果类）

罐头类食品的代表包括：各类水果罐头、豆豉鲮鱼、午餐肉。

罐头类食品的危害包括：在加工过程中破坏了维生素，使蛋白质变性；热量过多，营养成分低。

8. 话梅、蜜饯类

话梅、蜜饯类食品的代表包括：盐津话梅、各类凉果、果脯。

话梅、蜜饯类食品的危害：在加工过程中，水果中所含维生素 C 完全被破坏；除了热量外，几乎没有其他营养；同时这类食品添加了大量香精、防腐剂，含盐含糖量过高。

9. 冷冻甜品类

冷冻甜品类食品的代表包括：冰淇淋、甜筒、冰棍、各种甜点。

冷冻甜品类食品的危害包括：含大量奶油，极易引起肥胖；饱和脂肪和反式脂肪酸含量较高；含糖量过高，热量过高，影响正餐摄入。

10. 烧烤类

烧烤类食品的代表包括：肉串、烤肉。

烧烤类食品的危害包括：含有致癌物质苯并芘；导致动物优质蛋白质炭化变性，这也加重了肾脏和肝脏负担。

讨论：我们身边的反式脂肪酸

反式脂肪酸是含有反式非共轭双键结构不饱和脂肪酸的总称。脂肪酸分为饱和脂肪酸和不饱和脂肪酸两种，其中不饱和脂肪酸是指脂肪酸链上至少含有一个碳碳双键的脂肪酸。如果与双键上 2 个碳原子结合的 2 个氢原子在碳链的同侧，空间构象呈弯曲状，则称为顺式不饱和脂肪酸，这也是自然界绝大多数不饱和脂肪酸的存在形式。反之，如果与双键上 2 个碳原子结合的 2 个氢原子分别在碳链的两侧，空间构象呈线性，则称为反式不饱和脂肪酸。

有研究表明，反式脂肪酸过量摄入会增加患心血管疾病的发病风险，还会引起肥胖和生殖能力下降等。那么，每天摄入多少反式脂肪酸是合理且不会对人体健康产生危害的？反式脂肪酸存在于哪些食物中，我们该采取哪些措施降低反式脂肪酸的摄入？

思考题

1. 思考营养伴生危害的主要类别、膳食危害来源和控制措施。

2. 思考营养伴生危害对人体健康产生的不良影响并举例说明。

3. 举例说明身边存在的营养伴生危害以及由此引发的食品安全事件。

参考文献

［1］Nayak，B.，Liu，R. H.，Tang，J. Effect of processing on phenolic antioxidants of fruits，vegetables，and grains—a review［J］. Critical Reviews in Food Science and Nutrition，2015，55

（7）：887-919.

［2］Adkison, E. C., Biasi, W. B., Bikoba, V., et al. Effect of canning and freezing on the nutritional content of apricots ［J］. Journal of Food Science, 2018, 83（6）：1757-1761.

［3］de Souza, R. J., Mente, A., Maroleanu, A., et al. Intake of saturated and trans unsaturated fatty acids and risk of all cause mortality, cardiovascular disease, and type 2 diabetes：systematic review and meta-analysis of observational studies ［J］. BMJ-British Medical Journal, 2015, 351：h3978.

［4］Zhuang, P., Zhang, Y., He, W., et al. Dietary fats in relation to total and cause-specific mortality in a prospective cohort of 521 120 individuals with 16 years of follow-up ［J］. Circulation Research, 2019, 124（5）：757-768.

［5］吴坤, 孙秀发. 营养与食品卫生学 ［M］. 北京, 人民卫生出版社, 2003.

［6］柳春红, 冯翔, 刘光明. 食品营养卫生学 ［M］. 北京, 中国农业出版社, 2003.

［7］孙长颢, 凌文华, 黄国伟. 营养与食品卫生学 ［M］. 北京, 人民卫生出版社, 2017.

［8］丁文平. 小麦加工过程中的营养损失与面粉的营养强化 ［J］. 粮油加工, 2008, （5）：87-89.

［9］王萌蕾, 陈复生, 杨宏顺等. 加工和贮藏对果蔬营养成分变化及抗氧化活性影响的研究进展 ［J］. 现代食品科技, 2013, 29（3）：692-697.

［10］王庆波, 檀琼萍, 张雷等. 食用油氧化酸败的影响因素及其防治 ［J］. 江苏调味副食品, 2014, 138（3）：9-12.

第十章

营养稳态与代谢性疾病

第一节　营养稳态

　　食物是人类赖以生存的物质基础，供给人体必需的各类营养素，不同的食物所含营养素的数量与质量不同。营养素进入机体并被利用这一过程要经历一系列环节，机体可以通过这些环节对营养过程进行调节以适应外界营养供应的波动或机体内部生理状态的变化，从而保证内环境稳态。生理学将细胞外液的理化特性保持相对稳定的状态称为稳态，营养稳态即身体内各种营养素保持在合理水平和相对稳定的状态。合理营养是保证机体健康的重要前提之一，营养失衡与一系列营养相关疾病的发生密切相关。随着社会经济的发展与人们生活方式的改变，慢性疾病的发病率逐渐增加，这些营养相关疾病已经成为威胁人类健康的重要公共卫生问题。

一、营养不良

　　营养不良（Malnutrition）是一个描述健康状况的用语，由不适当或不足饮食所造成。通常指的是起因于摄入不足、吸收不良或过度损耗营养素所造成的病态。如果不能长期摄取由适当数量、种类或质量的营养素所构成的健康饮食，个体将营养不良。

　　营养不良包括 4 个方面的含义：营养不足、营养缺乏、营养过剩和营养失衡。营养不足，即体内某种营养素含量不足，但尚未达到缺乏的程度，无症状或仅有轻微症状，处于亚临床表现状态。若能在这种状态下通过生化检验及时发现，及时给予补充相应的营养素，可以得到纠正，防止营养缺乏病的发生。营养缺乏则是由于机体所摄取的营养素不能满足自身需要而出现各种营养素缺乏。然而，当摄入的营养素超过机体的需要时，除增加机体代谢负担外，多余的营养素将储存在体内，导致营养过剩，有时还可引起中毒。营养失衡通常因食物搭配不合理导致的，如粗细搭配不合理和荤素搭配不合理，从而使摄入的营养素不齐全或比例不合适。

二、营养素

　　营养素（Nutrients）是指为维持机体繁殖、生长发育和生存等一切生命活动和过程，需要从外界环境中摄取的物质。根据化学性质和生理作用分为六大类：水、蛋白质、脂类、碳水化合物、矿物质和维生素。根据人体的需要量和体内含量的多少，可将营养素分为：宏量营养素（蛋白质、脂类、碳水化合物）和微量营养素（矿物质和维生素）。

1. 宏量营养素

人体对宏量营养素需要量较大，包括碳水化合物、脂类和蛋白质，这三种营养素经体内氧化可以释放能量，又称为产能营养素。碳水化合物是机体重要的能量来源，成年人所需能量50%~65%应由食物中的碳水化合物提供。脂肪作为能源物质在体内氧化时释放的能量较多，可在机体大量储存。一般情况下，人体主要利用碳水化合物和脂类氧化供能，在机体所需能源物质供能不足时，可将蛋白质氧化分解获得能量。

2. 微量营养素

相对宏量营养素来说，人体对微量营养素需要量较少，包括矿物质和维生素。根据在体内的含量不同，矿物质又可分为常量元素和微量元素。维生素可分为脂溶性维生素和水溶性维生素。

第二节　蛋白质与营养稳态

蛋白质是机体细胞、组织和器官的重要组成成分，是一切生命的物质基础；而一切生命的表现形式，本质上都是蛋白质功能的体现，没有蛋白质就没有生命。

一、蛋白质摄入不足与缺乏

蛋白质缺乏在成人和儿童中都有发生，但出于生长阶段的儿童更为敏感。据 WHO 估计，目前世界上大约有 500 万儿童患蛋白质-热能营养不良（PEM），其中有一部分因疾病和营养不当引起，但大多数则是由于贫穷和饥饿引起的。

PEM 有两种：一种称为低蛋白质型营养不良（Kwashiorkor，来自加纳语），指能量摄入基本满足而蛋白质摄入严重不足的儿童营养性疾病，主要表现为腹腿部水肿、虚弱、表情淡漠、生长滞缓、头发变色、变脆和易脱落、易感染其他疾病。另一种称为消瘦型营养不良（Marasmus），指蛋白质和能量摄入均严重不足的儿童营养性疾病，患儿消瘦无力，易感染其他疾病而死亡，见图 10-1。

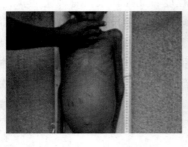

图 10-1　营养不良的儿童（左图为 Kwashiorkor，右图为 Marasmus）

这两种情况可单独存在，也可并存。根据营养不良的原因可分为原发性和继发性两种。原发性营养不良主要发生在经济落后的国家和地区，以婴儿和儿童发病为主，是发展中国家最重要的健康问题之一。

我国自新中国成立以来，人民生活不断改善和提高，原发性营养不良症已显著减少。继发性营养不良由各种疾病引起，儿童和成人均可发生。重度营养不良可分为三型。

1. 以能量不足为主者，表现为皮下脂肪和骨骼肌显著消耗和内脏器官萎缩，称为消瘦症

消瘦症主要是由于能量摄入不足，初期机体在代谢上和行为上（如活动减少）降低对营养物质的需求，使营养物质的利用率在较低水平取得平衡。完全禁食下，储存的糖原仅能维持 $12\sim24h$，如能量缺乏持续存在，便动员体内脂肪组织的甘油三酯，产生游离脂肪酸，成为供给能量的主要来源，并通过蛋白质分解代谢提供氨基酸（尤其是丙氨酸）参与供能。一些激素变化参与了这些适应性反映，表现为三碘甲状腺原氨酸（T3）生成减少，无活性的反碘甲状腺原氨酸（rT3）生成增加，甲状腺摄碘功能降低，甲状腺素（T4）也降低、氧消耗减少。胰岛素分泌减少。胰升血糖素、生长激素、肾上腺素和皮质醇分泌增加，病人主要表现为显著的皮下脂肪减少，骨骼肌消耗，内脏器官萎缩，体重减轻，但无明显脂肪肝和水肿。

2. 以蛋白质缺乏为主而能量供应尚能适应机体需要者称为蛋白质营养不良综合征

以全身水肿为特征，蛋白质营养不良综合征的发生与蛋白质严重缺乏、热量主要由碳水化合物供应有关。大量碳水化合物刺激胰岛素释放，肾上腺素和皮质醇分泌减少，脂肪合成作用加强，分解作用减弱。肝内脂肪浸润形成脂肪肝。骨骼肌氨基酸动员和重新分布受抑制，血浆中必需氨基酸（尤其是支链氨基酸）水平降低、蛋白质合成减弱，血浆蛋白质尤其是白蛋白浓度逐渐降低，血浆渗透压下降至一定程度便出现水肿。水肿的发生还可能与其他因素有关，例如，钾缺乏促进水、钠潴留；感染使毛细胞血管通透性增加，水分潴留间质；低蛋白血症使血容量降低，心排出量减少，从而肾血流量、肾小球滤过率减低，肾素、醛固酮分泌增加，肾小管对水、钠重吸收增加。蛋白质严重缺乏时可发生全身水肿，包括浆膜腔积液。

3. 能量与蛋白质二者均有不同程度缺乏者，为混合型

混合型常同时伴有维生素和其他营养素缺乏。我国以轻症混合型为常见，多属营养不良。在多数情况下，蛋白质和能量都有不同程度缺乏，呈氮负平衡，病情呈慢性消耗性过程。除皮下脂肪和骨骼肌逐渐消耗外，心、肾、胃肠道等器官也有不同程度的萎缩。这些改变与身体精瘦、体重减轻和代谢率降低的程度相平行，除非合并急性感染或其他并发症，或在开始质量时补充营养过快，一般不发生心、肾功能不全，胃肠道黏膜萎缩，胃酸分泌减少，肠壁变薄，小肠绒毛变短。二糖酶和二肽酶含量减少。胰外分泌腺萎缩，脂酶、胰蛋白酶和淀粉酶分泌显著减少，肠腔内细菌过度生长。这些因素导致小肠吸收不良，尤其是脂肪吸收不良。垂体、甲状腺、肾上腺、性腺等内分泌腺也有不同程度萎缩及功能低下，皮肤表皮萎缩，呈角化过度和角化不全，有时出现烟酸缺乏病样的皮肤病变。血容量、红细胞比积、血浆白蛋白和转铁蛋白降低反映全身组织的消耗，贫血多为正常细胞核正常色素型；合并存在的铁、叶酸、维生素 E、维生素 B_6 缺乏也与贫血的发生有关。淋巴组织萎缩，生发中心消失。体液免疫和细胞免疫功能低下，抗体合成减少，细胞因子（主要是白介素 IL-1）活性降低，补体系统受损，常使病人容易并发感染，甚至在通常情况下引致非致病菌感染，但炎症反应轻，可不发热甚至出现低体温，钠、钾、氯、钙、磷、镁等电解质和矿物质代谢呈负平衡，呕吐、腹泻、多尿增加电解质的丢失，缺钾尤为显著，镁缺乏可引起肌肉搐搦，长期腹泻可致失水，多种维生素缺乏常同时并存，血清维生素 A 和维生素 E 水平常有明显降低，维生素 A 缺乏可致严重的眼视网膜和角膜病变，B 族维生素缺乏尤其是核黄素缺乏易常见。伤口愈合包括新生血管形成，纤维母细

胞增殖、胶原合成等均有不同程度延迟。

二、蛋白质摄入过多

第一，过多的动物性蛋白质摄入，就必定伴有较多的动物脂肪和胆固醇摄入。第二，蛋白质摄入过多本身也会产生有害影响。正常情况下，人体不储存蛋白质，所以必须将过多的蛋白质脱氨分解，氮则通过尿排出体外。这一过程需要大量的水分，从而加重了肾脏负荷，若肾功能受损，则危害更大。第三，过多的动物蛋白质摄入，造成含硫氨基酸摄入过多，这样可加速骨骼中钙的丢失，易产生骨质疏松症。第四，摄入蛋白质过多可能与一些癌症有关，尤其是结肠癌、乳腺癌、肾癌、胰腺癌和前列腺癌。

第三节　脂类与营养稳态

脂类包括脂肪和类脂，是一类化学结构相似或完全不同的有机化合物。人体脂类总量约占体重的 $10\% \sim 20\%$。脂肪又称甘油三酯，是体内重要的储能和供能物质，约占体内脂类总量的 95%，类脂主要包括磷脂和固醇类，约占全身脂类总量的 5%。脂类也是膳食中重要的营养素，烹调时赋予食物特殊的色香味，增进食欲，适量摄入对满足机体生理需要，促进维生素 A、维生素 E 等脂溶性维生素的吸收和利用，维持人体健康发挥着重要作用。

食物中的脂类主要由甘油三酯构成，三分子脂肪酸与一分子甘油形成甘油三酯。通常，来自动物性食物的甘油三酯由于碳链长、饱和程度高、熔点高，常温下呈固态，故称为脂；来自植物性食物中的甘油三酯由于不饱和程度高、熔点低，故称为油。甘油三酯分子中的三个脂肪酸，其结构不完全相同，在自然界中还未发现由单一脂肪酸构成的甘油三酯。脂肪因其所含的脂肪酸碳链的长短、饱和程度和空间结构不同，而呈现不同的特性和功能。

一、脂类摄入过多

脂类摄入不合理可导致肥胖症、心血管疾病、高血压和某些癌症发病率的升高，因此预防此类疾病发生的重要措施就是降低脂肪摄入量。中国营养学会推荐成人脂肪摄入量应占总能量的 $20\% \sim 30\%$。关于 $n-6$ 系列和 $n-3$ 系列脂肪酸的推荐摄入量，《中国居民膳食营养素参考摄入量》（2013 版）提出，成年人亚油酸的适量摄入量为总能量的 4%，宏量营养素可接受范围（AMDR）为占总能量的 $2.5\% \sim 9\%$；α-亚麻酸的适宜摄入量为占总能量的 0.6%，AMDR 占总能量的 $0.5\% \sim 2\%$。婴幼儿 DHA 的适宜摄入量为 100mg/d，孕妇和乳母 EPA 和 DHA 的总适宜摄入量为 250mg/d，其中 DHA 200mg/d。

二、脂类摄入不足

你可能觉得奇怪，在如今这个物质如此丰富的世界，为什么还有脂类摄入不足的问题。其实，现今人们对于脂肪的摄入陷入了两个极端。一类是脂类摄入过多，另外一类就是很多爱美人士和追求完美身材的女性因严格限制脂类的摄入，而导致的脂类摄入严重不足。

2001 年，哈佛大学公共卫生学院的多位营养学家研究后认定，"低脂饮食缺乏科学依据，可能导致意想不到的健康问题"。此外，他们还认为糖尿病和肥胖症病人采用低脂、低胆固醇的饮食方式，可能会导致病情恶化。研究发现，脂肪质量比我们在饮食中摄入的脂肪量更重要。最近的人群研究，特别是在芬兰库奥皮奥进行的人群研究和地中海饮食研究，强调了单不饱和脂肪（MUFA）和多不饱和脂肪（PUFA）作为现代社会预防心血管疾病的关键营养素的重要作用。此外，一种特殊类型的多不饱和脂肪酸，即 $\omega-3$（$n-3$）系列，正日益成为健康饮食的必要营养素，特别是对儿童而言。饱和脂肪酸多存在于动物脂肪和乳脂中，虽然可使血中低密度脂蛋白（LDL）水平升高，与心血管疾病的发生有关，但因为其不易被氧化而产生有害的氧化物、过氧化物等，且一定量的饱和脂肪酸有助于高密度脂蛋白（HDL）的形成，因此人体不应完全限制饱和脂肪酸的摄入。

因此，合理的脂类摄入，食用富含优质脂类的食物，如坚果、大豆、干酪、牛乳等食物，并不会对人体健康造成威胁。

第四节　碳水化合物与营养稳态

碳水化合物是由碳、氢、氧三种元素组成的有机化合物，是最早发现的营养素之一，广泛存在于动植物中，包括构成结构的骨架物质如膳食纤维、果胶、黏多糖和几丁质，以及为能量代谢提供原料的物质如淀粉、糊精和糖原等。碳水化合物是人类膳食能量的主要来源，对人类营养有着重要作用。

机体中碳水化合物的存在形式主要有三种：葡萄糖、糖原和含糖的复合物，碳水化合物的生理功能与其摄入食物的碳水化合物种类在体内存在的形式有关。碳水化合物的主要功能包括：提供能量；构成组织结构及生理活性物质；血糖调节作用；节约蛋白质作用；抗生酮作用和膳食纤维的促进肠道健康作用。

一、碳水化合物的摄入

碳水化合物参考摄入量的制定常用其提供能量占总能量的百分比表示。

许多国家推荐不少于 55%。1988 年中国营养学会建议，我国健康人群碳水化合物的供能比以 60%~70% 为宜。2000 年，中国营养学会结合了中国膳食实际和研究进展，建议除 2 岁以下的婴幼儿外，碳水化合物提供能量应占膳食总能量的 55%~65%。2013 年，中国营养学会膳食营养素参考摄入量（DRIs）修订专家组对碳水化合物的 DRIs 进行了修订，确定我国成人的平均需求量为 120g，可接受范围为总能量的 50%~65%；膳食纤维的适宜摄入量为 25~30g/d。对添加糖的摄入量进行限制，每日不超过 50g，最好限制在 25g 内。我国成年人膳食中碳水化合物提供的能量应占总能量的 50%~65%，脂肪占 20%~30%，蛋白质占 10%~15% 为宜。年龄越小，脂肪供能占能量的比重应适当增加，但成年人的脂肪摄入量不宜超过总能量的 30%。

二、碳水化合物摄入过量

虽然碳水化合物为我们的日常身体活动提供了大部分的能量，但随着肥胖人口的增加和儿童、青少年肥胖率逐年升高，使我们不得不重视碳水化合物摄入过量的问题。碳水化合物家族中最大的一类物质就是糖类，如果血液中糖分过多，就会使血液中的生物材料发生交联反应，导致细胞活动受损，交联越多，免疫功能受损越严重。

三、膳食纤维

膳食纤维是人体无法消化的碳水化合物的总称，可以让你定时排便。有些人觉得膳食纤维吃不吃都没关系，虽然它本身无法被消化吸收，但是膳食纤维在消化上扮演了关键性的角色。来自食物的碳水化合物分为水溶性和非水溶性两种。有益于健康的水溶性纤维来自燕麦、坚果和豆子以及苹果与蓝莓之类的软质水果。富含非水溶性纤维的食物包括全麦食品、胡萝卜、麦麸等。大部分蔬菜和水果两者都有。常见食物的膳食纤维含量如表 10-1 所示。除此之外，膳食纤维在肠道益生菌的作用下发酵所产生的短链脂肪酸和肠道菌群增殖有着广泛的健康作用。

表 10-1　　　　　　　常见食物的膳食纤维含量（以 100g 可食部分计）

食物名称	膳食纤维含量/g
荞麦面	5.5
玉米（鲜）	2.9
马铃薯	1.2
甘薯	2.2
绿豆	6.4
红小豆	7.7
小米（黄）	4.6

1. 增加饱腹感

膳食纤维进入消化道内，在胃中吸水膨胀，增加胃内容物的容积，而可溶性膳食纤维黏度高，使胃排空速率减慢，延缓胃中内容物进入小肠的速度，同时使人产生饱腹感，从而有利于糖尿病和肥胖症病人减少进食量。

2. 促进排便

不溶性膳食纤维可组成肠内容物的核心，由于其吸水性可增加粪便体积，以机械刺激使肠壁蠕动；可被结肠细菌发酵产生短链脂肪酸和气体刺激肠黏膜，从而促进粪便排泄。因此，膳食纤维可增加粪便含水量，减少粪便硬度，利于排便。

3. 降低血糖和血胆固醇

膳食纤维可减少小肠对糖的吸收，使血糖不会因进食而快速升高，因此也可减少体内胰岛素的释放。各种纤维可吸附脂肪、胆固醇和胆汁酸，使其吸收率下降，可达到降血脂的作用。

4. 改变肠道菌群

近年来已证实某些不消化的碳水化合物在结肠发酵，有选择性的刺激肠道菌的生长，特别是促进某些有益菌的增殖，如乳酸杆菌和双歧杆菌；清除肠道毒素，以减少肠道可能出现的健康风险，维持肠道健康。另外，发酵所产生的短链脂肪酸可降低肠道 pH，从而改变肠内微生物菌群的构成与代谢，诱导益生菌大量繁殖。不仅对肠道健康有重要作用，而且还具有其他重要功能。

已有研究发现，膳食纤维摄入量与卵巢癌风险之间存在显著的剂量-反应负相关。心脏代谢风险（代谢综合征、炎症和肥胖）与膳食纤维摄入量也呈负相关。

第五节　矿物质与营养稳态

矿物质，又称无机盐或灰分。按照化学元素在机体内含量的多少，通常将矿物质元素分为常量元素和微量元素两类。

凡体内含量大于占体重0.01%的矿物质称为常量元素或宏量元素，包括钙、磷、钠、钾、硫、氯、镁；凡体内含量小于占体重0.01%的矿物质称为微量元素。21种元素构成人体组织、参与机体代谢、维持生理功能所必需的矿物质元素，共分为3类。必需微量元素：铁、锌、硒、铜、铬、碘、钴、钼；可能的必需微量元素：锰、硅、镍、硼、钒；具有潜在毒性的微量元素：氟、铅、镉、汞、砷、铝、锡、锂。

一、钙

钙是人体含量最多的矿物质元素，占成人体重的1.5%~2.0%。其中，约99%的钙集中在骨骼和牙齿中，其余1%的钙分布于软组织、细胞外液和血液中。

婴幼儿及儿童长期钙缺乏和维生素D不足可导致生长发育迟缓，骨软化、骨骼变形，严重缺乏者可导致佝偻病，出现"O"形或"X"形腿，肋骨串珠、鸡胸等症状。钙摄入不足者易患龋齿，影响牙齿质量。中老年人随年龄增加，骨骼逐渐脱钙，尤其绝经妇女因雌激素分泌减少，钙丢失加快，易引起骨质疏松症；然而骨质疏松是一种复杂的退行性疾病，除与钙的摄入有关外，还受到其他因素的影响，目前关于绝经期妇女的大样本人群补充试验以及荟萃分析表明，单纯增加钙的摄入对预防和控制中老年人骨质疏松和骨折的发生作用较小。

过量摄入钙也可能引起不良作用，如高钙血症、高钙尿、血管和软组织钙化，肾结石相对危险性增加等。也有研究表明绝经期妇女大量补充钙剂后，致细胞外钙水平升高，由于雌激素水平降低，对心脑血管的保护性下降，从而增加了绝经期妇女心脑血管疾病的发生风险。

二、铁

铁是人体重要的必需微量营养素，是活体组织的组成成分。体内铁的水平因年龄、性别、营养状况和健康状况的不同而异，人体铁缺乏仍然是世界性的主要营养问题之一。此外，铁过多的危害也越来越受到重视。由于铁既是细胞的必需元素，又对细胞有潜在的毒性作用，因此需要有高度精细的复杂调节机制，保证细胞对铁的需求，同时防止发生铁过量。正常人体内含铁总量约为30~40mg/（kg·bw），其中65%~75%的铁存在于血红蛋白，3%存在于肌红蛋白，1%存在于含酶类（如细胞色素、细胞色素氧化酶、过氧化物酶、过氧化氢酶等）、辅助因子及运铁载体中，此类铁称之为功能性铁。剩余25%~30%为储存铁，主要以铁蛋白和含铁血黄素形式存在于肝、脾和骨髓的网状内皮系统中。长期膳食铁供给不足，可引起体内铁缺乏或导致缺铁性贫血，多见于婴幼儿、孕妇及乳母。

1. 铁缺乏

铁缺乏儿童易烦躁，对周围人不感兴趣，成人冷漠呆板。当血红蛋白继续降低，则出现面色苍白，口唇黏膜和眼结膜苍白，与疲劳乏力、头晕、心悸、指甲脆薄、反甲等。儿童青少年身体发育受阻，体力下降，注意力与记忆力调节过程障碍，学习能力降低。孕早期贫血可导致早产、低出生体重儿及胎儿死亡。铁缺乏可分为三个阶段，第一阶段为铁减少期，该阶段体内储存铁减少，血清铁蛋白浓度下降，无临床症状。第二阶段为红细胞生成缺铁期，此时除血清铁蛋白下降外，血清铁降低，铁结合力下降，游离原卟啉浓度上升。第三阶段为缺铁性贫血期，血红蛋白和红细胞容积比下降。

2. 铁过量

机体虽然可以通过调节铁的吸收、转运、利用、储存及丢失以保持铁在机体内的平衡。然而，铁含量主要是通过吸收机制来控制，而缺乏将过多的铁排出体外的调节机制，一旦因某种原因导致铁吸收的机制受损，使转入血中的铁增加从而导致体内铁过量。

铁过量损伤的主要靶器官是肝脏，可引起肝纤维化和肝细胞瘤。铁过量可以使活性氧基团和自由基的产生过量，能够引起线粒体 DNA 的损伤，诱发突变，与肝脏、结肠、直肠、肺、食管、膀胱等多种器官的肿瘤有关。当铁过量时会增加心血管疾病的风险。

第六节　维生素与营养稳态

维生素是维持机体生命活动过程所必需的一类微量的低分子有机化合物。维生素包括脂溶性和水溶性两大类。

脂溶性维生素是指不溶于水而溶于脂肪及有机溶剂（如苯、乙醚、氯仿等）的维生素，包括维生素 A、维生素 D、维生素 E 和维生素 K。

水溶性维生素是指可溶于水的维生素，包括 B 族维生素（维生素 B_1、维生素 B_2、维生素 PP、维生素 B_6、维生素 B_{12}、泛酸、生物素、叶酸等）和维生素 C。

一、维生素 A

1. 维生素 A 缺乏

维生素 A 缺乏的临床表现主要是眼部和视觉以及其他上皮功能异常的症状和体征，主要表现在以下方面。

（1）眼部和视觉表现　干眼症是维生素 A 缺乏的典型临床特征之一，同时伴随的还有暗适应功能损伤导致的夜盲症。

（2）上皮功能表现异常　毛囊增厚是维生素 A 缺乏的皮肤表征。黏膜内黏蛋白生成减少，黏膜形态、结构和功能异常，可导致疼痛和黏膜屏障功能下降。

（3）胚胎生长和发育异常　维生素 A 的缺乏还会损伤胚胎生长，严重缺乏维生素 A 的实验动物多发生胚胎吸收现象，而存活下来的胚胎也会出现眼睛、肺、泌尿道和心血管系统畸形。人体缺乏维生素 A 时可能会导致肺脏功能异常。

（4）免疫功能受损　维生素 A 缺乏可导致血液淋巴细胞数、自然杀伤细胞数减少和特异性抗体反应减弱。维生素 A 摄入不足时，可观察到白细胞数下降，淋巴器官重量减轻，T 细胞功能受损和对免疫原性肿瘤抵抗力降低。在实验动物以及人体实验中，维生素 A 缺乏多导致体液和细胞免疫功能异常。

（5）感染性疾病的患病率和死亡率升高　维生素 A 缺乏可导致实验动物和人类感染性疾病发病率和死亡率增加，尤其是在发展中国家。患有轻度到中度维生素 A 缺乏症的儿童呼吸道感染和腹泻风险升高；患轻度干眼症儿童的死亡率是无干眼症儿童的 4 倍。给患麻疹的住院患儿补充大剂量维生素 A，能明显降低儿童病死率，减轻并发症的严重程度。研究显示，补充维生素 A 可降低幼儿腹泻和疟疾的严重程度。

2. 维生素 A 过量

维生素 A 的毒副作用主要取决于视黄醇及视黄酰酯的摄入量，并与机体的生理及营养状况有关。肝脏维生素 A 浓度超过 300mg/g 被认为是过量，并会引起相应临床毒性表现。急性维生素 A 过量的临床表现包括严重皮疹、头痛、假性脑瘤性昏迷而导致快速死亡。慢性过量相对更为常见，临床表现包括中枢神经系统紊乱性症状、肝脏纤维化、腹水和皮肤损伤。

（1）致畸作用　研究证实，13-顺式视黄酸具有致畸作用，因而担心人类大剂量补充维生素 A 可能会有致畸作用。大量动物实验证实，过量维生素 A 可致胚胎畸形。流行病学资料显示，过量摄入预先形成的维生素 A 可导致出生缺陷。最敏感的时期为胚胎生成期（孕早期），维生素 A 过量引起的出生缺陷主要发生于由脑神经演变的器官，如颅面畸形、中枢神经系统畸形（不包括神经管畸形）、甲状腺和心脏畸形等。估计长期每日摄入预先形成的维生素 A 超过 10000IU 就可致畸，口服视黄醇类似物治疗皮肤病可能出现这些出生缺陷。妊娠早期局部使用维生素 A 类似物，导致生长畸形的风险很小，甚至没有风险。

（2）肝脏损伤　动物实验和人体实验资料均证实，维生素 A 过量与肝功能异常之间存在非常明确的因果关系，这是因为肝脏是维生素 A 的主要储存器官，也是维生素 A 毒性的主要靶器官。维生素 A 过量引起的肝脏异常包括可逆性的肝脏酶活性升高、肝脏纤维化、肝硬化和死亡。

（3）增加心血管疾病风险　对心血管疾病的观察性研究发现，维生素 A 过量可能会增加心血管疾病风险。在美国成人的队列研究中，高血清视黄醇水平与高心血管疾病风险有关，但仅限于男性。目前的研究资料显示，β-胡萝卜素等类胡萝卜素的毒性很低。与维生素 A 不同，目前尚没有类胡萝卜素缺乏引起毒性的报道。过量摄入 β-胡萝卜素可导致胡萝卜素血症，出现暂时性皮肤黄染。有报道称，受试者长期摄入大量胡萝卜等食物或每日补充 30mg 或更多的 β-胡萝卜素时，即可发生胡萝卜素血症。减少这样的类胡萝卜素摄入后数天或数周，这些症状即可逆转。

二、维生素 D

1. 维生素 D 缺乏

维生素 D 缺乏会引起佝偻病（常见于婴幼儿缺乏维生素 D），表现为"O"形或"X"形腿、肋骨串珠、鸡胸、骨质软化症（常见于成人，尤其是孕妇、乳母和老人）、骨质疏松症（常见于老年人缺乏维生素 D）和手足痉挛症，表现为肌肉痉挛、小腿抽筋、惊厥等。

2. 维生素 D 过量

维生素 D 过量可引起维生素 D 过多症，摄入过量的维生素 D 可能会产生副作用。维生素 D 的中毒症状包括食欲缺乏、体重减轻、恶心、呕吐、腹泻、头痛、多尿等。预防维生素 D 中毒最有效的方法是避免滥用其膳食补充剂。

三、维生素 E

1. 维生素 E 缺乏

维生素 E 缺乏在人类中较为少见，但可出现在低体重的早产儿和脂肪吸收障碍的病人。缺乏维生素 E 时，可出现视网膜退行性病变、蜡样质色素沉积、溶血性贫血、肌无力、小脑共济失调等。

2. 维生素 E 过量

在脂溶性维生素中，维生素 E 的毒性相对较小。但摄入大剂量维生素 E（每天 0.8~3.2g）有可能出现中毒症状，如肌无力、视力模糊、恶心、腹泻以及维生素 E 的吸收和利用障碍。若补充维生素 E 制剂，每天不宜超过 400mg。

四、维生素 C

1. 维生素 C 缺乏

膳食摄入减少或机体需要增加又得不到及时补充时，可使体内维生素 C 储存减少，引起缺乏。若体内储存量低于 300mg，将出现缺乏症状，主要引起坏血病。临床表现如下。

（1）前驱症状　起病缓慢，一般 4~7 个月。患者多有全身乏力、食欲减退。成人早期还有齿龈肿胀，间或有感染发炎。婴幼儿会出现生长缓慢、烦躁和消化不良。

（2）出血　全身点状出血，起初局限于毛囊周围及齿龈等处，进一步发展可有皮下组织肌肉、关节和腱鞘等处出血，甚至形成血肿或瘀斑。

（3）牙龈炎　牙龈可见出血、松肿，尤以牙龈尖端最为显著。

（4）骨质疏松　维生素 C 缺乏可引起胶原蛋白合成障碍，骨有机质形成不良而导致骨质疏松。

2. 维生素 C 过量

维生素 C 毒性很低，但是一次口服 2~8g 时可能出现腹泻、腹胀。患有结石的病人，长期过量摄入可能增加尿中草酸盐的排泄，增加尿路结石的危险。

第七节　能量

人体通过摄取食物中的产能营养素（包括碳水化合物、脂肪和蛋白质）来获取能量，以维持机体各种生理功能和生命活动。

人体每日能量消耗主要包括基础代谢、体力活动和食物热效应三方面。

一、基础代谢

人体的基础代谢包括体力活动的能量消耗、食物的热效应、生长发育（婴幼儿、儿童和青少年）。

基础代谢是维持人体最基本的生命活动所必需的能量消耗，是指人体在清醒、空腹（饭后 12~14h）、安静而舒适的环境中（20~25℃），无任何体力活动和紧张的思维活动，全身肌肉松弛，消化系统处于安静状态下的能量消耗，即指人体用于维持体温、心跳、呼吸、各器官组织和细胞功能等最基本的生命活动能量消耗。

1. 人体每小时基础代谢率

基础代谢的能量消耗可根据体表面积和基础代谢率来计算。

基础代谢率是指人体处于基础代谢状态下，每小时每千克体重（或每平方米体表面积）的能量消耗。

影响基础代谢率的因素如下。

（1）体型与机体构成　相同体重者，瘦高体型的人体表面积大，其基础代谢率高于矮胖者；人体瘦体组织消耗的能量占基础代谢的70%~80%。所以，瘦体质量大、肌肉发达者，基础代谢水平高。

（2）年龄及生理状态　不同年龄段人群基础代谢率大小排序为婴幼儿>儿童>成年人>老年人；孕妇因合成新组织，基础代谢率增高。

（3）性别　同龄女性基础代谢率比男性低5%~10%。

（4）激素　甲状腺功能亢进时，基础代谢率明显增高。

（5）季节与劳动强度　一般冬季基础代谢率高于夏季，劳动强度高者基础代谢率高于劳动强度低者。

2. 体力活动

人体从事各种活动消耗的能量，主要取决于体力活动的强度和持续时间。

体力活动一般包括职业活动、社会活动、家务活动、休闲活动等，因职业不同造成的能量消耗差别最大。

中国营养学会专家委员会将中国人群的劳动强度分为轻、中、重3级。根据不同级别的体力活动水平（PAL）值，可推算出能量的消耗量。其中PAL值为24h总能量消耗与24h基础代谢量的比值。

3. 食物的热效应

食物的热效应也称食物的特殊动力作用，指人体摄食过程而引起的能量消耗额外增加的现象，即摄食后一系列消化、吸收、合成活动及营养素和营养素代谢产物之间相互转化过程中的能量消耗。

蛋白质的食物热效应最大，约相当于本身产热的30%，碳水化合物5%~6%，脂肪为4%~5%。

4. 生长发育

正在生长发育的机体还要额外消耗能量维持机体的生长发育。

婴儿每增加1g体重约需要20.9kJ能量。

二、能量代谢失衡

能量代谢失衡包括能量不足和能量过剩。

1. 能量不足

如果能量长期摄入不足，人体就动用机体储存的糖原及脂肪、蛋白质参与供热，造成人体蛋白质缺乏，出现蛋白质-能量营养不良，会出现心累、身体累、代谢慢、老得快等感觉（图10-2）。主要临床表现为：消瘦、贫血、神经衰弱、抵抗力低、体温低等。因贫穷及不合理喂养造成的儿童能量轻度缺乏较为常见。

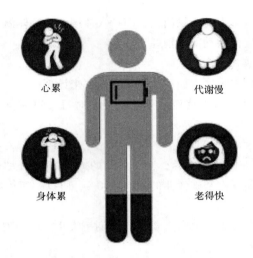

图 10-2　能量不足对人体的影响

2. 能量过剩

长期能量摄入过多，会造成人体超重或肥胖，血糖升高，脂肪沉积，肝脏脂肪增加，肝功能下降；过度肥胖还造成肺功能下降，易造成组织缺氧；肥胖并发症的发病率增加，主要有脂肪肝、糖尿病、高血压、胆结石症、心脑血管疾病和某些癌症。

第八节　代谢与代谢性疾病

新陈代谢是生命最基本的特征之一，包括物质代谢和能量代谢两个方面。机体通过物质代谢，从外界摄取营养物质，同时经过体内分解吸收将其中蕴藏的化学能释放出来转化为组织和细胞可以利用的能量，人体利用这些能量来维持生命活动。通常将在物质代谢过程中所伴随能量的释放、转移、储存和利用称为能量代谢。

代谢性疾病即因代谢问题引起的疾病，包括代谢障碍和代谢旺盛等原因，主要包括以下疾病：肥胖、高脂血症、高血压、高血糖、高尿酸、心血管疾病、脑血管疾病。

一、肥胖

肥胖是一种由多种因素引起的慢性代谢性疾病，是指体内脂肪堆积过多和（或）分布异常并达到危害健康的程度。

1. 肥胖的分类

（1）遗传性肥胖　主要是指遗传物质变异（如染色体缺失、单基因突变）导致的一种极度肥胖，这种肥胖比较罕见。

（2）继发性肥胖　主要指由于下丘脑-脑垂体-肾上腺轴发生病变、内分泌紊乱或其他疾病、外伤引起的内分泌障碍导致的肥胖。

（3）单纯性肥胖　主要指排除由遗传性肥胖、代谢性疾病、外伤或其他疾病所引起的继发性、病理性肥胖，而单纯由于营养过剩所造成的全身性脂肪过量堆积，是一种由基因和环境因素相互作用而导致的复杂性疾病，常表现为家族聚集倾向。

2. 食物与肥胖

（1）畜肉与肥胖　畜肉又称红肉，是人体蛋白质、矿物质和维生素的重要来源之一。畜肉中脂类的含量相对稳定，以饱和脂肪酸为主，过多摄入畜肉可能增加肥胖的发病风险。

（2）含糖饮料与肥胖　过多摄入含糖饮料可能增加超重或肥胖的发生风险。

（3）薯类与肥胖　薯类包括马铃薯、甘薯、木薯等，薯类除了提供丰富的碳水化合物、膳食纤维外，还有较多的矿物质、B 族维生素和维生素 C。薯类与肥胖的关系与薯类的烹饪方式密切相关，其中油炸薯片和薯条的摄入可增加超重和肥胖的发病风险，可能与其油炸方式导致的油脂含量较高有关。

3. 营养与肥胖

肥胖的发生是遗传因素和环境因素共同作用的结果，其根本原因是机体的能量摄入大于机体的能量消耗，从而导致多余的能量以脂肪形式储存。因此，膳食营养因素在肥胖发生的过程中发挥了非常重要的作用。

（1）生命早期营养与肥胖　生命早期是指胎儿期、哺乳期和断乳后的一段时间（一般指 3岁以内，又称"窗口期"）。

生命早期不良的膳食因素，包括妊娠期孕妇营养缺乏或过剩、完全人工喂养、过早断乳、过早添加辅食以及婴幼儿期营养过剩等，不仅可以直接影响婴幼儿体重及健康，还会增加成年后肥胖及相关慢性病的发病风险。相反，母乳喂养（完全母乳喂养或喂养时间相对较长）则有益于预防成年后肥胖的发生。

（2）膳食能量过剩与肥胖　当机体摄食量过大、能量摄入过多时，就会导致能量摄入过剩，大于机体能量的消耗，进而引起肥胖。

导致摄食量过大、能量摄入过多的因素有很多，主要包括遗传因素、社会、环境及心理因素和个人饮食习惯，后者包括进食速度、咀嚼次数、进食时间长短、吃夜宵或零食、三餐分配不合理等。

（3）宏量营养素与肥胖　任何产能营养素摄入过多都可能导致总能量摄入增加，从而导致肥胖。食物中的能量来源主要是宏量营养素，包括脂肪、碳水化合物和蛋白质。其中，膳食中脂肪（尤其是动物脂肪）摄入增加是导致近年来世界各国肥胖率不断增加的重要原因，这主要是由于脂肪能够提高食物的能量密度，容易导致能量摄入过多。

对于碳水化合物，传统的理论认为，膳食结构中碳水化合物的含量对肥胖只起到次要作用。但是近年来研究发现，伴随脂肪供能比的降低、碳水化合物供能比的上升，肥胖的发生率也在增加，如何分析膳食碳水化合物含量对肥胖的影响，目前学术界还存在较大争议。

对于蛋白质，在控制总能量的情况下，高蛋白饮食能够增加饱腹感，降低热量摄入，对肥胖者有减轻体重的作用。

（4）维生素和矿物质与肥胖　很多研究发现肥胖人群中普遍存在着多种维生素与矿物质的缺乏，但其与肥胖的因果关系还不确定。目前还没有确切的证据证明某种维生素或矿物质的营养状况能够导致肥胖的发生。

（5）膳食纤维与肥胖　膳食纤维具有高膨胀性和持水性，使多种营养成分吸收缓慢，具有防止肥胖的作用。膳食纤维还具有吸附胆酸、胆固醇的作用，降低血浆胆固醇，防止肥胖；能延缓糖类的吸收并能减少食物的消化率，也能起到控制体重的作用。

二、"三高"疾病

"三高"是高血脂、高血压、高血糖的总称。

研究表明这三者临床疾病的聚集并非偶然。1988 年美国著名内分泌专家 Reaven 教授首先将高血糖中的胰岛素抵抗、高胰岛素血症、糖耐量异常、高血脂中的高甘油三酯血症和高血压等心血管疾病危险因素的组合概括为"X 综合征"，即现在医学界所说的代谢综合征。

1. 高血压

高血压系一种以体循环动脉收缩期和（或）舒张期血压持续升高为主要特点的心血管疾病。通常是收缩压/舒张压小于 140/90mmHg 为正常，而大于等于 140/90mmHg 则为高血压。

（1）食物与高血压

①高盐膳食。大量人群研究证实，高盐（钠）膳食（包括烹饪用盐、腌制食品、食品加工添加钠盐等）增加高血压发病风险。

②脂类。增加脂肪占膳食能量比例，可导致血压升高；增加多不饱和脂肪酸（PUFA）和减少饱和脂肪酸（SFA）的摄入有利于降低血压。

③酒精。少量饮酒有扩张血管的作用，但大量饮酒反而导致血管收缩。酒精与高血压相关的确切机制仍不明确。

过量饮酒是高血压发病的危险因素，人群高血压患病率随酒精量增加而升高。如果每天平均饮酒>3 个标准杯（1 个标准杯相当于 12g 酒精，约为 360g 啤酒，或 100g 葡萄酒，或 30g 白酒），收缩压和舒张压分别升高 3.5mmHg 和 2.1mmHg，且血压上升幅度随着饮酒量的增加而增大。过量饮酒可诱发急性脑出血或心肌梗死。

④其他因素。为数不多的专注于食物与高血压的研究有：虾和贝类以及海藻摄入、经常饮茶有助于降低血压。

（2）营养与高血压

①钾。钾盐摄入量与血压呈负相关，膳食补充钾对高钠引起的高血压降压效果明显，可能与钾促进尿钠排泄、舒张血管、减少血栓素的产生有关。

②钙。补充钙对钠敏感性高血压的降压效果尤为显著。

③镁。镁与高血压关系的研究资料有限，一般认为镁的摄入量与高血压发病风险呈负相关。

2. 高脂血症

高脂血症是指血中胆固醇或甘油三酯过高或高密度脂蛋白胆固醇过低，现代医学称之为血脂异常。它是导致动脉粥样硬化的主要因素，是心脑血管病发生发展的危险因素。它发病隐匿，大多没有临床症状，故称为"隐形杀手"。

（1）动脉粥样硬化　动脉粥样硬化是一种炎症性、多阶段的退行性复合型病变，见图 10-3。

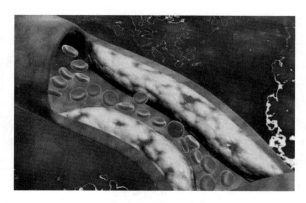

图 10-3　动脉粥样硬化

（2）食物与动脉粥样硬化

①全谷类食物。与精制谷物相比，全谷物保留有更多的膳食纤维、蛋白质、维生素和无机盐，能量密度也相对较低。综合研究显示，增加全谷物（如燕麦、大麦、小麦等全谷物）摄入量（每天 1~3 份，约 30~90g）可通过降低血脂、血压，缓解冠心病和脑卒中等危险因素，降低心血管疾病的发病风险；增加燕麦、荞麦、小米等全谷物的摄入可通过改善脂代谢而有助于降低心血管疾病风险。

②蔬菜水果。蔬菜水果含有丰富的膳食纤维、维生素、矿物质以及植物化学物。人群研究显示，增加水果蔬菜的摄入可降低心血管疾病的发病率和死亡率。

③动物性食品。畜禽肉蛋乳、鱼、虾、贝壳含有丰富的优质蛋白，是非素食者膳食结构的重要组成部分。研究表明，禽肉、新鲜畜肉摄入量与心血管疾病风险无明确关系，但过多摄入加工畜肉（烟熏、腌渍肉制品等）可增加心血管疾病风险。

由于蛋黄中富含胆固醇，一些人选择不吃或少吃鸡蛋。研究表明，每天吃一个鸡蛋，对一般人群发生心血管疾病的风险无影响，但对于糖尿病病人可能增加患冠心病的风险。鱼肉含有丰富的多不饱和脂肪酸、维生素和矿物质，增加鱼肉摄入可降低心血管疾病（CVD）和脑卒中的发病风险。为数不多的研究报道，未发现虾、贝类食物摄入与 CVD 风险的关系；乳类摄入与 CVD 的关系也不明显。

④大豆及其制品。大豆及其制品富含蛋白质、矿物质、大豆异黄酮。

综合结果显示，增加大豆及其制品的摄入，有利于降低血总胆固醇、低密度脂蛋白胆固醇和甘油三酯。

⑤添加糖、含糖饮料。国外的人群研究显示，过多糖和含糖饮料的摄入（尤其是果糖）可增加血脂异常的风险，但基于中国人群的研究资料较少。

⑥其他食物。油脂：多项研究的综合结果提示，膳食摄入动物油脂和橄榄油与心血管疾病的发生风险无关，棕榈油摄入可增加血脂异常的风险。

酒：多项研究表明，饮酒对心血管疾病危险呈 J 型曲线关系，酒精摄入 5~25g/d 可对心血管疾病有保护作用；但是大量饮酒可导致肝脏损伤，脂代谢紊乱，升高血胆固醇和低密度脂蛋白胆固醇水平，增加心血管疾病的风险。

钠盐：人群研究显示，高盐摄入增加脑卒中、CVD 发病风险，升高血压从而导致血管壁水肿成为可能的机制。

（3）营养与动脉粥样硬化

①膳食脂肪酸。单不饱和脂肪酸：摄入富含单不饱和脂肪酸的橄榄油较多的地中海居民，尽管脂肪摄入总量较高，但冠心病的病死率较低。以富含单不饱和脂肪酸的油脂如橄榄油和茶油替代富含 SFA 的油脂，可以降低血 LDL-C 和甘油三酯，而且不会降低 LDL-C 水平。

②磷脂。磷脂是一种强乳化剂，可使血液中胆固醇颗粒变小，易于通过血管壁为组织所用，从而降低血胆固醇，避免胆固醇在血管壁的沉积，有利于防治动脉粥样硬化。

③膳食纤维。膳食纤维的摄入量与心血管疾病的风险呈负相关。有降低血总胆固醇和低密度脂蛋白胆固醇的作用，可溶性膳食纤维的作用强于不可溶性膳食纤维。

④维生素 E。作为具有抗氧化活性的脂溶性维生素，维生素 E 对动脉粥样硬化心血管疾病防治作用的研究较多。流行病学资料显示，维生素 E 的摄入量与心血管疾病的风险呈负相关。

⑤植物固醇。植物固醇在肠道内可以与胆固醇竞争性形成"胶粒"，抑制胆固醇的吸收，有效降低高脂血症病人血液中的总胆固醇和 LDL-C。

3. 高血糖

高血糖是机体血液中葡萄糖含量高于正常值，是机体内一个独立存在的病理改变，病变部位在血液，病变性质是血糖代谢紊乱。高血糖的临床表现可以是显性的症状，如口干渴、饮水多、尿多、消瘦；也可以是隐性的症状，无明显主观不适。根据病因不同，糖尿病可分为 1 型糖尿病、2 型糖尿病和妊娠期糖尿病。

（1）食物与糖尿病

①畜肉。大量摄入畜肉可提高血清胆固醇以及低密度脂蛋白胆固醇的水平，与多种慢性疾病发生风险之间存在一定关联。有研究表明，与不摄入畜肉相比，每天摄入 150g 畜肉的人群 2 型糖尿病的发病风险显著增加。

②含糖饮料。含糖饮料包括果汁饮料、运动饮料、碳酸饮料等。研究显示，与每月饮用少于 1 次或不饮用者相比，每天饮用 1~2 次者发生 2 型糖尿病的风险显著增加。

（2）营养与糖尿病　铬是葡萄糖耐量因子的主要组成成分，膳食补充三价铬对糖尿病有积极的预防和辅助治疗作用。

硒最重要的生物学功能是抗氧化、清除自由基，所以适当补硒可以改善胰岛素自由基防御系统和内分泌细胞的代谢功能，缓解糖尿病病情，预防糖尿病并发症，改善糖尿病预后。

讨论：糖尿病自我管理的 5 驾马车

糖尿病是一组以高血糖为特征的代谢性疾病。高血糖则是由于胰岛素分泌缺陷或其生物作用受损，或两者兼有。患糖尿病时长期存在的高血糖，导致各种组织，特别是眼、肾、心脏、血管、神经的慢性损害、功能障碍。糖尿病的病因主要包括遗传因素和环境因素。

对于糖尿病病人这个特殊群体，他们应该和我们健康人群一样饮食吗？我们该如何为他们制定"特殊食谱"？除了饮食外，他们还能采取哪些措施改善自己的病情？你知道糖尿病自我管理的 5 驾马车指什么吗？

思考题

1. 思考营养稳态和营养失衡分别包括哪些类别。

2. 思考营养失衡给人体健康带来哪些危害，并举例说明。

3. 思考代谢性疾病的类别和主要成因有哪些。

参考文献

［1］Sacks，F. M.，Lichtenstein，A. H.，Wu，J. H. Y.，et al. Dietary fats and cardiovascular disease：a presidential advisory from the American Heart Association ［J］. Circulation，2017，136（3）：e1-e23.

［2］Wang，D. D.，Hu，F. B. Dietary fat and risk of cardiovascular disease：recent controversies and advances ［J］. Annual Review of Nutrition，2017，37：423-446.

［3］Zheng，B.，Shen，H.，Han，H.，et al. Dietary fiber intake and reduced risk of ovarian cancer：a meta-analysis ［J］. Nutrition Journal，2018，17：99.

［4］Kunzmann，A. T.，Coleman，H. G.，Huang，W. Y.，et al. Dietary fiber intake and risk of colorectal cancer and incident and recurrent adenoma in the Prostate，Lung，Colorectal，and Ovarian Cancer Screening Trial ［J］. American Journal of Clinical Nutrition，2015，102（4）：881-890.

［5］Lie，L.，Brown，L.，Forrester，T. E.，et al. The association of dietary fiber intake with cardiometabolic risk in four countries across the epidemiologic transition ［J］. Nutrients，2018，10（5）：628.

［6］Fullerton-Smith，J.，曾育慧. 食物的真相 ［M］. 北京：电子工业出版社，2015.

膳食模式与膳食指南

第一节　营养流行病学

营养流行病学是应用流行病学的方法，研究人群营养以及营养与健康和疾病关系的科学。营养流行病学的研究目的是确定膳食因素在人类与营养有关疾病中的作用，特别是在慢性疾病中的重要作用，在一般因果关系建立之后，将流行病学的发现转变成面向大众的膳食建议来预防疾病，降低慢性疾病发生的危险和预防营养不良。

营养流行病学的应用包含以下方面。

（1）人群营养状况调查以及各类人群的营养调查，了解人群的营养现状及营养变化趋势。

（2）对膳食指南的制定有指导意义。如《中国居民膳食指南（2016）》中的第三条指出，多吃蔬菜、乳类、大豆，其根据就是大量流行病学的研究结果，即含丰富蔬果、乳类、大豆的膳食对降低慢性病的发病风险具有重要作用。

（3）研究营养与疾病的关系。

①确定与营养有关疾病的病因。例如，早期应用流行病学的基本方法，在18世纪中叶观察到新鲜水果和蔬菜对坏血病的治疗作用，并最终发现维生素C的缺乏是导致坏血病的原因。

②研究与营养有关疾病的分布情况。通过研究分布上的差异如居民的饮食特点、饮食习惯、特殊嗜好、膳食组成等，为与营养有关疾病的预防措施提供依据。

③研究营养在慢性疾病中的作用。

（4）人群营养的干预研究及对人群健康状况影响的评价。对人群进行营养干预，改善人群的营养和健康状况，预防疾病的发生，例如，我国开展的食盐加碘，目的是改善人群碘的营养状况，预防碘缺乏病。

传统营养流行病学研究关注的是一种或几种单一的食物或营养素对健康与疾病的影响。日常饮食是含有多种食物的混合膳食，很难区分是哪一种膳食成分在起作用，也很难排除各成分之间的交互作用。食物对健康与疾病的影响是多种膳食因素共同作用的结果。因此，研究膳食模式对健康和疾病的影响更加科学合理。

第二节　当今世界各国的膳食模式

膳食模式是指一个国家、一个地区或个体日常膳食中各类食物的种类、数量及其所占的比例。目前世界范围内具有代表性的膳食模式主要分为东方膳食模式、经济发达国家膳食模式、日本膳食模式和地中海膳食模式。

一、东方膳食模式（植物性食物为主的膳食模式）

东方膳食模式的主要特点如下。

（1）东方膳食模式是大多数发展中国家的膳食模式（如印度、巴基斯坦和非洲一些国家）。

（2）基本以植物性食物为主，动物性食物为辅。谷物食品消费量大，年人均消费量达到 200kg，而动物性食物的年人均消费量仅为 10~20kg。动物性蛋白质一般占总蛋白质量的 10%~20%，低者不足 10%；植物性食物提供的能量占总能量的近 90%。

（3）食物中膳食纤维充足，动物性脂肪较低，有利于血脂异常和冠心病等慢性病的预防。

（4）蛋白质、脂肪摄入量均低，来自于动物性食物的营养素如铁、钙、维生素 A 摄入会不足，容易出现蛋白质和能量营养不良，导致体质较弱，健康状况不良，劳动能力降低。

二、经济发达国家膳食模式（以动物性食物为主的膳食模式）

经济发达国家膳食模式的主要特点如下。

（1）多数欧美发达国家的膳食模式（如美国、西欧和北欧地区），属于营养过剩型饮食。

（2）膳食结构以动物性食物为主，以提供高能量、高脂肪、高蛋白质、低纤维为主要特点，人均日摄入蛋白质 100g 以上、脂肪 130~150g、能量高达 13794~14630kJ。

（3）谷物消费少，人均每年消费量为 60~75kg；动物性食物为主，糖类消费量大。人均每年消费肉类 100kg 左右、乳和乳制品 100~150kg、蛋类 15kg、糖类 40~60kg。

（4）与以植物性食物为主的膳食结构相比，营养过剩是此类膳食结构国家人群所面临的主要健康问题。心脏病、脑血管疾病和恶性肿瘤已成为导致西方人死亡的三大原因，尤其是心脏病死亡率明显高于发展中国家。为此，美国膳食指南强调，在选择食物时吃多种营养密集的食物和饮料，限制摄入含有高脂肪、高胆固醇、高糖和酒精的食物，并增加蔬菜、水果和谷类（特别是全谷类制品）的摄入量。

三、日本膳食模式（动、植物性食物平衡的膳食模式）

日本膳食模式的主要特点如下。

（1）膳食中动物性食物与植物性食物比例比较适当。

（2）谷类的消费量为年人均约 94kg；动物性食物消费量年人均约 63kg，其中海产品所占比例达到 50%，动物蛋白质占总蛋白质的 42.8%；能量和脂肪的摄入量低于以动物性食物为主的欧美发达国家，每天能量摄入保持在 8260kJ 左右。宏量营养素供能比例为碳水化合物

57.7%，脂肪26.3%，蛋白质16.0%。

（3）少油、少盐、多海产品。

（4）该类型的膳食能量能够满足人体需要，又不至于过剩，蛋白质、脂肪和碳水化合物的供能比例合理。来自于植物性食物的膳食纤维和来自于动物性食物的营养素如铁、钙等比较充足，同时动物脂肪又不高，有利于避免营养缺乏病和营养过剩疾病，促进健康。此类膳食结构已经成为世界各国调整膳食结构的参考。

四、地中海膳食模式

1. 地中海膳食模式的主要特点如下。

（1）地中海膳食模式以食用橄榄油为主 由于橄榄油中的脂肪有降低人体低密度脂蛋白、升高高密度脂蛋白的功能，同时还具有增强心血管功能及抗氧化、抗组织衰老的作用。

（2）地中海膳食模式的动物蛋白以鱼类为主 鱼类蛋白质目前被认为是蛋白质中的高级蛋白，其次为牛肉、鸡等，而植物蛋白中的豆类也对人体有多种益处，地中海模式豆类摄入高出东方膳食结构近两倍。

（3）在碳水化合物摄入方面，虽然东方膳食模式中蔬菜的摄取量较多，但地中海膳食模式中水果、薯类加蔬菜总量远高于东方膳食模式。

（4）地中海膳食模式中饮酒量高于东、西方，以红葡萄酒为主 红葡萄酒在酿制过程中将皮和籽一起酿造，现已证明常饮葡萄酒有降脂、降血糖、强心和抗衰老等多种功效。

此类膳食模式的突出特点是饱和脂肪酸摄入量低，膳食含大量复合碳水化合物，蔬菜、水果摄入量较高。地中海地区居民心脑血管病发生率低，已引起其他国家的广泛关注，各国纷纷效仿这种膳食模式以改进本国居民的膳食结构。

2. 地中海膳食模式具体的实践方法

（1）把主要食物调整为蔬食（以蔬菜与水果等植物为主要材料的食品）；

（2）避免黄油等饱和脂肪油，选用菜籽油、橄榄油等健康用油；

（3）以草本植物与佐料为主要调味剂，避免过多食盐与味精的使用；

（4）每周至少吃两次鱼类或海鲜；

（5）与家人和朋友一起享受美食；

（6）适量地饮用红酒；

（7）坚持锻炼身体。

3. 地中海餐典型食谱举例（图11-1）

图11-1 地中海餐典型食谱举例

早餐：豆浆 1 杯、1 颗煮鸡蛋、蔬菜沙拉、新鲜草莓 1 杯；

上午加餐：低脂酸乳 1 杯加果块；

午餐：煎鱼片、干煸四季豆或其他炒蔬菜（避免高盐）、西瓜、糙米饭 1 碗；

下午加餐：1 杯鲜榨果汁；

晚餐：宫保鸡丁、凉拌黄瓜、1 碗粥或是米饭、1 份水果。

五、防止高血压的饮食方法（DASH）膳食模式

防止高血压的饮食方法（Dietary Approaches to Stop Hypertension，DASH）是由 1997 年美国发起的一项大型高血压防止计划发展出来的饮食法，即可以有效缓解高血压的饮食，不仅对缓解高血压有帮助，对于血压、血糖、血脂的控制也非常明显。

DASH 膳食模式的原则是多吃全谷食物和蔬菜。全谷食物和蔬菜富含膳食纤维、钙、蛋白质和钾，有助于控制或降低高血压；适度吃瘦禽肉和鱼类将有益心脏；如果爱吃甜食，就多吃水果，拒绝饭后甜点；限制食盐摄入量，最好以辣椒等调味料和柠檬取代额外食盐。

1. DASH 膳食模式具体实践方法

（1）脱脂乳制品每天 2~3 份（每份为 225g 牛乳）；

（2）水果每天 4~5 份（每份为中等大小水果 1 份）；

（3）蔬菜每天 4~5 份（每份为 1 杯新鲜蔬菜，或是煮制好的半杯）；

（4）瘦肉、家禽、鱼每天少于 2 份（每份约为 85g）；

（5）坚果、豆类每周 4~5 份（每份为 1/3 杯坚果）；

（6）五谷杂粮每天 6~8 份（每份为半杯米饭，尽量选择粗粮）；

（7）脂肪和油每天 2~3 份（每份为 1 茶匙，选择低脂产品）；

（8）每天盐的摄入量控制在 2.3g 以下。

2. DASH 餐典型食谱举例

早餐：2 个煎蛋、1 杯低脂牛乳、1 杯草莓（可替换其他水果）；

加餐：5 片全麦小饼干、1 个橙子；

午餐：1 碗糙米饭、鸡肉炒西蓝花、1 碗蔬菜汤；

加餐：8 颗榛果；

晚餐：1 碗黑米粥（或其他粗粮粥）、红烧大虾、白灼生菜、1 杯葡萄。

六、弹性素食

"弹性素食（Flexitarian）"指的是一种全新的素食方式。这个英文单词也是新创的词语，由 Flexible（灵活的）和 Vegetarian（素食者）拼合而成。"弹性素食"最初由众多热衷瑜伽的素食者而来，因为他们发现适度的、有"弹性"地食用动物性饮食，比纯素食对健康、瘦身、塑形等更为有益，因而推崇这一饮食方式。和传统素食者不同，弹性素食除了食用新鲜蔬菜以外，偶尔选择吃一些清淡的鱼和肉，主要补充蔬菜中比较缺少的营养物质。

一般说来，弹性素食有 3 大特点：一是在大量食用植物性食物的基础上，根据个人情况适度食用动物性食物，一般每周 1 次，最多不超过 3 次；二是动物性食物主要以鱼类为主，尽量避免肉类，鱼类富含蛋白质及不饱和脂肪酸，因而更有益健康；三是尽量保持健康的烹饪方式，同时注意食物品种多样化，以实现营养均衡。

　　1. 弹性素食具体的实践方法

　　（1）控制肉类的摄取，每周控制在 1~3 次；

　　（2）把以下 5 类食品加入膳食中："新肉类"：豆腐、豆类、瓜籽、鸡蛋、水果与蔬菜、全麦食品、乳制品（低脂）、调味料等。

　　2. 弹性素食餐典型食谱举例

　　早餐：甜/咸豆花、1 颗茶叶蛋、新鲜水果；

　　加餐：8 块燕麦饼干；

　　午餐：鸡丝凉面、白灼西蓝花或其他炒蔬菜（避免高盐）、1 份新鲜水果；

　　加餐：10 颗坚果、1 杯茶；

　　晚餐：蔬菜豆腐砂锅、凉拌木耳、1 碗小米粥或其他粗粮粥、1 份水果。

第三节　中国居民的膳食结构

一、我国传统的膳食结构

　　我国居民传统的膳食以植物性食物为主，谷类、薯类和蔬菜的摄入量较高，肉类的摄入量较低，豆制品总量不高且随地区而不同，乳类消费在大多数地区不多。此种膳食结构的特点如下。

　　（1）高碳水化合物　我国南方居民多以大米为主食，北方居民则以小麦制品为主食，谷类食物的供能比例占 70% 以上。

　　（2）高膳食纤维　谷类食物和蔬菜中所含的膳食纤维丰富，因此我国居民膳食纤维的摄入量较高，这也是我国传统膳食最具备的优势。

　　（3）低动物脂肪　我国居民传统的膳食中动物性食物的摄入量很少，动物脂肪的供能比例一般在 10% 以下。

二、我国居民的膳食结构现状及存在的问题

　　目前我国食物总量供求已基本平衡，居民膳食结构趋向合理，居民膳食模式逐渐从东方膳食模式向发达国家膳食模式转变（图 11-2）。近 10 年来，我国城乡居民的膳食和营养状况有了明显改善，营养不良和营养缺乏患病率持续下降，同时我国仍然面临着营养缺乏与营养过度的双重挑战。城市和农村居民动物性食物分别由 1992 年的人均每日消费 210g 和 69g 上升至 248g 和 126g。与 1992 年相比，农村居民膳食结构趋向合理，优质蛋白质占蛋白质总量的比例从 17% 增加至 31%，脂肪供能比由 19% 增加至 28%，碳水化合物供能比由 70% 下降至 61%。

　　但我国人口众多，城乡居民食物结构中还存在着问题，畜肉类及油脂消费过多，谷类食物消费偏低。此外，一些营养缺乏病依然存在，如儿童营养不良，维生素 A、铁等微量元素缺乏是我国城乡居民普遍存在的问题。

　　目前，我国居民膳食结构存在的主要问题如下。

　　（1）大多数城市脂肪供能比例已经超过 30%，且动物性食物来源脂肪所占的比例较高；

（2）农村居民的膳食结构已渐趋于合理，但动物性食物来源脂肪所占的比例同样较高；

（3）钙、铁、维生素 A 等微量营养素摄入不足是当前膳食的主要问题。

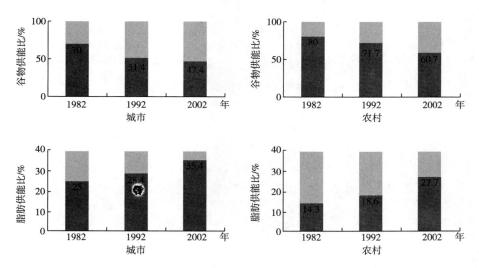

图 11-2 我国居民膳食模式逐渐从东方膳食模式向发达国家膳食模式转变

第四节 中国居民膳食指南

膳食指南是指由政府和科学团体根据营养科学的原则和人体的营养需要，结合当地食物生产供应情况及人群生活实践，专门针对食物选择和身体活动提出的指导意见。2016 年 5 月 13 日，由原国家卫生和计划生育委员会疾病预防控制局发布并实施《中国居民膳食指南（2016）》，是为了提出符合我国居民营养健康状况和基本需求的膳食指导而制定的一本指南建议书。该指南由一般人群膳食指南、特定人群膳食指南和中国居民平衡膳食实践三个部分组成，同时推出了中国居民膳食宝塔（2016）（图 11-3）、中国居民平衡膳食餐盘（2016）和儿童平衡膳食算盘等三个可视化图形，指导大众在日常生活中进行具体实践。2016 版的《中国居民膳食指南（2016）》提出了 6 条核心推荐：食物多样，谷类为主；吃动平衡，健康体重；多吃蔬果、乳类、大豆；适量吃鱼、禽、蛋、瘦肉；少盐少油，控糖限酒；杜绝浪费，兴新食尚。为方便百姓应用，还特别推出了《中国居民膳食指南（2016）》科普版，帮助百姓做出有益健康的饮食选择和行为改变。

一、食物多样，谷类为主

食物多样是平衡膳食模式的基本原则。谷物为主是平衡膳食的基础，谷类食物含有丰富的碳水化合物，它是提供人体所需能量的最经济、最重要的食物来源。

本条指南的关键推荐内容包括：

（1）每天的膳食应包括谷薯类、蔬菜水果类、畜禽肉蛋乳类、大豆坚果类等食物。

盐	<6g
油	25~30g
乳及乳制品	300g
大豆及坚果类	25~35g
畜禽肉	40~75g
水产品	40~75g
蛋 类	40~50g
蔬菜类	300~500g
水果类	200~350g
谷薯类	250~400g
全谷物和杂豆	50~150g
薯类	50~100g
水	1500~1700mL

图 11-3 中国居民平衡膳食宝塔（2016）

（2）平均每天摄取 12 种以上食物，每周 25 种以上。

（3）每天摄入谷薯类食物 250~400g，其中全谷物和杂豆类 50~150g，薯类 50~100g。

（4）食物多样、谷类为主是理想膳食模式的重要特征。

1. 全谷物、薯类摄入与人体健康的证据（表 11-1）

表 11-1　　　　　　　　全谷物、薯类摄入与人体健康的证据

食物类别	与健康的关系	可信等级
全谷物	可降低 2 型糖尿病的发病风险	B
	可降低心血管疾病的发病风险	B
	可降低直肠癌的发病风险	B
	减少体重增加的风险	B
燕麦	具有改善血脂异常的作用	B
薯类	可降低便秘的发生风险	C

注：A：确信的证据；B：很可能的证据；C：可能的证据；D：证据不足。

2. 做到食物摄入多样化

（1）选择小分量。

（2）同类食物替换　例如今天吃米饭，明天可以吃面条，而后天又可以食用小米粥、全麦馒头等。尽量在一段时间里保证品种更换、多种多样。

（3）巧搭配营养好　包括粗细搭配、荤素搭配、色彩搭配。

建议摄入的主要食物品种类别如表 11-2 所示。

表 11-2　　　　　　　　　　　　建议摄入的主要食物品类数（种）

食物类别	平均每天种类数	每周至少品种数
谷类、薯类、杂豆类	3	5
蔬菜、水果类	4	10
畜、禽、鱼、蛋类	3	5
乳、大豆、坚果类	2	5
合计	12	25

注：不包括油和调味品。

3. 半斤水果一斤蔬菜

按照《中国居民膳食指南（2016）》的推荐摄入量（可食部分的生重），每天水果 200~400g，每天蔬菜 300~500g，即每天半斤水果（250g）1 斤蔬菜（500g）。新鲜蔬菜和水果中含有非常丰富的维生素、矿物质以及膳食纤维，特别是维生素 C，人体所需的维生素 C 主要通过日常摄入蔬菜来进行补充。每天摄入充分的蔬果不仅能补充人体所必需的各类营养素，还有助于人体消化吸收。世界卫生组织（WHO）在 2004 年的报告中曾指出，世界范围内 19% 的胃肠道癌、31% 的血管性心脏病和 11% 的中风发病都与蔬果摄入量的缺失有密切关联。据估计，摄入适量的蔬果每年可以挽救 170 万人的生命。

每天半斤水果 1 斤蔬菜听上去非常多，其实不然。1 个中等大小苹果体积的水果就大约180g（去核后的可食部分），做一盘菜所需要的蔬菜生重就接近 400g。此外，蔬菜水果也不是吃得越多越好。蔬菜因为炒菜需要加油加盐，烹调或许并不重口，但因为吃的总量太多，同样可能伴随油盐的摄入超标。水果虽然是健康食物，但本身也含糖有热量，吃多了同样长胖。

蔬菜水果热量密度低，营养价值高，对预防癌症、心血管疾病、糖尿病、体重控制和便秘都有益处。蔬菜和水果在营养和口味上各有特点，不能相互替代。每天大约半斤水果 1 斤蔬菜，既能满足身体的健康需要，又不会因过量而带来其他健康风险。

二、吃动平衡，健康体重

人类每天摄取食物，食物经过消化、吸收和代谢产生了热能，转化为人类生命活动中的能量。当能量摄入增加时，过剩的能量会转化为脂肪，使体重增加，长此以往易导致超重和肥胖；当运动时，代谢加快而能量消耗增多，体内的糖和脂肪消耗而使体重减轻（图 11-4）。因此，如何维持饮食、运动与能量平衡是保持身体和体重健康的关键。

本条指南的关键推荐内容包括：

（1）各年龄段人群都应天天运动、保持健康体重；

（2）食不过量，控制总能量摄入，保持能量平衡；

（3）坚持日常身体活动，每周至少进行 5d 中等强度身体活动，累计 150min 以上；主动身体活动最好每天 6000 步（表 11-3）；

（4）减少久坐时间，每小时起来动一动；

（5）减少高能量食品的摄入（糕点甜品、油炸食品等），减少在外就餐或聚餐。

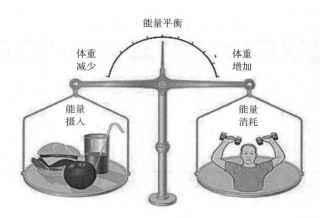

图 11-4　饮食、运动与能量平衡

表 11-3　　　　　推荐的成人身体活动量　［《中国居民膳食指南（2016）》］

	推荐活动量	时间
每天	主动性运动，相当于快步走 6000 步	30~60min
每周	每周至少进行 5d 中等强度身体活动	150min
提醒	减少久坐时间	每小时动一动

身体质量指数（BMI）是国际上常用的衡量人体肥胖程度和是否健康的重要标准，主要用于统计分析。肥胖程度的判断不能采用体重的绝对值，它天然与身高有关。因此，BMI 通过人体体重和身高两个数值获得相对客观的参数，并用这个参数所处范围衡量身体质量，其计算公式为：BMI＝体重/身高的平方（国际单位 kg/m^2）

根据 WHO 制定的标准，亚洲人的 BMI 若高于 22.9 便属于过重。亚洲人和欧美人属于不同人种，WHO 的标准不是非常适合中国人的情况，为此制定了中国参考标准（表 11-4）。

表 11-4　　　　　　　　　　　　BMI 分类及参考标准

BMI 分类	WHO 标准	亚洲标准	中国参考标准	相关疾病发病的危险性
偏瘦	<18.5	<18.5	<18.5	低（但非肥胖相关疾病危险性增加）
正常	18.5~24.9	18.5~22.9	18.5~23.9	平均水平
超重	≥25	≥23	≥24	
偏胖	25.0~29.9	23.0~24.9	24.0~26.9	增加
肥胖	30.0~34.9	25.0~29.9	27.0~29.9	中度增加
重度肥胖	35.0~39.9	≥30	≥30	严重增加
极其重度肥胖	≥40			非常严重增加

三、多吃蔬果、乳类、大豆

新鲜蔬菜水果、乳类和大豆及制品是平衡膳食的重要组成部分，对提高膳食微量营养素和植物化学物的摄入量起到重要作用。

本条指南的关键推荐内容包括：

（1）蔬菜水果是平衡膳食的主要组成部分，乳类富含钙，大豆富含优质蛋白质；

（2）餐餐有蔬菜，每天至少 300~500g 蔬菜，深色蔬菜应占蔬菜总量的 1/2；

（3）天天吃水果，保证每天摄入 200~350g 新鲜水果，果汁不能代替鲜果；

（4）吃各种各样的乳制品，相当于每天喝液态乳 300g；

（5）经常吃豆制品，适量吃坚果。

食物与人体健康关系的研究发现，蔬菜水果的摄入不足，是世界各国居民死亡前十大高危因素。新鲜蔬菜和水果能量低，微量营养素丰富，也是植物化合物的来源。蔬菜水果摄入可降低脑卒中和冠心病的发病风险以及心血管疾病的死亡风险，降低胃肠道癌症、糖尿病等的发病风险，循证研究科学证据等级高。乳类和大豆类食物在改善城乡居民营养，特别是提高贫困地区居民的营养状况方面具有重要作用。在各国膳食指南中，蔬果乳豆类食物都作为优先推荐摄入的食物种类。目前，我国居民蔬菜摄入量逐渐下降，水果、大豆、乳类摄入量仍处于较低水平（图 11-5）。

蔬菜和水果富含维生素、矿物质、膳食纤维，且能量低，对于满足人体微量营养素的需要，保持人体肠道正常功能以及降低慢性病的发生风险等具有重要作用。蔬果中还含有各种植物化合物、有机酸、芳香物质和色素等成分，能够增进食欲，帮助消化，促进人体健康（表 11-5）。乳类富含钙，是优质蛋白质和 B 族维生素的良好来源；乳类品种繁多，液态乳、酸乳、干酪和乳粉等都可选用。我国居民长期钙摄入不足，每天摄入 300g 乳或相当量乳制品可以较好补充不足。大豆富含优质蛋白质、必需脂肪酸、维生素 E，并含有大豆异黄酮、植物固醇等多种植物化合物。增加乳类摄入有利于儿童少年生长发育，促进成人骨骼健康。另外坚果富含脂类和多不饱和脂肪酸、蛋白质等营养素，是膳食的有益补充。

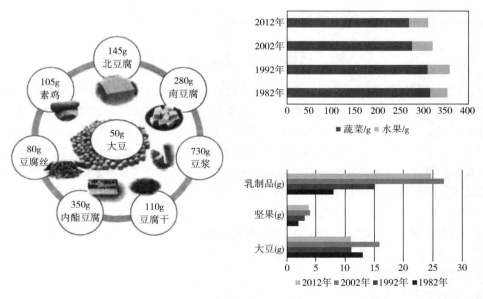

图 11-5　豆类食物互换图（按蛋白质含量）以及我国蔬果、乳类、大豆消费现状（1982—2012 年）

表 11-5 水果、蔬菜与健康的关系

食物类别	与健康的关系	观察人群	可信等级
蔬菜和水果	可降低心血管疾病的发病风险	中国、美国、欧洲和巴西人群，共 1431477 人	B
	可降低肺癌的发病风险	中国、欧洲和美国人群，共 517892 人	B
	可能降低糖尿病的发病风险	欧洲和美国人群，共 638836 人	C
蔬菜	可降低心血管疾病的发病及死亡风险	美国、欧洲、中国和日本人群，共 67.8 万人	B
	可降低食管癌和结肠癌发病风险；与胃癌和直肠癌的发病风险无关；十字花科蔬菜可降低胃癌和结肠癌发病风险	中国、欧洲、美国和日本人群，共 169.4 万人	B
	绿叶菜降低 2 型糖尿病发病风险；未发现蔬菜总量与 2 型糖尿病发病风险有关	美国、欧洲、中国和日本人群，共 29.1 万人	B
水果	可降低心血管疾病的发病风险	美国、欧洲和亚洲人群，共 687705 人	B
	可降低女性成年人的体重增长风险	美国、欧洲、亚洲和澳大利亚人群，共 373803 人	B
	可降低主要消化道癌症的发病风险	美国、欧洲、亚洲和澳大利亚等人群，共大于 180 万人	B

四、适量吃鱼、禽、蛋、瘦肉

鱼、禽、蛋和瘦肉均属于动物性食物，富含优质蛋白质、脂类、脂溶性维生素、B 族维生素和矿物质等，是平衡膳食的重要组成部分。此类食物蛋白质的含量普遍较高，其氨基酸组成更适合人体需要，利用率较高，但脂肪含量较多，能量高，有些含较多的饱和脂肪酸和胆固醇，摄入过多也会增加肥胖和心血管疾病等发病风险，应适量摄入。水产类脂肪含量相对较低，且含有较多的不饱和脂肪酸，对预防血脂异常和心血管疾病等有一定的作用，可首选。

本条指南的关键推荐内容包括：

（1）鱼、禽、蛋和瘦肉摄入要适量；

（2）每周吃鱼 280～525g，畜禽肉 280～525g，蛋类 280～350g，平均每天摄入总量 120～200g；

（3）优先选择鱼和禽类；

（4）吃鸡蛋不弃蛋黄；

（5）少吃肥肉、烟熏和腌制肉食品。

1. 科学证据：鱼肉、畜肉与人体健康

鱼肉属于白肉，而畜肉多属于红肉。红肉是指在烹饪前呈现出红色的肉，例如猪肉、牛肉、羊肉、鹿肉、兔肉等哺乳动物的肉都是红肉；红肉的颜色来自肉中的肌红蛋白，红肉含有较高的饱和脂肪。白肉包括鱼类、禽类（包括蛋）、两栖类等，与红肉相比，白肉的脂肪含量更低，不饱和脂肪酸含量更高。

鱼肉属于白肉，100g 鱼肉所含脂肪不足 2g，而 100g 香肠含脂肪多于 10g。即便是最油腻的挪威鲑鱼，其所含的热量也比猪排少一半。鱼肉是蛋白质的重要来源，与畜肉相比更容易被人体吸收，100g 鱼肉能提供人体每天所需蛋白质的一半。鱼肉还供给人体所需要的维生素 A、维生素 D、维生素 E 等。鱼肉中还含有多种不饱和脂肪酸，可预防止心脏病的发生，并能强健大脑并对神经组织以及眼睛的视网膜有益，对孕妇和婴儿来说，这些脂肪酸更是不可缺少。

人群实验结果表明，食用鱼肉和禽蛋类白肉能够降低心血管疾病和脑卒中的发病风险；而过多食用畜肉等红肉，可能增加男性全死因死亡风险，以及 2 型糖尿病、结直肠癌和肥胖的发病风险。但这并不能说明红肉是不能摄入的，相比白肉，红肉中含有更丰富的铁、锌、维生素 B_{12}、维生素 B_1、核黄素和磷等人体所需要的营养素。摄入适当的红肉还可能降低贫血的发病风险。

2. 鱼、禽、蛋、瘦肉食用注意事项

（1）适量摄入；

（2）采用合理的烹饪方式，如炒、烧、爆、炖、蒸、熘、焖、炸、煨等；

（3）减少营养损失，避免有害变化；

（4）挂糊上浆，可增加口感，又可减少营养素丢失；

（5）多蒸煮，少烤炸。既要喝汤，更要吃肉。

五、少盐少油，控糖限酒

食盐是食物烹饪或加工的主要调味品，也是人体所需要的钠和氯的主要来源。目前我国多数居民的食盐摄入量过高，过多的盐摄入与血压升高有关，因此要降低食盐的摄入，少吃高盐食品。烹调油包括植物油、动物油和调和油，是人体必需脂肪酸和维生素 E 的主要来源，也有助于食物中脂溶性维生素的吸收和利用。目前我国居民烹调油摄入量过多（图 11-6），脂肪供能的比例过大。过多的脂肪摄入会增加慢性病的患病风险，因此建议减少烹调油用量。添加用糖是纯能量食物，不含其他营养成分。过多摄入添加糖可增加龋齿、超重肥胖发生的风险。对于儿童少年来说，含糖饮料是添加糖的主要来源之一，建议不喝或少喝含糖饮料。过量饮酒与多种疾病相关，会增加肝损伤、痛风、心血管疾病和某些癌症发生的危险。因此，一般不推荐饮酒，即使喝酒也要控制。水是膳食的重要组成部分，是一切生命必需的物质，在生命活动中发挥重要功能，建议饮用白开水或茶作为水分补充的主要来源。

本条指南的关键推荐内容包括：

（1）培养清淡饮食习惯，少吃高盐和油炸食品。成人每天食盐不超过 6g，每天烹调油 25～30g；

（2）控制添加糖的摄入量，每天摄入不超过 50g，最好控制在 25g 以下；

（3）足量饮水，成年人每天 7～8 杯（1500～1700mL），提倡饮用白开水和茶水；

（4）不喝或少喝含糖饮料；

（5）儿童少年、孕妇、乳母不应饮酒。成人如饮酒，成年男性和女性的一天最大饮酒量建议分别不超过 25g 和 15g。

其中，要控制成人每天食盐不超过 6g，应学会科学合理的控盐方法，包括：

（1）学习量化，食用限盐勺罐；

（2）替代法，烹调时多用醋、柠檬汁、香辛料、姜等调味，替代一部分盐和酱油；

（3）适量肉类，肉类烹饪时用盐较多；

（4）烹饪方法多样；

（5）少吃零食，零食多为高盐食物，看标签拒绝高盐食物，一般可按 1g 钠盐相当于 400mg 钠、1g 钠相当于 2.5g 食盐折算。

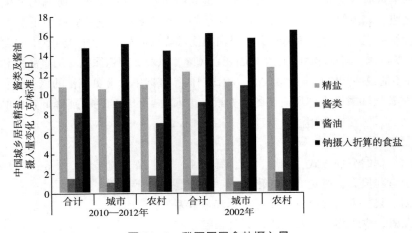

图 11-6　我国居民食盐摄入量

六、杜绝浪费，兴新食尚

我国人口众多，食物浪费问题比较突出、食源性疾病状况也时有发生。减少食物浪费、注重饮食卫生、兴饮食新风对我国社会可持续发展、保障公众健康、促进家庭亲情具有重要意义。

本条指南的关键推荐内容包括：

（1）珍惜食物，适量备餐，提倡分餐不浪费；

（2）选择新鲜卫生的食物和适宜的烹饪方式；

（3）食物制备生熟分开、熟食二次加热要热透；

（4）学会阅读食品标签，合理选择食品；

（5）多回家吃饭，享受食物和亲情；

（6）传承优良文化，兴饮食文化新风。

讨论：从地中海膳食模式的营养与安全奥秘看我国膳食模式的持续改进

地中海膳食模式以食用橄榄油为主，橄榄油具有增强心血管功能及抗氧化、抗组织衰老的作用。地中海膳食模式中的动物蛋白质以鱼类最多，鱼类蛋白质目前认为是蛋白质中的高级蛋白，其次为牛肉、鸡等。而植物蛋白中的豆类也对人体有多种益处，地中海膳食模式豆类摄入高出东方膳食结构近两倍。与我国此前的膳食模式相比，地中海膳食模式的蔬菜和水果的摄入更多一些。

目前我国食物总量供求已基本平衡，居民膳食结构趋向合理，但仍存在许多问题：

（1）仍未完全摆脱东方膳食模式，植物性食物摄入多于动物性食物，乳制品摄入较少；

（2）地区差异巨大，沿海地区动物性食物，特别是海产品摄入足量，膳食模式较为平衡，但内陆地区和西部地区的膳食模式仍以植物性食物为主，且海产品的摄入较少；

（3）优质蛋白质和优质脂肪摄入较少，导致我国人群肥胖率以及心脏疾病发病率逐年上升。

对此，我们仍需要改进我国目前的膳食模式，根据不同地区经济发展情况及饮食环境制定合适的膳食计划，包括：

（1）沿海地区的海产品丰富，优质蛋白和优质脂肪的来源多，其膳食模式可以向地中海膳食模式靠拢，多摄入海产品以获得优质蛋白质，植物性食物和动物性食物摄入要均衡，增加五谷杂粮的摄入；

（2）内陆地区要增加海/河产品的摄入，增加乳制品的摄入，保持植物性食物与动物性食物的占比均衡；

（3）西部地区首先要保证蛋白质、碳水化合物、脂肪的足量摄入，在此基础上逐渐增加动物性食物的摄入和乳制品的摄入。

我国目前的膳食模式近些年来已经有了显著的进步，虽然与地中海模式或日本膳食模式相比仍有不足的地方，但随着经济的不断发展，我国的膳食模式也会得到进一步的改善。

从地中海膳食模式的营养与安全奥秘的视角出发，你对我国膳食模式持续改进还有哪些具体的看法？

思考题

1. 为什么地中海沿岸的国家心脏病发病率远低于欧美发达国家？

2. 与日本膳食模式和地中海膳食模式相比，东方膳食模式和发达国家膳食模式有哪些需要改进的地方？

3. 如果你是一名营养师，你的顾客是一名三高（高血压、高血糖、高血脂）患者，请你为他设计两份不同的一天膳食计划以供他选择。

参考文献

［1］李静，曾珠，朱雪娇等.亚洲各国膳食营养素参考摄入量的比较及蛋白质最佳摄入量的探讨［J］.预防医学情报杂志，2019，35（7）：759-763.

［2］乔昂，杨光，陶菲.我国与美国膳食指南的比较研究［J］.质量探索，2018，15（2）：63-69.

［3］何婷超，薛勇，焦玮玉等.日本膳食模式与健康关系［J］.营养学报，2016，38（4）：318-321.

［4］郑瑞丹，姜莹，黄巧静.地中海膳食具体组成有哪些，对人体有何益处？［J］.肝博士，2018，（1）：54-55.

［5］Makarewicz-Wujec，M.，Henzel，J.，Kruk，M.，et al. DASH diet decreases CXCL4 plasma concentration in patients diagnosed with coronary atherosclerotic lesions［J］.Nutrition，Metabolism and Cardiovascular Diseases，2020，30（1）：56-59.

［6］阚竞宇，周鹏．素食与动脉粥样硬化危险因素相关性研究进展［J］．心血管病学展，2018，39（5）：862-866.

［7］杨月欣，张环美．《中国居民膳食指南（2016）》简介［J］．营养学报，2016，38（3）：209-217.

［8］喻京英．半斤水果一斤菜 水果首次进餐盘［J］．决策探索（上半月），2016，（6）：88.

［9］Steck，S. E.，Murphy，E. A.．Dietary patterns and cancer risk［J］．Nature Reviews Cancer，2020，20（2）：125-138.

食品安全法律法规

第一节　我国食品安全法律法规的历史与现状

一、食品安全问题现状

在食品的种植或养殖、加工、包装、储存、运输、销售、消费等环节中都有可能发生食品安全问题。各方面因素导致的食品不安全表现在以下几方面。

（1）种植和养殖过程中的污染。首先，大量使用农药、化肥、动植物激素等导致蔬菜水果化学品残留物过多，这就影响了食品的安全性。此外，这一过程还可能受到来自大气、土壤、水的污染而导致的间接污染。倘若是使用不合格的农药、有害饲料添加剂或是操作上的不规范（如农药施用时间不合理），则还会导致附加的不安全因素。

（2）食品加工过程中的安全问题。食品生产加工过程是食品安全问题引发的主要阶段，农民在粮食种植环节使用化肥农药，会造成食物材料的不安全。在食品加工环节，一是一些生产企业在原材料进货上把关不严，甚至使用已污染或变质的原材料；二是有的企业在食品添加剂使用方面不规范，特别是一些功能、类别相同的添加剂重复、叠加使用，造成添加剂超标；三是一些企业检验检测设备跟不上食品安全需求，而企业又缺乏委托至有资质检测机构检验的意识；四是个别食品生产企业诚信缺失，为追求利益，超范围使用添加剂，甚至使用非法添加物质。

（3）食品储存和运输过程中的安全问题。食品储存和运输环节具有较高的要求，不恰当的储存和运输环节势必会对食品安全造成一定影响，有些食品经销单位在食品进货后并未按照要求进行严格的储存进而引发一些食品污染事件。

（4）消费过程中的安全问题。食品消费是食品流通的最后一个环节，在此过程中同样存在着潜在的食品安全问题。例如，一些餐饮企业对一次性物品反复利用或者并未对餐具进行严格的消毒。

在市场经济的大背景下，企业以追求利润的最大化作为自身的终极目标，但利益最大化必须建立在合法以及道德的基础之上的。目前我国的情况却是许多商家为了追求最大商业利益，采取许多不道德甚至是危害人民生命安全的手段来降低成本，获取更多的利益。食品原料的假冒伪劣、食品加工过程添加剂的滥用、非食用物质的非法添加，以及市场准入制度的不完善，市场监督管理等方面的原因，导致食品安全问题频发。表 12-1 所示为 2008—2015 年我国爆发的多起严重的食品安全事件。

表 12-1　　　　2008—2015 年国内爆发的重大食品安全事件一览表（部分）

事件名称	问题食品	爆发年份	问题物质	问题
三鹿奶粉事件	婴幼儿乳粉	2008 年	三聚氰胺	肾结石，严重者死亡
瘦肉精事件	猪肉	2009 年	瘦肉精	头晕、手脚颤抖，甚至死亡
小龙虾事件	小龙虾	2010 年	洗虾粉	横纹肌溶解症
罗丹明 B 事件	调味料	2011 年	罗丹明 B	致癌物质
毒胶囊事件	药用胶囊	2012 年	工业明胶	重金属铬超标，损害脏器
镉大米	大米	2013 年	重金属镉	神经痛、骨痛、骨癌
福喜食品	肉类	2014 年	变质肉类	恶心、呕吐、腹泻、腹痛
僵尸肉	肉类	2015 年	走私冻肉	可能携带细菌、病毒

二、食品安全问题的原因分析

对于食品安全的隐患问题，众多国内学者对其进行了研究，而这些研究中以政府角度出发的居多。我国目前食品安全问题频繁发生的症结在于法制建设存在着突出问题。第一，我国尚未形成科学完善的食品安全法律体系和保障制度，食品安全保障制度还存有空白，现有法律法规难以概括目前的食品安全问题；第二，食品安全监管责任划分不明确，职责交叉严重，往往导致职责不能得到有效的落实；第三，现行法律对相应违法行为所规定的行政处罚缺乏相应的力度，违法成本过低，根本无法起到应有的震慑效果，法律救济制度运行成本过高。此外，我国人民对食品安全法律法规的认知存在严重不足，消费者缺乏食品安全知识和安全意识。例如，有研究人员采用随机发放调查问卷的形式，以兰州市近郊 4 区为覆盖范围，调查了公众日常遇到食品安全问题的态度。经调查数据统计显示，超过 52.8% 的公众在遇到食品安全事件时不懂得利用法律武器保护自己，和商家沟通无效后自认倒霉；有 37.4% 的公众表示知道采取何种途径保障自身利益，但觉得麻烦，损失并不大而不了了之；仅有 9.8% 的公众表示有向相关部门反映，但得到有效回应的约占投诉人数的 62.6%。

三、我国食品监管法律制度的历史演变

1. 计划经济时代的食品卫生监督管理制度（1949—1978 年）

1949 年建国时，我国物质匮乏，经济亟待发展。受到那时社会的经济发展水平和食品科学局限性的限制，在较长一段时期里我国的食品安全主要表现为因食品卫生问题而引起的食品中毒事件，因此当时食品安全问题基本上就是食品卫生问题。卫生行政部门为食品领域的主管部门，负责对食品的生产、销售进行技术指导和监督管理，而对食品的监督管理在当时只是卫生防疫部门一个并不重要的职责。

1953 年，原卫生部颁布了我国首个有关食品卫生的部门规章——《清凉饮食物管理暂行办法》。但该办法位阶较低，且只针对某一类食品。1965 年，我国制定了《食品卫生管理试行

条例》，这是国内第一个食品卫生领域的行政法规。该条例与当时的计划经济体制相适应，监督管理主要采用行政手段，如开展思想教育或比赛运动，奖惩措施也以表扬或批评为主，司法机关在其中的作用很少。

2. 经济转轨时期的食品监管制度（1979—1994 年）

1979 年，国务院通过并公布了《食品卫生管理条例》。随着我国经济的发展和改革开放的深入，人民的生活水平逐步提高，与食品相关的产业得到长足发展。食品产业的从业人员骤增，食品领域不再由国有企业垄断，出现了多种所有制企业并存的局面。这一时期，全国的食品卫生和食品中毒事件逐年上升，食品卫生状况堪忧，新出现的集体和私营食品企业一直处于监管体系之外。此前以行政主管部门为主的食品监管制度无法应对新形势的变化，食品安全的立法工作遂提上日程。

1982 年，当时的全国人大常委会颁布《食品卫生法（试行）》，食品安全立法由此从行政法规提升到法律的层面，对食品领域的监督管理制度做出重大调整。依据该法，卫生部门主要承担食品安全的监管职责，成为食品卫生监管的主体；建立食品生产经营的卫生许可制度；开始着手培养食品卫生监督管理的专业人员，由此建立起一支专门的食品监管执法队伍。食品卫生监督制度初步建立起来，食品卫生成为食品监督管理的主要工作。但该法受当时我国社会、经济情况的影响，仍带有许多计划经济时代的特点。它虽然明确了卫生行政部门对食品安全监管的主导地位，但同时仍然规定了各类主管部门对本部门内食品安全的管理权，如规定各"食品生产经营企业的主管部门负责本系统的食品卫生工作，并对执行本法情况进行检查"。依据这部法律，工商行政管理部门负责城乡集市的卫生监督，农牧渔业部门负责牲畜、禽、兽类的卫生检疫，国家进出口商品检验部门负责出口食品的管理，国家商业部负责粮油、副食品、饮食服务的监督。食品卫生的监督涉及多个部门，各部门之间的责任不清晰；各主管部门负责本系统的食品管理，造成政企合一，食品生产者、经营者及其主管部门就是食品卫生的监督管理者等；在诸如铁路、交通这样的特殊单位体系里，卫生行政部门无法对食品监管起到主导作用，只能处于辅助地位。这种食品安全的监管方式仍然没有摆脱以往的内部监管模式。

从 20 世纪 80 年代末，我国已经逐渐从计划经济体制向市场经济体制过渡，食品产业在数量上、生产经营规模、所有制类型、技术手段等方面都出现了前所未有的复杂变化，需要纳入监督管理的范围不断扩大，食品企业开始追求商业利润。20 世纪 90 年代初，我国继续推进改革开放，提出转变政府职能、政企分开、赋予企业自主权。中央政府撤销了 7 个部委，食品领域的政企合一体制逐渐消失，食品企业成为独立的市场经济主体，《食品卫生法（试行）》不再适应新的形势。

3. 市场经济体制下的食品安全监管法律制度（1995—2014 年）

1995 年，《食品卫生法》出台。该法废除了原有体制下主管部门的管理职权，规定"国务院卫生行政部门主管全国食品卫生监督管理工作"，卫生部门在食品领域进行监管的主要地位得以确立。这表明我国对食品安全的监督管理制度发生重大改变，以往主管部门的内部监管方式转变为由国家对食品卫生进行外部监督的方式，卫生行政部门在食品卫生管理中成为国家管理的主体。这一时期，原卫生部还相继颁布了《新资源食品卫生管理办法》（1990 年 7 月）、《保健食品卫生管理办法》（1996 年 3 月）、《辐照食品卫生管理办法》（1996 年 4 月）、《食品卫生监督程序》（1997 年 3 月）、《食品中毒事故处理办法》（1999 年 12 月）、《餐饮业食品卫生管理办法》（2000 年 1 月）、《食品添加剂管理办法》（2002 年 3 月）、《转基因食品卫生管理办法》（2002 年 4 月）等一批部门规章，形成了以《食品卫生法》为统领，以部门规章为主体的食品监管法律制度。由于建立起一个相对统一的监管体系，食品卫生状况得到很大改善，这一点从全国食品中毒事故比例逐年下降可以得到印证。

然而，这样的状况只持续到 2003 年。随着改革开放的深入和市场经济的确立，我国食品产业迅猛发展。食品产业的概念扩展到从农业种植养殖、农产品加工、食品生产加工、食品销售直至餐饮行业，涉及从田间到餐桌的整个过程和各个环节，原有的食品卫生概念显然无法涵盖食品产业的扩展，原来的以餐饮消费环节为主要管理对象的监管体系越来越显露出其滞后性。与此同时，新型食品安全事件的发生也使食品监督管理部门和公众意识到，食品卫生只是食品安全监督过程中的一个环节，食品安全问题有可能存在于从农产品生产直至食品消费的各个环节。农产品种植中化肥和农药的使用、养殖过程中饲料受到污染、食品加工中添加的化学物质、食品企业为追求利润而人为添加有害物质等等，这些因素均可导致危害公众健康的食品安全问题。为应对食品产业的新变化，1998 年国务院进行机构改革时对食品监管职责作出调整。原卫生部不再负责审批和发布食品卫生国家标准，该职能转由新成立的国家质量技术监督局承担，农业部门负责初级农产品生产的质量安全监管工作，工商部门负责流通领域的食品质量监管职能。由此，食品安全的"分段监管"机制初具雏形。

尽管国务院根据食品领域的变化做出了调整，但似乎食品安全情况并未如人们期待的那样发展。食品安全事件自 2003 年之后频繁发生，其中不乏震惊全国的重大食品安全事件，例如，安徽阜阳的毒奶粉事件。相对于食品领域的发展变化，《食品卫生法》的调整范围显然过于狭窄，食品卫生的概念已不能覆盖从生产到消费的整个过程，无法与当时的食品安全监管形势相适应。

2004 年 9 月，国务院颁布《国务院关于进一步加强食品安全工作的决定》，依据该规定，由农业部门负责初级农产品生产环节的监管，质检部门负责食品加工环节的监管，工商部门负责食品流通环节的监管，卫生部门负责餐饮业和食堂等消费环节的监管，由食品药品监督管理部门负责组织对食品安全的综合监督、组织协调和依法组织查处重大事故。至此，确立了由多个部门分段监管为主、品种监管为辅的食品安全监督管理制度。为适应我国食品领域的发展状况，2009 年 6 月全国人大常委会颁布了食品领域的基本法《中华人民共和国食品安全法》（以下简称《食品安全法》），该法将食品种植养殖、生产加工、流通销售和餐饮消费这四大环节纳入调整范围，实现了对食品从种植养殖环节到餐饮消费的全过程监管。该法针对我国食品安全方面的问题，确立了食品质量安全监管体制，规定了食品安全风险评估和检测、食品安全信息公布、食品召回等制度，强化了对保健食品和食品添加剂的监管，确立了惩罚性赔偿制度，对食品安全标准的制定、食品检验机构的资质认定条件和检验规范的制定及组织查处食品安全重大事故等问题作出规定。

《食品安全法》显然顺应了食品产业和食品安全概念的变化，但仍然存在着一些缺陷。首先，该法并没有从根本上改变多个部门对食品安全进行分段监管的现状。《食品安全法》规定成立国家食品安全委员会，并再次明确了各部门在食品安全监管中的职权。但食品安全委员会的职权只是组织和协调，并未发挥应有的作用。食品安全涉及卫生部门、食品药品监督管理部门、工商管理部门、农业部门、质量检验监督部门等多个部门，各部门分段监管造成部门之间权限交叉、分工不清，部门之间无法共享信息、资源，在执法过程中难以做到协调一致。一旦发生食品安全问题，各部门之间互相推诿，问责机制不明晰。这样的监管模式损害了国家作为监管主体的统一性和权威性。其次，该法强调国家作为主体的行政监管职权，但缺乏对食品安全进行社会监督的规定。食品安全属于公共安全，与每个公民密切相关并涉及各方利益，只依靠国家公权力的行政监管远远不够，还需要社会公众的参与。民间组织、行业协会、新闻媒体、消费者等公众的参与既是公民管理国家的权利，又是对食品安全最广泛、最直接的监督。

4. 修订完善中的《食品安全法》（2015 年至今）

《食品安全法》颁布后的几年间，我国的食品安全问题依然严峻，甚至发生多起引起广泛关注的食品安全事件，例如，三鹿奶粉事件、地沟油事件、为肯德基供货的福喜腐肉事件等。由于食品安全领域的情况变化，《食品安全法》已滞后于时代的需求。2015 年 4 月，全国人大常委会审议通过了新修订的《食品安全法》。新修订的《食品安全法》共 154 条，对 70% 的条文进行了实质性修改。新法对食品安全监管制度做出重大修改，不再由各部门各管一段，而是建立了从农产品种养殖、生产、储存、流通直至餐饮环节的全过程严格监管机制。新法增设了"预防为主、风险管理、全程控制、社会共治"的食品安全基本原则，明确规定了食品药品监督管理总局、卫生计生委、工商等部门的职责，强化了食品安全的基层监管。在监管制度方面，增加了食品安全风险交流、食品安全风险自查、食品安全全程追溯制度、食品安全保险、食品安全有奖举报制度等多项制度。新法强调食品生产经营者的主体责任、食品安全的源头治理，制定了严格的法律责任，规定了食品安全的社会共治制度。新法还对食品标签、婴幼儿食品质量控制、网购食品质量保障等问题进行补充规定。2018 年，国务院机构进行改革，食品安全监督管理的综合协调工作由新组建的国家市场监督管理总局负责，具体工作由食品安全协调司、食品生产安全监督管理司、食品经营安全监督管理司、特殊食品安全监督管理司及食品安全抽检监测司等内设机构负责。而药品安全的监督管理工作则由国家药品监督管理局承担，其也由国家市场监督管理总局管理。将食品与药品的监督管理分割开来，从而明确区分了食品与药品的不同性质，使食品与药品的监督管理步入科学的管理轨道，有助于实现食品安全的长治久安。《食品安全法》（2018 修订版）也为配合此次国务院机构改革应运而生，于 2018 年 12 月 29 日正式实施。然而由于食品安全形势发展的复杂性，面对保健品泛滥、养生学渐起、外卖风行等新情况新特点，食品安全的监管链条也亟须补足。为了解决由于环境发展而产生的新的食品安全问题，进一步完善保障食品安全的工作，提升食品安全治理能力，国务院发布了新修订的《中华人民共和国食品安全法实施条例》，于 2019 年 12 月 1 日起正式实施，又进行了多处完善：严控源头风险、严查掺杂掺假、严格"处罚到人"、严惩失信失德、严打恶意违法。五个"严"是对《食品安全法》（2018 年修订版）的进一步升华。

四、《食品卫生法》存在的主要问题

通常所讲的食品卫生，是指食品污染和有害因素对人体的危害。而食品安全，则包括了保障食品原料、加工、运输、销售等一系列环节的合法有序以及相关各方的责任。食品安全的监管已经超越了打击假冒伪劣、杜绝过期变质等质量管理层面，而是上升到基于精确而严格的元素含量、生产环境等细致指标基础上的强制性食品安全标准时代。因此，食品安全比食品卫生的内涵更丰富，涵盖范围更广，要求层次更高，意义更加重大。

《食品卫生法》存在的主要问题有：①食品标准不完善、不统一，标准中一些指标不够科学；②规范、引导食品生产经营者重质量、重安全还缺乏较为有效的制度和机制；③食品检验机构不够规范、责任不够明确；④食品安全信息公布不规范、不统一，导致消费者无所适存；⑤有的监管部门监管不到位、执法不严格，部门间存在职责交叉。

从食品卫生到食品安全，不只是监管理念的转变，更是监管观念上的转变，即从注重食品干净、卫生以及对食品安全监管的外在为主，转变为深入到食品生产经营的内部进行监管，这个转变的目的就是要解决食品生产经营等环节存在的安全隐患。不仅要使用严格的标准和严肃的罚则对食品生产经营者进行规范和约束，更要使用完善的执法程序和强大的问责力度对食品安全监管部门提出更高要求。

五、《中华人民共和国食品安全法实施条例》（2019）内容解读

《中华人民共和国食品安全法实施条例》（以下简称《实施条例》）于 2019 年 3 月 26 日国务院第 42 次常务会议修订通过，并于 10 月第 721 号国务院令签署，2019 年 12 月 1 日起正式实施。《实施条例》共 10 章 86 条。《实施条例》将落实最严厉处罚、最严肃问责、最严格监管和最严谨标准，在产地环境、农业投入品、生产加工过程、销售、储存、运输、消费等食品安全的各个环节都落实"四个最严"要求，夯实企业责任，加大违法成本，震慑违法行为。《实施条例》强化了食品安全监管，要求县级以上人民政府建立统一权威的监管体制，加强监管能力建设，补充规定了随机监督检查、异地监督检查等监管手段，完善举报奖励制度，并建立严重违法生产经营者黑名单制度和失信联合惩戒机制。同时，《实施条例》完善了食品安全风险监测、食品安全标准等基础性制度，强化食品安全风险监测结果的运用，规范食品安全地方标准的制定，明确企业标准的备案范围，切实提高食品安全工作的科学性。此外，《实施条例》进一步落实了生产经营者的食品安全主体责任，细化企业主要负责人的责任，规范食品的储存、运输，禁止对食品进行虚假宣传，并完善了特殊食品的管理制度。《实施条例》还完善了食品安全违法行为的法律责任，规定对存在故意实施违法行为等情形单位的法定代表人、主要负责人、直接负责的主管人员和其他直接人员处以罚款，并对新增的义务性规定相应设定严格的法律责任。"最严要求"将有助于提升整个餐饮行业发展，筑牢"舌尖上的安全线"。以下为《实施条例》修订中的亮点解读。

1. 明确食品安全国家标准允许提前实施

《实施条例》第十三条做出规定，食品安全国家标准公布以后，允许提前实施，但要求企业公开提前实施情况。食品安全国家标准从公布到实施往往会间隔一定的时间，关于食品安全国家标准能否提前实施，除了《食品安全国家标准　速冻面米制品》（GB 19295—2011）等部分标准明确说明允许或鼓励提前实施之外，其他的食品标准并没有统一的说法，因此以前一直是行业内疑惑的问题。本条规定解决了行业内多年的疑惑，对于食品安全国家标准的贯彻实施将会起到重要的推动和促进作用，为积极按照新标准进行生产经营的食品企业提供了更大的空间。值得一提的是，实施条例并未就如何公开提前实施情况做出说明。或许在预包装食品标签上标注新的执行标准，有可能是公开提前实施情况的一种有效方式。但具体还要期待新的预包装食品标签通则标准中的相应规定。

2. 进一步明确制定食品安全地方标准的范围

《实施条例》第十一条和第十二条在《食品安全法》第二十九条的基础上进一步明确制定食品安全地方标准的范围，即食品安全地方标准主要针对地方特色食品制定，国务院卫生行政部门发现备案的食品安全地方标准违反法律、法规或者食品安全国家标准的，应当及时予以纠

正。并且保健食品、特殊医学用途配方食品、婴幼儿配方食品等特殊食品不属于地方特色食品，不得对其制定食品安全地方标准。结合《实施条例》和《食品安全法》的规定来看，食品安全地方标准的范围仅仅局限于地方特色食品，且主要在本地范围内适用。可以推断，随着食品标准的清理和食品安全国家标准体系的建设和进一步完善，未来食品安全地方标准的数量将大为减少。

3. 明确企业标准备案相关问题

《实施条例》第十四条明确了企业标准备案相关问题，包括如下三个方面：第一，企业不得制定低于食品安全国家标准或者地方标准要求的企业标准，重申了企业标准的备案范围必须是严于食品安全国家标准和地方标准；第二，继续明确企业标准应当报省、自治区、直辖市人民政府卫生行政部门备案，这一点表明食品行业的企业标准必须经过备案才可以使用，其他的声明方式不能代替备案；第三，强调企业标准应当公开，供公众免费查阅。据了解，目前并不是所有省份的食品企业标准都已经全部公开，这离《实施条例》的要求还有一定距离，相信随着《实施条例》的实施，各省公开的食品企业标准会越来越多。对于企业产品符合食品安全国家标准但不符合企业标准这种情形的定性及其相应的法律责任，《实施条例》第七十四条做出了规定。对于这一问题，以前行业内一直存在疑惑和争议，有观点认为这种产品属于不符合食品安全标准的产品，应按照食品安全法的相应条款进行处罚；也有观点认为这种产品仅是标签不合格，应按照标签不合格的情形进行处理。《实施条例》进一步明确了这种情形的处理方式。

4. 明确规定非食品经营者从事某些食品贮运业务应进行备案

《实施条例》第二十五条明确规定非食品经营者从事对温度、湿度等有特殊要求的食品储存业务的，应当自取得营业执照之日起30个工作日内向所在地县级人民政府食品安全监督管理部门备案。这是对《食品安全法》第三十三条做出的进一步规定，体现了对全产业链食品安全监管的要求。

5. 明确回收食品定义并规定相应处置方式

《食品安全法》第三十四条规定禁止使用回收食品作为原料生产食品，第一百二十三条则规定了相应的法律责任。《实施条例》第二十九条明确了回收食品定义并规定相应处置方式。在实施条例发布之前，关于回收食品的定义主要出自原质检总局于2006年发布的关于严禁在食品生产加工中使用回收食品作为生产原料等有关问题的通知（国质检食监〔2006〕619号）。除了明确定义外，《实施条例》还规定对于回收食品等应进行显著标示或者单独存放在有明确标志的场所，及时采取无害化处理、销毁等措施并如实记录。

6. 进一步明确易非法添加的非食用物质的相关规定

早在2009年，原卫生部就开始陆续公布了六批次易滥用的食品添加剂和易非法添加的非食用物质名单及名单中部分物质的检测方法，这六批次名单是食品安全监管部门打击食品非法添加违法行为的重要依据。《实施条例》第六十三条规定，食品安全监管部门应当会同卫生行政管理部门，对发现的添加或者可能添加到食品中的非食品用化学物质和其他可能危害人体健康的物质制定名录及检测方法并予以公布；第二十二条规定，食品生产经营者不得在食品生产、加工场所储存该名录中的物质，并且第六十八条规定了相应的处罚措施。上述规定对食品企业的要求更加严格，以往的规定主要是针对生产环节的非法添加行为，《实施条例》则规定储存即为违法。

7. 明确规定特殊食品的特殊监管要求

《实施条例》对于特殊食品规定了特殊的监管要求，以保障特殊食品的安全性，包括第三十五条对保健食品生产企业原料前处理能力的规定；第三十六条对特殊医学用途配方食品按照标准逐批出厂检验的规定；第三十七条对特定全营养配方食品广告的规定；第三十八条对于婴幼儿配方食品命名的规定等。

8. 进一步明确进口无国标食品的范围

《实施条例》第四十七条规定食品安全国家标准中通用标准已经涵盖的食品不属于《食品安全法》第九十三条规定的尚无食品安全国家标准的食品。早在 2017 年，原国家卫生和计划生育委员会发布的国家卫生和计划生育委员会办公厅关于规范进口尚无食品安全国家标准审查工作的通知（国卫办食品发〔2017〕14 号）就明确规定进口无国标食品不包括食品安全国家标准中通用标准或产品标准已经涵盖的食品。《实施条例》则进一步明确了该判断准则。由此可见，对于食品安全国家标准中通用标准已经涵盖、但尚无专门的产品标准的食品可以按照一般贸易方式进口，其进口依据是各通用标准中对于其指标要求的相关规定，这将进一步促进我国进口食品贸易的发展。

9. 首次提出组建食品安全检查员队伍

《实施条例》第六十条规定国家建立食品安全检查员制度，依托现有资源加强职业化检查员队伍建设，强化考核培训，提高检查员专业化水平。这是我国食品法规中首次提出食品安全检查员制度和队伍的建设。目前我国并没有关于食品安全检查员的职责与权力、遴选资质或是考核标准方面的规定，相信随着《实施条例》的发布实施，我国会陆续出台上述各个方面的配套规定。《食品安全法》第一百一十条规定，县级以上食品安全监督管理部门有权对食品生产经营企业实施检查，并且原食药总局也制定了对于食品企业的日常监督检查以及体系检查和飞行检查的相关规定。

10. 明确食品安全信息发布相关法律责任

《实施条例》第四十三条规定，任何单位和个人不得发布未依法取得资质认定的食品检验机构出具的食品检验信息，不得利用上述检验信息对食品、食品生产经营者进行等级评定，欺骗、误导消费者；第八十条则专门针对这种行为规定了相应的处罚措施，包括责令改正、罚款和治安管理处罚等。随着互联网特别是移动互联网和自媒体的发展，越来越多的所谓独立的第三方针对市场上的食品开展测评活动，而他们的测评结果大部分是由未依法取得资质认定的食品检验机构出具的食品安全标准规定的指标要求之外的、对于食品安全和人类健康的影响尚无科学定论的物质或者指标。

近年来，一些类似机构发布的不科学测评报告对消费者的食品安全认知造成了困扰，损害了依法依规生产经营的食品企业的利益。《实施条例》的这一规定对于遏制此类现象具有重要意义，有利于保护合法企业的利益，推动食品行业良性发展和有序竞争，有利于帮助消费者树立正确的食品安全知识和消费理念。

11. 明确利用会议讲座等形式对食品进行虚假宣传的处罚措施

《实施条例》第三十四条规定禁止利用包括会议、讲座、健康咨询在内的任何方式对食品进行虚假宣传；第七十三条则规定了对于此类违法行为的处罚措施。近年来，利用会议讲座等形式对食品进行虚假宣传的违法行为屡见不鲜，不法企业往往通过健康讲座、免费体检、发放礼品等形式对食品进行虚假宣传，将成本低廉的普通食品描述为天价的具有一定调理功效的功能食品，从而获得非法牟利。受骗上当的则大部分是渴望健康但又缺乏一定专业知识的中老年人。2019 年，十三部委联合组织开展了整治"保健"市场乱象的百日行动，对此类违法行为开展打击。《实施条例》的这一规定体现了我国食品安全立法的与时俱进，有助于进一步净化市场，打击违法行为，还老百姓一个健康理性的食品消费空间。

12. 明确重点监督的行业

《实施条例》第十七条规定，食品安全监督管理等部门应当将婴幼儿配方食品等针对特定人群的食品以及其他食品安全风险较高或者销售量大的食品的追溯体系建设作为监督检查的重点。这一规定明确了食品追溯体系建设监督检查的重点行业，同时也为其他方面的食品安全监管重点行业的选择提供了参考依据。

13. 明确规定情节严重的食品安全违法行为

食品安全需要依法监管、重典治乱。2019 年 2 月，中央全面依法治国委员会第二次会议上指出，对食品、药品等领域的重大安全问题，要拿出治本措施，对违法者用重典，用法治维护好人民群众生命安全和身体健康。为此，《实施条例》规定，对情节严重的违法行为处以罚款时，应当依法从严从重，旗帜鲜明地向社会传递了重拳打击各类食品违法违规行为的强有力信号。

《实施条例》第六十七条第一款列举了"情节严重"的 5 种具体情形，包括违法行为涉及的产品货值金额 2 万元以上或者违法行为持续时间 3 个月以上；造成食源性疾病并出现死亡病例，或者造成 30 人以上食源性疾病但未出现死亡病例；故意提供虚假信息或者隐瞒真实情况；拒绝、逃避监督检查；因违反食品安全法律、法规受到行政处罚后 1 年内又实施同一性质的食品安全违法行为，或者因违反食品安全法律法规受到刑事处罚后又实施食品安全违法行为。上述规定可操作性强，有利于规范统一执法，各级食品安全监督管理部门应当严格执行。

14. 明确违法企业负责人员的处罚措施

《实施条例》第七十五条针对《食品安全法》规定的违法情形，对单位的法定代表人、主要负责人、直接负责的主管人员和其他直接责任人员处以其上一年度从本单位取得收入的 1 倍以上 10 倍以下罚款。其中，直接负责的主管人员是在违法行为中起决定、批准、授意、纵容、指挥作用的主管人员；其他直接责任人员是具体实施违法行为并起较大作用的人员，既可以是单位的生产经营管理人员，也可以是单位的职工。这是我国法规首次明确对于违法食品企业的责任人员做出的处罚规定，体现了对于食品企业主体责任的要求。

第二节　食品安全标准体系

一、食品安全标准的定义

将食品安全标准体系作为食品安全法律制度的核心支柱是许多国家的通行做法，例如，澳大利亚和新西兰于 1991 年颁布了《澳新食品标准法》，加拿大于 1996 年颁布了《食品标准法》，英国于 1999 年颁布了《食品标准法》，印度于 2006 年颁布了《食品安全和标准法》等。

除此之外，美国《食品安全现代化法》和日本的《食品安全基本法》《食品卫生法》等也对各自国家的食品安全标准确立了法律规则。我国的食品安全法律制度长期以来重视食品安全标准的体系建设。食品安全标准是保障消费者身体健康和生命安全的技术要求，对于规范和引导食品生产经营行为，构建统一的市场秩序具有重要意义。食品安全标准制度是预防性原则和科学性原则在食品安全治理制度中的集中体现，是风险评估、风险监测、风险管理和风险交流的制度化载体，是预防和控制食品安全风险最基本的措施。食品安全标准体系是我国食品安全法律法规体系的重要组成部分，是指以系统科学和标准化原理为指导，按照风险分析的原则和方法，对食品生产、加工和流通整个食品链中的食品生产全过程各个环节影响食品安全和质量的关键要素及其控制所涉及的全部标准，按其内在联系形成的系统、科学、合理且可行的有机整体。通过实施食品安全标准体系，从而实现对食品安全的有效监控，提升食品安全的整体水平。分析和完善我国食品安全标准体系对保障公众饮食安全和完善食品安全治理制度的顶层设计具有重要意义。

食品安全标准是《食品安全法》在整合过去多个相关标准的基础上提出的新概念，其整合了四个方面的内容：①农产品质量安全标准；②食品卫生标准；③食品质量标准；④与食品有关的行业标准中强制执行的内容。由此，《食品安全法》构建了一个权威统一的食品安全标准体系。然而，《食品安全法》及其《实施条例》均没有对食品安全标准做出一个明确的定义。立法者在立法释义中指出："食品安全标准是保障公众身体健康的强制性标准。"该定义包含两层意思：其一，食品安全标准是以保障公众身体健康为目标的标准。此处用的表述是"公众健康"而非"生命安全"，也即"食品安全标准"不一定是安全要求，还可能是健康要求。其二，需要强制执行的才能视为食品安全标准。评估某些内容是否需要强制执行，是制定食品安全标准过程中必经的一项工作，也是确定食品安全标准内容的重要条件。也有学者从概念构成上分析了食品、安全和标准这三个词语的内涵，据此认为食品安全标准的定义是："以在一定的范围内获得最佳食品安全秩序、促进最佳社会效益为目的，以科学、技术和经验的综合成果为基础，经各有关方协商一致并经一个公认机构批准的，对食品的安全性能规定共同的和重复使用的规则、导则或特性的文件。"这种定义充分采纳了国际标准化组织（ISO）对标准所做的定义，但并不能反映食品安全标准的行业特性。从《食品安全法》的视角而言，本书采用的食品安全标准的定义为：以保障公众身体健康为唯一目标，按照标准化程序制定且需要强制执行，对食品及相关产品、食品添加剂、食品生产经营过程、相关基础和检验规定共同且重复使用的规则、导则或特性的文件。

二、我国食品安全标准体系的演变过程

在我国，对标准化工作的立法起步比较早。早在 1962 年，国务院就颁布了《工农业产品和工程建设标准化管理办法》；1965 年 10 月，国务院以转批的形式发布了《食品卫生管理试行条例》，该条例将食品标准划分为两大类，包括卫生行政主管部门制定的标准和食品生产、经营主管部门制定的标准。1979 年 8 月，国务院颁布《食品卫生管理条例》，其中的第二章就专章规定了"食品卫生标准"。根据该条例第四条的规定，食品卫生标准划分为国家标准、部标准和地区标准。1982 年，全国人大常委会颁布《食品卫生法（试行）》，将行政法规中食品安全标准上升至法律层面。根据该法第五章的规定，食品卫生国家标准由国家原卫生部制定或者批准颁发，省级人民政府可以制定地方卫生标准。食品生产经营企业在获得同级卫生行政部

门同意的情况下，可以在企业的产品质量标准中加入卫生指标。1988年12月，第七届全国人大常委会颁布了《标准化法》，将标准分为国家标准、行业标准、地方标准和企业标准四级，并在我国首次将标准划分为强制性标准和推荐性标准两类。1995年，第八届全国人大常委会颁布的《食品卫生法》首次将食品卫生标准的批准发布主体由标准化行政主管部门变更为卫生行政主管部门。2009年，第十一届全国人大常委会颁布了《食品安全法》，该法第三章将食品安全标准的制定原则、标准性质、标准内容、制定程序等内容均纳入到了法律的调整范围，将食品卫生标准改为食品安全标准，确立了现行食品安全标准体系的基础。2015年修订《食品安全法》时也特别关注了食品安全标准的改革，对食品安全标准的法律效力做了统一要求，即：食品安全标准是强制执行的标准，不得在此之外制定与食品有关的强制性标准。据此，食品安全标准在制度上成为一个独立而统一的体系。随着《食品安全法》的修订，食品安全标准的内容也在不断完善。经过了复杂的变化发展过程，截至2019年8月，我国现行有效的食品安全国家标准共计1263项。这些食品安全国家标准成为保障食品安全的基本底线。

三、我国食品安全标准体系的分类

从食品标准的内容来看，《食品安全国家标准整合工作方案（2014—2015年）》将食品安全国家标准体系框架划分为四大类：其一，基础标准；其二，食品、食品添加剂、食品相关产品标准；其三，食品生产经营过程的卫生要求标准；其四，检验方法与规程。

从标准制定主体的角度来看，现行法律将食品安全标准划分为国家标准、地方标准与企业标准。根据《深化标准化工作改革方案》和2017年新修订颁布的《中华人民共和国标准化法》，一般标准体系是由国家标准、行业标准、地方标准、团体标准和企业标准5种类型组成。对需要在全国范围内统一技术要求的，由国务院标准化行政主管部门、卫生行政、农业行政等部门制定国家标准。对没有国家标准而又需要在全国某个行业范围内统一技术要求的，国务院有关行政主管部门可以制定行业标准，在公布国家标准之后，该项行业标准即行废止。对没有国家标准和行业标准而又需要在省、自治区、直辖市范围内统一工业产品安全、卫生要求的，可以由省、自治区、直辖市标准化行政主管部门制定地方标准，在公布国家标准或者行业标准之后，该项地方标准即行废止。此外，还有企业标准，对于没有国家标准和行业标准的，企业应当制定企业标准，作为组织生产的依据；已有国家标准或者行业标准的，国家鼓励企业制定严于国家标准或者行业标准的企业标准，在企业内部适用。

四、我国食品安全标准的内容

《中华人民共和国食品安全法》（2018修正）第三章第二十六条规定，食品安全标准应当包括下列内容：①食品、食品添加剂、食品相关产品中的致病性微生物，农药残留、兽药残留、生物毒素、重金属等污染物质以及其他危害人体健康物质的限量规定；②食品添加剂的品种、使用范围、用量；③专供婴幼儿和其他特定人群的主辅食品的营养成分要求；④对与卫生、营养等食品安全要求有关的标签、标志、说明书的要求；⑤食品生产经营过程的卫生要求；⑥与食品安全有关的质量要求；⑦与食品安全有关的食品检验方法与规程；⑧其他需要制定为食品安全标准的内容（图12-1所示）。

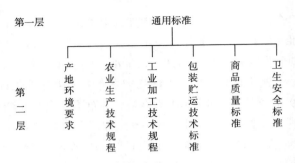

图 12-1　中国食品安全标准体系框架示意图

五、我国食品安全标准体系存在的问题

与发达国家的食品安全标准法律体系相比，我国食品安全标准法律体系存在的问题主要表现在以下方面。

1. 食品安全标准法律位阶不明

《食品安全法》（2018 修正）第二十五条规定："食品安全标准是强制执行的标准。除食品安全标准外，不得制定其他食品强制性标准。"由《中华人民共和国立法法》（2015 年修正）第一、第二和第九十三条的规定得知：我国正式法律渊源通常包括宪法、法律、行政法规、地方性法规、自治条例和单行条例、规章。我国现行强制性标准的法律地位及效力仍存在争议。食品安全标准作为强制性标准和技术规范性文件，它不属于正式的法律渊源，可以作为一种法律事实或证据加以援引，但其否能作为符合相关法律的抗辩事由还有待商榷。由于强制性标准的法律位阶不明，导致强制性标准无法融入现行法律效力等级体系。法律位阶不明也使食品安全标准难以发挥其法律作用，在强制性标准与相关法律法规发生抵触时，将会出现无法处理的情形。

2. 部分标准重叠交叉，缺乏统一

我国食品标准种类繁多，标准制定主体众多，对同一个问题有多个部门制定标准，部分标准之间配套互补性仍存在不足，有些标准之间存在相互交叉，甚至相互矛盾的现象，给实际应用带来了不便。《食品安全法》颁布以后，这一现象有所缓解，但仍存在一定的问题。《食品安全法》（2018 修正）第二十七条规定："食品安全国家标准由国务院卫生行政部门会同国务院食品安全监督管理部门制定、公布，国务院标准化行政部门提供国家标准编号。食品中农药残留、兽药残留的限量规定及其检验方法与规程由国务院卫生行政部门、国务院农业行政部门会同国务院食品安全监督管理部门制定。屠宰畜、禽的检验规程由国务院农业行政部门会同国务院卫生行政部门制定。"此外，第二十九条规定："对地方特色食品，没有食品安全国家标准的，省、自治区、直辖市人民政府卫生行政部门可以制定并公布食品安全地方标准，报国务院卫生行政部门备案"；第三十条规定"国家鼓励食品生产企业制定严于食品安全国家标准或者地方标准的企业标准"。我国食品标准种类繁多，标准制定主体众多，在实际工作中往往会出现标准交叉、矛盾的现象，使标准执行者无所适从。

3. 食品安全标准与国际标准不接轨

我国食品安全标准与国际标准不接轨主要表现在我国食品安全标准采用国际标准和国外先进标准的比例偏低。同时，我国的许多标准与国际标准之间存在较大差距，某些重要食品中有害物质的限量要求远低于国际标准，有时并不能真正起到食品安全控制的作用，也容易产生贸易壁垒，从而引发国际贸易争端。例如，在《食品安全国家标准　食品污染物限量》（GB 2762—1017）中，规定在添加藻类的婴幼儿谷类辅助食物中，无机砷的限量为 0.3mg/kg，其他婴儿辅食中无机砷的限量为 0.2mg/kg。而欧美国家的标准中相关产品含砷量仅为 1.7μg/kg，就已经被视为含致癌重金属，指标悬殊。

4. 部分标准时效性差，适用度下降

《食品安全国家标准"十二五"规划》中指出《食品安全法》2009 年公布施行前，我国已有食品相关方面的国家标准 2000 余项，行业标准 2900 余项，地方标准 1200 余项。而近几年来，我国新公布的食品安全国家标准相对较少，难以适应发展的需要。据《2011 年度标准化学术研究论文集》统计，标龄在 5 年以上的食品安全标准占了一半以上，标龄在 10 年以上的占了 1/4，个别标准甚至已经超过 20 年未修订。标准的修订周期为 4~5 年较为合理，长时间未修订的标准，其适用度会下降，从而影响食品标准的时效性。食品安全标准老化不仅会带来食品污染物含量超过人体健康承受范围的潜在风险，而且在具体适用过程中也存在着种种缺陷。

5. 标准的科学性与合理性存在问题

《食品安全法》（2018 修正）第二十四条规定："制定食品安全标准，应当以保障公众身体健康为宗旨，做到科学合理、安全可靠"。然而，在当前情况下，我国的部分食品安全标准在科学性与合理性上仍存在欠缺。我国标准专业人才不足且较分散，对标准科研能力尚有待提高。同时，我国缺乏专门的食品安全国家标准技术管理机构，工作经费不足，与当前标准的制定和修订工作不相适应，从而影响了标准研究工作的科学性与合理性。此外，风险评估技术是食品安全标准科学性和合理性的前提与保障。但我国风险评估工作尚处于起步阶段，食品安全暴露评估等数据储备不足，监测评估技术水平有待提高，导致食品安全国家标准基础研究滞后，从而导致标准的科学性与合理性有所欠缺。

6. 标准的执行存在问题

在我国食品行业中，行业规模化和组织化程度不高，中小型食品企业占有较大比例。但中小企业普遍存在着食品安全控制技术水平落后、人员素质较低以及设备设施老化等问题，难以达到相关标准的要求，导致标准执行存在问题。同时，监管部门监督不力也对标准执行中存在的问题起到了推波助澜作用。

第三节　国际食品安全法律法规

一、美国

关键事件：辛克莱和他的《丛林》

该部诞生于 1906 年的小说揭开了当时食品行业的许多黑幕，包括把被欧洲退回的发霉火腿切碎，填入香肠；把已经变味的牛油回收后重新融化，经过去味工序，又返回顾客餐桌；为了把发臭的肉去掉味道，公司技术人员发明了添加硼砂、甘油的办法；仓库的生肉随意堆放在地板上；工人在一个水槽里搓洗油污的双手，而这个水槽里的水是要配制调料加到香肠里去的……小说一经出版，震惊全美，时任美国总统西奥多·罗斯福收到大量来信，要求对食品行业加强管制。1906 年 6 月 30 日，具有历史性的《纯净食品和药品法》获得通过，出售掺假食品和药物被定为联邦刑事罪行，并建立了联邦检测机构。美国的食品安全进入一个新的阶段。

美国食品安全法规与标准体系是建立在健全的食品良好生产规范（GMP）、良好农业规范（GAP）和危害分析和关键控制点（HACCP）体系基础上，注重与国际标准化组织和国际食品法典委员会的标准接轨，也强调对食品生产全过程进行控制。美国进行食品管制的政府机构是美国食品和药物管理局（FDA）、农业部食品安全检验局（FSIS）、农业部动植物卫生检验署（APHIS）及环境保护署（EPA）。FDA 相当于最高执法机关，由超过 2000 名医生、药理学家、化学家等专业人员组成，承担最多的食品安全工作，每年监控的产品价值高达 1 万亿美元。美国实行机构联合监管制度，在地方、州和全国的每一个层次监督食品的原料采集、生产、流通、销售、企业售后行为等各个环节。其中 FDA 主管除了肉、禽和蛋制品之外的食品质量和安全；FSIS 主管肉、禽和蛋制品的质量和安全；EPA 负责饮用水安全和制定食品中农兽药残留限量的标准。美国联邦政府制定的法规收录在美国联邦法规中，分 50 卷，与食品有关的主要是第 9 卷动物和动物产品、第 21 卷食品和药品和第 40 卷环境保护。在美国，有关食品安全的法律法规非常繁多。既有综合性的，如《联邦食品、药品和化妆品法案》《食品质量保护法》和《公共卫生服务法》，也有非常具体的《联邦肉类检查法》《禽肉制品检验法》《蛋制品检验法》等。美国对食品中有害物质的控制主要在法律层面保证食品中不得有意添加任何有害物质，在科学数据基础上，制定污染物的限量标准。美国农业部每年公布污染物监测数据，为制修订限量标准提供科学数据。美国把食品接触材料、食品辐照和食品强化营养物质都纳入食品添加剂的管理范畴，对食品添加剂的管理实行审批制度，主要由美国 FDA 下属的食品安全与应用营养中心负责对各类食品添加剂的使用范围和用量进行审批。美国食品安全标准体系主要包括良好生产规范、危害分析和关键控制点、食品中微生物限量、食品中污染物和真菌毒素、食品添加剂和色素添加剂、食品接触材料、农兽药残留、食品产品标准和食品标签标识等。

二、欧盟

关键事件：疯牛病

1996 年 3 月 20 日，英国政府承认出现疯牛病病例，且证实和人类"感染性海绵状脑病"有关（即"疯牛病事件"），旋即造成欧洲、亚洲、非洲众多国家的恐慌，并开始全面停止英国牛肉及相关产品的引进，使英国的农牧业受到一定程度的打击。除了对英国及英国牛肉的主要进口国造成风暴外，对不进口或是较少进口英国牛肉的国家或地区也有一定冲击。英国发现的疯牛病病例占了全球的 95% 以上，英国政府为此下达"屠牛令"，先后宰杀 400 多万头牛，损失高达 30 亿英镑。由此，欧洲进一步对食品生产加强了"可溯性"的管理，以法规形式对食品、饲料等关系公众健康的产品强制实行从生产、加工到流通等各阶段的溯源制度。如今，在欧洲许多国家，每一头养殖的牲畜从生下来就有一本"护照"，有一个单独的编号。从此它的每一次移动，如从一个养殖场卖到另一个养殖场，或者被运到屠宰场等，都要在"护照"上留下记录。

欧盟食品安全法规与标准体系是建立在风险评估基础上的，强调对食品安全的控制是从源头开始，强调以预防为主对食品生产全过程进行控制。2000 年 1 月，欧盟委员会发表了"食品安全白皮书"，提出了从"农田到餐桌"生产全过程控制的食品安全管理指导原则，主要包括动物饲养和健康、污染物和农药残留、农场主和食品生产者的责任以及各种农田控制措施等。2002 年，欧盟委员会成立了食品安全局（EFSA）负责食品风险评估和交流工作，为欧盟委员会在食品安全管理方面提供科学和技术支持。欧盟食品安全法规体系主要包括：2002 年 1 月颁布的《食品安全基本法》是欧盟食品安全法规的基础，主要规定了食品法规的一般原则和要求，建立欧盟食品安全管理局和拟定食品安全事务的程序。欧盟食品卫生管理的法规主要包括《食品卫生条例》《动物源性食品特殊卫生规则》和《人类消费用动物源性食品官方控制组织的特殊规则》，这三部法规规定了食品生产各阶段不同环节的卫生要求。而欧盟对食品添加剂的管理通过肯定列表的形式来实现，一般分为食品添加剂、酶制剂和香料三大类管理。欧盟对食品中营养强化剂单独管理，规范食品中维生素和矿物质及其他物质的添加。欧盟食品接触材料的管理包括食品接触材料的一般管理原则、每一类物质的特殊要求和针对单独某一种物质所作出的特殊规定等。欧盟通过制定最大残留限量来管理农药和兽药残留。欧盟对食品标签标示的管理采用横向和纵向两种法规体系，横向规定各种食品标签共同的内容，如欧盟食品标签指令、营养和健康声称等，属于基础法规；纵向规定各种特定食品，如巧克力、葡萄酒等食品的标签，属于特殊规定。欧盟食品安全标准体系主要包括食品卫生要求、微生物限量、污染物限量、食品添加剂、营养强化剂、食品接触材料、食品中农兽药残留、新资源食品和转基因食品的管理要求和产品标准等。总体上欧盟食品安全法规标准是以各项法规来规范，内容从框架性法规到特殊性法规，从基础标准到产品标准，体系严密，分工合作。坚持以预防为主、以风险分析为基础，对食品生产全过程进行控制。

三、日本

关键事件：森永毒奶粉事件

1955 年，日本西部各地的许多母亲都发现，自己的婴儿变得无精打采，伴随着腹泻、发烧、吐奶、皮肤发黑等症状。经调查得知，这些婴儿喝的乳粉，都是日本乳液龙头森永公司生产的。该公司在制作乳粉的过程中添加了有毒物质砒霜，造成 1.2 万余名儿童砷中毒，并导致 131 名儿童死亡。事件发生后，受害者家长成立了"森永奶粉受害者同盟全国协会"，坚持不懈地捍卫自身权益。终于在事发 20 年后，法院判定森永德岛工厂制造科原科长等对有毒添加剂负责，判处 3 年徒刑，森永也为此承担巨额赔偿。"森永毒奶粉"事件大大推动了日本社会在食品安全方面的进步。1957 年，日本大幅修改《食品卫生法》，强化了对食品添加物的有关规定。1960 年后又发布了《食品添加物法定书》，对乳制品添加物做了明确的限制规定。

日本食品安全法规与标准体系以国际食品法典委员会的风险分析方法为基础，主要包括风险管理、评估和交流。横向分为食品生产、加工、销售到流通等环节管理。日本食品安全管理机构主要包括厚生劳动省、农林水产省、消费者厅和食品安全委员会等。日本的厚生劳动省规定一般要求和标准，包括食品添加剂的使用、农药的最大残留等；农林水产省主要负责食品标签和动植物健康保护方面工作；食品安全委员会主要负责食品风险评估，并对人民高度关心的风险评估内容进行风险交流；而厚生劳动省及农林水产省则负责风险管理工作。为了防止饮食卫生带来危害，提高公共卫生，1947 年日本发布了《食品卫生法》。经过多次修订，该法制定了食品、添加剂及其器具或容器包（盛）装的标示技术法规和标准。2003 年《食品安全基本法》颁布，随后成立了食品安全委员会，为厚生劳动省和农林水产省的风险管理工作提供科学依据。日本对于食品农药残留采用肯定列表制度管理，规定了食品中的农药残留种类和用量。日本食品安全标准体系分为国家标准、行业标准和企业标准。国家标准即 JAS 标准，以农、林、畜、水及其加工制品和油脂为主要对象；行业标准多由行业协会和社团组织制定，主要作为国家标准的补充或技术储备；企业标准是各株式会社制定的操作规程或技术标准。综上所述，日本食品安全法规与标准数量较多，形成了一套比较完善的法规与标准体系。法规与标准分工明确，相互协调。坚持以风险管理、评估和交流为基础，对食品生产全过程进行控制。充分发挥行业团体、专业协会和企业的积极作用，全民共建食品安全法规与标准体系。

四、国际食品法典委员会

国际食品法典委员会（CAC）是由联合国粮农组织（FAO）和世界卫生组织（WHO）于 1963 年创立的。CAC 制定了一系列协调性的国际食品标准、指南和行为准则，其宗旨是为保护消费者的健康，确保食品交易过程中的公平操作。此外，该委员会对国际间政府和非政府组织承担的所有食品标准方面的工作起促进协调作用。迄今已有 180 多个成员国和 1 个成员国组织（欧盟）加入该组织，覆盖全球 99% 的人口。食品法典以统一的形式提出并汇集了国际已采用的全部食品标准，包括所有向消费者销售的加工、半加工食品或食品原料的标准。有关食品卫生、食品添加剂、农药残留、污染物、标签及说明、采样与分析方法等方面的通用条款及准则也列在其中。另外，食品法典还包括了食品加工的卫生规范（*Codes of Practice*）和其他推荐性措施等指导性条款。

五、食品添加剂联合专家委员会

食品添加剂联合专家委员会（JECFA）为国际专家科学委员会，由 FAO 和 WHO 联合管理。1956 年召开了第一次会议，截至 2019 年年底已召开了 88 次会议。JECFA 成立之初的目的是为了评估食品添加剂的安全，现在它的工作还包括食品中污染物、天然毒物和兽药残留的评估。通常 JECFA 每年召开 2 次会议，具有独立的会议议程。迄今为止，JECFA 已经评估了 2500 多种食品添加剂、约 40 种污染物和天然毒素，以及约 90 种兽药残留的安全性评估。委员会还制定了食品中化学物安全评估的原则，这一原则同当前的危险性评估及涉及的毒理学和相关科学的发展是一致的。JECFA 的工作过程如图 12-2 所示。对食品添加剂、污染物和天然毒物，委员会的工作程序为：详细阐述评估安全的原则；进行毒理学评价，制定可接受的每日摄入量（ADIs）或耐受摄入量；准备食品添加剂纯度的规格；评估摄入。对食品中兽药残留，委员会的工作程序为：详细阐述评估安全的原则；制定 ADIs 和建议的最大残留量（MRL）；决定检测和（或）定量食品中残留量的适当分析方法的标准。JECFA 对各种食品化学物的评估方法为：①食品添加剂。通常 JECFA 在可获得的毒理学和其他相关信息的基础上制定 ADIs，同时制定食品添加剂特性和纯度的规格，它有助于确保商业产品具有适当的质量，能持续地生产及用于毒理学试验的材料是等同的。②污染物和天然毒物。当存在确定的未观察到有害作用剂量（NOAEL）时，通常制定相应的耐受摄入剂量，如暂定每日最大耐受摄入量（PMTDI）

或暂定每周耐受摄入量（PTWI）。当不能确定 NOAEL 时，委员会可以根据情况提供其他建议。③兽药。评价良好操作的资料并推荐动物组织、牛乳和鸡蛋中的 MRL。制定该 MRL 的目的是当正常使用药物时，存在于食品中的药物残留的摄入不可能超过 ADIs。除了评估单个化学物，JECFA 为评价食品中化学物的安全制定了通用原则。考虑到科学的发展，要求对化学物进行持续的评估并及时更新评估程序。对正在评估的化学物，JECFA 的专家除了考虑提交者递交的信息外，还要进行广泛的文献研究。

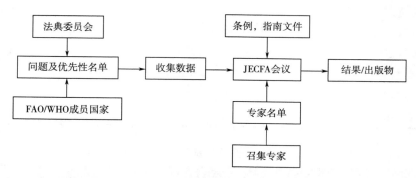

图 12-2　JECFA 工作过程

第四节　各国食品化学污染物的限量标准

一、农药残留

1. 我国食品中农药残留限量标准状况

我国现行的农药最大残留限量标准是《食品安全国家标准　食品中农药最大残留限量》（GB 2763-2019），该标准规定了 356 种（类）食品中 483 种农药共 7107 项最大残留限量，相比 2016 年的 4140 项农药残留最大限量，足足增加了 2967 项。2019 年现行新标准的农药残留最大限量首次超过 CAC 的规定数量，基本涵盖了在我国获得农药登记、允许使用的农药和禁止在水果、蔬菜、茶叶等经济作物上使用的高毒农药。该标准依据安全性毒理学评价以及根据我国居民食物消费量估算摄入剂量和实际污染水平的监测结果，并参考 CAC、美国、欧盟等制定的标准。

2. 我国与其他国家和地区食品中农药残留限量标准的比较

（1）我国标准中农药残留限量指标数量偏少　目前，欧盟共制定出超过 500 多种农药活性物质在食品中的 100000 多项农药 MRL 标准；美国共制定出 600 多种农药的 18000 多项农药 MRL 标准；日本也制定出 500 多种农药的数万项农药 MRL 标准。相比于这些国家，我国在这方面无论是标准数量，还是指标数量都较少。此外，我国农药残留限量标准中有部分限量指标或高于、或低于、或等于 CAC、欧盟、美国、加拿大等规定的农药残留限量指标。表 12-2 与表 12-3 以茶叶为代表，分别展示了我国与 CAC 及欧盟农药残留限量标准的差异。

表 12-2 我国与 CAC 茶叶中农药残留限量标准可比较结果（部分）

农药名称	我国/（mg/kg）	CAC/（mg/kg）	严格程度
联苯菊酯	5	30	严格
噻虫嗪	10	20	严格
三氯杀螨醇	0.2	40	严格
吡虫啉	0.5	50	严格
甲氰菊酯	5	3	宽松
溴氰菊酯	10	5	宽松
氯氰菊酯	20	15	宽松
氯菊酯	20	20	相同
噻螨酮	15	15	相同
茚虫威	5	5	相同

表 12-3 我国与欧盟茶叶中农药残留限量标准可比较结果（部分）

农药名称	我国/（mg/kg）	欧盟/（mg/kg）	严格程度
联苯菊酯	5	30	严格
草甘膦	1	2	严格
甲拌磷	0.01	0.05	严格
硫丹	10	30	严格
甲氰菊酯	5	2	宽松
草胺磷	0.5	0.1	宽松
茚虫威	5	0.05	宽松
溴氰菊酯	10	5	宽松
敌百虫	2	0.05	宽松
多菌灵	5	0.1	宽松
氧乐果	0.05	0.05	相同
甲胺磷	0.05	0.05	相同
滴滴涕	0.2	0.2	相同

（2）我国农药残留限量指标过于单一，食品限定过于笼统　我国农药残留标准对粮食、蔬菜和水果等食品的限定不如 CAC、欧盟、美国和加拿大标准中那样具体。我国现行的农药残留限量标准中规定的食品分类比较笼统，而 CAC、欧盟、美国和加拿大在农药残留限量标准中规定的食品详细划分到具体的每一种粮食、蔬菜、水果品种。例如在我国国家标准中乐果在蔬菜上的 MRL 值统一限定为 1mg/kg，而 CAC 国际标准中针对菠菜、番茄、胡萝卜、芹菜等蔬菜品种制定农药乐果的 MRL 值。欧盟食品分类更细，我国的粮食是指原粮产品，而欧盟进一步细分为大麦、小麦、黑麦、燕麦、大米；我国蔬菜包括叶菜、果菜和根块类菜，而欧盟蔬菜进一步细分为黄瓜、菜花、甘蓝等；我国水果只是一大类，而欧盟分为干果，鲜果、硬果和软果等，其中鲜果又分苹果、香蕉、葡萄、柑橘等，并且每一种农产品都对应各自不同种类

农药的限量标准。在美国食品标准中，苹果有 160 多种、梨有 80 多种、白菜有 60 多种、芹菜有 30 多种、菠菜有 30 多种的农药 MRL 标准。加拿大农药残留限量规定也比较细化，例如畜禽产品中农药残留限量，我国只是对肉及其制品统一进行限定，而加拿大详细规定了牛肉、山羊肉、绵羊肉、马肉、猪肉及其副产品中的农药残留含量；我国豆类蔬菜作为一类进行农药最大残留限量限定，而加拿大的豆类蔬菜包括四季豆、菜豆、红花菜豆、食荚菜豆、红菜豆等品种。

二、兽药残留

1. 我国食品中兽药残留限量标准状况

我国畜禽及畜禽产品中兽药残留限量标准在 1999 年前仅涉及兽药 45 种，涉及兽药指标与国外存在着一定的差距。为加强兽药残留监控工作，保证动物性食品卫生安全，新颁布的《食品安全国家标准　食品中兽药最大残留限量》（GB 31650—2019）中规定了动物性食品中阿苯达唑等 104 种（类）兽药的 MRL；规定了醋酸等 154 种允许用于食品动物，但不需要制定残留限量的兽药；规定了氯丙嗪等 9 种允许作治疗用，但不得在动物性食品中检出的兽药。

2. 我国与其他国家和地区食品中兽药残留限量标准的比较

（1）我国标准中兽药残留限定的动物品种、动物组织较少　目前我国制定的兽药残留标准规定的兽药种类还主要是在我国登记注册的兽药以及禁止使用的兽药，而对那些国外有注册使用且有限量标准的兽药却很少涉及。目前我国临床使用的兽药品种达 3000 多种，而制定了残留限量标准的仅有 104 种兽药的 MRL，共涉及牛、羊、猪、鸡等 17 个动物品种，涉及动物的肌肉脂肪等动物组织类别 11 种。根据《食品中兽药最高残留限量标准》（CAC/MRL2—2015），CAC 共制定了 65 种兽药的 MRL，其涵盖的限量指标总体数量为 597 项，主要涉及 11 类动物和 7 种组织，涉及的药物包括抗生素类、抗寄生虫类、生长促进剂类、激素类和 β-肾上腺素类受体阻断剂等。欧盟涉及的兽药为 108 种。美国已制定了 80 多种兽药、300 多个兽药残留限量，包括牛、绵羊、山羊、猪、马等 7 个动物品种的 37 种动物组织。加拿大制定了 60 多种兽药的 300 多项兽药残留限量标准。表 12-4 所示为我国与 CAC、欧盟和美国对于兽药残留限量在不同动物性食品种类上的差异。

表 12-4　　　　　我国与 CAC、欧盟和美国在兽药残留限量方面的差异

食品种类	动物种类	动物组织	中国	CAC	欧盟	美国
畜禽及初级产品	猪、鸡、羊、牛、火鸡、兔、鸭	肌肉、皮、脂肪、肾脏、精肉、肝脏、蛋、乳	有限定	有限定	有限定	有限定
	鹿	肾脏、脂肪、精肉、肝脏	有限定	有限定	—	有限定
	马	肌肉、脂肪、肾脏、精肉、肝脏	有限定	有限定	有限定	—
	美洲野牛	肌肉、肝脏	—	—	—	有限定
	长须鲸	可食用组织	—	—	—	有限定
	鹌鹑	肌肉、脂肪、肾脏、肝脏	—	有限定	—	有限定

续表

食品种类	动物种类	动物组织	中国	CAC	欧盟	美国
水产品及	鱼	精肉	有限定	有限定	有限定	有限定
初级制品	虾	精肉	—	有限定	—	有限定
蜂产品	蜜蜂	蜂蜜	有限定	—	有限定	—

注："—"表示无限定。

（2）限量标准中限定 MRL 的兽药种类不同　兽药残留标准中我国已限定，而 CAC、欧盟、美国和加拿大未进行限量规定的兽药品种，主要包括甲基吡啶磷、甲砜霉素、磺胺类、赛杜霉素钠、氯苯胍、噻嘧啶、孕酮、敌敌涕等。另外，与 CAC、欧盟、美国和加拿大相比，我国还有一些兽药品种在我国未注册生产使用，而其他国家有生产使用并且已制定了其限量标准。如 CAC 对三氯苯咪唑、英西丁克等兽药规定了 MRL 值；欧盟对烯丙孕素、头孢吡啉、莫西丁克等兽药规定了 MRL 值；美国对头孢匹林、阿克洛胺、依普菌素等兽药进行了限定。各国和地区关于兽药种类的数量差异见表 12-5。

表 12-5　　　　　我国与 CAC、欧盟和美国的兽药种类总量差异比较

类别＼组织、地区或国家	中国	CAC	欧盟	美国
需要建立 MRL 的兽药	104	53	116	92
不需要建立 MRL 的兽药	154	4	519	2
禁止使用的兽药	9	无	33	15
总数	267	57	668	109

三、重金属残留及其他污染物

1. 中国——《食品安全国家标准　食品中污染物限量》（GB 2762—2017）

污染物是指食品在从生产（包括农作物种植、动物饲养和兽医用药）、加工、包装、储存、运输、销售，直至食用等过程中产生的或由环境污染带入的、非有意加入的化学性危害物质。本标准所规定的污染物是指除农药残留、兽药残留、生物毒素和放射性物质以外的污染物。限量是指污染物在食品原料和（或）食品成品可食用部分中允许的最大含量水平。

新《食品中污染物限量》于 2017 年 9 月 17 日正式施行。新标准是食品安全国家标准，属于强制执行的标准。新标准规定了食品中铅、镉、汞、砷、锡、镍、铬、亚硝酸盐、硝酸盐、苯并［a］芘、N-二甲基亚硝胺、多氯联苯、3-氯-1，2-丙二醇的限量指标。与 GB 2762—2012 相比，主要变化为：①删除了稀土限量要求；②修改了应用原则；③增加了螺旋藻及其制品中铅限量要求；④调整了黄花菜中镉限量要求；⑤增加了特殊医学用途配方食品、辅食营养补充品、运动营养食品、孕妇及乳母营养补充食品中污染物限量要求；⑥增加了无机砷限量检验要求的说明。

2. 为何删除硒、铝、氟 3 项指标

硒是人体必需微量元素。CAC 和多数国家、地区将硒从食品污染物中删除。我国实验室检

测、全国营养调查和总膳食研究数据显示，各类地区居民硒摄入量较低，20 世纪 60 年代以来，我国极个别发生硒中毒地区采取相关措施有效降低了硒摄入，地方性硒中毒得到了很好控制，多年来未发现硒中毒现象。以上情况表明，硒限量标准在控制硒中毒方面的作用已经有限。

原《食品中污染物限量》规定了面制食品中铝残留限量。调查研究发现，面制品中铝的主要来源是加工过程中使用了含铝食品添加剂（如明矾），而《食品安全国家标准　食品添加剂使用标准》（GB 2760—2014）已明确规定了面制品中含铝食品添加剂的使用范围、用量和残留量，因此新标准不再重复设置铝限量规定。

适当量的氟对人的牙齿有保护作用，并且其还可以实现对牙釉质再矿化。人体内实际的氟含量按照其离子的存在的方式计算的话，其实际的重量大概达到了 2.6g。超过此量时可使机体内的氟超负荷。而研究表明，氟中毒的主要原因是饮用水源的含氟量，我国可饮用水源的标准已对此作了严格规定，因此此次修订标准，避免了同其他标准与法规管理交叉。

3. 我国标准与 CAC 标准的差异

铅、镉是主要的食品污染物，CAC 和各国对铅、镉制定了严格的限量规定。JECFA 于 2010 年取消了铅的 PTWI，建议成员国努力降低食物中铅的含量，保障本国居民健康。2005 年发布的污染物限量标准中，我国大米镉限量严于 CAC 和部分国家规定。CAC、美国、日本、澳大利亚和新西兰未规定食品中铬限量。欧盟仅规定了明胶、胶原蛋白中的铬限量，我国规定了谷类、蔬菜、肉类、豆类、水产品、乳品中的铬限量。然而，与某些发达国家相比，我国重金属残留标准的食品限定过于笼统。表 12-6 以葡萄为例，比较了不同国家和地区重金属限量标准的差异。

表 12-6　　　　　不同国家和地区葡萄中重金属污染物限量标准对比

污染物	限量/（mg/kg）					
	中国大陆	中国台湾	CAC	欧盟	澳新	韩国
铅	0.2	0.1	0.1	0.1	0.1	0.1
镉	0.05	—	0.05	—	0.05	0.05

第五节　国际贸易中的食品安全问题

随着世界一体化趋势的增强，各国之间的联系愈发紧密，国际贸易规模也有了突飞猛进的增长。特别是食品贸易方面，消费者的多样化需求催生了食品贸易的繁荣和发展。截至 2017 年，全球食品贸易价值高达 1.7 万亿美元，并且呈现进一步扩大的趋势。食品安全也就成为世界范围内广泛关注的问题。任何一个国家的食品出现安全问题都有可能影响到其他国家，甚至成为国际性食品安全事件。随着食品贸易额的不断增长，国际市场关于食品安全的纠纷也在增加。

一、国际贸易中存在的主要食品安全问题

1. 国际贸易中的食品安全遭遇"绿色贸易壁垒"

绿色贸易壁垒是指在国际贸易活动中，进口国以保护自然资源、生态环境和人类健康为理

由而制定的一系列限制进口的措施，属于非关税壁垒的重要形式。例如，关税及贸易总协定（GATT）第 20 条（b）项允许成员采取措施保护人类、动植物的生命与健康，这是国际食品贸易人士可采取非关税措施来保护相关者利益。在传统的关税壁垒不断削减、贸易保护作用下降的情况下，食品安全贸易壁垒受到贸易保护主义的青睐，主要表现为以下形式：食品安全的制度性障碍，食品安全技术标准过于严苛，质量认证、检验检疫等程序过于烦琐，食品包装、标签要求过高。典型代表有农药残留壁垒，如中国出口到日本的菠菜毒死蜱残留量，欧盟针对第三国动物源性食品中的残留物质制定统一检测标准，欧盟提高对中国茶叶中农药残留的检测要求，日本的肯定列表制度；体系认证壁垒，如马来西亚的认证，印度的相关强制检验制度；标签壁垒，如日本关于食品原产地标签的要求，欧盟关于转基因食品标签的规定，加拿大食品营养标签规范，美国食品标签标识要求；此外，还有欧盟关于有机食品进口的法规，美国的生物反恐法，动物福利壁垒等。绿色贸易壁垒与食品安全问题息息相关，如果进口国对出口国设定绿色贸易壁垒，则出口国的部分商品可能由于食品安全问题而无法出口。这样出口国不仅会遭受成本损失，而且会在国际贸易中失去竞争地位。

2. 食品安全标准差异引发食品安全问题

2015 年，山东兰陵县 2200t 大蒜被韩国农产品质量安全管理部门以质量检测不合格为由退运回国，而在国内的检测中这批大蒜是合格的，为此山东蒜农损失惨重。韩国从我国大量进口农产品，这主要是由于我国的农产品对韩国具有比较优势。上述案例表明，由于食品安全标准差异引发了食品安全问题，从而影响了国际贸易进程，并且我国损失惨重。韩国对农业保护比较重视，并且具有严格的质量标准和检验检测体系。而我国其中一些食品安全标准一直与国际标准具有较大差距。以甜蜜素为例，欧盟的限量是 250mg/L，而我国在甜点及饮料等甜品中的限量则为 650mg/kg，可见差距相当大。这主要是由于我国的食品安全标准建设起步较晚，并且体系发展还不成熟。

3. 出口国政府对食品安全监管不力

2017 年，巴西肉制品企业再次被曝出丑闻，存在售卖过期变质肉类食品的问题，事件发生后，多个国家暂停了从巴西进口肉制品。事后，经过巴西警方的调查，政府监管人员存在收受贿赂、玩忽职守等问题，在国际贸易中提供了虚假的肉制品文件，其中包括与中国的贸易。上述案例说明，出口国由于监管不到位，对食品的安全检验不够严格，造成了问题食品的出口，从而威胁了进口国的民众健康。在国际食品贸易中，食品安全至关重要，出口国应当首先保证出口食品在国内环节的质量安全，并且设定严格的检验检疫标准，同时规范监管人员的行为，才能从根本上保证食品安全。

二、食品安全问题对国际贸易的影响

1. 食品安全问题会造成严重的经济损失

发生食品安全问题，消费者拒绝并抵制有害食品的行为必将会给处于食品生产链的个人、企业甚至国家造成影响，不仅带来巨大的经济损失，还会影响到国家的形象。1996 年欧盟国家疯牛病的出现，导致了全球肉食消费和贸易的衰退。英国一直是欧洲牛肉出口大国，但自从 1996 年 3 月英国承认发现疯牛病后，英国政府下令宰杀了 400 多万头牛，其畜牧业遭到严重打击，英国牧民的收入下降了 80% 以上。随后，欧盟委员会做出决定，禁止英国牛肉出口，这无疑又加剧了英国畜牧业危机。1996 年英国农业收入为 41 亿英镑，而 1999 年降到不足 10 亿英镑。疯牛病不仅使英国畜牧业遭受前所未有的损失，而且影响了英国的国际形象。到 2001 年，法国、德国、比利时、西班牙等国相继发生疯牛病，疯牛病在欧洲引发了一系列的社会问题，欧盟各国的牛肉及其制品营销遭受重创，牛肉消耗降低 27%，其中西班牙牛肉消费量下降了 70%，法国牛肉消费量下降了 47%，有 35 万工人失业，政府承受每年 200 亿美元的经济损失。2003 年 12 月，在美国发现第一例"疯牛病"后，包括美国牛肉最大进口国在内的日本、韩国、墨西哥等 30 多个国家相继宣布暂停从美国进口牛肉及绝大部分相关制品，美国牛肉业遭受重创，经济损失达 150 亿美元。以上事例仅是众多由食品安全问题引发的经济损失中的个例，可见食品安全问题带来的影响非常大。

2. 食品安全问题是引发贸易争端的重要因素

随着科学技术水平的发展、人们对食品安全的认识不断深入、众多的食品安全事件频繁出现，各国都在食品安全的控制上采取了非常严格的措施，制定了食品安全法规、动植物卫生检验检疫法规、严格的食品质量标准、合格评定程序等规章制度，还有诸如环境保护和动物福利保护的要求、食品的认证和标志管理、食品标签的要求等。这一系列的复杂要求，在国际贸易中非常容易产生贸易摩擦，阻碍国际贸易的发展。同时，由于各国在技术水平上的差异、观念上的不同，对食品安全问题采取的态度也不尽一致。很多国家尤其是发达国家往往采用较高的标准和严格的技术法规、苛刻的合格评定程序，而发展中国家在技术上多处于落后地位，在贸易中很难达到发达国家的要求，这样食品安全管制措施就往往会造成对贸易的直接或间接的限制。

三、国际贸易中食品安全问题的法律研究

食品从流通到消费者手中要经过种植养殖、生产加工、流通销售等一系列的环节，要通过一系列的法律来保障各个环节的安全性，包括食品安全风险评估制度、多种认证制度、食品安全检验检测制度、食品安全事故预防和处理制度。

1. 风险评估制度

风险评估制度就是对食品在生产过程中各个要素所产生的危险性进行评估，在评估的基础上权衡是否能接受。风险评估制度中最重要的有 3 条核心要点，分别是食品安全标准、食品包装材料管理、添加剂管理，该制度的核心其实都是通过对危险性的分析来确认对食品安全的质量要求，以及食品添加剂包装材料的种类及其用途用量等。

2. 多种认证制度

国际上公认的对食品安全监管的最佳模式就是欧盟的从农场到餐桌全过程实施监控，认证制度在某种情况下能够很好地弥补消费者与生产经营者之间信息不对等的局面，其在食品安全方面主要是质量安全保证、企业生产过程、管理操作的某些制度，消费者可以通过这些认证制度来获得某种产品的食品安全信息。农产品质量安全保证方面有 GAP 制度；食品企业生产过程中有 HACCP 和 GMP 制度；管理操作过程有整理、整顿、清扫、清洁、素养管理制度（5S 制度）等。在这些认证制度中 HACCP 是当前国际社会最为认可的认证制度。

3. 食品安全检测制度

食品安全检测主要分为监督抽样以及对样品进行检测两部分，数据库的建设、数据的处理、数据的共享都在检测过程中。欧美等发达国家已经建立了高度发达的食品质量监测体系，对食品加工过程中的动物疾病、农药残留、致病微生物等都可以进行严格精确地控制。

4. 食品安全事故预防及处理制度

食品安全事故预防以及处理制度包括预警、标签、缺陷食品召回等。食品安全召回制度主要是指进口商或制造商得知其经销或制造的产品可能危及消费者的生命安全健康时，依法向有关部门报告，责令有关主体依法召回市场上已经销售的问题产品，完善的食品召回制度应该具有相关的食品安全信用档案、食品溯源、食品召回信息公开、食品召回协调、食品召回责任保险配套制度来支撑。

四、我国应对国际贸易中食品安全问题的措施

1. 促进产业转型升级应对绿色贸易壁垒

首先，我国应当加强宣传引导，提升食品企业的环保健康意识。为应对绿色贸易壁垒，我国的食品企业应当自身具有环保健康意识，这样在食品生产加工过程中才能注重环保健康问题，从而生产出符合安全标准的食品。其次，我国应进一步提升质量标准和环境标准。以进口国的"绿色壁垒"为依据，对出口食品进行检测，从而保证出口食品的安全。通过进一步提升相关标准，实现与国际发达国家接轨。最后，推进产业结构调整，转变粗放型生产模式。我国应当不断推进产业升级，改变传统的食品加工中粗放的生产模式，提高机械化作业水平，避免在生产环节出现食品安全问题。同时，加强对废料的回收利用，提升产品的环保功能，应对国际绿色贸易壁垒。

2. 加强食品安全标准体系建设

一方面，我国应当进一步提升食品安全标准，从而符合国际食品安全标准的要求。通过设定严格的食品安全标准，提升我国出口食品的安全性，从而减少与国际食品安全标准的差异，避免由此引发的食品安全问题。例如，对于食品添加剂的规定，如果进口国设定的目标为不超过5%，那么我们将数值设定为不超过3%，规定更加严格，最大限度地保障食品安全。另一方面，推行企业安全标准公开制度。我国企业应当公开其自身的食品安全标准，这样不仅能够检验企业是否符合国家的食品安全标准，而且有利于企业接受社会公众的监督，约束企业的行为。

3. 构建完善的食品安全监管体系

一方面，构建食品安全监管的法律体系建设。通过法律的强制性，对食品安全责任进行明确划分，约束主体行为。同时，严格执行食品安全违法的惩戒规定，对于违法行为要严厉追究，从根本上遏制食品安全事件的发生。另一方面，借鉴发达国家食品安全监管体系的成熟经验，完善我国的监管体系。例如，美国的食品安全监管体系分工明确，进出口监管体系既科学又合理，对国际贸易中的食品安全可以有效监管。因此，我国可以借鉴美国等发达国家的先进监管经验，构建完备监管体系。

讨论：食品安全监管重在教育还是重在惩罚

随着食品产业、技术和贸易的发展，食品生产、加工和供应链不断延伸，加上信息传播的日益广泛和快捷，食品安全问题发生的频率似乎比以往任何时候都更加密集，造成食品安全问题的原因比以往任何时候都更加复杂，食品安全问题的影响比以往任何时候都更加广泛和深远，各方面对食品安全问题的关注也比以往任何时候都更加集中。为了有效防范系统性、区域性和行业性食品安全风险，预防和减少食品安全问题的发生及其带来的影响，保护消费者的健

康安全，建立完善有效的食品安全监管体系，能够做到对食品安全问题早发现、早分析、早研判、早预警、早处置，从而提高食品质量安全水平。教育与惩罚是食品安全监管的两种主要手段，两者是一种博弈关系，那么食品安全监管的形式究竟应以教育为主还是应以惩罚为主才更加有效呢？本节讨论课以辩论赛的形式进行，正方论点为食品安全监管重在教育，反方论点为食品安全监管重在惩罚。通过辩论让同学们了解食品安全监管的重要性，思考如何构建有效的食品安全监管体系，明晰目前食品安全监管存在的问题以及可以解决的方案。

思考题

1. 思考原《食品卫生法》与新《食品安全法》的异同点。
2. 思考国内外食品安全标准的差异。
3. 思考如何解决国际贸易过程中的食品安全问题。

参考文献

［1］马爱进. 中外食品中农药残留限量标准差异的研究［J］. 中国食物与营养，2008，（1）：12-14.

［2］孙红梅，刘凤松. 国内外食品安全法规与标准体系现状研究［J］. 中国食物与营养，2018，24（4）：23-25.

［3］李晓农. 我国食品监管法律制度的历史演变和启示［J］. 中国卫生法制，2017，25（2）：10-13.

［4］张新中，苗茜，潘秀丽等. 关于新修订《中华人民共和国食品安全法》的亮点讨论以及社会认知度评价［J］. 甘肃农业，2019，（3）：41-44.

［5］王晓亮. 我国食品安全问题研究综述及展望［J］. 食品安全导刊，2018，206（15）：33.

［6］陈世奇. 我国食品安全现状、问题及对策研究［J］. 山东化工，2017，46（7）：107-110.

［7］赵芳. 国际贸易中食品安全问题研究［J］. 食品安全质量检测学报，2018，9（20）：5487-5490.

［8］袁莎，张志强，张立实. 我国食品污染物限量标准与 CAC 标准的比较研究［J］. 现代预防医学，2005，32（6）：587-589.

［9］李江华，赵苏. 对中国食品安全标准体系的探讨［J］. 食品科学，2004，25（11）：382-385.

［10］白凤翎，张满林，励建荣. 关于我国食品安全标准指标体系的思考与建议［J］. 食品科技，2014，39（7）：329-333.

［11］何晖，任端平. 我国食品安全标准法律体系浅析［J］. 食品科学，2008，29（9）：659-663.

［12］陈佳维，李保忠. 中国食品安全标准体系的问题及对策［J］. 食品科学，2014，35（9）：334-338.

［13］樊永祥，何来英，韩宏伟等. 完善食品安全标准制度研究［J］. 中国食品卫生杂志，2014，26（4）：324-328.

［14］吕捷，孙彩霞，戴芬等. 不同国家和地区葡萄重金属污染物限量标准［J］. 浙江农业科学，2019，60（6）：960-962.

［15］Keener, L., Nicholson-Keener, S. M., Koutchma, T. Harmonization of legislation and regulations to achieve food safety：US and Canada perspective［J］. Journal of the Science of Food and Agriculture, 2014, 94（10）：1947-1953.

［16］Liu, X. International perspectives on food safety and regulations–a need for harmonized regulations：

perspectives in China [J] . Journal of the Science of Food and Agriculture, 2014, 94 (10): 1928-1931.

[17] Handford, C. E. , Elliott, C. T. , Campbell, K. A review of the global pesticide legislation and the scale of challenge in reaching the global harmonization of food safety standards [J] . Integrated Environmental Assessment and Management, 2015, 11 (4): 525-536.

第十三章

CHAPTER

食品安全风险评估

13

第一节　食品安全风险评估的背景

一、食品安全风险评估的提出

食品安全问题无论是在发达国家还是发展中国家，都是社会各界共同关注的一项基本公共卫生问题。在发展经济的同时，如何确保食品安全，保障公众健康，是各国政府共同面临的一项重大挑战。随着时代的发展，全球食品安全形势也日益复杂：首先，从农田到餐桌的整个过程中，食品在生产、加工、贮藏、运输、销售等各个环节都可能受到各种危害因素的污染；其次，现代食品生产加工新技术、新食品原料的应用，使得食品中的潜在危害因素日趋多样化；再次，人口流动性增加以及国际间食品贸易往来的日益频繁也在一定程度上增加了食品安全形势的复杂性。近年来，威胁公众健康的重大食品安全事件时有发生，食品安全对社会经济发展的影响不断扩大，消费者对于食品安全问题的要求和期望也越来越高。20 世纪 50 年代以来，世界各国在食品安全管理上掀起了三次高潮，第一次是在食品链中广泛引入食品卫生质量管理体系与管理制度；第二次是在食品企业推广应用危害分析与关键控制点（HACCP）质量保证体系；第三次是开展食品安全风险分析工作。食品安全风险分析是目前国际上食品安全监管的通行做法，而风险评估制度是其核心。我国于 2009 年 6 月 1 日起施行的《中华人民共和国食品安全法》第二章第十六条明文规定："食品安全风险评估结果是制定、修订食品安全标准和对食品安全实施监督管理的科学依据。"2011 年 10 月，我国原卫生部成立了国家食品安全风险评估中心，承担我国食品安全风险评估的基础工作。2018 年新修订的《中华人民共和国食品安全法》进一步完善了我国的食品安全风险评估制度，明确了食品安全风险评估的应用条件和范围，强调了食品安全风险评估的重要性。

二、食品安全危害因子

一般来说，食品安全的主要危害因子有三类，即化学危害因子、生物危害因子和物理危害因子。

1. 化学危害因子

食品中的化学污染物可以根据来源分为环境污染、天然存在、人为添加、食品加工过程产生四大类。

（1）环境污染　食品中存在的环境污染物可以分为无机污染物和有机污染物。无机污染物主要来源于工业、采矿、能源、交通、城市排污、农业生产等，如汞、铜、铅等重金属及一些放射性物质，有机污染物包括二噁英、多环芳烃、多氯联苯等工业化合物及副产物，这些都会通过环境及食物链而危及人类健康。

（2）天然含有的化学性危害因子　天然含有的化学危害因子包括植物、动物、微生物体内存在的天然毒素，其中有一些是致癌物或可转变为致癌物，对人体健康造成不利影响。

植物来源的天然毒素有：杏、苹果、桃、李、梨等一些常见水果的种仁、叶、花、芽等含有氰苷、苦杏仁苷等有毒成分；发芽的马铃薯、未成熟的番茄中含有较高浓度的龙葵碱；菜豆、小刀豆等含有的皂素对消化道黏膜有强烈的刺激作用，含有的亚硝酸盐和胰蛋白酶抑制物均能产生一系列肠胃刺激症状；柿子中的柿胶酚、可溶性收敛剂红鞣质（未成熟的柿子中含量高）、胶质和果胶等均可在胃酸的作用下发生凝固，形成胃柿石。

动物来源的天然毒素有：河豚的卵巢和肝脏中含有较高含量的河豚毒素；海洋中的藻类，如涡鞭毛藻等，常含有神经毒素，蛤类摄食了这类海藻后，藻类毒素可在肠腺中大量蓄积而带有毒性；螺的肝脏、鳃下腺、唾液腺含有皮炎型和麻痹型毒素。

微生物毒素包括细菌毒素和真菌毒素。罐头食品及密封腌渍食物中可能存在剧毒的神经毒素肉毒毒素；发霉粮食及其制品，特别是花生、玉米及其制品中可能含有较高浓度的黄曲霉毒素；腐烂的水果、蔬菜、坚果等常发现含有展青霉素，可导致呕吐、反胃以及肠胃紊乱等症状。

此外，许多毒蘑菇含有使食用者出现幻觉甚至导致残疾的神经毒素，其中最著名的是毒蝇蕈。

（3）人为添加的化学危害性因子　人为添加的化学危害因子是指为特定目的而在种植、加工、包装、贮藏等环节即从农场到餐桌整个食品供应链中产生或人为加入的物质。在种植或养殖过程中使用的农药、兽药，其残留物通过生物富集作用使位于食物链顶端的人类受到高浓度的药物危害；食品加工时，食品添加剂的违规加入或管道、容器及各种包装材料中危害物质迁移进入食品等，均是人为添加的化学性危害因子。

（4）食品加工过程中产生的有毒有害物质　在食品加工过程中会产生一些危害物质，如烟熏、烧烤时产生的多环芳烃和腌制时的亚硝酸铵都有很强的致癌性；食品烹饪时，因高温而产生杂环胺等也是毒性很强的致癌物质；用于水果、蔬菜或加工设备的清洁剂和消毒剂也会残留在食品中；食品加工过程中使用的机械管道、锅、白铁管、塑料管、橡胶管、铝制容器及各种包装材料等，也有可能将有毒物质带入食品，如聚苯乙烯材料中的单体苯乙烯，增塑剂或胶黏剂中的邻苯二甲酸酯类等。

2. 生物危害因子

微生物性食物中毒可由多种微生物引起。根据食物中毒的途径通常可以将食源性致病微生物分为感染型和毒素型两大类。感染型是指可以在人类肠道中增殖的微生物；毒素型是指可以在食物或人肠道中产生毒素的微生物。在发展中国家，食源性疾病广泛流行，包括霍乱、沙门菌病、弧状菌病、志贺菌病、伤寒症、小儿麻痹症、布鲁菌症、变形虫病和大肠杆菌的感染等。虽然对病原菌的认识在不断深入，微生物引发的食源性疾病仍然是严重的食品安全问题。

3. 物理危害因子

物理危害通常描述为从外部来的物体或异物，包括在食品中非正常性出现的能引起疾病（包括心理性外伤）和对个人伤害的任何物理物质，如玻璃、木屑、石头、金属、昆虫及其他污秽、绝缘体、骨头、塑料。物理危害的来源包括原料、水、粉碎设备、加工设备、建筑材料和雇员本身。物理危害可能是运输和贮藏过程中不小心加入的，也有可能是故意加入的（人为破坏）。

三、食品安全风险评估的发展概况

风险评估最初应用于环境科学危害控制领域，于 20 世纪 70~80 年代开始逐渐引入食品安全领域，20 世纪 90 年代得到了快速的发展，提高了世界范围内的食品贸易安全水平。

美国是最早把风险分析应用于食品安全领域的国家之一，将风险评估作为制定美国食品安全标准、政策和法规的基础。1983 年，美国国家科学院（NAS）出版了《联邦政府的风险评估：管理程序》的"红皮书"。该书是最早关于食源性疾病风险评估框架的出版物，第一次系统地将食源性疾病、风险评估和风险管理连接到一起，标志着公共健康风险评估的术语和操作程序上的首次规范化。

1991 年，联合国粮食及农业组织（FAO）、世界卫生组织（WHO）、原关税及贸易总协定（GATT）联合召开"食品标准、食品中化学物质与食品贸易会议"，建议国际食品法典委员会（CAC）在制定决策时应用风险评估原理。1995 年，FAO 和 WHO 在瑞士日内瓦 WHO 总部联合召开了 FAO/WHO 联合专家咨询会议，形成了"风险分析在食品标准问题上的应用"技术报告，成为国际食品安全风险评估领域发展的一个里程碑。该报告的主要内容包括：①风险分析的相关定义；②CAC 及相关组织的风险分析实践；③食品安全风险评估的原理和方法指南；④风险评估中的不确定性和变异性。1997 年，第二次 FAO/WHO 联合专家咨询会上形成了"风险管理与食品安全"报告，明确了风险管理的框架和基本原理，确定了风险管理程序的基本方法、主要管理机构的职能和作用。1998 年，第三次 FAO/WHO 联合专家咨询会上提交了"风险交流在食品标准和安全问题上的应用"报告，对风险交流中的障碍和解决策略进行了充分讨论，确定了风险交流的组成要素和原则。至此，食品安全风险分析的理论框架基本形成，食品安全风险评估开始进入了广泛应用阶段，而风险评估方法学和技术研究也得到了快速发展。

四、食品安全风险评估的作用

通过食品安全风险评估，一是可以发现更多的食品危险物，降低食品安全潜在的危害因素及概率；二是有助于对各种争议、高成本的风险管理措施进行客观评价；三是有助于建立一整套有效保证食品安全的措施，达到保护消费者的目的；四是有助于"从农田到餐桌"的食品安全计划的制定；五是有助于食品安全风险评估标准体系的制定；六是有助于权衡界定不同危害物质所产生的风险因子；七是有助于通过科学方法证明技术标准的合理性；八是有助于为合理制定法律法规政策及进行风险交流管理与决策提供科学依据。

五、国际风险评估机构

总体来看，目前国际上风险评估组织/机构的设置差别较大，各具特色，大致可以分为如下四种类型：一是以专家活动为主体的非实体机构，如 WHO 和 FAO 组建的食品添加剂联合专家委员会（JECFA）、微生物风险评估联席会议（JEMRA）和农药残留联席会议（JMPR），这类组织主要借助外部专家资源开展风险评估和相关活动。二是以数据整合分析职能为主的实体机构，如欧盟组建的欧洲食品安全局（EFSA）和澳大利亚和新西兰组建的澳新食品标准局（FSANZ）。它们的共同特点是机构中不设置专业实验室，无实验室技术研发活动，不产生风险评估原始数据。三是检验检测和数据整合职能并存的实体机构，如德国联邦风险评估研究所（BfR）、法国食品、环境、职业卫生与安全署（ANSES）和我国的国家食品安全风险评估中心（CFSA）等。这类机构中既有负责技术研发、开展检验检测的专业实验室，也有以数据整合分析为主的专业部门，属于"全能型"。四是风险评估与风险管理职能共担的机构，如美国食品和药物管理局（FDA）和环境保护署（EPA）。与前三类技术支持机构相比，这类机构兼具行政管理职能。无论哪种类型的风险评估机构，只要和本国的食品安全管理体制相匹配，能在本国的食品安全体系中良好运行并高效履职，就可以充分发挥风险评估对风险管理的科学支持作用。

第二节　食品安全风险分析框架

风险分析是一个结构化的过程，CAC 将风险分析定义为由风险评估、风险管理和风险交流三个部分组成的过程。各部分在食品安全领域都经历了长期的发展与应用，在地区、国家或国际层面经过了初步形成、逐步完善，并最终整合至统一的风险分析框架中，风险评估、风险管理和风险交流这三部分在功能上相互独立，同时又紧密相关、互为补充和相互融合，统一于风险分析框架中（图 13-1）。

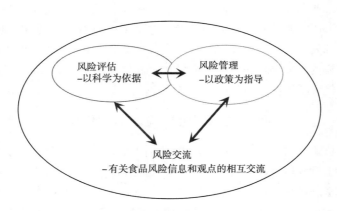

图 13-1　风险分析框架

一、危害、风险、安全的区别与联系

"安全"是指随着人类活动及其时空变化，将损失控制在可接受水平的状态，反之即为不安全，包括危害和伤害。"危害"是造成伤害的来源，是物质的本质属性，如物理危害、化学危害和生物因素危害。"伤害"是危害对其对象造成的不良后果。危害和伤害的区别在于，前者强调来源，后者更强调结果。上述三者都基于利于人类及其生存环境和社会发展主观需求角度而言，即主观性。如对于生态环境而言食源性病原微生物并非一定构成危害或伤害，而对于人类而言则反之。另外，安全、危害和伤害伴随着消费心理主观改变而改变。

"风险"是指能带来不利损失结果的不确定性。对于食品加工过程中的风险可理解为食品加工过程中或因食品加工工艺所带来的食品中存在对人体健康不利影响的不确定性或可能性。

CAC 对风险和危害的定义如下，该定义不仅包括化学因素，也包括生物和物理因素。

危害：食品中可能引起不良健康效应的生物性、化学性或物理性因素或条件。

风险：一种不良健康效应发生的可能性及其严重程度的函数，一般由食品中的危害因素引起。

二、风险评估

1. 风险评估的概念

风险评估首先建立在两个必要基础之上：一方面是存在风险。根据风险特性及其本质，只要定义在技术、社会或心理范畴，同时具有如下特性，即某不确定性下导致的不良结果或某不良结果伴随着某不确定性，则风险就存在。而自然界中大多数事物具有此特性，所以风险几乎可等同于客观存在。如生老病死、花开花落、春夏秋冬等，是客观的必然性。另一方面是风险的"可度量性"。风险本质上有不确定性，即随机性，表现到具体事件中就是这样或那样的结果，变幻无常。因此，不确定性给风险的准确估计带来挑战，而可度量性给风险的估计又带来可能。因此，风险的可度量性也可理解为可度量的不确定性。CAC 将风险评估定义为：一个以科学为基础的过程，由危害识别、危害特征描述、暴露评估以及风险特征描述四个步骤组成。在风险分析框架中，风险评估是其科学核心。

另外，风险评估需要区分和明确两个概念，这两个概念在具体风险评估技术中有非常清楚的数学界定，即变异度和不确定度。变异度是事物本身的特性，反映事物个体间的差异性，差异性不会随着数据和信息的丰富而减少，如每人身高差异、每日摄取食物数量和质量差异等。而不确定度指事件接近真实程度的可靠性，随着数据和信息质量与数量更趋于丰富和可靠，不确定度随之降低，如估计每人每天摄取食物的量可采用每日准确称量和大概估计两种方法来获取，显而易见，前者带来的不确定度会远小于后者。

2. 风险评估的基本特征

对于每一个特定的风险评估项目，由于待评估危害物质或食品安全事件的类型和特性、数据信息的掌握程度等方面不尽相同，具体评估过程各有特点。尽管如此，各项风险评估过程仍然包含了一些具有共性的基本特征。

（1）以科学为基础，客观、透明，并可供进行独立评审　所有风险评估都应该是客观、中立、独立、透明的，评估工作由科研工作团队独立完成。评估结果完全基于科学证据，而不受科学以外的其他因素影响（例如，风险的经济、政治、法律或社会环境等因素）。评估过程透明、公开、记录完整，评估报告需尽可能以风险管理和其他利益相关方能够正确理解的语言描述科学原理、评估过程、评估方法和评估结果，并明确阐述评估中应用的所有假设、可能包含的各种不确定性和变异性。

（2）既与风险管理职能分离，又保持交流互动　在理想情况下，风险评估和风险管理应在不同的机构内或由不同的人员分别进行，以保障评估过程所应具有的独立于法规政策和价值标准之外的科学性。然而，在具体实践中，由于资源和人力等因素的限制，有时很难完全做到明确界定风险评估者、风险管理者和风险交流参与者的职能权限，在某些情况下，有些人可能同时承担着风险评估者和风险管理者的双重角色。若由不同的机构人员分别负责风险管理和风险评估工作，职能分离则较容易实现。然而，需要指出的是，作为风险分析整体框架的有机组成部分，在尽可能做到职能分离的同时，风险评估者与风险管理者之间保持互动式充分交流对于提高风险分析的整体效能十分重要。

（3）遵循结构化和系统化的程序　一项完整的风险评估由危害识别、危害特征描述、暴露评估和风险特征描述四个步骤组成。继危害识别之后，这些步骤的执行顺序并不固定，通常情况下，随着数据和假设的进一步完善，整个过程要不断重复，其中有些步骤也要重复进行。

（4）明确阐述风险评估中的不确定性、来源及其对评估结果的影响　风险评估是一个用已知数据进行科学推导的过程，不可避免地会包含不确定性。在对食品中的化学物进行定量风险评估的过程中，由于所选用的数据、模型或方法等方面的局限性，如数据不足、研究证据不充分等，均会对风险评估结果造成不同程度的不确定性。因此，风险评估报告中还需要对各种不确定因素、来源及对评估结果可能带来的影响进行定性或定量描述，为风险管理者的决策制定提供更为全面的信息。

（5）如有必要，应进行同行评议　同行评议加强了风险评估的透明度，并能针对某个特定食品安全问题进行更为深入、广泛的探讨。当有以下几种情况时，需考虑进行同行评议。

①采用了新的科学方法进行评估；

②对采用了不同的国际公认评估方法和不同来源的数据资料的同类风险评估结果进行综合分析和比较；

③因有新的科学信息或数据资料更新，需要对风险评估结果进行审议和更新。

3. 风险评估的七大原则

（1）风险评估应该是客观的、透明的、记录完整的和接受独立审核/查询的。

（2）尽可能地将风险评估和风险管理的功能分开。即使是在人力资源不足的国家，有些人既是风险评估者又是风险管理者的情况下，也要做到两者的功能分开。一方面要强调功能分开，但另一方面也要保持风险评估者和风险管理者的密切配合和交流，使风险分析成为一个整体，而且有效。

（3）风险评估应该遵循一个有既定架构的和系统的过程，但不是一成不变的。

（4）风险评估应该基于科学信息和数据，并要考虑从生产到消费的全过程。

（5）对于风险估算中的不确定性及其来源和影响以及数据的变异性，应该清楚地记录，并向管理者解释。

（6）在合适的情况下，对风险评估的结果应进行同行评议。

（7）风险评估的结果需要基于新的科学信息而不断更新。风险评估是一个动态的过程，随着科学的发展和/或评估工作的进展而出现的新的信息有可能改变最初的评估结论。

三、风险管理

风险管理是在风险评估的基础上，各利益相关方通过对各种备选的食品安全监管措施或方案进行磋商，权衡利弊，最终选择最适宜的预防或控制方案。风险管理过程中主要考虑和权衡的因素包括风险评估结果、消费者健康保障、技术可行性、成本-效益、促进公平贸易等。

风险管理是基于风险评估的结果，选择并实施合适的监管措施或政策，尽可能有效控制食品安全风险，保障公众健康。风险管理过程通常分为两个阶段进行：第一阶段是在风险概述（主要内容包括识别食品安全问题、描述风险轮廓等）的基础上，对需要进行评估的食品中危害因素提出风险评估要求和目标；第二阶段是基于风险评估的科学结果，同时权衡监管政策制定可能涉及的各种相关因素（如成本−效益、技术上的可行性等），制定并执行最佳的风险管理决策方案，并对控制措施的实施效果进行评价。风险管理过程主要由 4 个步骤组成：①初步风险管理活动，具体内容包括识别食品安全问题并明确其性质、描述风险轮廓、确定风险管理目标、确定是否有必要进行风险评估、制定风险评估政策、委托开展风险评估、评判风险评估结果和进行风险分级；②风险管理方案的确定，内容包括确定备选管理措施、评估备选管理措施和选择最优管理措施；③管理措施的实施，包括验证必要控制体系的有效性、实施选择的控制措施并验证实施情况；④监控与评估，包括风险管理政策实施情况追踪及效果评估。风险管理过程需要风险管理者、风险评估者以及各利益相关方之间的充分交流、合作及相互协调。

四、风险交流

风险交流是指在风险分析全过程中，风险评估人员、风险管理人员、消费者、产业界、学术界等利益相关方就风险、风险相关因素和风险认知等方面的信息和观点进行的互动式交流，主要内容包括风险评估结果的解释和风险管理决策制定的依据。风险交流的主要目的是：①通过充分交流，促进各利益相关方积极参与风险分析过程，加强各方对所评估问题的认识和理解，有利于提高风险分析过程的整体效率；②提高风险管理决策制定的一致性和透明度；③促进各方对风险管理决策的理解，以保障风险管理决策的顺利实施。

风险交流是风险分析框架中必不可少却往往容易被忽略的部分。风险交流有助于各方提供并获得准确、可靠的相关信息，进而加强对所评估的食品安全问题的性质、风险程度及其可能影响的认识和理解。成功的风险交流是进行有效的风险管理的前提，能够促进风险分析过程的透明化，使各方能够更全面、科学地认识、理解、接受并有效执行风险管理决策。在风险交流过程中，风险评估者需要以通俗易懂的语言和方式解释风险评估的科学过程和主要结果，并说明科学研究中的不确定性；风险管理者则以风险评估结果为科学基础，解释各种风险管理备选方案的合理性和局限性；而各利益相关方则交流他们关注的内容，并从各自的角度理解和审视风险评估及风险管理的内容与方案。从本质上讲，风险交流是一个双向过程。

五、风险评估、风险管理与风险交流的相互关系

风险评估是风险分析框架中的科学核心，是风险管理和风险信息交流的基础，虽然风险管理者委托和管理风险评估并对评估结果进行评价，但一般情况下，风险评估本身是一个科学、客观的工作，由科研团队独立完成。

在风险分析框架中，风险管理与风险评估是相互独立却又密切相关的内容，二者在整个风险分析过程中都应保持充分的沟通和必要的交流。首先，由风险管理者根据所掌握的相关信息判断是否有必要对所面临的食品安全问题进行风险评估，若有必要，则将风险评估项目委托给风险评估机构，并向风险评估者提供相关基础信息（如描述风险评估的目的及亟待解答的食品安全问题），制定风险评估项目时间表并提供开展风险评估工作所需的资源。风险评估是风险分析框架中以科学为基础的部分，是风险分析的科学核心，是一个相对独立的过程。而风险管理的决策制定和实施则是一个考虑多方因素、权衡利弊的过程。虽然风险管理决策主要基于风

险评估的科学结果，但决策本身并不是一个纯科学的过程，某种程度上是一个多方博弈、权衡利弊的结果。因此，虽然风险管理决策以风险评估结果为基础，但是最佳风险管理决策的制定，还需将科学证据与其他因素，如经济、社会、文化与伦理等，进行整合和权衡。

在风险分析过程中，风险管理者和风险评估者容易处于一个相对封闭的环境中，传统的观点也认为风险分析过程主要由政府管理者和专家来完成，往往忽视了其他利益相关方和消费者共同参与的重要性。因此，风险交流的目的是要在整个风险分析的过程中，通过互动中的双向的风险信息的交流和互换，来保证利益各方都能参与到风险管理和风险评估的过程中，提高大众对风险管理决策的知情权和参与权。

第三节　食品安全风险评估的方法

风险评估一般由循序渐进的 4 个部分组成，即危害识别、危害特征描述、暴露评估和风险特征描述见图 13-2。整个过程应该是各部分之间互动的，而且随着数据的增加和假说的改进，有些部分要重复进行。

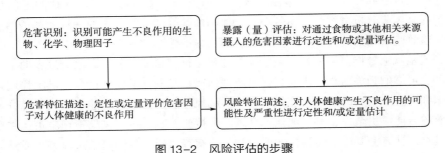

图 13-2　风险评估的步骤

一、危害识别

危害识别是识别可能对人体健康和环境产生不良效果的风险源，可能存在于某种或某类食品中的生物、化学、物理因素，并对其特性进行定性、定量描述的过程。它是食品安全风险评估第一个步骤，危害因素的种类繁多，在启动食品安全风险评估程序前，首先要经过筛选，以确定需要评估或优先评估的危害因素。

由于化学危害物危害识别的数据不足，因此可以借助一些权威机构已发表的和未发表的文献，查阅有关数据库资料等，同时也可以根据一些急性和慢性的化学危害物流行病学数据进行评议。此方法对不同研究的重视程度按如下顺序排列：流行病学研究、动物毒理学研究、体外试验，以及最后的量-效及构-效关系。

1. 流行病学研究

流行病学调查所得的是人体毒性资料，对于食品添加剂、污染物、农药残留和兽药残留的危害识别十分重要，因此是危害识别最有价值的资料。数据可能来自人类志愿者受控试验、监测研究、不同暴露水平的人群流行病学研究（例如，生态学研究、病例-对照研究队列研究、分析或干预研究），以及在特定人群进行的试验或流行病学研究、临床报告（例如，中毒）、个案调查等。

如果能获得阳性的流行病学研究数据，应当把它们应用于风险评估中。如果能够从临床研究获得数据，在危害识别及其他步骤中应当充分利用。然而，对于大多数化学物，临床和流行病学资料是难以得到的。此外，阴性的流行病学资料难以在风险评估方面进行解释，因为大部分流行病学研究的统计学力度不足以发现人群中低暴露水平的作用。风险管理决策不应过于依赖流行病学研究而受耽搁。此外，评估采用的流行病学研究必须是用公认的标准程序进行。

在流行病学研究设计或应用阳性流行病学数据过程中，必须考虑以下人群因素：人敏感性的个体差异、遗传的易感性，与年龄和性别相关的易感性，以及其他如社会经济地位、营养状况和其他可能的复杂影响因素。由于流行病学研究所需费用昂贵，而且能够提供类似的研究数据非常有限，危害识别一般以动物和体外试验的资料数据为依据。

2. 实验动物研究

化学危害物风险评估的大部分毒理学数据来源于实验动物研究。动物试验可以提供以下几个方面的信息：一是毒物的吸收、分布、代谢、排泄情况；二是确定毒性效应指标、阈值剂量或未观察到有害作用剂量（NOAEL）等；三是探讨毒性作用机制和影响因素；四是化学物的相互作用；五是代谢途径、活性代谢物以及参与代谢的酶等；六是慢性毒性发生的可能性及其靶器官。进行动物试验时应遵循科学界广泛承认的标准化试验程序，如联合国经济合作发展组织（OECD）、EPA 等，无论采用哪种程序，所有研究都应当遵循良好实验室操作规范和标准化质量保证/控制系统。一般情况下，化学危害物风险评估使用充足的、最小量的有效数据应当是可以的，包括规定的品系、数量、性别，正确的选择剂量、暴露路径，以及充足的样品数量。

长期的（慢性）动物毒性研究数据非常重要，应当着眼于有意义的毒理学作用终点，包括肿瘤、生殖/发育影响、神经毒性作用和免疫毒性等。短期的（急性）毒性实验动物研究数据也是有用的，也应当有相应的数据。实验动物毒理学研究用来识别无可见作用剂量水平（NOEL）、NOAEL 或临界剂量。为了尽可能避免假阴性的出现，剂量可以选择足够高，多采用最大耐受剂量（MTD）。

实验动物研究不仅要确定潜在不良作用，还要确定其风险性和作用机制等。体内和体外的研究结果能够强化对药物动力学和药效的作用机制的理解，然而类似的信息在许多情况下是无法获得的。风险评估过程不应当由于药物动力学和药效的作用机制不明而耽搁。

毒理试验的范畴不应一概而论，并且要取决于物质的特性以及可接受水平的人体暴露。动物毒理学研究用于揭示其主要的生物体系，通常包括急性毒性、慢性毒性、遗传毒性、生殖和发育毒性、致癌性和器官毒性，有时也包括神经毒性、免疫毒性的作用终点。动物试验的设计应考虑到找出 NOEL、NOAEL 或者 MTD，即根据这些终点来选择剂量。在安全评价时，假设人体至少和最敏感的动物一样。动物试验必须遵循科学界广泛接受的标准化试验程序。在某些情况下，动物试验不大适合用于推测对人体的作用。可以用体外试验来研究一般毒性和反应机制。

3. 短期试验与体外试验研究

体外毒理学试验主要用于毒性筛选，提供更全面的毒理学资料，也可用于局部组织或靶器官的特异毒性效应研究。体外毒理学研究除了用于危害识别外，还可用于危害特征描述。随着分子生物学、细胞组织器官培养等生物技术的突飞猛进，为开展体外试验提供了良好的技术支撑。目前，动物试验需要采用 3R 原则（减少、优化和替代），导致了替代试验的发展和试验设计的优化。体外试验主要的方法包括急性毒性试验替代方法、遗传毒性/致突变实验体外方法、重复剂量染毒实验体外方法、致癌性试验体外方法、生殖发育毒性试验体外方法等等。尽管体外试验和硅片技术进展较快，但这些方法来替代动物试验的时机尚不成熟。体外试验的数据不能作为预测对人体风险的唯一资料来源。

4. 构-效关系

构-效关系即结构-活性关系，即化学物的生物学活性与其结构和官能团有关。当利用已知的结构类似化学同系物的资料或用确定的靶点资料来预测化学物活性时，该方法十分有效。如果能同时预测化学物的人体摄入量，将有助于确定毒理学实验的设计方案。

定量构-效关系分析可采用定量结构活性关系（QSAR）模型，它可用于筛选、了解和预测化学物的活性，可估测化学物的物理化学特性及毒性，并可采用分级法优选化学物来进行下一步的试验。但该模型也存在一些局限性，如模型预测结果仅可用于被选为相关性基础的活性类型；建模时要求具备说明标准效应的生物学数据（例如，生物学或毒理学终点），例如，如果实验条件不同（例如，温度、pH、离子强度、种属、年龄等），则可能会影响生物学效应之间的可比性；QSAR 模型可能可以预测一组具有相同作用机制的化学物的活性，但却不能预测一种非预期的活性类型等。

结构-活性关系分析广泛应用于危害识别，如潜在的遗传毒性、生态毒性等。根据大量现有化学物的毒性分析结果，利用结构-活性关系分析可预测一种新化学物的潜在毒性。目前，这种方法已主要用于对包装材料迁移物和香料的评价。

5. 危害识别中的不确定性和变异性

危害识别过程存在 3 个与不确定性和变异性密切相关的因素。

（1）将一种因素错误地分类　即确定一种因素是一种危害，而实际上该因素却不是危害，反之亦然；

（2）筛选方法的可靠程度　包括恰当地确定一种危害和检测方法每次操作时的重复性；

（3）外推问题　因为试验所得的结果都要外推来预测对人体的危害。流行病学研究用于预计未来人群摄入的影响，而真正使用流行病学数据外推来预测人群的未来健康危害是很少的，因为流行病学数据是不容易获得的，所以使用流行病学数据外推的很少。而其他检测方法却完全需要通过外推来预测可能对人群产生不良的作用。

二、危害特征描述

危害特征描述是在危害识别的基础上，对化学物的毒性效应进行定性或定量的评估。它包含了两个方面：一是化学物与效应之间是否存在因果或相关关系，即剂量反应关系；二是对这种关系进行定性或定量的描述，通常使用毒理学实验数据或流行病学资料来建立化学物与毒性作用的联系，并尽可能通过数学模型予以解释，即剂量-反应模型。通过剂量-反应模型分析，不仅可以对化学物在不同剂量水平的健康风险进行预测，更重要的是能够为保护人体健康而制订安全限值标准或指南提供理论依据。

WHO 国际化学品安全规划署（IPCS）对危害特征描述的定义为："对一种因素或状况引起潜在不良作用的固有特性进行的定性和定量（可能情况下）描述，应包括剂量-反应评估及其伴随的不确定性。"《食品安全风险评估管理规定（试行）》对危害特征描述的定义为："对与危害相关的不良健康作用进行定性或定量描述。可以利用动物试验、临床研究以及流行病学研究确定危害与各种不良健康作用之间的剂量-反应关系、作用机制等。如果可能，对于毒性作用有阈值的危害应建立人体安全摄入量水平。"

危害特征描述主要解决以下问题：建立主要效应的剂量-反应关系；评估外剂量和内剂量；确定最敏感种属和品系；确定种属差异（定性和定量）；作用方式的特征描述，或是描述主要特征机制；从高剂量外推到低剂量以及从实验动物外推到人。一般而言，危害特征描述不需要知道精确的毒理作用机制，只要了解它的作用方式即可；如果毒性作用的机制是有阈值的，那么危害特征描述通常会建立安全摄入水平。剂量-反应关系研究是危害特征描述的主要内容。

1. 剂量-反应关系

剂量-反应关系即描述外源性化学物作用于生物体的剂量与其引发的生物学效应的强度之间的关系，它是暴露于受试物与机体损伤之间存在因果关系的证据，也是评价化学物的毒性、确定安全暴露水平的基本依据。

剂量-反应关系中提到的"剂量"通常是指外剂量，即人或动物以某种暴露途径按照单位体重从外界摄入化学物的量。相应地，内剂量则是指以外剂量摄入的化学物经生物体吸收后进入体循环的量，也称为吸收剂量。它取决于机体对化学物吸收程度即生物利用度的大小。但是，因为内剂量受到机体吸收、代谢、分布、排泄等多种因素的影响，而在实际毒理学研究中通常难以测定，所以在描述剂量-反应关系时则以外剂量作为可人为控制的自变量。

剂量-反应关系可用剂量-反应关系曲线表示，即以剂量为横轴（x轴），以反应强度为纵轴（y轴），绘制散点分布图。剂量-反应关系最直接的表现就是，随着化学物暴露剂量的增加，毒性反应也逐渐增强，例如由轻微的慢性毒性表现到最终的致死效应，而对于每一个毒性反应终点通常都存在一个阈值剂量。阈值剂量是指化学物诱发机体产生某毒性效应的最低剂量，在此阈值以下的暴露水平，化学物对暴露人群损害作用的发生频率和严重程度与对照人群相比在生物学意义上没有显著差别。需要指出的是，由于动物机体的生理反应存在稳态调节机制，所以从生物学角度讲，阈值并非是一个单一的剂量值，而应当是一个特定的剂量范围（图13-3）。

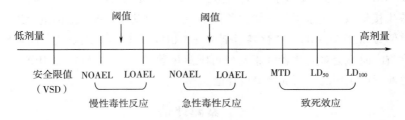

图 13-3　毒性效应与剂量轴示意图

在以食品安全风险评估为目的的危害特征描述中，一般倾向于探索某化学物能够引发动物产生最轻微不良效应的阈剂量，再以此为基础进一步确定人体暴露的安全参考剂量，从而最大限度地保护人体健康。毒理学研究中通常使用的阈值剂量包括①NOAEL 是指在一定时间内，一种外源化学物按一定方式或途径与机体接触，根据现有的认识水平，用最为灵敏的试验方法和观察指标，未能观察到任何损害作用或使机体出现异常反应的最高剂量；②最小观察到有害作用剂量（LOAEL）：指在规定的暴露条件下，通过实验和观察，一种物质引起机体（人或实验动物）某种有害作用的最低剂量或浓度，此种有害改变与同一物种、品系的正常（对照）机体是可以区别的。对于某一毒性反应，实际的阈值剂量应当位于 NOAEL 和 LOAEL 之间，但我们在进行危害特征描述或风险评估时常以 NOAEL 或 LOAEL 来替代阈值剂量。

2. 剂量–反应评估与健康指导值

利用剂量–反应模型制定人类的健康指导值是风险评估的重要环节，制定健康指导值可为风险管理者提供风险评估的量化信息，从而用于保护人类健康的风险管理决策。

由于人为添加到食品中的物质（如食品添加剂、农药和兽药残留等）的暴露是可控的，而大部分污染物的暴露又是不可避免的，通常情况下这些物质是有阈值的（即没有遗传毒性或致癌性），对这类物质最常用的剂量–反应评估方法就是设定相应的健康指导值来对其危害特征进行描述。健康指导值是一定时间内（例如，终生或 24h）摄入某化学物不会引起可检测到的健康危害的安全限值。在该暴露剂量值下化学物对人体不产生明显的不良健康效应，以保证人类的相对安全。这一"安全暴露剂量"通常描述为单位时间"可接受"（对于食品添加剂）或"可耐受"（对于污染物）水平，例如每日允许摄入量（ADI）、每日耐受摄入量（TDI）。

（1）ADI　指终生每日摄入某种食品不会对健康产生可察觉到的风险的估计量值，单位为 mg/（kg·bw）。通常用零到上限值这样一个数值范围来描述，如食品添加剂硝酸钠的 ADI 值为 $0 \sim 3.7$mg/（kg·bw）。

（2）TDI　指人群中的个体终身通过各种摄入途径每日从环境介质（空气、水、食物）中摄入某化学物质而不致引起健康危害的最大剂量，单位为 mg/（kg·bw）。污染物是不"可接受的（Acceptable）"，但是人体对一定的量是"可耐受的（Tolerable）"，因此 JECFA 使用 TDI 作为食品污染物的健康指导值。由此衍生的相关健康指导值包括：暂定每日最大耐受摄入量（PMTDI）、暂定每周耐受摄入量（PTWI）、暂定每月耐受摄入量（PTMI）。对于食品中的化学污染物，目前通常缺乏人类低剂量暴露的健康数据，因此耐受剂量一般被称为"暂定"，有可能会被新的数据所改变。"每周"或"每月"是 JECFA 针对在人体内具有较长半衰期或有蓄积性的食品污染物所使用的指导值。

（3）RfD　RfD 在概念上类似于 ADI，它是"日平均接触剂量"的估计值，人群（包括敏感亚群）在终生接触该剂量水平化学物的条件下，一生中发生有害效应的危险度可低至不能检出的程度，单位为 mg/（kg·d）。急性参考剂量（ARfD）是指 24h 或更短时间内经食物或饮水摄入某化学物质，而不会对消费者健康造成可觉察风险的剂量估计值。JMPR 采用 ARfD 作为农药或具有急性毒性作用的兽药的健康指导值。

三、暴露评估

风险评估的四个步骤中，暴露评估作为风险量化步骤是至关重要的环节。CAC 将暴露评估定义为对通过食物或其他相关来源摄入的物理、化学或生物性危害因素进行定性和/或定量评估。

人体可通过各种途径暴露于危害因素。暴露评估过程需要考虑危害物质的暴露剂量、暴露频率和时间及暴露途径（如经皮、经口和经呼吸道）、人群类型等因素。按照暴露途径，分为外暴露评估和内暴露评估；根据暴露的时间长短，又可分为急性暴露评估和慢性暴露评估。一般而言，一项完整的暴露评估应覆盖一般人群和重点关注人群。重点关注人群是指易感人群或与一般人群的暴露水平有显著差别的人群，如婴儿、儿童、孕妇、老年人和素食者。

1. 摄入量评估

主要包括以下三个方面：一是定量分析食物或膳食中存在的化学物，包括在食物生产加工过程中的变化；二是确定含有相关化学物的每种食物的消费模式；三是把消费者摄入大量特定食物的可能性和这些食物中含有高浓度相关化学物的可能性综合起来进行分析。

FAO/WHO 推荐的膳食暴露评估方法主要包括以下 3 种：①总膳食研究（TDS）；②单一食物的选择性研究（Selective Study of Individual）；③双份饭法研究（Duplicate Portion Study）。

（1）总膳食研究　TDS 又称为"市场菜篮子研究"，是在对居民进行膳食消费量调查的基础上，对居民日常消费的食物数据进行聚类和抽样采集，按照当地菜谱烹饪食物，使其成为能够直接入口的样品，通过实验室测定获得各类食物中化学污染物或营养素的含量，结合膳食消费量的数据，评价 1 个国家或地区大规模人群膳食中化学污染物和营养素摄入量。

目前，全球有 20 多个国家将 TDS 列为常规的食品污染物监测计划，这些国家 TDS 获取的数据已经纳入了全球环境监测规划/食品污染监测与评估规划（GEMS/Food），作为国际食品安全风险评估的重要依据，用于了解各个国家食品安全状况，制定国际食品安全标准和食品安全风险管理措施。

（2）单一食物的选择性研究　单一食物的选择性研究是针对某些特殊污染物在典型（或称为代表性）地区选择指示性食品进行的研究。通过测定某些具有代表性的食物样品中的化学污染物和营养素的含量，结合这些食物的消费量数据，计算出平均每日膳食暴露量。它可以充分利用其他研究项目的信息，例如通过食物化学污染物监测项目等获得所需的食物中化学物质的含量，同时，利用现有的食物消费量数据（例如，来源于居民营养与健康状况监测），计算出各种化学污染物和营养素的摄入量。目前，此类评估方法国内外较为多见，如香港 2010 年对居民膳食铝暴露的评估，结合 1995 年香港成年人膳食调查，采集的是食品标签标识有含铝食品添加剂的预包装食品。单个食物的选择性研究的工作量相对较小，样品更容易得到，费用也较低，但由于此方法收集的食物样品多是未加工的，所以不能反映烹饪加工对实际摄入量的影响，例如，营养素、农药残留在烹饪加工过程中的减少。另外一个不足之处是所涉及的食物样品有时不能代表整个人群的膳食。因此，仅能做初步的评估，较为粗略地反映人群化学物和营养素的暴露/摄入水平。

（3）双份饭法研究　双份饭法被认为是膳食暴露评估的"金标准"，常用于评价其他方法的有效性，对于个体污染物摄入量的变异研究更为有效。双份饭法需要收集调查对象在调查期间消费的全部食物，然后进行实验室测定。这些食物样品包括 3 餐及餐间食物如零食、饮料等，均需准备 2 份，1 份供调查对象食用，并准确称量调查对象实际消费的食物重量，另 1 份混合成 1 个或多个食物样品，进行实验室测定，最后将得到的化学污染物和营养素的含量与调查对象实际消费的食物重量相乘即算出每个调查对象的化学物的膳食暴露水平。但是双份饭法工作量大，采样的费用相对较多，样品采集相对困难，所以很难开展大规模的研究，而且，一般情况下，双份饭法不可能收集 7d 以上的膳食，所以不能代表长期的膳食消费水平，不具有人群代表性，只适用于小规模的调查研究。

2. 利用生物标志物进行内剂量和生物有效剂量的评估

生物标志物（Biomarker）是指能反映生物体与环境因子（化学的、物理的或生物的）相互作用引起的生理、生化、免疫和遗传等多方面的分子水平改变的物质。生物标志物可分为接触生物标志物、效应生物标志物和易感性生物标志物。三者之间没有严格的界限，同一种标志物在一种情况下作为接触生物标志物，而在另一种情况下则可能作为效应生物标志物。利用生物标志物以及生物标本来评估进入机体的化学物的量即为内剂量，包括：生物组织或者体液（血液、尿液、呼出气、头发、脂肪组织等）中化学物及其代谢产物的浓度；化学物进入机体后所引起的生物学效应的改变及进入机体后与靶器官相互作用生成继发产物的量。在过去十几年中，已经建立的生物学标志物主要是各种化学物和致癌物在体内的代谢产物或与机体内大分子物质如 DNA 或蛋白质形成的加合物，将其作为反映机体内暴露的监测指标，如食品中污染物黄曲霉毒素、亚硝胺、多环芳烃、杂环胺、重金属与机体 DNA 或蛋白质形成的加合物等。通过这些效应生物标志物的检测，可以对人群内暴露水平以及引起的危害进行评估。

3. 整合食物消费量和化学物含量的方法

当获得食物消费资料和化学物浓度数据时，通常采用以下 3 种方法中的 1 种来整合数据进行暴露评估。①点评估。在评估中，将食物消费量设为 1 个固定值（如平均消费量或高水平消费量），乘以固定的残留量/浓度（经常是平均残留量水平或法定最高允许水平），然后将所有来源的摄入量相加的 1 种方法。②简单分布。将残留量/浓度变量设为 1 个固定值来与食物摄入量的分布进行整合的 1 种方法。通常使用计算机化的食物消费调查数据库，由于方法中考虑了食物消费模式的变异，因此其结果比点评估更有意义。③概率分布。如果根据初步膳食暴露评估的结果，不能排除是否存在安全性问题，就需要开展更加精细的膳食暴露评估。概率分布可以提供更多目标人群的膳食暴露，以估计变异性方面的问题，但并不表示概率方法会给出比确定性方法更低的膳食暴露评估结果。

4. 暴露评估中的不确定性

（1）膳食消费量　膳食消费量一般来自膳食调查，膳食调查经常采用的方式包括：食物频率法、3d 24h 膳食回顾法、称重法等。一般而言，食物频率法回顾的是 1 年的食物摄入状况，更能代表长期的膳食暴露情况；回顾法是 3d 的摄入情况，更能代表短期暴露情况。同时，选用的膳食调查方法不同，食物消费量可能被低估或者高估，这都是暴露评估中不确定性的来源。

（2）食物中化学物含量　例如对膳食中农药残留的暴露评估需要农药残留监测数据，在农产品监测中都是对初级农产品检测，未考虑烹饪等加工过程对农药残留量的影响。使用这样的数据进行暴露评估，会高估人群的膳食暴露水平。考虑到暴露评估的变异性及不确定性，美国、欧盟等更多地使用概率模型进行污染物的急性膳食暴露评估。忽略加工效应的暴露评估，与实际消费情况不符，在那些食用前需要被烹饪的食物中尤为明显。无论采用何种方法进行污染物的膳食暴露评估，忽视烹饪加工因素都会影响评估的准确性，无法真实反映食品安全现状。

四、风险特征描述

国际食品法典委员会（CAC）将风险特征描述定义为在危害识别、危害特征描述和暴露量评估的基础上，对特定人群发生已知或潜在的不良健康效应的可能性和严重程度进行定性和/或定量估计，包括对随之产生的不确定性的描述。风险特征描述是风险评估四个步骤中的最后一步，其目的是通过整合前三步的信息来为风险管理者提供科学建议。

风险特征描述的主要内容可分为两个部分：①评估暴露健康风险。即评估在不同的暴露情形、不同人群（包括一般人群及婴幼儿、孕妇等易感人群），食品中危害物质致人体健康损害的潜在风险，包括风险的特性、严重程度、风险与人群亚组的相关性等，并对风险管理者和消费者提出相应的建议。相应的方法包括基于健康指导值的风险特征描述、遗传毒性致癌物的风险特征描述和化学物联合暴露的风险特征描述。②阐述不确定性。由于科学证据不足或数据资料、评估方法的局限性使风险评估的过程伴随着各种不确定性，在进行风险特征描述时，应对所有可能来源的不确定性进行明确的描述和必要的解释。

1. 定性风险特征描述

定性风险特征描述是由定性风险评估产生的风险特征描述，理论上其最好基于暴露评估和危害描述的定量数据，但实际上通常是描述性的或范畴性的，不直接依赖于更精确的量化的风险措施。定性风险评估通常用于筛查风险，决定是否进入深入调查。一般在以下情况下进行定性风险评估：①定性风险评估更快，更容易完成；②定性风险评估对于风险管理者或决策者来说更容易理解且更易向第三方解释；③实际缺乏或认为缺乏数据，以至于风险管理者认为不可能开展定量评估；④缺乏进行风险评估的数学或计算方面的技术和条件，同时也缺乏资源或寻求可替代或更多专业知识的需求。

2. 半定量风险特征描述

半定量风险评估在食品安全领域是相对较新的理念，其通过评分评价风险，为定性风险评估的文字评估和定量风险评估的数值评估提供了一种折中的方法。CAC 及其他机构普遍认为风险评估类型只有两种，即定性风险评估和定量风险评估。半定量风险评估常被划入定性风险评估范围之内，但两者在结构以及客观性、透明度和重复性上有区别。

半定量风险评估的特征描述是以分类标识为基础，这类标识对风险概率、影响和严重性（概率和影响相结合）进行了技术性的描述，例如采用"非常低""低""中""高""非常高"，或 A~F 等分级。半定量风险特征描述的作用是针对正在考虑的风险水平，向风险管理者提供一个无偏倚的估计。例如，对于"低"风险水平是否要做出一个风险管理的评价，通常评估者和管理者会有不同的观点，而半定量风险评估可通过为"低概率"等术语附加具体的、量化的含义（而不是判断的含义）来避免这个问题（表 13-1 和表 13-2）。

表 13-1 半定量风险特征描述所引用概率分类标识的定义示例

类别	概率范围（每年时间的概率）	每年的暴露/次
忽略	近似 0	近似于 0
非常低	$<10^{-4}$，不包括 0	1~2
低度	$10^{-4}~10^{-3}$	3~10
中度	$10^{-3}~10^{-2}$	10~20
高度	$10^{-2}~10^{-1}$	20~50
非常高	$>10^{-3}$，不包括 1	>50
确定	1	

表 13-2 　　　　　 半定量风险特征描述所引用健康影响分类标识的定义示例

类别	影响的描述
无	无影响
非常低	患病几天，无腹泻
低度	腹泻型疾病
中度	住院治疗
高度	慢性后遗症
非常高	死亡

3. 定量风险特征描述

定量风险评估可以是确定性的表达（用均数或者百分数这样的单一数值来描述模型变量），也可以是概率性的表述（用概率分布来描述模型变量）。对于存在阈值的物质，通常使用健康指导值（如 ADI）描述。可以采用摄入量与 ADI 相比较作为人群风险的描述，如果所评价物质的摄入量比 ADI 小，则对人体的健康危害可能性就小。对于暴露水平超过其健康指导值的物质，因为健康指导值本身已经考虑了不确定系数，因此少量或偶尔的膳食暴露量超过基于亚慢性或慢性试验所得的健康指导值时，并不意味着一定会对人体健康产生有害作用。当需要对可能产生的健康影响给出进一步建议时，首先需要考虑观察该物质 LOAEL、剂量-反应曲线、毒性效应的性质和严重性等，且应考虑是否具有急性毒性。其次，就急性毒性而言，当估计的膳食暴露量超过急性参考剂量 ARfD 时，其可能产生的影响也应该依据具体情况进行分析，往往还需要考虑如何精确估计膳食暴露量的问题。没有阈值的物质对人群的风险是摄入量与危害强度的综合结果，针对这类物质，JECFA 和 JMPR 通常用动物试验观察到的毒效应剂量与估计的人群膳食暴露水平之间的暴露限值（MOE）进行评价。MOE 法还可用于食品中某些污染物的现有数据不足以建立健康指导值的情况。

第四节　　食品安全危害因子及食品添加剂的风险管理

一、农药残留

我国建立了以农药登记为基础，风险评估为核心，残留限量标准为措施，残留监测为途径的农药安全管理体系，确保农药在农产品和食品中的可控性。

对膳食中某种农药残留进行风险评估，首先要获得居民膳食中该农药残留的摄入量，把居民分成不同年龄、不同劳动强度以及有特殊饮食习惯的亚群。然后，根据监测的食品农药残留含量估算出各亚群居民长期和短期的全份膳食农药残留摄入（总）量。再将膳食农药残留摄入（总）量与该农药残留的 ADI 和 ARfD 作比较，如农药残留的长期摄入量和短期摄入量均低于 ADI 和 ARfD，表明消费者摄入的农药残留量不会引起不良健康效应，该农药将获准注册。由于婴儿、儿童、成人的食品类型与数量不同，因此估算要分别进行。如果该农药在作物或禽畜体内降解或改变为有毒代谢物，还要对它进行单独评估。只要估算出的任何一类膳食农药残留摄入量超过 ADI，该农药的使用就不应获准注册，或者要降低农药施用量，或延长安全间隔期。

二、兽药残留

国际兽药残留的食品安全风险评估工作主要由 JECFA 负责开展。JECFA 最初评估食品添加剂的安全性，从 1987 年开始正式对动物源食品中兽药残留进行安全性评价。

JECFA 对兽药残留评估的资料包括：①兽药一般特征。活性物质、杂质、理化特性、生产过程及重复性、终产品稳定性和质量、注册登记情况等；②使用模式。不同地理条件下良好兽药使用规范、目的、剂量、给药方式，靶动物和推荐的休药期等；③药理特性。药理活性及其作用机制；④分析方法及要求。准确性、精确性、特异性、灵敏度、可重复性、可靠性和成本效益分析；⑤代谢机制和药物代谢动力学资料；⑥毒理学资料。一般毒性、遗传毒性、致癌性、免疫毒性和神经毒性等；⑦田间试验下残留消除研究。

JECFA 对兽药残留进行风险评估的主要内容包括：①基于可获得的毒理学数据和其他资料建立 ADI；②根据良好兽药使用规范推荐动物组织、乳、蛋中的兽药最大残留限量 MRL；③为食品中化学物的风险评估制定一般原则和方法。此外，JECFA 还针对评估的目标化合物进行大量的文献调查。

三、天然毒素

1. 危害识别

危险识别目的在于确定人体摄入天然毒素的潜在不良作用，这种不良作用产生的可能性，以及产生这种不良作用的确定性和不确定性。危险识别就是对暴露人群发生不良作用的可能性进行定性评价。天然毒素的数据主要来源于已建立的数据库、经同行专家评审的文献及企业界的研究资料。天然毒素危险识别的研究程序如下：流行病学研究、动物毒理学研究、体外试验以及定量结构-活性关系。

2. 危害特征描述

天然毒素在食品中的含量往往很低，通常只有百万分之一，甚至更少。为了达到一定的敏感度，动物毒理学试验的剂量必须很高。当前的主要问题是用高剂量毒素的动物试验所发现的不良作用究竟对预测人类低剂量暴露所产生的风险有多大意义。人体与动物在同一剂量时，毒素代谢动力学作用有所不同，而且剂量不同，代谢方式也不同。毒素在高剂量或低剂量时，代谢特征可能不同，例如，高剂量毒素往往使正常解毒/代谢途径不能发挥作用，而产生低剂量不会产生的不良作用。高剂量可能诱导更多的酶、生理变化以及与剂量有关的病理学变化。因此，剂量-反应关系外推时必须考虑这些因素对其他剂量变化存在哪些潜在影响。

3. 暴露评估

WHO 在全球环境检测系统-食品污染物监测与评估计划（EGMS/Food）中制定了天然毒素膳食摄入量的研究准则。可以通过灵敏、可靠的分析方法对有代表性的食物进行分析来得到天然毒素的含量在食用前可能发生变化，例如，天然毒素在食品储存过程中可能降解，或者与食品发生的反应，或在原料加工过程中降解、蓄积。评估天然毒素摄入量时，平均/中位数居民和不同人群详细的食物消费数据很重要，特别是易感人群。另外，在制定食品安全风险评估办法时必须注重摄入量资料的可比性，特别是不同地方的主食消费情况。

4. 风险特征描述

风险特征描述可以是建立人一生中非显著风险的每日暴露水平（即暴露量必须低于 TDI 值或安全剂量的程度）。对 TDI 不能被确定的物质，人的暴露量与在试验动物中发现的不良作用间的安全限度可用来作为人致病可能性的指标，而且可用于风险管理。另外，就一般的人群而言，风险特征描述还需要考虑那些最易暴露的群体，如儿童和老年人。

FAO、WHO、JECFA、欧盟食品科学委员会（SCF）、EFSA 等对真菌毒素的污染及健康影响开展了持续跟踪研究，发布了大量具体研究报告，并已制定了主要真菌毒素的健康指导值。

四、有害微生物

1. 危害识别

在进行危害识别时，风险评估者需要收集审查微生物的临床监控数据以及流行病学研究信息，包括审核以前风险评价和评估、研究国际相关的爆发数据、收集流行病学统计结果等，在做这些数据收集时应充分考虑国内的情况。

危害识别的报告主要包括：①说明微生物的特性。即在哪里被发现的，影响此微生物生长和生存的最适条件以及环境因素等；②食源性疾病作为危害暴露的结果。可以简要地描述它对人体的负面健康作用，要确保读者对于健康结果的重要性和/或严重性有较好地理解；易感人群和亚健康人群也应当提及；更具体详细地描述负面健康作用将在危害描述中进行；③传播模式。简明阐述微生物是如何影响宿主的；④发生（频率）和爆发数据。文献记载的发生和爆发数据必须是可信的，并通过充分的调研来确保数据的质量；⑤微生物危害在食品中的含量。需要简要描述什么食品中可存在此种微生物危害和其典型的污染水平。

2. 危害特征描述

危害特征描述是具体地阐述致病性微生物进入人体后所导致的负面健康作用，以及严重性和耐受性，并且尽量能够找到它的剂量反应关系。危害特征描述的目的是对食品中病原菌的存在所产生的不良作用的严重性和持续时间进行定性或定量的评价。剂量–反应关系是指进入人体胃肠道的一定数量微生物（剂量）和与之相关人体的负面健康作用的严重性和/或发生频率（反应）间的关系。剂量–反应关系是一种概率（暴露于一定量的病原菌后被感染或患病人口比率），要依靠动物实验和饲料研究，以及从爆发事件调查中获得的流行病学信息。

危害特征描述所要提供的信息是在消费了带有病原菌食品的人口中，发生负面健康作用可能性的估计。这一估计描述了人患病的水平，以及微生物的毒性和传染性、宿主的易感性、与食品相关的各种因素的影响。

3. 暴露评估

暴露评估是对个体（或人群）将暴露于微生物危害的可能性以及可能摄入的量如频率和摄入量的估计，风险评估者收集消费食品的数据，并将这些数据与食品发生危害的可能性和病原菌的数量相结合。

评估暴露是一个非常复杂的过程，因为病原菌是在不断地生长和死亡的。风险评估者因此就不可能准确地预测食品消费前的病原菌数量。风险评估者为了定量估计个体（人群中随机的）摄入病原菌的数量，就必须使用模型并且做出预测。结合有消费频率的消费数据和食品与危害物关系的数据，就可以做出暴露估计。这通常用每年消费的被污染的餐数来表达，暴露评估将提供一个人群消费危害物数量的估计，以及在这次暴露中加工和制备食品过程中各种因素的影响。在可能的情况下要考虑易感人群和亚健康人群。

总的来讲，微生物危害在食品中的负面作用是不考虑其累积效应的，这一点同许多的化学危害物不同。因此对被污染的每一餐，在不考虑消费者消费食品频率的前提下，其风险水平都是一致的。在暴露评估中，消费时的分布被描述为一个受污染 $lg_{10}CFU$/份餐的累积频次（CFU为菌落总数）。不确定性采用以估计所伴随的每个百分点值，以提供一个可信度估计。

4. 风险特征描述

当建立一个对风险的估计时，假设和充足的理由作为对待特殊风险的界定可以给出一个复杂的、经得起讨论的而且透明的基础，这一点是很重要的。例如，一种危害可能是很严重的，但是如果没有多少流行病学资料和/或发生数据可以通过一种食品证明这种危害与食源性疾病有关，或证明这种危害与食源性疾病无关，这种情况下的风险就可以认为是低的。相反，对于一种危害并不是很大的危害物，有充足的流行病学证据和发生数据说明它与食源性疾病有很大的相关性，则其风险也是很高的。国内各类疾病学会提供的流行病学证据是相关性最大的，应当比国外的数据赋予更大的权重。

在整个对风险的估计过程中，其他需要考虑的重要因素有，微生物危害在特殊食品中的生长特性，包括消费者在食用前所做的最终处理步骤，同时考虑多少致病菌可以引起疾病，这点同样非常重要。也就是说，低含量的病原菌暴露能否致病，以及病原菌是否需要达到一个高的浓度（如>100CFU/g）才能致病。此外，对食品的一些加工或处理也许允许、也许不允许微生物生长，如果食品在烹饪前是经过消毒的，从理论上来讲是可以明显地减弱危害所带来的风险。

五、食品添加剂

1. 危害识别

食品添加剂危害识别的目的在于确定人体摄入食品添加剂的潜在不良作用以及产生这种不良作用的确定性和不确定性。对食品添加剂进行分析评估的关键主要取决于第一个步骤–危害识别。进行危害识别的最好方法是证据加权，对科学资料进行充分评议。常用方法有流行病学研究、动物毒理学研究、体外试验以及定量结构–活性关系等。但由于流行病学研究费用昂贵、提供的数据较少，因此危害识别一般以动物和体外试验的资料为依据。

2. 危害特征描述

食品添加剂常用的危害特征描述方法是阈值法，即通过毒理学试验获得的 NOAEL 除以安全系数来计算安全水平或者 ADI。根据长期动物试验的结果计算 ADI 时，JECFA 传统意义上使用 100 作为安全因子，也就是将 NOAEL 除以 100 作为食品添加剂的 ADI。100 作为安全因子是假设人类比实验动物敏感 10 倍，人种之间敏感性的差异也是 10。安全因子并不是固定不变的，在计算 ADI 时，要根据试验资料来确定安全因子的具体数值。

常见的 ADI 是以区间形式表示的数值型 ADI，它是被评价物质的可接受区间。JECFA 用这种形式表示 ADI 是强调达到工艺有效的前提下使用的最低量。

3. 膳食暴露量评估

膳食暴露量评估是食品消费数据和食品添加剂浓度数据的综合分析。所需资料的来源取决于评估目的，如食品添加剂的评估目的通常可以分为批准使用之前的评估和已进入食品链之后的评估。对于第一种情况，食品添加剂的浓度只能根据食品生产者拟使用的量；对于后一种情况，能够得到食品添加剂的实际含量数据。

4. 风险特征描述

食品添加剂的风险特征描述是将暴露评估中人群的摄入量与风险特征描述阶段得到的 ADI 值进行比较。如所评价的食品添加剂膳食暴露量比 ADI 值小，则对人体健康产生不良作用的可能性几乎为零。在进行风险特征描述时，必须说明风险评估过程中每一阶段所涉及的不确定性。风险特征描述中的不确定性反映了前面几个阶段评价中的不确定性。

六、案例分析：食品中黄曲霉毒素（AF）的风险评估

1. 危害识别

（1）暴露途径　黄曲霉菌是空气和土壤中普遍存在的微生物，绝大多数食品原料和制品均有不同程度的污染，尤以花生和玉米的污染最为严重。亚热带和热带地区的 AF 污染较严重，在我国长江沿岸以及长江以南地区较北方各省污染严重。人类经膳食摄入受 AF 污染的食物是人类摄入 AF 的主要途径，如被 AF（主要为 AFB_1）污染的植物性食物，如花生以及乳和乳制品（主要为 AFM_1，是通过饲料进入动物体内的 AFB_1 的代谢产物）。在非洲和亚洲热带国家，发现了母乳中含有 AFB_1 和 AFM_1，证实了一条早期暴露途径。

（2）体内代谢　AF 经消化道吸收后，主要分布于内脏、肌肉等组织中，以肝内分布最多，乳中含量也较多。AF 如不连续摄入，一般不在体内长期积蓄，停止食用一周后即可从粪和尿中完全排出。有两条代谢途径是 AF 的主要通路：一是 AF 能够被代谢为 8，9-环氧化物；二是 Ⅱ 相代谢的活化能将 AF 转化为无毒性物质并抑制其细胞毒性。8，9-环氧化物活性很高但寿命很短，它被认为是细胞损伤的主要介质。

（3）毒性　动物实验表明，AF 具有急性毒性、生殖毒性、遗传毒性、免疫抑制（亚急性毒性）、亚慢性毒性、慢性毒性和致癌性。AF 属于已知的最强的致突变物和致癌物。2002 年，国际癌症研究组织（IARC）将 AF 确定为 Ⅰ 类致癌物。

2. 危害特征描述

AF 被 IARC 指明为有足够证据证明的致癌物，其主要为肝脏致癌性。大量的试验研究已证实 AF 可导致大多数物种罹患肝癌，也有不少流行病学研究显示了 AF 暴露与肝癌间具有关联性。一些研究认为 AF 暴露是非可测性的独立风险，而其他研究认为 AF 仅在其他危害因素共存的情况下（如乙肝病毒感染）才具有风险。研究显示，感染乙型肝炎的人患肝癌的机会与摄取 AF 的多少有关。此外，有流行病学研究显示，丙型肝炎感染、AF 和肝癌之间的交互作用，但目前为止的证据仍不够充分。

大量的流行病学研究探究了 AF（无论是 AF 还是 AFB_1）在人群中的潜在致癌性，这些流行病学调查大多是在非洲和亚洲开展的，且 AF 多在日常食品中发现。来自中国、肯尼亚、莫桑比克、瑞典、泰国及菲律宾的研究表明，膳食低剂量长期暴露 AFB_1 与人类原发性肝细胞癌呈正的剂量反应关系。尽管有大量的流行病学研究、遗传毒性研究、动物生物特性实验、体外和体内代谢研究的资料，但目前从详尽的暴露资料中评估和预测 AF 的致癌风险仍有困难。

1998 年，JECFA 第 49 届会议上发布了 AF 的致癌强度评估结果。JECFA 采用数学模型法对 AF 的致肝癌效应进行了定量评估，推导得出了 AFB_1 致肝癌强度的计算方法。JECFA 还推算出携带乙肝病毒的人群中，AF 的潜在危害明显高于未携带人群。膳食暴露 AF 可以增加患肝

癌的风险，并且这一风险在乙型肝炎患者中更高，即乙型肝炎病毒（HBV）可增强 AF 的致肝癌效应。JECFA 回顾了流行病学研究资料，并选择了不同的集中趋势来估计乙肝表面抗原（HBsAg）呈阳性和 HBsAg 呈阴性个体的致癌效应和不确定范围。对于 HBsAg 呈阴性的人群，AFB_1 的致癌效应为：当 AFB_1 暴露量为 $1ng/kg \cdot (bw \cdot d)$ 时，可导致每年肝癌平均发生率为 0.017 例/10 万人。对于 HBsAg 呈阳性的人群，AFB_1 的致癌效应为：当 AFB_1 暴露量为 $1ng/kg \cdot (bw \cdot d)$ 时，可导致每年肝癌发生率为 0.1 例/10 万人。

3. 暴露评估

目前，我国的 AF 暴露评估资料尚有限。有研究表明，我国成人、2~6 岁儿童、城市人群、农村人群的平均 AF 膳食暴露量分别为 665.43ng/（人·d）、415.39ng/（人·d）、487.64ng/（人·d）、749.14ng/（人·d），人群高消费者（第 97.5 百分位数）的 AF 膳食暴露量则分别为 24787.20ng/（人·d）、16544.40ng/（人·d）、17358.59ng/（人·d）、29370.42ng/（人·d），提示农村人群、玉米和大米在控制我国人群 AF 膳食暴露量和降低肝癌患病率中是不可忽视的重点人群和重点食品。

JECFA 在 2008 年的第 68 届会议上评估了各大洲人群膳食 AFB_1 平均暴露水平，其中亚洲为 $0.3~53ng/kg \cdot (bw \cdot d)$，非洲为 $3.5~180ng/kg \cdot (bw \cdot d)$，欧洲为 $0.93~2.4ng/kg \cdot (bw \cdot d)$，美国为 $2.7ng/kg \cdot (bw \cdot d)$。委员会采用 13 GEMS/食品消费群膳食数据（13 GEMS/Food Consumption Cluster Diets）进行国际上的从各种膳食来源的总 AF 的暴露估计，结果来自玉米、花生、油籽和可可产品的 AF 平均总膳食暴露在所有食品集群中贡献率最大。澳大利亚和新西兰的商品检测和分析结果亦表明，AF 水平显著高的几乎都局限于花生及坚果制品。

2019 年，EFSA 报告总结了部分欧洲国家不同年龄人群膳食 AFB_1 的平均暴露水平。其中，婴幼儿为 $0.25~2.11ng/kg \cdot (bw \cdot d)$，儿童为 $0.72~5.45ng/kg \cdot (bw \cdot d)$，青少年为 $0.40~3.08ng/kg \cdot (bw \cdot d)$，成年人为 $0.31~2.20ng/kg \cdot (bw \cdot d)$，老年人为 $0.24~2.07ng/kg \cdot (bw \cdot d)$，提示 AFB_1 的膳食暴露在儿童和青少年中引起的健康风险与其他人群相比更高。

4. 风险特征描述

AF 被认为是人类致癌物，其摄入水平应控制在尽量低的水平。AFB_1、AFB_2、AFG_1、AFG_2 主要存在各类霉变的农作物中，其中以玉米、花生、大豆、大米等粮食类及其制品（如食用植物油、面粉、玉米面等），坚果类食品以及干果类食品的污染最为突出；AFM_1、AFM_2 是污染乳及乳制品的主要毒素。降低 AF 暴露是一项重要的公众健康目标，尤其是对于可能被 AF 污染的食品消费量较高的人群。IARC 将 AF 确定为 1 类致癌物，即明确的人类致癌物。在许多国家，特别是食品中 AF 污染严重的亚非国家对 AF 的致癌性进行了广泛研究，结果显示膳食暴露 AF 可以增加患肝癌的风险。摄入 AF 导致的人群肝癌的发病率是通过对 AF 致癌能力（每单位剂量的风险）和 AF 摄入量（每个人的摄入量）的估计进行推断获得的，AF 的致癌风险在乙型肝炎患者中更高，即 HBV 可增强 AF 的致肝癌效应。

目前，国际上对食品中 AF 进行风险评估所采用的方法主要包括数学模型法和 MOE 法。自 1987 年开始，JECFA 先后在第 31、46、49、56、68、83 届会议上对食品中的 AF 进行了 6 次评估。由于 AF 为无阈值的遗传毒性致癌物，因此未对其制定健康指导值。JECFA 第 31 届会议上提出，将 AF 的每日摄入量降低到尽可能低的水平，以减少潜在风险。2019 年，EFSA 采用 MOE 法对坚果及其制品中的 AFB_1 进行了风险评估。根据 EFSA 的评估报告，AFB_1 对雄性大鼠致肝细胞癌的 $BMDL_{10}$ 为 $0.4\mu g/kg \cdot (bw \cdot d)$。

5. 风险管理措施

鉴于 AF 的毒性，目前世界上有 60 多个国家制定了食品和饲料中 AF 的最高限量标准和相应的法规。我国《食品安全国家标准　食品中真菌毒素限量》（GB 2761—2017）中只规定了食品中 AFB、AFM 的限量，推荐谷物、油脂、坚果等食品中 AFB 最高允许限量为 20μg/kg。WHO 推荐食品、饲料中 AF 最高允许限量为 15μg/kg。欧盟修订的（EC）No 1881/2006《食品中特定污染物的最大限量》中有规定用于压榨提炼植物油的花生及其他油籽中 AFB_1 限量和 AFB_1、AFB_2、AFG_1、AFG_2 总和限量，但没有给出毒素在植物油中的限量标准。欧盟规定，在用于压榨提炼植物油的花生及其他油籽的食品中，总 AF 残留限量为 15μg/kg，AFB_1 残留限量为 8μg/kg。

第五节　食品安全风险评估的数学模型及相关软件应用

一、食品安全风险评估的数学模型

1. 模糊综合评价法

模糊综合评价法是一种基于模糊数学的综合评价方法。该综合评价法根据模糊数学的隶属度理论把定性评价转化为定量评价，即用模糊数学对受到多种因素制约的事物或对象做出一个总体的评价。它具有结果清晰、系统性强的特点，能较好地解决模糊的、难以量化的问题，适合各种非确定性问题的解决。

2. 指标打分法

指标打分法是建立在模糊综合评价和专家评价方法基础上的一种简单的风险评价方法。方法思想是依托相关领域专家对各风险指标的认识，赋予各指标一定分值，就每个指标分别打分进而累计总分，结合各风险指标的权重值运用模糊综合评价矩阵计算得出综合风险结果。指标打分法增强了可比性和精确性，量化指标明确，适合对评价结果精度要求不高的现场或临时评价环境。

3. 层次分析与灰色关联分析法

层次分析与灰色关联分析法从系统内部发掘信息、利用信息、分层排序、进行建模，通过多因素统计之灰色关联分析确定主次因素以及对确定各因素间的强弱、大小和次序。层次分析法概念直观、计算方便、容易理解。

4. 粗糙集模型

粗糙集理论是建立在分类机制的基础上的，它将分类理解为在特定空间上的等价关系，而等价关系构成了对该空间的划分。粗糙集理论将知识理解为对数据的划分，每一被划分的集合称为概念。粗糙集理论的主要思想是利用已知的知识库，将不精确或不确定的知识用已知的知识库中的知识来（近似）刻画。粗糙集模型善于处理具有偏好的多属性决策分析，发现分类问题给定偏好间的冗余及依赖，可由偏好属性决策表导出偏好决策规则。粗糙集理论是天然的数据挖掘或知识发现方法，与处理不确定性问题的方法相比，无须数据之外的先验知识，且与处理不确定性问题的理论（模糊理论）互补，是当前研究的热点。

5. 蒙特卡罗（Monte Carlo）数学概率模型

蒙特卡罗模型是一种随机模拟方法，并以概率和统计理论方法为基础的一种计算方法。将所求解的问题同一定的概率模型相联系，用电子计算机实现统计模拟或抽样，以获得问题的近似解。从理论上来说，蒙特卡罗方法需要大量的实验。实验次数越多，所得到的结果才越精确。现代的蒙特卡罗方法，已经不必亲自动手做实验，而是借助计算机的高速运转能力，使得原本费时费力的实验过程，变成了快速和轻而易举的事情。它不但用于解决许多复杂的科学问题，也被项目管理人员经常使用。

6. 食品安全指数评估模型

食品安全指数评估模型通过比较人体污染物实际摄入量与安全摄入量来评价食品中某种化学残留对消费者健康影响。食品安全指数公式如式（13-1）和式（13-2）所示：

$$FSIc = \frac{EDIc \times f}{SIc \times bw} \tag{13-1}$$

$$EDIc = \sum_{i=1}^{n} (Ri \times Fi \times Ei \times Pi) \tag{13-2}$$

式中　　FSI——食品安全指数；

　　　　c——待分析的化学物质；

　　　　bw——人体平均体重，计60kg；

　　　　EDI——实际日摄入量估计值；

　　　　f——校正因子，如果安全摄入量采用 ADI、PTDI、RfD 等日摄入量数据，则 $f=1$，如果安全摄入量采用 PTWI 等周摄入量数据，则 $f=7$；

　　　　SI——安全摄入量；

　　　　i——不同的食品种类；

Ri、Fi、Ei 和 Pi——分别为化学物质 c 的残留水平、食品日消费估计量、可食用部分因子和加工处理因子，Ei 和 Pi 一般设定为1。

根据计算结果得出化学物质 c 对食品安全的影响程度：$FSIc=0$，食品安全无风险；$FSIc \leq 1$，食品安全风险可接受；$FSIc \geq 1$，食品安全风险超过可接受限度，进入风险管理程序。

7. 以生理学为基础的毒物代谢动力学（PBTK）模型

毒物代谢动力学（TK）模型是对化学物在机体内吸收、分布、代谢和排泄特征的定量描述，表示为化学物及其代谢产物在血液、尿液或组织器官中的浓度随时间变化的函数形式。它是一般利用较易获得的体液标本如血液、尿液，测量不同时间点化学物浓度的变化，体液中化学物或代谢产物浓度的变化反映了机体对该物质的转运过程，从而能够通过此类数据建立数学模型分析描述剂量-反应关系。PBTK 模型起源于药学领域，早在 20 世纪 30 年代被用于研究药物在体内的摄取和分布过程。PBTK 模型遵循质量守恒定律，将生物体中具有生理、解剖学意义的组织/器官（如血液、肝、肾、脂肪组织等，又称生物基质）抽象为独立的室，各室之间通过血液循环系统连接，进一步考虑化学品的物理化学及生物化学性质，对生物体吸收、分布、代谢、排泄化学品的过程做出定量描述。在 20 世纪 80 年代，PBTK 模型逐渐被应用于毒理学领域。PBTK 模型的建立通常包括 5 个步骤：确定模型的整体结构、转化为数学模型、定义模型参数值、求解方程组、模型评价。PBTK 模型能够关联化学品外暴露水平（环境浓度）和体内相关靶器官浓度，预测化学品在生物基质中浓度随时间的变化，并能够反映生理参数变化（如反映物种差异）对污染物吸收、分布、代谢、排泄过程的影响。

二、食品安全风险评估软件

1. @Risk 软件

由于影响食品安全的因素较为复杂，往往每个因素都是一个可能取值的范围及其概率，导致概率评估的分析和计算相对比较复杂，往往需要借助计算机软件来完成分析计算。目前，国际上广泛采用美国 Palisade 公司开发的基于蒙特卡罗模拟技术的风险分析软件@Risk 进行定量风险评估，其操作界面示意如图 13-4 所示。该软件最初的开发目的是应用于金融领域的风险评估工作，近年来随着人类对食品安全的关注持续升温，食品安全风险评估研究的逐步发展，@Risk 软件已经被开发并应用于食品安全定量风险评估工作中。

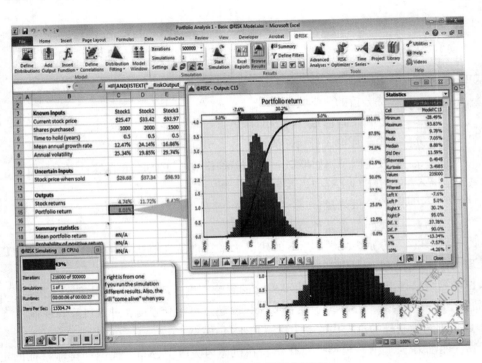

图 13-4 @Risk 软件操作界面

2005 年，Gummow 等科学家研究了饲养在高钒背景值区域的牛对居民健康的风险，通过建立牛饲喂模型，获得 5 年间 42 头牛肌肉组织、肝脏、肾脏及牛乳中钒含量的分布特征，利用风险分析软件@Risk 采用蒙特卡罗模拟技术建立了消费高钒背景区域牛对居民健康风险评估的模型。通过模型模拟，模型的一次模拟进行 10000 次运算，每一次运算时采用拉丁超立方（Latin Hypercube）抽样方法从模型肌肉、肝脏、肾脏、牛乳的概率分布中抽取 1 个值，以这些随机抽取的数字进行运算。结果显示，居民消费牛肉组织中钒的暴露量为 0.05~11.51mg/kg（湿重），中值为 0.23mg/kg；居民饮用牛乳钒暴露的风险最高，模型预测成年人每日通过牛乳摄入钒超过 0.44μg/kg/d 的风险小于 5%，因此认为居民消费饲养于高钒背景区域的牛组织及牛乳对居民的健康不会产生风险，不需要对这些区域的牛进行监控。

2. Toxtree 软件

Toxtree 是由欧盟委员会的欧洲化学品局联合研究中心（Joint Research Centre of European Chemicals Bureau）开发的免费毒性预测平台（http：//toxtree.sourceforge.net/）。Toxtree 支持用户通过输入简化分子线性输入规范（SMILES）编码或者使用内置的二维结构图编辑器绘制化学结构图来查找化学物，然后通过选择不同的预测软件对化学物进行毒性预测。软件主要以决策树的形式，根据结构警示对物质进行分类和预测。Toxtree 包含多个预测终点的软件，如毒理学关注阈值（TTC，包括 Cramer 规则、扩展的 Cramer 规则和 Kroes 决策树）、致癌性预测（遗传毒性和非遗传毒性）、体外遗传毒性（Ames 试验）预测、啮齿类体内微核试验预测、皮肤刺激和腐蚀性预测、眼刺激和腐蚀性、细胞色素 P450 介导的药物代谢、DNA 结合、蛋白质结合和环境污染物的水生生物毒性（Verhaar 方案）生物降解潜力等共 13 个预测终点。软件最大的特点是界面友好，操作简单。首先用户在物质输入框中输入目标物质的 SMILES 码，然后在方法里选择预测性质对应的决策树，点击预测按钮即可得到预测结果。用户可在方法中查看决策树的文献来源、预测方法以及性质机制，十分便捷。

3. CDEEM 软件

中国膳食暴露评估模型软件（CDEEM）是由东南大学开发的具有自主知识产权的膳食暴露评估软件，该软件开发包括用户界面开发和后台模型程序开发，分别采用统计分析系统宏语言（SAS/Macro）和开发模块（SAS/AF）编程。该软件吸取了欧盟蒙特卡罗风险评估和美国 EPA 人类暴露和剂量模拟随机模型的研究经验，并结合我国实际情况而研究开发出来的一款适合中国膳食暴露评估研究软件。通过与国际上公认的商品化风险管理软件@ Risk 计算结果比较来验证软件中蒙特卡罗模拟计算结果的正确性。该软件获得了中华人民共和国国家版权局颁发的《计算机软件著作权登记证书》（软著登字第 119729 号）。

讨论：政府、生产商与消费者三位一体的风险评估与三方会谈
——德国联邦风险评估研究所（BfR）经典风评案例

根据以下德国联邦风险评估研究所（BfR）提供的风险评估经典案例进行讨论。

北国和南国是邻国。他们两国构成了整个岛屿，相互接壤并有紧密的贸易关系。尽管他们共同书写了历史，但有一些土地、贸易、自然资源和文化方面的冲突。总的来说，他们的外交、经济和社会关系还是很和谐的。

然而有一天，北国发现 200 起病例，造成 5 人死亡，疾病症状表现为腹泻、腹痛、发热和全身不适，病因不明。随后，病例和死亡数持续攀升（所有死者年龄大于 60 岁），引起媒体的广泛关注。一名当地记者听到流言说：人生病胃痛，是由于食用北国加工鱼引起的。记者拨通了北国卫生部的电话要求对以下问题做出回应：部长能对严重席卷北国的胃病报道做出评论吗？部长能对报道中所说疾病来源于北国加工鱼做出回应吗？作为回应，卫生部某官员表示，没有证据表明这是鱼的原因；但农业部某官员表示，检查组发现，Happy 渔场的卫生很差。但和总理有密切联系的渔场老板声称这是蓄意污蔑。

随着事态的进展，病例数和死亡数持续攀升，分别达到 600 人和 15 人，媒体和公众的关注力度不断加大。Happy 渔场的卫生问题是由北国成员公开提出的，反对派声称在北国政府立法机关为了保护总理亲属掩盖了相关问题。

随后，疾病已蔓延至邻近的南国，在南国病例数和死亡数分别报道有 100 人和 3 人，南国

政府威胁将关闭边境以阻止北国食品入境。一时间谣言四起，当地有影响力的宗教领袖告诉他的追随者，在河里洗澡，可以阻止疾病蔓延；当地大学的专家在电视上宣布，疾病可能像普通感冒从一个人传给另一个人。

最后经过充分调查取证和科学研究，确定此次事件的起因为新志贺氏菌 SD2 引起的食源性疾病，来源可能是饮用水。

根据该公共卫生事件，站在政府、生产商与消费者的不同角度，试讨论风险评估、风险交流与风险管理的策略，阐述风险评估的主要步骤及预期结果。

思考题

1. 思考食品安全风险评估在食品安全管理中的作用。
2. 思考风险管理者与风险评估者进行食品安全风险分析时侧重点的不同之处。
3. 思考不同利益方主体进行风险交流时可能遇到的困难以及解决方法。

参考文献

［1］石阶平.食品安全风险评估［M］.北京：中国农业大学出版社，2010.

［2］杨杏芬，吴永宁，贾旭东等.食品安全风险评估—毒理学原理、方法与应用［M］.北京：化学工业出版社，2017.

［3］孙秀兰，李耘，李晓薇等.食品加工过程安全性评价及风险评估［M］.北京：化学工业出版社，2016.

［4］国家食品安全风险评估中心.国际风险评估机构纵览［M］.北京：中国质检出版社，2017.

［5］滕葳，李倩，柳亦博等.食品中微生物危害控制与风险评估［M］.北京：化学工业出版社，2012.

［6］魏帅，吴小胜，魏益民等.@risk 软件在食品安全风险评估中的应用［C］.中国北京国际食品安全高峰论坛，2011.

［7］李亭亭.江苏居民膳食有机磷农药累积暴露风险评估［D］.南京：东南大学硕士学位论文，2013.

［8］高雅，姚碧云，周宗灿.利用 Toxtree 平台预测中草药重要成分的毒理学关注阈值［J］.毒理学杂志，2015，29（6）：402-405.

［9］谭彦君，陈子慧，蒋琦.食品安全风险评估—危害识别［J］.华南预防医学，2013，39（2）：91-94.

［10］聂文静，李太平.食品安全风险评估模型研究综述［J］.食品安全质量检测学报 2014，5（5）：1551-1556.

［11］Mantovani，A. Characterization and management of uncertainties in toxicological risk assessment：examples from the opinions of the european food safety authority［M］.In：Nicolotti，O.（eds）Computational Toxicology. Methods in Molecular Biology，vol. 1800. Humana Press，New York，NY，USA，2018.

［12］Dorne，J. L.，Fink-Gremmels，J. Human and animal health risk assessments of chemicals in the food chain：comparative aspects and future perspectives［J］.Toxicology and Applied Pharmacology 2013，270（3）：187-195.

［13］Eisenbrand，G. Current issues and perspectives in food safety and risk assessment. Human & Experimental Toxicology，2015，34（12）：1286-1290.

［14］EFSA Panel on Contaminants in the Food Chain（CONTAM），Schrenk，D.，Bignami，M.，et al. Scientific opinion on the risks to public health related to the presence of aflatoxins in food ［J］. EFSA Journal，2020，In Press.

食品安全快速检测与筛查技术

第一节 食品安全快速检测技术的背景

一、食品安全快速检测技术的现状

近年来，我国食品安全问题频发，受到全社会的高度关注。食品安全检验检测工作是保障食品安全的重要手段。但目前我国食品安全监管环境复杂、食品种类多、数量庞大，且监管资源不足，常规检验方法不能完全满足实际需求。随着科学技术的发展，检验手段与方法越来越多样化，检测仪器越来越灵敏，检测方法的检测限越来越低。如何采用最快捷、最经济、最准确的检验方法，是食品安全的一项重要研究内容。

就目前的发展趋势看，食品安全检测方法首先要体现快速，因为食品在生产、储存、运输及销售等各个环节，都有可能受到污染，都需要控制安全质量。食品生产经营企业、质控人员、质检人员、进出口商检、政府管理部门都希望能够得到准确而又及时的监控结果。总之，准确、省时、省力和省成本的快速检验方法是多方面都迫切需要的。什么样的方法算是快速呢？快速检测方法首先是能缩短检测时间，以及在样品制备、实验准备、操作过程简化和自动化上简化方法。可以从三个方面来体现：一是实验准备简化，使用的试剂较少，如培养基的改进，而且容易得到，配好后的试剂保存期较长，能够制成稳定的混合试剂或培养基或辅基，如干燥纸片培养基、试粉等是快速分析的较佳选择；二是样品经简单前处理后即可测试，或采用先进快速的处理方式，如重金属检测中的微波消解、黄曲霉毒素的亲和层析法，以及快速先进的滤膜或滤柱技术等；三是简单、快速和准确的分析方法，能对处理好的样品在很短的时间内测试出结果，如硝酸盐试纸、酶联免疫试剂盒等。总之，当试剂采购备齐后，从试剂配制开始，包括样品处理时间在内，能够在几分钟或十几分钟内得到检验结果是最理想的，但这样的方法目前还不多。对于理化检验，能够在 2h 内得出检验结果即可认为是较快的方法。作为微生物检验，与常规或传统的方法相比，能够简化试剂的配制和能够缩短 1/2 或 1/3 的时间就可得到检验结果的方法就可认为是较快的方法。对于生物分析采用酶联免疫法，能够在 3~4h 内得到检验结果，也是比较快速的检验方法。食品快速检测方法已成为一项新兴的技术手段，受到广泛关注。各地监管部门通过开展食品快速检测，不仅有效扩大了食品安全监管范围，节约检测时间和检验经费，并能及时发现问题、采取措施，提高监管的针对性和靶向性。因此，快速检测方法已成为食品安全监管的重要技术支撑。

2018 年 12 月新修订的《中华人民共和国食品安全法》（以下简称《食品安全法》）第八十八条和第一百一十二条规定，可采用国家规定的快速检测方法对食用农产品和食品进行抽查检测，使食品安全快速检测技术得到了更为广泛的应用，尤其在基层监管一线快速检测已成为常规手段，但由于部分快速检测方法自身存在缺陷、缺乏验证和质量控制，尚未建立统一、规范的标准要求，基层对于快速检测技术的准确性和可靠性一直褒贬不一，导致快速检测技术应用受限。因此，目前食品安全快速检测技术一定程度上存在着实际需求和技术发展不对称的局面。

二、国内外重要食品检测技术管理机构

国外主要的食品安全检测技术管理机构包括国际标准化委员会（ISO）、联合国粮农组织（FAO）和世界卫生组织（WHO）共同组建的国际食品法典委员会（CAC）、美国食品药品监督管理局（FDA）和欧盟标准化委员会（CEN）等，这些管理机构在国际上都有很高的知名度和信用度。

在我国，2015 年以前最重要的食品安全检测技术实施管理机构是原国家质检总局。原质检总局下设原国家标准化委员会和原国家认证认可监督管理委员会两个副部级直属单位，分别负责对检测技术标准的执行和检测技术的使用，即对检测机构进行监督管理。其中原国家标准化委员会负责国家的标准化建设工作，包括国家标准的制定、颁布和修订等；而原国家认证认可监督管理委员会则负责对检测机构的仪器设备、环境条件等进行评估，只有经过其授权的检验机构，才可以出具具有法律效力的检测报告。除了原质检总局外，原食品药品监督管理总局、原卫生部、原农业部、原环保部等部委的有关部门以及省市地方政府，也有制定检测技术标准的权利，因此也属于食品安全检测技术的管理机构。监管主体除上述部门外，还涉及原工商行政管理总局、商务部、海关总署等，国务院根据各部委职能特点按照食品从生产到销售的不同阶段由不同的部门负责。新实施的《中华人民共和国食品安全法》（2018 修正）规定，国务院食品安全监督管理部门对食品生产经营活动实施监督管理。国务院卫生行政部门组织开展食品安全风险监测和风险评估，会同国务院食品安全监督管理部门制定并公布食品安全国家标准，国务院其他有关部门协助国家食品安全主管部门统一并保障做好这项工作。

三、食品安全快速检测技术的概念及优点

快速检测方法有别于大型仪器方法，是一种包括样品前处理，短时间内能对相关质量安全指标得出检测结果的技术。ISO 将其描述为：具有能够满足用户适当需求的性能，具有减少分析时间、易于操作或者可以自动操作、小型化、降低检测成本等优势的替代方法。基于快速检测方法的快速检测产品是指诸如检测试剂盒、试纸条这类对快速检测技术的主要或关键组成进行了商品化包装，并可供销售的检测体系，用以确定一种或多种基质中目标分析物的存在或含量。

与传统检测方法相比，快速检测技术一般具有以下突出特点：①实验过程简单、速度快，对操作人员要求低；②样品不经前处理或经简单前处理或采用高效快速的样品前处理步骤即可进行检测，试剂用量少、"绿色"、成本低；③方法准确、灵敏度高，能满足相关规定限量的检测需要；④选择性或特异性好，有些方法能实现高通量或类目标物同时检测；⑤便携或小型

化，有些方法可实现自动化。具体如表 14-1 所示。

表 14-1　　　　　　　　　　　　传统检测方法与快速检测方法对比

检测方法	设备投入/元	检测费用	检测时间	操作难易度	准确率	检测结果保存
气/液质联用	150万~200万	1000元/次	3d	复杂	确证	数据化保存
高效液相色谱	30万~50万	500元/次	1d	复杂	确证	数据化保存
酶联免疫法	2万	100元/次	1h	较复杂	较高	可数据化保存
胶体金法	无	3~50元/次	1~5min	简单	定性准确率95%以上	配检测仪器，可实现数据化保存
生化检测法	无	3~50元/次	1~5min	简单	定性准确率95%以上	配检测仪器，可实现数据化保存

第二节　食品安全快速检测技术的主要分类及特点

一、快速前处理技术的研究进展

　　食品分析有两大突出问题：一是样品前处理技术；二是分析检测技术。在食品安全检测中，样品前处理约占整个样品分析时间的 60% 以上，检测结果的重复性、准确性，方法的灵敏度都与样品前处理过程密切相关。传统的样品前处理技术有液-液萃取、索氏提取、蒸馏、吸附、沉淀、高温消解、柱层析等技术。这些传统的方法虽然不需要昂贵的设备和仪器，但是存在着费时费力、自动化程度低、提取效率低、试剂消耗量大、环境污染严重等缺点，给分析检测带来了一定的困难，已经无法满足现代食品安全分析的要求。随着仪器分析技术的发展，一些新的样品前处理技术，如固相萃取（SPE）、固相微萃取（SPME）、分子印迹固相萃取（MI-SPE）、基质固相分散萃取（MSPDE）、加速溶剂萃取（ASE）、超临界流体萃取（SPE）、凝胶渗透色谱（GPC）、免疫亲和色谱（IAC）、微波辅助萃取（MAE）、微波消解等技术得到了快速的发展，这些新技术推动了现代前处理技术的发展，使整个样品前处理技术朝着分析速度快、省时省力、廉价、试剂消耗少、环境友好的方向发展（图 14-1）。

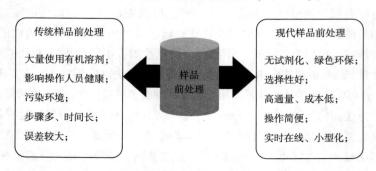

图 14-1　传统样品前处理与现代样品前处理特点的对比

1. 固相萃取（SPE）

SPE 法是在液固萃取和柱色谱的基础上发展起来的一种样品前处理技术，其原理是利用固体吸附剂将液体样品中的目标化合物吸附，与样品的基质和干扰化合物分离，然后再利用液体洗脱或加热解吸附，达到分离和富集目标化合物的目的。SPE 法克服了传统液-液萃取技术及一般柱层析的缺点，使待测组分的回收率高，并能有效地将待测组分与干扰组分分离，且萃取过程简单、快速、节省溶剂、重现性好，减轻了有机溶剂对人体和环境的影响。SPE 是目前样品前处理的主流技术，已成为食品分析中常规的样品处理方法，尤其适用于农药残留、兽药残留分析，还可用于添加剂、生物毒素及其他有机污染物的分析。但 SPE 仍然存在一些不足：一是在处理复杂样品时可能会引起回收率的显著降低；二是吸附剂的选择性有时不够强，对提取液净化不完全。目前，基于 SPE 技术，又出现了一些新的技术和产品，主要包括 SPME 技术和 MISPE 技术。

2. 固相微萃取（SPME）

SPME 技术是在 SPE 技术基础上于 20 世纪 90 年代兴起并迅速发展的一种无溶剂，集采样、萃取、浓缩、进样于一体的样品前处理新技术。该方法的原理是利用石英表面涂层对分析组分的吸附作用，将组分从试样基质中萃取、富集出来。SPME 在食品分析中应用广泛，适用于农药残留、兽药残留以及多环芳烃等污染物的检测。SPME 技术的主要缺点是纤维萃取针头寿命较短，一些杂质在纤维上吸附后难以清除，从而改变了涂层的性质，影响了结果的准确性。另外对基质复杂的样品，共萃取物多，干扰比较大，重复性差。开发新型涂层及其制备技术，以及开发选择性强、灵敏度高、涂层稳定的萃取纤维是今后 SPME 技术的主要发展方向。

3. 分子印迹固相萃取（MISPE）

MISPE 是以分子印迹聚合物（MIP）作为固定相的萃取技术。MIP 是以待测物作为模板分子，利用高分子合成手段制备的、能选择性吸附待测物的功能高分子材料，又称"塑料抗体"。MISPE 具有对目标物能选择性吸附、耐高温高压和耐有机溶剂、重复使用次数高等优点。目前，将分子印迹技术应用到食品安全检测领域已成为国内外研究的热点。MISPE 多用于农药残留和兽药残留的分离萃取，用于食品中有害添加物质和真菌毒素的分离近几年也有较多报道。但目前 MISPE 技术仍不完善，如其容量不够大，富集倍数不够高；识别能力受上样溶剂影响较大，在水溶液中选择性较差；结合位点的非均一性和低传质效率阻碍萃取效率和选择性的提高；分子印迹萃取剂的种类有限等。MISPE 应在新型 MISPE 试剂的研究、与其他样品前处理技术的融合渗透等方面继续发展完善。

4. 基质固相分散萃取（MSPDE）

该技术由美国路易斯安那州立大学 Steven A. Barker 教授于 1989 年首次提出并很快得到发展和应用。MSPDE 的原理是将吸附材料与样品一起放入研钵中研磨，得到半干状态的混合物，装入柱中压实，然后用溶剂淋洗柱子，将各种待测物洗脱下来，将洗脱下来的溶剂收集、浓缩或进一步净化，然后进行仪器分析。另外也可以将净化用的填料放入柱底部，使萃取和净化一步完成。MSPDE 的优点是不必进行组织匀浆、沉淀、离心、pH 调节和样品转移等操作步骤，适用于固体、半固体、液体等多种基质，在食品中农药和兽药残留检测中得到了广泛应用。但是该技术自动化程度不高、取样少，样品中痕量的组分分析难以达到检测灵敏度的要求，备选的吸附剂种类有限。今后将朝着开发更多可选择的吸附剂、实现分析的自动化等方向发展。

5. 加速溶剂萃取（ASE）

ASE 是一种在升高温度和压力条件下，增加物质的溶解度和溶质的扩散效率，提高萃取效率的自动化方法。与传统的萃取方法相比，ASE 更方便、快速，溶剂用量少，回收率高，重现性好，并能实现自动化控制。ASE 法是一种全新的处理固体和半固体样品的方法，可以萃取蔬菜、水果、茶叶、谷类、肉类等食品中的多种有毒物质，萃取的目标化合物包括农药、兽药、添加剂和生物毒素等。虽然 ASE 已经是一种较为成熟的技术，但还存在着仪器成本高、不适用于热敏化合物、对操作者要求较高等一些缺点。

6. 超临界流体萃取（SFE）

超临界流体是指处于临界温度和临界压力的高密度流体。这种流体介于气体和液体之间，兼具两者的优点。SFE 是指利用处于超临界状态的流体作为溶剂对样品中待测组分进行萃取的方法。该技术有利于对一些热敏性、易挥发等不稳定化合物的萃取。目前已成为食品中痕量有机污染物分析中较有前途的前处理技术，在农药残留、兽药残留和其他各种有害物质分析中的应用日益广泛。SFE 的主要缺点是仪器设备昂贵，成本高，萃取过程中需要优化很多参数，而且样品基质对萃取结果影响较大，不同样品的分析都要重新优化萃取方法，这在很大程度上限制了它的应用范围。

7. 凝胶渗透色谱（GPC）

GPC 技术是根据溶质分子量的不同，采用具有分子筛性质的固定相（凝胶），使物质达到分离目的的方法。随着科学技术的进步，GPC 已发展成为从进样到收集全自动化的净化系统，目前已成为食品中污染物痕量分析的非常有效的净化方法，尤其是对于富含脂肪、蛋白质、色素等大分子的复杂基质样品，具有明显的净化效果，在农药残留、兽药残留、多环芳烃、食品添加剂、违禁添加物质等分析中有广泛的应用。GPC 的主要缺点包括：大分子的分析物会随着脂类干扰物提前流出，而小分子的干扰物会夹带洗脱到分析物中，影响回收率；采用大内径柱时，有机溶剂消耗量大，净化消耗时间长。因此，全自动 GPC 净化和色谱分析仪器的在线联用技术以及荷载量大、内径小、体积小的 GPC 柱是今后 GPC 技术的发展趋势。

8. 免疫亲和色谱（IAC）

IAC 是一种将免疫反应与色谱分析方法相结合的分析方法，固定相为连接有抗体的惰性基质（如珠状琼脂糖），对某种或某类组分具有吸附能力，可对复杂基质中的极稀组分进行选择性吸附和富集。近年来成功开发了一些用在食品安全分析领域的免疫亲和柱，其中用于真菌毒素测定的报道较多，此外，在农药残留、兽药残留以及苏丹红等违禁添加剂中的应用也有报道。由于制备抗体的技术复杂，使 IAC 在实际应用中受到了限制。

9. 微波辅助萃取（MAE）

MAE 是 1986 年 Ganzler 等利用微波能萃取土壤、食品、饲料等固体物中的有机物，提出了一种新的少溶剂样品前处理方法。MAE 技术是对样品进行微波加热，利用极性分子可迅速吸收微波能量的特性来加热一些具有极性的溶剂，达到萃取样品中目标化合物、分离杂质的目的。与传统的振荡提取法相比，MAE 具有高效、安全、快速、试剂用量少和易于自动控制等优点，已广泛用于蔬菜、谷物、肉类等食品中多种污染物的分析。MAE 技术还存在许多不足之处：一是目前的研究结果，无论是溶剂的选择，还是微波条件的设定都是建立在实验和经验的基础之上，缺乏完善的理论体系指导；二是需要进一步简化样品处理步骤和减少处理时间，提高测定结果的精密度和分析效率；三是难以实现自动化操作或在线测定。

10. 微波消解

微波消解法利用微波辐射对在密闭容器内的物质分子作用而产生高温和高压，从而使样品分解，待测元素溶出。微波消解技术集合了高压消解和微波快速加热的性能，因其具有省时节能、操作简便、成本低廉、环境污染小、试剂用量少、待测元素的挥发损失少、回收率高等特点，消化效果比传统的干法和湿法效果好。作为样品制备中一种新的快速溶样技术，已被大量地应用在食品中重金属检测的样品前处理过程中。

二、快速检测技术的分类

1. 根据检测场所分类

（1）实验室快速检测　实验室快速检测着重于利用一切可以利用的仪器设备对检测样品进行快速定性和定量的分析，一般来说实验室快速检测整个检测过程在 2h 内完成，比常规检测要快得多，涉及食品中的黄曲霉毒素、农药残留、亚硝酸盐等项目检测。检测过程一般都是严格按照国家的相关标准来执行，现今对实验室快速检测设备的研发，以及对样品前处理方法的改进能够有效地提高食品检测效率。

（2）现场快速检测　现场快速检测的主要特点是实验准备简化、所需试剂量少；样品前处理简单、对操作人员要求较低；分析方法简单，容易鉴别，快速准确。现今我国按照一些发达国家的模式配备了一些快速检测专用车，起到了一定作用，但是无论是国内还是国外，一些特异性的试纸和试剂都是难以替代的。除了一些直接检测的小型手持的设备仪器外，主要根据物质明显的颜色变化来对相关成分进行快速的定性或者范围定量的初筛，比如硝酸盐、二氧化硫、甲醛、有机磷、氨基甲酸酯等化学成分以及菌落总数、大肠菌群等微生物方面的检测。例如，农药残留中有机磷含量较高的食物食用后可引起急性中毒，胆碱酯酶可催化靛酚乙酸酯水解为乙酸与靛粉，有机磷类农药对胆碱酯酶有抑制作用，从而使催化、水解、变色过程发生改变，由此可判断样品中是否有高剂量的有机磷类农药存在。

（3）在线快速检测　主要是实时监测食品生产的整个过程，提升监测的速度和质量，提高效率，多用于食品生产企业的产品质量控制中。

2. 根据检测原理分类

根据不同的检测原理，可将快速检测技术分为：①基于光学分析的快速检测技术：如化学比色法、可见光分光光度法、荧光分子光谱、近红外光谱、基于太赫兹辐射的快速检测技术、表面增强拉曼光谱检测技术等；②基于免疫学的快速检测技术：如酶联免疫（ELISA）、放射免疫、荧光免疫、胶体金免疫层析、化学发光免疫分析、基于胶体金试纸条的检测技术、基于适配体的快速检测技术等；③传感器技术：如电化学传感器检测技术、生物传感器技术、荧光传感器技术等；④基于聚合酶链式反应（PCR）的快速检测技术；⑤基于生物芯片的快速检测技术；⑥基于纳米材料的快速检测技术。

三、快速检测技术的研究进展

1. 基于光学分析的快速检测技术

（1）基于化学比色或可见光分光光度法的快速检测技术　化学比色法和可见光分光光度法是食品安全快速检测中最常用的经典方法，是利用能够迅速产生可见颜色变化的化学反应来检测待测物质的方法，可通过肉眼比色、比色卡、试剂盒、试纸条、可见光分光光度计等实现定性或定量，与一般仪器方法相比，具有简单、快速、结果直观、高通量、仪器易小型化等突出特点。这类方法适用于所有可产生颜色反应的待测物，但一般只能进行常量或微量检测，难于承担痕量分析的任务。目前，已有一系列针对不同检测目标的方法和产品。例如，基于胆碱酯酶可催化红色的靛酚乙酸酯水解为蓝色的靛酚，而有机磷和氨基甲酸酯类农药的存在对胆碱酯酶有抑制作用，改变了胆碱酯酶的催化过程，从而开发出检测蔬菜中有机磷和氨基甲酸酯类农药的快速检测仪、试剂盒、速测卡，不同农药的检测限在 $0.3 \sim 25 \mathrm{mg/kg}$；基于毒鼠强与二羟基萘二磺酸反应生成紫红色物质的快速检测试剂盒，可检测食品、水中 $\mathrm{mg/L}$ 含量级别的毒鼠强；基于亚硝酸盐与对氨基苯磺酸重氮化后再与盐酸萘乙二胺偶合形成紫红色染料原理形成的试剂盒、比色卡、分光光度计等，可实现食品中亚硝酸盐的快速测定，检测限为 $1 \mathrm{mg/kg}$；基于亚硝酸盐与磺胺和 $N\text{-}1\text{-}$萘基-乙二胺二盐酸盐反应呈粉红色，建立了乳及乳制品中亚硝酸盐的快速检测方法，检测限为 $0.2 \mathrm{mg/kg}$。类似的快速检测技术及产品不胜枚举，食品中甲醛、二氧化硫、吊白块、氨基酸态氮、溴酸钾、过氧化值、丙二醛、硼砂、皮革水解蛋白、人造色素、无机砷、铅等都已实现了快速检测。特别是近年来通过采用集束式冷光源、单色器等新技术，更推出了高精度、高稳定性、模块化的便携式速测仪，配合样品快速提取和富集技术，形成了可以快速筛查与食品安全密切相关的几十种重要参数的食品安全速测仪。这类仪器和产品非常符合我国国情，在食品安全快速检测领域已占据了一席之地。

（2）基于荧光分子光谱的快速检测技术　一些具有平面或刚性结构的分子，其存在 $\pi\text{-}\pi$ 共轭结构，当此类分子受到光能量激发后会发出荧光，产生荧光光谱。当体系共轭度增加时，荧光强度随之增加，荧光光谱改变。如存在—OH、—NH$_2$、—OR、—NR$_2$ 等给电子取代基时，荧光强度增加；存在—COOH，—CHO，—NO$_2$，—N≡N—等吸电子基团时，荧光减弱。与其他吸收光谱比较，荧光光谱灵敏度高出几个数量级，且选择性更好，因此荧光光谱更能满足痕量分析的需要。但缺点在于不是所有物质都会发出荧光，应用仅限于自身能发出荧光的物质及能形成荧光。测量体系的物质相对较少，虽通过化学衍生可使部分待测目标物产生荧光，但增加了难度，应用受到限制。绝大多数能产生荧光的物质都具有芳香环或杂环结构，食品中的部分危害因子具有此类结构，能产生荧光，可利用其荧光光谱或荧光猝灭实现定性或定量分析。目前，应用广泛的产品主要有如下。

①真菌毒素荧光仪。该仪器结合免疫亲和层析前处理技术，可快速测定粮谷、油料中黄曲霉毒素、赭曲霉毒素、伏马毒素、玉米赤霉烯酮、呕吐毒素和 T-2 毒素等十几种毒素，黄曲霉毒素检出限为 $0.1 \mu\mathrm{g/kg}$，样品处理及分析时间小于 $20 \mathrm{min}$。

②食用菌荧光增白剂检测仪。可用于食用菌或含有荧光增白剂成分作为保鲜剂的食品快速定性检测。

③手持式三磷酸腺苷（ATP）荧光检测仪。该仪器利用 ATP 试剂中若干组分如荧光素-荧光素酶与细菌等微生物细胞内 ATP 反应产生荧光，可实现细菌及洁净度指标的快速检测，检测限可达 $4 \times 10^{-18} \mathrm{mol}$ ATP。另外，苯并［α］芘等多环芳烃、四环素、莫能霉素、乙氧喹、噻菌灵等都具有荧光结构，均可实现高灵敏度的荧光快速检测。

（3）基于近红外光谱的快速检测技术　近红外光谱是指物质在近红外区（波长为 $0.7 \sim 2.5 \mu\mathrm{m}$）的吸收光谱，是有机分子中含氢基团（C—H、O—H、N—H）振动的合频和各级倍频的吸收叠加。通过扫描样品的近红外光谱，可得到样品中有机分子含氢基团的特征信息。利用近红外光谱技术分析样品具有样品无须前处理、快速、高效和低成本，不破坏样品，不消耗化学试剂，不污染环境等优点，因此该技术越来越受到重视和欢迎。近红外光谱本身得到的信息是有限的，但结合化学计量学建立起的光谱信息与待测样品之间的数学关联模型，则可实现目标成分的定性定量。常用数据处理的方法有主成分分析、偏最小二乘、模式识别、人工神经网络、小波变换等。目前，近红外光谱成功应用于食品的真伪鉴别、无损检测、食品生产质量安全在线控制及常量分析，有大量的应用案例可以证明，但不适用于微量和痕量分析。我国自主研发的手持式近红外光谱分析仪、小型近红外光谱分析仪已应用于花生油、豆油、纯牛乳中还原乳等的鉴别。

（4）基于太赫兹（THz）辐射的快速检测技术　THz辐射介于远红外与微波区之间（图14-2），频率范围在 $0.1\sim10$ THz（1THz相当于 $33.3cm^{-1}$、4.14meV，波长 $300\mu m$），对应着物质分子间的弱相互作用，如氢键、范德华力、偶极子的振转跃迁和晶体中晶格的低频振动等。有机分子特别是大多数有机极性分子对THz波段的辐射具有强烈的吸收和色散作用，形成物质的"指纹图谱"，因此可以借助THz光谱对物质内部的结构分子组成进行分析研究。目前，已经在全世界范围内形成了一个THz技术研究高潮。我国也高度重视，投入重金支持THz技术的研究，宽谱THz时域光谱仪、便携式THz时域光谱仪已成功研制，商品化仪器上市指日可待。THz应用于吡虫啉、代森锰锌、乙酰甲胺磷、致病菌、病毒DNA等食品危害因子检测已有多项报道。

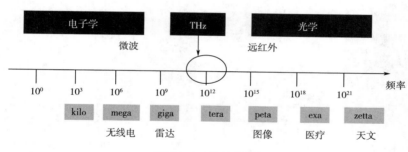

图14-2　光的分类

（5）表面增强拉曼光谱检测技术　拉曼光谱检测技术是以拉曼效应为基础建立起来的分子结构表征技术，可直接反映待测物中化学分子键的振动模式信息，进而可以了解分子的构成及构象信息。20世纪60年代随着激光的问世并引入到拉曼光谱仪作为光源之后，很多新的拉曼光谱技术出现并迅速发展，从而应用到许多领域。表面增强拉曼光谱检测技术具有重现性良好、速度快、灵敏、成本低、仪器轻便、设备操作和前处理简单等优点，因而此技术非常适用于微痕量表面增强激光拉曼光谱检测蔬菜中有机磷农药、养殖用水中孔雀石绿、辣椒粉中苏丹红Ⅰ号、味精中硫化钠、乳粉中三聚氰胺、尿样中的 β-受体激动剂等农药及违禁添加物的报道。商品化的便携式激光拉曼光谱仪已用于三聚氰胺、孔雀石绿、结晶紫等违禁添加剂的快速检测。

2. 基于免疫学的快速检测技术

（1）基于ELISA的检测技术　免疫分析是利用抗原与抗体的特异性结合特性来实现目标物检测的方法，该方法特异性好，但灵敏度不能满足痕量检测的要求，因此标记的免疫分析技术得到长足发展。目前，标记免疫分析技术主要包括ELISA、放射免疫、荧光免疫、胶体金免疫层析、化学发光免疫分析。其中 ELISA 吸附分析技术是目前食品安全快速检测的主流技术（图 14-3）。此方法诞生于 20 世纪 70 年代，具有特异性好、灵敏度高、操作简单，所需仪器设备价格较低等优点，特别适合大量样本的筛查。它是以辣根过氧化物酶等标记物标记抗原或抗体，借助抗原抗体的特异性结合作用和酶对底物的催化显色反应，根据颜色反应的深浅实现对待测目标物的快速检测。由于酶的催化效率高，故可迅速而高倍数地放大反应效果，大大提高了灵敏度。目前，我国有近百种商品化的食品安全 ELISA 试剂盒，包括呋喃类、氟喹诺酮类、磺胺类、氨基糖苷类、大环内酯类等兽药 ELISA 试剂盒，β-受体激动剂类、苏丹红、三聚氰胺等违禁添加物 ELISA 试剂盒，黄曲霉毒素、玉米赤霉烯酮、赭曲霉毒素等真菌毒素 ELISA 试剂盒，与之配套的酶标仪也已有多款国产商品化产品，基本能满足兽药、毒素、违禁添加物的快速检测需要。

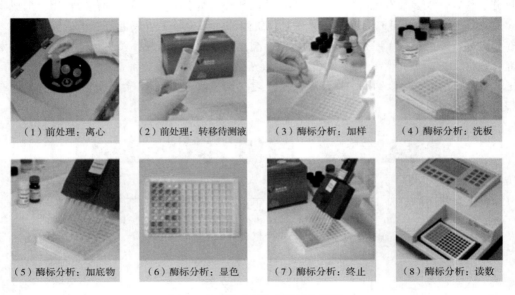

（1）前处理：离心　　（2）前处理：转移待测液　　（3）酶标分析：加样　　（4）酶标分析：洗板

（5）酶标分析：加底物　　（6）酶标分析：显色　　（7）酶标分析：终止　　（8）酶标分析：读数

图 14-3　ELISA 技术的操作步骤

（2）基于胶体金试纸条的检测技术　　胶体金试纸条是以胶体金为显色标记物，借助抗原抗体间的特异性免疫结合作用和色谱层析原理建立的一种快速检测方法。胶体金是一种含有特定大小（20~100nm）的金颗粒稳定胶体溶液，它是由氯金酸的水溶液在柠檬酸三钠等还原剂的作用下聚合而成，并由于静电作用成为胶体状态。由于胶体金颗粒具有高电子密度，且颗粒聚集达到一定密度时出现肉眼可见的红色斑点，因而可以与带正电的蛋白（抗原或抗体）发生静电吸附，作为免疫层析试验的指示物。当样品溶液在层析条上借助毛细管作用泳动时，待测目标物与层析材料上的抗体发生高特异、高亲和性的免疫反应，形成的抗原抗体复合物被富集或截留在检测带上与胶体金结合，几分钟内便可得到直观的检测结果（图 14-4）。此方法与 ELISA 法相比，省去了烦琐的加样、洗涤等步骤，在层析过程中具有净化样品的效果，且操作简便、检测时间短、分析结果清楚、易于判断，无须仪器或只需简单仪器，非常适合于食品安全的现场快速检测。目前已有 20 多种商品化胶体金试纸条，广泛用于莱克多巴胺、盐酸克仑特罗、沙丁胺醇、β-内酰胺酶、三聚氰胺、黄曲霉毒素、喹诺酮类、磺胺类药物等的快速检测。

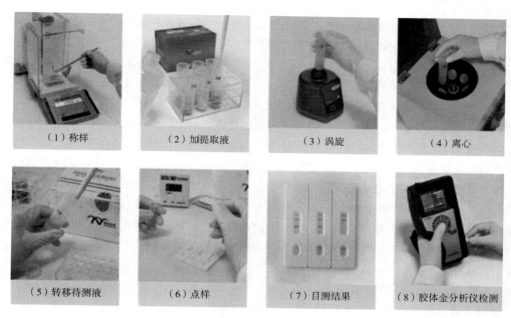

（1）称样　　　　　（2）加提取液　　　　　（3）涡旋　　　　　（4）离心

（5）转移待测液　　　　（6）点样　　　　　（7）目测结果　　　　（8）胶体金分析仪检测

图 14-4　胶体金技术的操作步骤

（3）基于核酸适配体的快速检测技术　核酸适配体是利用体外筛选技术——指数富集的配体系统进化技术（SELEX），从核酸文库中得到的 DNA 或 RNA 寡核苷酸片段，此片段具有类似抗体的特异性识别能力，但其特异性和结构稳定性要大大高于一般的免疫球蛋白形成的抗体，也被称为"新一代抗体"。SELEX 技术的基本原理是在体外构建成一个单链寡核苷酸库，将它与目标物混合，形成靶物质与核酸的复合物，首先洗掉未与目标物结合的核酸，分离出被结合的核酸片段，以此核酸分子为模板，扩增出更多的核酸片段，再进行下一轮的筛选过程，获得与靶物质结合更紧密的核酸片段。通过重复的筛选与扩增，一些与靶物质不结合或与靶物质亲和力较弱的 DNA 或 RNA 分子被洗去，而称之为适配体的、有高亲和力的 DNA 分子或RNA 分子从随机库中分离出来，且纯度随 SELEX 过程的进行而不断提高，筛选出的核酸适配体进一步与待测物发生特异性结合，实现高灵敏度快速检测。目前已有利用核酸适配体技术检测粮油产品中赭曲霉毒素等真菌毒素、食品中青霉素等抗生素的研究报道，但距商品化仍有一段距离。

3. 基于传感器技术的快速检测技术

（1）生物传感器　生物传感器是以固定化活性生物物质（蛋白质、酶、抗原或抗体、激素或受体、微生物体、生物膜及 DNA 等）为敏感元件与适当的物理或化学换能器有机结合而组成的一种先进分析检测装置。生物传感器始于 20 世纪 60 年代，1967 年 Updike 和 Hicks 将葡萄糖氧化酶固定化膜和氧电极组装在一起，制成了第一台生物传感器（葡萄糖酶电极）。目前国内外已广泛开展生物传感器的应用研究，主要应用于食品有害微生物、农兽药残留、食品添加剂、非食用化学物质、激素、重金属等方面。例如，研究辣根过氧化物酶在有机相中活性及酶电极对不同有机过氧化物的催化活性，并将其用于分析植物油过氧化值；采用氧化酶为材料，结合过氧化氢电极，通过测量鱼降解过程中的次黄嘌呤、单磷酸肌苷和肌苷来评价鱼的鲜度等；采用单壁碳纳米管/血红蛋白修饰玻碳电极，分析薯片等产品中丙烯酰胺。众多研究显示，生物传感器法在灵敏度、精确度上都比色谱法好，且前处理和操作简单。目前，部分生物传感器已应用于食品安全快速检测，如北京博奥生物有限公司开发的传感器对 2 种兽药和 13 种食源性致病微生物进行分析；瑞典 Biocore 公司的产品可用于分析肉、蜂及乳制品中的微生物、抗生素及食源性药物残留。

（2）电化学传感器　电化学传感器检测技术是基于指示电极敏感膜表面发生电化学反应，将化学信号转化成电信号，实现目标物快速检测的技术。敏感膜由酶、抗体、细胞、核酸、仿生材料等构成的传感器称为电化学生物传感器。电化学传感器因具有便携、快速、成本低、高选择性和可进行多目标分析等特点，越来越成为科学家研究的热点。特别是随着纳米材料和抗体制备技术的发展，新型电化学传感器的灵敏度和特异性大大提高。纳米材料电化学传感器多基于碳纳米管、石墨烯等功能材料，有研究报道将纳米技术和电化学技术有机结合，开发了快速检测食品中重金属、β-激动剂、双酚 A、细菌总数和大肠杆菌等的传感器。电化学免疫传感器是将免疫学检测技术和电化学技术相结合，将抗原与抗体特异性结合反应转换为电信号并进行测量，具有特异性好、可实时监测、响应快等特点。目前有大量关于此技术应用于食品中致病菌、毒素和农兽药残留检测的研究报道。

（3）荧光传感器　荧光传感器是在分子识别的基础上，通过特定的识别基团与目标检测物结合，并通过相应的信号传导机制将分子识别信息转换为易于检测的荧光性质的变化，如荧光强度、荧光波长以及荧光寿命等。荧光传感器操作简单、仪器便携、无须参照，在农药残留检测、毒素分析等领域广泛应用。例如，福州大学林振宇等设计了检测丙炔氟草胺的荧光传感器，其检测限为 0.184ng/mL，并应用于苹果皮丙炔氟草胺残留的检测，得到了较好的回收率；长春理工大学的于源华等人构建了 H12-E 非细胞生物荧光传感器，对氨基甲酸酯农药残留的最低检测限为 1fg/L，回收率为 86.7%～102.4%。

4. 基于 PCR 的快速检测技术

PCR 是利用 DNA 在高温条件下变性成为单链模板，进一步加入与单链模板两端序列互补的寡核苷酸片断作为引物，低温时引物与单链模板按碱基互补配对，再调温度至 DNA 聚合酶最适反应温度，在 4 种 dNTPs［包括三磷酸鸟嘌呤脱氧核苷酸（dGTP）、三磷酸腺嘌呤脱氧核苷酸（dATP）、三磷酸胸腺嘧啶脱氧核苷酸（dTTP）、三磷酸胞嘧啶脱氧核苷酸（dCTP）］底物存在的情况下，DNA 聚合酶沿着磷酸到五碳糖（5′→3′）的方向合成互补链。新合成的 DNA 双链又可作为扩增的模板，重复上述反应。经过几十次循环，模板 DNA 序列扩增近百万倍。近年来，PCR 已衍生出许多种类，常用的有反转录 PCR、实时荧光定量 PCR、随机引物 PCR 等。目前，我国已有 PCR 仪器的研发和生产能力，配套的核心试剂生产技术也日趋成熟。PCR 技术已成为致病微生物定量、转基因食品判定、畜禽产品真伪及掺假鉴别、农产品溯源和品种鉴定以及病毒核酸检测的重要手段。

5. 基于生物芯片的快速检测技术

生物芯片是指将抗体、抗原、寡核苷酸、cDNA、基因组 DNA、多肽等生物分子固着于硅、玻璃、塑料、凝胶、尼龙膜等固相载体上，从而形成生物分子点阵列的杂交型芯片，其分类如图 14-5 所示。借助分子杂交或抗原抗体相互作用，可以对目标物进行高通量、高灵敏度、快速筛查。生物芯片技术已从开始的疾病诊断领域逐渐扩展应用于食品安全领域，我国已开发出可同时检测样品中金黄色葡萄球菌、霍乱弧菌、大肠杆菌 O157：H7、单核细胞增生李斯特氏菌、沙门菌、乙型溶血性链球菌、副溶血弧菌、空肠弯曲杆菌、板崎肠杆菌等食源性致病微生物和磺胺、氯霉素、恩诺沙星、链霉素等兽药残留检测的高通量生物芯片及其技术平台，但目前检测的食源性致病菌和兽药种类有限，配套仪器和设备成本较高，推广应用受到限制。

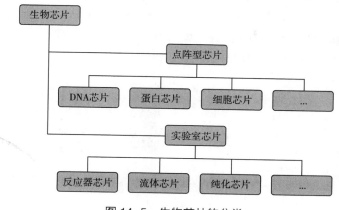

图 14-5　生物芯片的分类

6. 基于纳米材料的快速检测技术

纳米是一种长度单位，即 10^{-9}m，在此尺度范畴的材料体积小、比表面积大，并具有声、光、电、磁、热性能等优秀的物化性质。纳米材料易制备，可放量生产，与食品安全检测技术结合可满足快速、灵敏、实时现场、低成本检测的需要。将纳米技术和纳米材料应用于检测技术领域是现在及未来发展的重要方向。已商品化的新型纳米材料包括碳纳米管、金纳米粒子、荧光量子点、磁性纳米粒子等。碳纳米管可用于修饰电化学传感器电极；金纳米粒子除了用于制备胶体金试纸条、电化学传感器电极修饰、用于乙酰胆碱酯酶的固定化以检测氨基甲酸酯类农药外，还可利用其良好的光学性质构建光学传感器，用于食品中三聚氰胺等违禁添加物的检测。量子点是Ⅱ-Ⅵ族或Ⅲ-Ⅴ族元素组成的直径在 $1\sim100$nm 的半导体纳米颗粒，被激发后可发射荧光，其具有宽激发光谱、窄发射光谱，发射波长与粒径相关，易调控，量子产率高，生物相容性好，是理想的新一代生物荧光标记材料；磁性纳米粒子是纳米级（$1\sim100$nm）的磁性材料，以铁及铁系氧化物居多，可包被生物高分子，具良好的磁导向性和生物相融性，可与蛋白质、核酸、生物素等结合。磁性纳米粒子可通过共聚合和表面修饰活性基团，进一步与酶、抗体、分子印迹聚合物、适配体等偶联，并在外加磁场的作用下迅速富集，同时与基底分离。上述纳米材料已广泛应用于农兽药残留、生物毒素、违禁添加物等食品中危害因子的分析，大大提高了检测灵敏度、操作效率和检测通量，在食品安全检测领域展现出广阔的应用前景。

第三节　食品安全快速检测技术的应用举例

一、餐饮具与食物加工器具表面洁净度快速检测方法——速测卡法

蛋白质和糖类是微生物滋生繁衍的温床，同时也是细菌菌体的组成部分，餐饮具或食物加

工器具上遗留或污染的蛋白质或糖类物质，可与特定试剂反应出现不同颜色，由此可通过与对照色卡比对判断被检物体表面洁净的程度（如图14-6所示）。该方法简单快速，是一种良好的卫生评价工具，试剂不需冷藏，便于使用。速测卡法操作步骤为：①滴2滴湿润剂于被测物体表面；②取出一片洁净度速测卡，圆形药片向下，于物体表面10cm×10cm面积范围内交叉来回轻轻擦拭采样；③将洁净度速测卡圆形药片向上平放在台面上；④滴1滴显色剂到圆形药片上，如果物体表面较脏的话，1min内药片就会变为紫色，即可判定被检物体不洁净，否则需要等待10min与标准比色板进行比较确定结果。

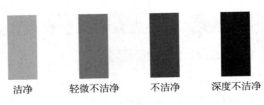

洁净　　　　轻微不洁净　　　　不洁净　　　　深度不洁净

图14-6　速测卡结果图

二、食品微生物快速检测方法——快速测试纸片法

食品中的有害细菌数量达到一定数目，食用后会引起各种疾病。为了有效地控制其传播，就必须有快速和可靠的检测方法。目前有许多种方法，其中通过制备单克隆抗体分析食品中细菌的ELISA技术研究最多，检测结果准确可靠。例如对沙门菌最低检测量可达500CFU/g，仅需22h，比常规方法缩短3~4d，与金黄色葡萄球菌、大肠杆菌无交叉反应。此外以ELISA技术为基础的全自动沙门菌检测系统，实现了整个过程的自动化，全程耗时仅为45min。快速测试片是指以纸片、纸膜、胶片等作为培养基载体，将特定的培养基和显色物质附着在上面，通过微生物在上面的生长、显色来测定食品中微生物的方法。1955年，德国学者Forg发明了一种简单快速的大肠菌群快速检测法——纸片法，使原来的检测周期由72h缩短至15h，材料成本降低了3/4，同时大大简化了操作程序。从此，这种集化学、高分子学和微生物学于一体的检测方法开始发展起来。近年来以滤纸和美国3M公司的Petrifilm为载体的3M测试片已开始被广泛应用。采用快速测试片检测具有显著的优点：第一，快速测试片可测定少量受检样品，不需要配制试剂，不需要大量的玻璃器皿，操作简便迅速；易于消毒保存，便于运输，携带方便，价格低廉，加之除纸片外无其他任何废液废物，大大减少或消除对环境的污染，以及试验后的清洗工作，减少了工作量。另外，避免了热琼脂法不适宜受损细菌恢复的缺陷，故适用于实验室、生产现场和野外环境工作使用。第二，快速测试片可以在取样时同时接种，结果更能反映当时样本中真实的细菌数，防止延长接种时间时由于细菌繁殖造成的数量增多。第三，常规法一般需要时间较长，而且要特定的温度，这样导致许多基层单位和食品企业不能实施，也不能达到及时检测的目的；而测试片无须进行使用前的准备工作，大大缩短了时间。采用快速测试片用于检测各种细菌和真菌所需的培养时间见表14-2。

表 14-2　　　　　　　　快速测试片检测细菌和真菌培养时间　　　　　　单位：h

种类	常规法	纸片法	3M 测试片
细菌总数	48	16~18	48
大肠菌群	72~96	16~18	24
大肠杆菌	240	24	48
金黄色葡萄球菌	96~120	—	24~26
霉菌、酵母	72~120		72~120

三、乳品中三聚氰胺的快速检测——免疫层析胶体金竞争法

三聚氰胺是一种重要的氮杂环有机化工原料，主要用作生产三聚氰胺甲醛树脂的原料，这种树脂被广泛运用于木材、塑料、造纸、纺织、皮革等行业；三聚氰胺还可以用作阻燃剂、减水剂、甲醛清洁剂等。由于三聚氰胺分子中含有大量氮元素，而常规的凯氏定氮法检测食品或饲料中蛋白质含量时不能排除这类"伪蛋白氮"的干扰，因而一些不法分子为降低成本，在牛乳、乳粉和饲料中添加这种非食品性化工原料，以提高其产品中的蛋白质含量。2008 年 10月，我国制定了乳品中三聚氰胺管理限量值，婴幼儿配方乳粉中三聚氰胺的限量值为 1mg/kg；含乳 15% 以上的其他食品中三聚氰胺的限量值为 2.5mg/kg。目前，已有多篇报道采用胶体金免疫层析法可以简单、快速、灵敏、特异性地测定乳粉中的三聚氰胺。其具体操作方法为：将样品加入到速测卡的加样孔中，若样品中三聚氰胺的浓度高于 1mg/L，样液流到 T 区时，金标抗体全部形成无色复合物，不会出现可见红紫色 T 线（阳性结果）。若样品中三聚氰胺的浓度低于 1mg/L，样液流到 T 区时，会逐渐凝集成一条可见的红紫色 T 线（阴性结果）；当只有红紫色 T 线或 T 线 C 线都不出现时，说明速测卡失效（如图 14-7 所示）。

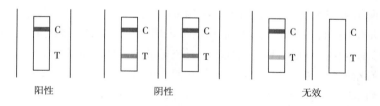

图 14-7　免疫层析胶体金竞争法结果图

四、农药残留有机磷和氨基甲酸酯的快速检测——酶抑制技术

现阶段我国农业上氨基甲酸酯类和有机磷农药种类超过 100 种，质量和品种很杂，不易用气相色谱方法逐一查出。而酶抑制法是一种快速检测部分农药残留的技术，其工作原理是基于有机磷及氨基甲酸酯可特异性地抑制昆虫中枢和周围神经系统中乙酰胆碱酯酶活性的原理，在乙酰胆碱酯酶及乙酰胆碱共存的体系下，加入待测农产品提取液和指示剂，根据反应体系中乙酰胆碱酯酶活性受到抑制的情况（由指示剂指示），判断出产品中有机磷和氨基甲酸酯类农药是否超标。

五、"瘦肉精"快速检测试纸——胶体金技术

盐酸克仑特罗（CL），俗称"瘦肉精"，是一种β-肾上腺素受体激动剂，因具有增加动物胴体瘦肉率、提高饲料转化率的作用，可能被非法作为饲料添加剂用于畜产品的生产。近几年来，CL残留致使食物中毒的报道屡见报端，严重损害了人们的健康。虽然国家的政策法规已经严令禁止使用CL作为饲料添加剂，但仍有违规应用。胶体金技术可以准确、快速、简便地检测CL残留。检测时，胶体金标记的"瘦肉精"单抗被检测线上固定化的"瘦肉精"人工结合抗原（如BSA-CL）捕获，形成一条棕红色的检测线，此时过量的胶体金标记单抗继续泳动被对照线上固定化的羊抗鼠抗体捕获形成一条棕红色的对照线。如果样品中含有"瘦肉精"，它将与固定化在检测线上的人工抗原竞争有限的胶体金标记单抗，样品中"瘦肉精"含量越多则检测线形成的颜色越浅。

六、黄曲霉毒素（AFB_1）——电化学适配体传感器技术

目前，在所有真菌毒素中，对人体及动物最常见的、最危险的致癌物——AFB_1作为研究人员广泛关注的真菌毒素，是对饲料、粮油食品、豆制品等农副产品的安全危害最大的真菌毒素。AFB_1的分解温度为268°C，因此一般的烹调温度没办法将AFB_1结构破坏。其污染范围广，主要存在于土壤、动植物中，例如，各种坚果（特别是花生和核桃中）、调味品、牛乳等制品中，属于1类致癌物的AFB_1具有很强的毒性、致癌性、致突变性或致畸性，可引起不同程度的中毒。许多研究已经证明，AFB_1能与DNA加成，从而导致肝细胞癌，因而国内外对AFB_1有严格的限量规定。电化学适配体传感器是将适体分子识别和电化学信号相结合，把生物识别信号转化为电信号，通过监控电流、点位或电阻的变化来检测目标分子。适体与AFB_1结合会引起电信号的变化，可分别采用环伏安法测量阴极探针峰值电流的减少和电化学阻抗谱法测量电子转移电阻的增加，从而对电信号进行测量。近年来，电化学传感器的使用在适配体领域中得到了迅速的发展，因其灵敏度高、易携带、特异性好，受到广大研究员的青睐。其工作原理是用不同的方法将核酸适配体固定到电极表面，当适配体与靶标结合时，就会引起电流、电势等信号的变化，根据信号变化强弱，对靶标进行定性定量的分析。花生中黄曲霉毒素与黄曲霉毒素氧化酶反应产生过氧化氢，过氧化氢在电极表面发生电子转移产生电流，该电流大小与花生中黄曲霉毒素含量呈比例。目前，研究人员通过不断进行结构和方法的创新改造开发了多种基于适配体技术检测食品中AFB_1含量的新型电化学检测方法。

第四节　快速检测技术存在的问题及市场需求

一、食品安全快速检测中存在的主要问题

目前食品快速检测技术的现状是：生产厂商众多，设备良莠不齐。大部分快速检测产品的准确率为70%左右，多数食品快速检测设备的检测能力、范围有限，同时各类产品在检测的精确度、效果上差距也较大。存在的问题包括新的市场有待突破，较多的食品安全危害因子尚无

有效的快速检测方法，快速检测技术的标准缺失；成本高、性能单一。如何提高技术，将食品检测仪器做小做精、功能做全，走进寻常百姓家，成为目前食品安全快速检测领域亟待解决的问题。而出现快速检测技术问题的原因有：①样品基质本底干扰，易出现假阴性或假阳性结果，可通过前处理环节去除干扰或者根据样品基质的不同选择适宜的快速检测方法。②样品中含有与目标待测物化学性质接近、结构类似或者具有相同官能团的化合物，导致出现假阳性结果。③由于采用的快速检测方法原理和技术所限，方法本身特异性不强。④快速检测产品质量不稳定，操作步骤表述不清晰甚至错误，所用试剂试药在运输、储存及使用过程中性质变化或者被污染。⑤所采用的快速检测方法提取效率过低，影响测试灵敏度，也易导致假阴性结果。⑥检测过程中未进行有效质量控制，检测人员操作不规范或者操作失误易导致结果出现较大偏差。⑦快速检测方法的检测限低于或高于食品安全标准的要求，可能会出现假阳性或假阴性结果。如花生油中 AFB_1 的限量标准为 $20\mu g/kg$，而大部分市售 AFB_1 检测卡的检测限为 $5\mu g/kg$，易导致假阳性结果；相关食品安全国家标准中规定食品中吊白块不得检出，而部分市售快速检测产品的检出限为 $10mg/kg$，易导致假阴性结果。

二、基层监管部门整体提高检测质量的方法

1. 选择经过评价的快速检测产品

新颁布实施的《中华人民共和国食品安全法》（2018 修正）第一百一十二条规定，县级以上人民政府食品安全监督管理部门在食品安全监督管理工作中可以采用国家规定的快速检测方法对食品进行抽查检测。基层食品安全监督管理部门在选购使用食品快速检测产品时应选择通过国务院食品安全监督管理部门等权威部门验证评价的产品。2017 年，食品药品监管总局组织制定了《食品快速检测方法评价技术规范》，保证食品快速检测方法评价工作科学合理、标准统一。评价品种若暂时不能满足监管使用，可选择各省食品药品监管部门参照总局做法验证评价的产品。

2. 规范采购和验收

影响快速检测质量的采购供给可包括：快速检测工作中所使用的测试设备、辅助设备和测量器具；快速检测工作中所使用的试剂盒；快速检测工作中所使用其他外部协作供给。快速检测工作中还要对关键性的耗材进行符合性验收，并对供给服务商进行选择和评估。

3. 加强快速检测中的质量控制

（1）试剂的保存与使用　快速检测试剂对检测结果有着重大影响，试剂一般由化学试剂配制而成，需要阴凉避光保存。若试剂是生物类试剂或对温度敏感，则需要放置在冰箱冷藏。正规的快速检测试剂供货商对每种快速检测试剂的保存都有具体说明，应按照相关规定进行使用管理并记录。如果快速检测试剂过期，检测结果会出现偏差或错误，所以过期的快速检测试剂不能继续使用。

（2）确保定量快速检测仪器的准确性　快速检测仪器的准确性涉及检测仪器的可靠性、检测方法的科学性和合理性、使用试剂的质量、检测时的环境条件（温度、湿度、电磁场强度等）、溯源时使用的标准物质的质量、检测人员的技术水平等，而最终检测结果是评价定量快速检测仪器有效性的最好方法。对快速检测仪器的准确性评价包括对其科学性、可行性及适用性的评价。如快速检测仪器采用的原理是否正确、合理；快速检测仪器操作是否简单、易行；快速检测仪器对操作环境及人员的要求；仪器的抗干扰能力等。

（3）快速检测过程的质量控制　在快速检测的质量控制过程中，检验结果也往往受到样品、仪器设备、环境等因素的影响。因此，在此过程中开展质量控制是必须采取的一种重要手段。快速检测过程中的质量控制方式主要有：检测方法的选定、人员比对、不同快速检测仪器和方法的对照、质控样品分析、空白试验、加标试验、平行试验、再测定或重复测定、校准曲线、使用质量控制图（日常开展）等。快速检测质量控制操作方便、方式多样，日常工作中可根据情况选择开展。

4. 重视日常使用维护监督

快速检测试剂及设备不能一购用终身，作为一种工业产品，自身的性能和外界环境可能会对其产生一定影响，使用过程中和日常储存中必须对其进行一定保养维护，以保持其性能状态良好。

三、食品安全快速检测技术的市场前景

我国拥有各级农产品检验检测中心、疾病预防控制中心、产品质量监督检验所（站）、进出口商品检验检疫局等各类检测检验机构达 23000 多家，食品生产企业达到 40 多万家。根据国务院食品安全监督管理部门等多个部门和机构发布的消息，我国未来食品污染物和有害因素监测将覆盖全部县级行政区域，监测网点扩大到 2870 个，预计将拉动食品监测市场规模超过200 亿元，年均复合增速超过 50%。另据公开数据显示，中国食品安全监测领域分析仪器的潜在市场在 7450 亿元以上，检测耗材年市场容量超过 500 亿元。得益于市场的庞大需求，中国食品快速检测设备行业发展迅猛，成为食品安全领域的一大亮点。已经有越来越多的企业介入到食品安全检测领域。根据 2016—2021 年中国食品安全检测仪器行业市场需求与投资咨询报告分析，从数字上看，农业系统、质量检测系统、食品药品监督管理系统、卫生健康系统在全国设有 24847 家检测机构。2013 年，农业系统全年共出动执法人员 310 万人次，年新增检测机构和实验室 621 个，而全国的检测机构对食品和农产品出具的检测报告达 8500 万份，测算下来，检测仪器的年市场规模应该过千亿元。在这样的规模下，食品安全尚不完善，所以到 2020年，实验室和快速检测仪器设备及耗材，加上第三方检测的总量，应在万亿元以上，市场前景广阔。

讨论：舌尖上的安全——从农田到餐桌的食品安全体系

从"毒大米""毒面粉""毒奶粉"到疯牛病、禽流感，食源性疾病对人类健康的威胁日益严重。随着科学技术的发展，食品供应链中的环节和因素不断增加。从农场、牧场的原料生产到食品企业的加工、包装、贮藏、运输和销售，食品非安全因素贯穿于食品供应的全过程，各大类食品均存在安全隐患，重大食品安全事故屡有发生；食品安全管理体制、食品安全标准体系等方面还存在明显的不适应；食品安全法律法规体系有待完善；食品安全科技成果和技术储备仍显不足。因此，食品安全管理与控制应该涵盖"从农田到餐桌"食品供应链的所有方面，同时发展食品生产、加工、储运、包装等各环节的安全技术，建立对食品安全进行全程控制的技术体系。本次讨论课根据选课学生专业班级的理工农医文史哲不同专业背景组建交叉学科团队；各团队推选项目经理 1 名负责展示计划，自主选择某一食品安全问题，结合所学知识，从食品、化学、生物、营养、医学、法规、管理等各方面提出食品安全体系建设规划；以团队为单位进行展示，进行讨论与互评。

思考题

1. 思考食品安全快速检测技术与传统检测技术的异同点。
2. 讨论食品安全快速检测技术的主要分类、特点及应用。
3. 思考食品安全快速检测技术的现阶段应用瓶颈以及未来发展方向。

参考文献

［1］王晶，王林，黄晓蓉等．食品安全快速检测技术［M］．北京：化学工业出版社，2002.

［2］王世平．食品安全检测技术［M］．北京：中国农业大学出版社，2016.

［3］谢刚，叶金，王松雪．食品安全快速检测方法评价技术研究进展［J］．食品科学，2016，37（17）：270-274.

［4］刘大星，付留杰，赵怀龙．食品安全检测前处理技术研究进展［J］．中国卫生检验杂志，2012，22（4）：942-945.

［5］李涛，林芳，王一欣等．食品安全快速检测技术存在问题分析及解决措施［J］．食品安全质量检测学报，2017，8（8）：3259-3262.

［6］赵颖，刘洪美，卢静华等．基于适配体生物传感器检测黄曲霉毒素 B_1 的研究进展［J］．食品安全质量检测学报，2018，9（22）：5806-5815.

［7］张也，刘以祥．酶联免疫技术与食品安全快速检测［J］．食品科学，2003，24（8）：.200-204.

［8］李淑群，曹碧云，常化仿等．胶体金免疫层析法快速检测牛奶、奶粉、饲料中的三聚氰胺［J］．分析化学，2013，41（7）：1025-1030.

［9］吴清平，孙永，蔡芷荷等．快速测试片在食品微生物检测中的应用［J］．中国卫生检验杂志，2006，16（5）：635-637.

［10］王静，王淼．我国食品安全快速检测技术发展现状研究［J］．农产品质量与安全，2014，（2）：42-47.

［11］Duan, N., Wu, S., Dai, S., et al. Advances in aptasensors for the detection of food contaminants［J］. Analyst, 2016, 141（13）: 3942-3961.

［12］Umesha, S., Manukumar, H. M. Advanced molecular diagnostic techniques for detection of food-borne pathogens: Current applications and future challenges［J］. Critical Reviews in Food Science and Nutrition, 2018, 58（1）: 84-104.

［13］Nikoleli, G. -P., Nikolelis, D. P., Siontorou, C. G., et al. Novel biosensors for the rapid detection of toxicants in foods［J］. Advances in Food and Nutrition Research, 2018, 84: 57-102.

［14］Zhao, X., Lin, C. -W., Wang, J., et al. Advances in rapid detection methods for foodborne pathogens［J］. Journal of Microbiology and Biotechnology, 2014, 24（3）: 297-312.

第十五章

CHAPTER

食品安全交叉科学与新兴技术

15

第一节　食品安全组学研究

一、食品组学的概念

组学（-omics）通常指生物学中对各类研究对象（一般为生物分子）的集合所进行的系统性研究，而这些研究对象的集合被称为组（-ome）。"组学"从系统生物学角度可划分为基因组学、转录组学、蛋白质组学及代谢组学等（图 15-1），其研究的开展标志着后基因组时代的到来。组学技术目前有望成为解决生命科学领域中诸多问题的有力工具，其中也包括食品科学领域。组学技术的应用促进了与食品科学相关 DNA、RNA、蛋白质和小分子代谢物的研究以及相关数据库的建立。遗传信息由基因经转录物向功能蛋白质传递，基因功能由其表达产物来体现。基因与蛋白质的表达紧密相连，而代谢物则更多地反映了细胞所处的环境，如营养状态、药物和环境污染等。目前，组学在食品科学领域中的应用还位于初步阶段，但已有了许多新的发现，为食品科学领域提供了新的技术和思路，表现出了广阔的应用前景。

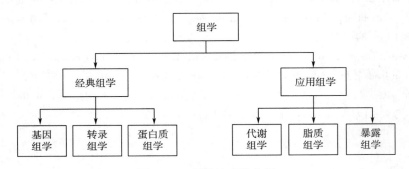

图 15-1　组学技术的分类

2007 年，网络和学术会议首次使用"食品组学"这一名词；随后在 2009 年，第一届国际食品组学大会在意大利切塞纳举行，同年，学术期刊 *Journal of Chromatography A* 首次给出食品组学定义，即通过应用先进的组学技术来研究食品和营养领域以改善消费者的身心健康和自信。食品组学属于新兴学科，也属于交叉学科，与生命科学、医学等结合紧密，为食品营养与人体健康研究带来了重要的机遇与挑战，已逐渐成为食品科学未来发展的重点。

食品组学技术的发展有助于：①解释不同基因组个体对特定膳食组成的反应；②解释某些食物活性成分构成健康益处和副反应的生化、分子和细胞机制；③确定生物活性食物组成成分对关键分子途径的作用；④确定发病前到发病时的基因及可能的分子生物标志物；⑤确定肠道微生物组的整体作用和功能；⑥开展转基因作物的非预期效应研究；⑦研究食物微生物作为输送系统的应用；⑧研究食物病原体胁迫适应反应，保证食物卫生、加工和储存；⑨全面评价食物安全性、质量和溯源性；⑩探索生物过程的分子基础，如作物与病原体的相互作用、果实催熟过程中发生的理化变化；⑪借助整合遗传和环境反应的整体方法解释有关现象，确定生物网络。

二、食品组学的工具

食品组学涉及使用多个不同的工具来解决不同的实际问题，其中基因组学、转录组学、蛋白质组学和代谢组学是最常用且重要的工具。此外，脂质组学与暴露组学也在近年来引起广泛关注与研究。

1. 基因组学

1986 年，美国科学家 Thomas H. Roderick 提出了基因组学（Genomics）的概念，即指对所有基因进行基因组作图（包括遗传图谱、物理图谱、转录图谱）、核苷酸序列分析、基因定位和基因功能分析的一门科学。基因组学包括基因及其功能的研究，以了解完整基因组的结构为目的，确定整个生物体的 DNA 序列。基因组学除了增加对成熟、风味形成和作物改良等重要过程和性质的认识，还应用于防止作物病害，揭示生命领域基因组结构和大小的信息，阐明重要的遗传元件、进化模式以及环境适应能力的遗传成分。

营养基因组学是基因组学的一个分支，是研究营养素和植物化学物质对机体基因的转录、翻译表达及代谢机制的科学。它以分子生物学技术为基础，应用 DNA 芯片、蛋白质组学等技术来阐明营养素与基因的相互作用。目前主要是研究营养素和食物功能性物质在人体中的分子生物学过程以及产生的效应，以及对人体基因的转录、翻译表达以及代谢机制，其可能的应用范围包括营养素作用的分子机制、营养素的人体需要量、个体食谱的制定以及食品安全等。它强调个体化的营养，是继药物个体化治疗之后，源于人类基因组计划的第二次浪潮。营养基因组学可以揭示营养素的作用机制或毒理学作用，阐明机体营养需要量的分子生物标志物，促进功能性食品的开发应用，使个体化营养成为可能。

2. 转录组学

随着后基因组学时代的来临，转录组学是率先发展起来以及应用较广泛的技术。转录组学是从 RNA 水平研究基因表达的情况。转录组即一个活细胞所能转录出来的所有 mRNA。研究转录组的一个重要方法就是利用 DNA 芯片技术检测有机体基因组中基因的表达。从基因组 DNA 转录的基因总和，即转录组，又称表达谱，是研究细胞表型和功能的一个重要手段。而研究生物细胞中转录组的发生和变化规律的科学就称为转录组学。转录组学在食品组学中应用于基因表达的全局分析，一是可以鉴定生物活性食物成分对稳态调节的影响，以及这种调节在某些慢性疾病发展中发生潜在改变等；二是可以定量和综合分析基因组在转录水平上的变化，其分析方法有 2 种：一种方法基于微阵列技术，另一种则基于 DNA 测序，通常结合实时定量

PCR 技术来确认所选择基因的上调或下调。

目前研究转录组的方法主要有：基于杂交技术的基因芯片（包括 cDNA 芯片和寡聚核苷酸芯片），基于序列分析的基因表达系列分析（SAGE）和大规模平行信号测序系统（MPSS）。基因芯片在肉制品、水产品和乳制品中的食品微生物高通量检测中得到应用。食源性致病菌鉴定的传统方法是使用培养基对微生物进行增菌和选择性培养，再通过菌落形态观察、显微镜镜检、生化鉴定和血清分型等手段联合使用以达到鉴别的目的，试验周期至少需要 24~48h，且并非所有致病菌均可培养。例如，以线粒体 16S rRNA 和 *fimY*、*ipaH*、*prfA*、*uspA* 等物种特异性基因构建基因芯片，经过预增菌、DNA 提取、PCR 预扩增和基因芯片杂交分析，用于检测新鲜肌肉中沙门菌属、志贺氏菌属、单增李斯特氏菌和大肠杆菌。该方法的检出限为 10^5CFU/mL，通过 10 份实际样品测试，所有样品均检出沙门菌和大肠杆菌，单增李斯特氏菌和志贺氏菌各检出 1 份。另有学者采用多重 PCR 结合基因芯片技术检测肉制品中大肠杆菌、沙门菌、金黄色葡萄球菌、志贺氏菌和单增李斯特氏菌 5 种食源性致病菌，方法特异性强，灵敏度为 2pg DNA，在肉及肉制品实际测试中，该方法与传统培养基培养方法检出目标致病菌基本一致。

3. 蛋白质组学

蛋白质是食品中重要的组成成分之一，赋予食品营养性及功能性等特性。在营养性方面，蛋白质提供给人及动植物所需能量和必需氨基酸；在功能性方面，蛋白质是生物体细胞的重要组成成分，在细胞的结构和功能中发挥至关重要的作用。为了保证食品蛋白质组分的生化活性达到预期目的，对食品的生产全程，包括原料种植（养殖）、收获、加工、保存等的控制提出严格要求。因此，无论是食品生产过程中的质量控制，还是终产品的质量把关，蛋白质检验都是必不可少的，而蛋白质组学技术作为前沿技术，在食品蛋白质研究中也得到越来越广泛的应用。利用蛋白质组学相关技术对蛋白质组分进行分析，获得对食物蛋白各种特征的真实认识，具有其他研究方法不可取代的优势，并成为食品功能研究、品质评价、营养分析、安全检测、真伪甄别、新型食品开发的新的研究领域。

蛋白质组（Proteome）定义为一个基因组、一种生物或一种细胞、组织在某一特定时期所表达的全套蛋白质。蛋白质组学（Proteomics）于 1994 年在意大利的一次科学会议上提出，是指从整体角度分析细胞内动态变化的蛋白质组成、表达水平和修饰状态。蛋白质组学研究的核心技术为：蛋白质组分分离技术，蛋白质组分鉴定技术及利用蛋白质信息学对蛋白质结构、功能进行分析及预测。目前，主要有 4 种常用的蛋白质组学技术，即电泳技术、色谱技术、质谱技术及新兴的蛋白质芯片技术。双向电泳技术与质谱技术结合是目前最经典也是应用最广泛的方法。

市场上有很多具有活性功能的蛋白质或多肽产品，如燕窝、鹿茸和蜂王浆等，这些高附加值的食品成为掺假者重点关注的对象，传统的蛋白质检测方法无法分辨出是否为该产品的专属蛋白。蛋白质组学技术作为前沿技术，在食品鉴伪、产地溯源、品质分析、农药兽药残留及过敏原检测中得到越来越广泛的应用。如燕窝含有多种药理作用的燕窝蛋白，而掺假者主要用猪皮、白木耳、银耳、蛋清、淀粉、明胶、琼脂和鱼鳔等伪制而成。有研究对印度尼西亚、马来西亚和泰国等国家的 14 个燕窝样品的可溶性蛋白质双向电泳谱图进行了分析，分子质量在 28k~57ku 的 2 个蛋白质点群可作为燕窝与银耳属性区别的特征蛋白群，检出下限为 10% 银耳掺假燕窝。另有学者通过双向电泳分析技术，得到了 10 种不同产地冬虫夏草和 12 种其他虫草蛋白质谱图，结果显示蛋白质在冬虫夏草种内表达稳定，可选用冬虫夏草中的 CSpro-2 和 CSpro-8 作为特征蛋白质用于冬虫夏草快速鉴别。但是蛋白质组学技术仍有很多不足之处，今后蛋白质组检测方法应该侧重于操作的自动化/半自动化、减少工作量、提高重复性、缩短时间等。将色谱技术良好的分离能力与光谱技术特有的结构鉴别能力以及双向凝胶电泳技术高分辨率能力相结合，来研究食品的功能成分、营养成分及食品鉴伪仍将是未来蛋白质组学在食品领域的发展趋势。

4. 代谢组学

代谢组学（Metabolomics）是继基因组学、转录组学和蛋白质组学之后兴起的系统生物学的一个新的分支，为当前研究的热点之一，其研究的目标比转录组学和蛋白质组学更丰富，代谢产物影响表型更直接。代谢组学是通过考察生物体系受刺激或扰动后，相对分子质量小于1000 的小分子代谢产物的变化或其随时间的变化，由伦敦大学 Jeremy Nicholson 教授于 1999 年首次提出。代谢组学的基本原理是用误差尽可能小的方法处理和无偏检测样品中尽可能多的化合物，再利用多元统计分析等生物学方法处理数据，找出有意义的标志物并进行阐释，或建立模型用于判别或预测。代谢组学既可对已知的化合物进行分析，又能对未知化合物进行分析，根据研究对象和目的不同，代谢组学分析技术分为靶向代谢组学和非靶向代谢组学。

代谢组学的分析平台主要包括基于质谱（MS）的系统和基于核磁共振（NMR）的系统，一般与液相色谱或气相色谱组合使用以获得更广泛的代谢组覆盖。其研究程序一般为：取样与样品处理→分析样品→代谢物组的数据测定→数据分析→代谢途径分析及其生物学阐述等。核磁共振技术是利用高磁场中原子核对射频辐射的吸收光谱鉴定化合物结构的分析技术，生命科学领域中常用的是氢谱（^{1}H NMR）、碳谱（^{13}C NMR）及磷谱（^{31}P NMR）3 种。可用于体液或组织提取液和活体分析两大类，常用的是体液分析研究。以氢谱（^{1}H NMR）为例，将准备好的生物标本（包括各种体液或组织提取液）直接上样检测即可，所得的 ^{1}HNMR 谱峰与样品中各化合物的氢原子对应。根据一定的规则或与标准氢谱进行比照可以直接鉴定出代谢物的化学成分，信号的相对强弱则反映了各成分的相对含量。不同样品的代谢物图谱有其特质性，类似样品的"指纹"一样；对这种特质性进行区分、鉴定，被称为"代谢指纹分析"，帮助找出机体代谢的共性与个性。质谱技术与蛋白质组学相关技术类似，是将离子化的原子、分子或分子碎片按质量或质荷比（m/z）大小顺序排列成图谱，在此基础上进行各种无机物、有机物的定性或定量分析。新的离子化技术则使质谱技术的灵敏度和准确度均有很大程度的提高。将预处理的体液或是组织加至质谱仪，经气化、离子化、加速分离及检测分析后即可得出相应代谢产物或是代谢组的图谱。图谱中每个峰值对应着相应的分子质量，结合进一步的检测分析可以部分鉴定出化学成分以及半定量关系。不同组别的质谱图存在差异即"代谢指纹"分析，加以区别、鉴定，也有助于研究代谢过程的变化规律及标志性代谢产物。代谢组学研究的后期同样需借助于生物信息学平台。它往往利用软件联合数据分析技术，将多维、分散的数据进行总结、分类及判别分析，发现数据间的定性、定量关系，解读数据中蕴藏的生物学意义，阐述其与机体代谢的关系。主成分分析法是最常用的分析方法。其将分散于一组变量上的信息集中于几个综合指标上，如糖代谢、脂质代谢及氨基酸代谢等，利用主成分描述机体代谢的变化情况，发挥了降维分析的作用，避免淹没于大量数据中。其他的模式识别技术，如 SIMCA、偏最小二乘法–判别分析、非线性的模式识别方法及人工神经元网络技术等在代谢组学研究中也有其重要的地位。

代谢组学可以应用于从农场到人类所有的食物系统过程、各种生物系统以及生物科学的不同领域，如用于识别某些疾病的生物标志物和药物发现，研究未知的代谢途径和应激耐受机制，研究食物病原体和腐败微生物的代谢，发展微生物菌株等，还可应用于分析食物中由微生物产生的广泛代谢物，分析饮食模式，揭示与饮食相关疾病的相关代谢改变以及饮食干预的结果。国内外一些学者采用代谢组学技术对食品安全领域中新的未知化合物生物监测、掺假鉴别、有机农作物鉴别、农药残留、毒素高通量检测、转基因食品安全性评价、致病菌快速检测和畜肉品种鉴别等问题进行研究。在我国，利用代谢组学技术开展的食品质量与安全领域的研究起步较晚，相关文献报道较少，因此，还有待进一步开展相关研究，对于监控检测食品掺假、确保食品质量与安全、指导合理的膳食结构、预防和减少食源性疾病的发生、保障人民群众健康等都具有重要的现实意义。

5. 脂质组学

脂质是一类难溶于水，易溶于乙醚、氯仿、丙酮等非极性有机溶剂的生物有机分子。细胞和血浆中存在着大量各种类别的脂质。脂质的结构复杂多样，化学性质独特，参与了大量的生命活动。已有研究表明，肥胖、动脉粥样硬化、冠心病、糖尿病、阿尔茨海默病、肿瘤、帕金森病、脑损伤、肝炎等影响生命体的重要疾病都与脂质代谢紊乱有关。脂质是食品中五大营养成分之一。食物中的脂肪除了为人体提供能量以及作为人体脂肪的合成材料以外，还有增加饱腹感，改善食物的感官性状，提供脂溶性维生素等特殊的营养学功能。因此，脂质组学（Lipidomics）的研究对于食品科学的发展具有十分重要的作用。

脂质组学是代谢组学的分支。Han 等科学家在 2003 年正式提出了脂质组学的概念，即系统、全面地分析研究生物体、组织和细胞中的脂质，推测与脂质相互作用的生物分子的变化，进而揭示脂质代谢在蛋白质表达和基因调控等各类生命现象中的作用机制的一门学科。自脂质组学概念提出以来，便迅速成为研究的热点，现已被广泛应用于疾病的预防控制及诊断、药物研发、分子生理学、功能基因组学、分子病理学、环境学、营养与健康以及食品科学等多种领域。研究脂质组学，不仅要研究不同种类的脂质及其化学结构，还要深入研究脂质的生物学功能，脂质在代谢调控中的动态变化，脂质与蛋白质等生物大分子的相互作用，以及脂质在细胞膜结构的组成、基因调控、细胞信号转导中的作用，揭示细胞乃至生命体中脂质代谢调控机制，从而能够更加清晰地得出脂质代谢调控异常与心脑血管疾病、糖尿病、肥胖、肿瘤等重要疾病之间的联系。

随着对脂质组学研究的逐渐深入，脂质组学分析方法的建立也越来越多元化。主要有薄层色谱（TLC）、液相色谱-质谱联用（LC-MS）、气相色谱质谱联用（GC-MS）、毛细管电泳-质谱联用（CE-MS）、电喷雾电离质谱（ESI-MS）、"鸟枪法"（Shotgun Lipidomics）、基质辅助激光解吸附电离飞行时间质谱（MAL-DI-TOF-MS）、核磁共振（NMR）等分析手段。

脂质组学在食品质量安全控制领域的研究同样具有广阔前景，脂质组学分析可用于研究环境中的外源性污染物对食品原料或食品的毒害作用。如使用脂肪酸甲酯鉴定分析从食品和环境中分离的 30 株阪崎肠杆菌，证明脂肪酸的测定具有高度重复性，故可用于快速检测婴幼儿配方样品中的阪崎肠杆菌。未来脂质组学可以通过研究代谢途径指示生物的生命活动（如健康或凋亡等），从生物体正常状态与疾病状态脂代谢差异入手，识别疾病状态下的脂质生物标志物，结合酶的研究，达到控制食品和食品原料等新鲜程度及质量的目的。

6. 暴露组学

简单说，"暴露"是指"接触"，有外暴露和内暴露，涉及界面、强度、持续时间、透过界面的途径、速度及透过量、吸收量等内容。暴露评估是风险评估四步法中的重要一环。没有暴露，暴露风险就不存在。暴露研究最初曾应用于探究职业病危险因素。近 10 年来暴露学科发展迅速，已经发展成为暴露科学，其发展历程如表 15-1 所示。美国国家科学院国家研究理事会于 2012 年给出暴露科学的新定义：收集与分析为了解受体（如人或生态系统）与物理、化学或生物应激物间接触的特性所需的定量和定性信息。暴露科学力图捕捉对人群和生态系统具有急性与长期影响的时空维度暴露事件进行描述，该学科对于智能化和可持续的科学设计、预防和减缓有害暴露、开展风险分析以及最终保护人体健康具有基础性的决定意义。

表 15-1　　　　　　　　　　　　　　　　　暴露科学发展历程

时间/年	发展历程
1920	暴露学家联合流行病学专家开展作为职业病源的工作场所暴露研究
1950—1970	对室内外空气和水的暴露研究
1970	暴露学家在特定职业场所的污染源调查和周围环境污染源调查方面出现分歧；通过呼吸、饮食摄入和皮肤接触进入人体的化学物质的外部测量应用于个体暴露的调查
1980	内部标志物应用于个体暴露调查
1990	社区与个人暴露与环境污染物建立联系
21 世纪	暴露学家开始使用基于各种分类数据以及对生物体液和组织中污染物含量进行测量的各种模型来估测不同暴露水平

面对环境因素可能是很多人类疾病重要影响因素的现实，人们还难以模拟一个人一生所有环境暴露的问题，作为对基因组的环境因素的补充。2005 年，癌症流行病学家 Christopher Paul Wild 首次提出暴露组（Exposomics）的概念，目的是为了引起科学家的重视，改进暴露评价在病因学研究中的作用。Wild 于 2012 年发表的文章细化了暴露组学的内涵，指出暴露组是从受精卵开始，贯穿整个人生的环境和职业暴露（包括生活方式等因素）；暴露源包括外源（污染、辐射、饮食等）和内源（炎症、感染、微生物等），包括对化学性、物理性、生物性等应激物的暴露，其具备三个基本特征：①贯穿人的一生；②探究混合暴露影响；③强调环境因素。暴露组学关注个体一生中所有暴露的测量，及这些暴露如何与疾病建立联系。暴露组学是关于暴露组的科学，它依赖于其他学科的发展（如基因组学、蛋白质组学、脂质组学、糖类组学、转录组学、代谢组学、加合物组学等）。这些学科的共同点是：①利用生物标志物确定暴露、暴露的影响、疾病的发展过程和敏感因素；②新技术的应用产生海量数据；③利用数据挖掘技术发现暴露、暴露影响、其他因素（如基因）与疾病之间的统计学关系。

美国学者 Rappaport Stephen M. 提出了两个通用的方法用于描述暴露组学，分别为"自下而上"方法与"自上而下"方法（图 15-2）。"自下而上"的方法用于分析外暴露以及建立干预与预防的方法，关注于每一类的外暴露（空气、水、饮食、辐射、生活方式等），定量化每类外暴露的强度，用加和的方式估算个体的暴露水平，检验病例组和对照组是否存在暴露差别。但在生活方式、生活工作压力等对健康影响方面的定量表征还需要进一步细化，并能够与化学物质的暴露相结合。"自下而上"的方法需要耗费大量精力来估计庞大的未知外源，但还是可能错过重要的内源。先期的暴露评估有个体暴露量法、方案评价法和内部剂量反推法。内部剂量是指暴露发生后体内组织或器官中外源物质或其代谢物的含量。早期的研究往往只针对单一化学物质或少数几类化学物质，这一点与针对单个或少数几个基因多态位点的遗传学研究类似。内部剂量反推法的深入延伸就是"自上而下"的暴露组学方法，就是在一系列新技术的支持下，分析众多暴露标志物之间的复杂关系。暴露组中"自上而下"的方法用于揭示人类疾病的未知暴露源。该方法主要用于环境和职业相关疾病，其主要目标是利用"组学"的方法测量血液和其他体液中目标物质的种类和含量，检验各类物质与疾病之间的统计学联系，确定导致疾病的物质及暴露来源，并反推暴露和剂量。因为暴露源来自于人体内外，并且暴露水平随着时间的推移和个人原因（外源和内源的改变，如年龄、锻炼、感染、生活方式、压力和罹患疾病等）有很大的变化。面对这些多变因素，暴露学家更倾向于"自上而下"的方法，从而发现可能的暴露，即该方法可通过非目标的方法来测量生物体液中的暴露特征，估算暴露水平。无论是外源还是内源暴露都通过血液标本来表征。暴露组研究的目的是阐明居住在不同环境下、具有各种疾病危险因素的多种族个体的暴露组，清晰地了解人类暴露的多样性和类型，其研究成果对于明确环境污染与人体健康及特定疾病的因果关系、采取恰当的防控措施具有重要的应用价值。但暴露组学理论尤其是方法学尚待完善，高通量的技术尚不够成熟，当前我国人群生理生化参数数据库、暴露模型库、暴露组数据库亟待建设和完善。

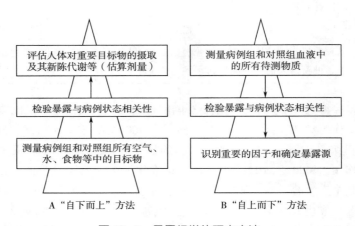

图 15-2　暴露组学的研究方法

三、食品组学在食品安全中的应用

各种食品安全突发事件，如食物过敏事件、沙门菌、李斯特菌污染事件及疯牛病事件等已经引起人们对食品安全的密切关注。其中，食物过敏是一个全世界关注的焦点问题。海鲜过敏是由免疫球蛋白（IgE）对海产品中一些特殊蛋白质（如原肌球蛋白）反应引起的。蛋白质组学为食物过敏原的鉴定和表征提供了技术支持。例如，采用 MALDI-TOF-MS 技术鉴定出斑节对虾的致敏原是一种具有精氨酸激酶活性的蛋白质，它能与虾过敏性病人血清的 IgE 发生反应，从而引起皮肤过敏反应。另有科学家采用双向电泳和质谱联用技术检测到超过 2500 种蛋白质，对水稻的叶、根和种子组织进行了系统研究，在种子中鉴定出了几种已经表征过的过敏性蛋白，显示了蛋白质组学技术在食物过敏事件的监督中具有很大的潜能。

转基因食品在 20 世纪末迅速被人们接触，尽管转基因食品具有很多优势，但其可能存在的潜在安全隐患也一直为大众热议。因此，为保证转基因食品更好为人们所用，亟需对其安全性进行评估。由于在基因修饰过程中转基因作物的代谢途径会发生了很大的改变，因此可以通过代谢组学技术利用轮廓指纹分析来评估转基因作物的异常改变；通过对农作物中的生物活性物质代谢分析来判断基因修饰之后正常或异常结果。

随着科技的发展，假冒伪劣的手段也在不断提高，仿真度极高的劣质产品给检验工作带来了巨大的困难。如何快速鉴别食品的真、伪、优、劣和品质成为食品市场管理的重点和难点。伴随着 DNA 种质鉴别等分子技术、同位素产地溯源技术等在食品鉴伪体系中的应用和发展，蛋白质组学技术也已成为该领域的有力工具，尤其是在鉴别动物的健康状况，繁殖和屠宰处理时所受刺激和污染的水平等方面。有科学家总结了蛋白质组学方法与其他一些方法在食品鉴伪中的应用进展，不仅包括种属方面的信息，还包括食品的新鲜程度和组织方面等信息。在多种情况下，仅通过肉眼观察蛋白质双向电泳图谱差异或者 PCR 特异性条带的差异，即可把种属关系很近的两种鱼类区分开来。

四、食品组学的发展趋势

组学能够提供参与决定食品种属、品质、功能与安全性的各种生理机制过程中的蛋白质及活性物质的结构和功能等方面的更多信息，作为专门的技术体系已广泛用于食品科学研究领域，为食品科学研究提供了新的思路和技术，并极大地拓展了食品科学的研究领域，促进了食品科学的快速发展，将成为食品品质研究的一种高通量、高灵敏度、高准确性的研究手段。然而，食品组学分析仍旧面临着重大挑战，包括食品复杂性、巨大的自然变异性、巨大的浓度差异以及特异性目标的亲和力差异等。同时，目前组学研究方法仍存在一定的局限性，主要体现在系统偏差方面，且需进一步增强相关的技术保障。未来，食品组学的发展还有待于生物学、计算机学、数学等科学的全面进步。

第二节　大数据分析与食品安全

一、大数据的定义及特点

1998 年，美国 *Science* 杂志第一次使用了大数据（Big Data）一词。2008 年，英国 *Nature* 杂志刊登了"大数据"专刊，探讨了大数据在互联网、超级运算、经济学、生物医药等多方面的变革、创新与挑战。2014 年，"大数据"首次进入我国政府工作报告，李克强总理提出在疾病预防、社会保障、电子政务等领域开展大数据应用示范。2015 年国务院通过《关于促进大数据发展的行动纲要》，引起社会各界的广泛关注。大数据是一个抽象的概念，除去数据量庞大，大数据还有一些其他的特征，这些特征决定了大数据与"海量数据"和"非常大的数据"这些概念之间的不同。一般意义上，大数据是指无法在有限时间内用传统信息技术和软硬件工具对其进行感知、获取、管理、处理和服务的数据集合。由于关注点不同，科技企业家、研究学者、数据分析师和技术顾问，对于大数据有着不同的定义。

2010 年，Apache Hadoop 组织将大数据定义为普通的计算机软件无法在可接受的时间范围内捕捉、管理、处理的规模庞大的数据集。在此定义的基础上，2011 年 5 月，全球著名咨询机构麦肯锡公司对大数据的定义进行了扩充，是指其大小超出了典型数据库软件的采集、存储、管理和分析等能力的数据集。该定义有两方面内涵：①符合大数据标准的数据集大小是变化的，会随着时间推移、技术进步而增长；②不同部门符合大数据标准的数据集大小会存在差别。目前，大数据的一般范围是从几个 TB 到数个 PB（数千 TB）。大数据及其研究领域极具影响力的领导者的国际数据公司将大数据定义为："大数据技术描述了新一代的技术和架构体系，通过高速采集、发现或分析，提取各种各样的大量数据的经济价值。" 从这一定义来看，大数据的特点可以总结为 4 个 V，即体量浩大（Volume）、数据类型多（Variety）、处理速度需求快（Velocity）和价值密度低（Value），如图 15-3 所示。

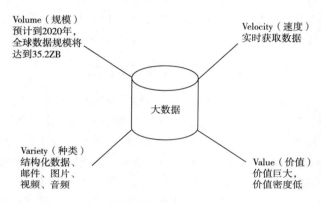

Volume（规模）
预计到2020年，
全球数据规模将
达到35.2ZB

Velocity（速度）
实时获取数据

大数据

Variety（种类）
结构化数据、
邮件、图片、
视频、音频

Value（价值）
价值巨大，
价值密度低

图 15-3　大数据的 "4V" 特点

随着食品产业的快速发展，营养与食品安全领域信息已逐步呈现大数据的特征，具体表现在以下四个方面：①数据量大。检测机构的食品抽检数据近年来快速增长，营养监测涵盖全国数据，至今数据仍在不断地增加和更新；②数据种类多。如分析检测数据、营养监测数据、网络舆论数据、现场照片、录像等结构化、半结构化和非结构化数据；③处理速度需求快。政府相关部门进行监管决策以及消费者在购买产品时都需要信息参考，而这些应用场景对信息的处理速度提出了越来越高的要求；④数据的价值偏低。目前的分析检测数据除了主要以检测报告或统计报表等简单形式外，尚未显著发挥其他作用；然而，全国营养监测的数据公布速度缓慢，滞后的信息很难为相关政策的制定提供充足的循证依据。如何深入挖掘大数据的信息，提高营养监测、食品安全、慢性病管理方面的数据洞察能力，既可以为政府制定相关政策提供依据，也可为生产企业、消费者、社会媒体等社会公众提供信息服务，这既是信息社会的现实需求，也是相关学科发展的必然趋势，更是保障营养与食品安全的有效措施。

二、大数据在食品安全领域的应用

1. 大数据分析的思路

通过结合大数据理论方法和食品安全大数据的特征，对我国食品安全领域的实际情况进行充分考虑，可以得知采集数据、管理数据、分析数据和展现数据是食品安全大数据分析技术平台总体架构中所包含的四方面内容。首先是数据的采集，将部门数据的孤岛性进行突破，使数据的流动性和可获得性得以实现；常规监测食源性疾病数据等结构化数据和食品安全环境污染相关的遥感数据等非结构化数据都是需要采集的数据，而联机分析处理和挖掘数据的基础主要是数据抽取、转换和加载（ETL）工具，其主要的功能是在临时中间层清洗和集成等异构数据源中的数据。其次是数据的管理，通过关系型数据库管理系统（RDBMS）和非关系型数据库管理系统（NoSQL）等弥补目标结构化和非结构化混合存储形式的缺点，使数据高效灵活的目的得以实现，云存储和分布式文件存储等是存储信息技术基础架构的主要形式。最后是数据的分析，这一步骤是最为重要的，食品安全影响因子作用模型等是该环节中使用到的，如可以通过空间统计分析方法的使用，对各类影响因子与各食品安全风险之间的关系进行积极的探索，对多元因子影响力模型及时的建立，将食品安全风险中各类影响因子贡献的大小识别出来，从而将具有重要作用的自然和社会环境影响因子识别出来。

2. 大数据在食品安全领域的应用

（1）分析食品安全态势 在全方位认识公共卫生问题时，可以使用地理信息系统（GIS）、全球定位系统（GPS）和遥感（RS）技术，如将与食品安全主题相关的信息通过智能化聚焦爬虫技术来收集，将以 Web 社会媒体为基础的食品安全实时动态感知模型建立起来，在统一的时空框架中，在 GIS 地图上用时空 GPS 定位标注食品安全信息，同时应用相应 RS 信息，通过空间统计模型智能分析采集的数据，而且可以利用可视化分析技术，将食品安全情景和交互式可视化的分析情况展现在大数据分析平台上，这对食品安全整体态势的全方位掌握具有非常重要的作用。例如，庞国芳院士团队的最新研究将食品安全和互联网紧密联系在一起，结合了高分辨质谱、互联网和地理信息系统形成的三元融合技术，一方面为 1200 多种农药建立了一个自身独有的电子身份证，建立了以电子标准取代传统农药实物标准做参比的鉴定方法，研究开发了质谱自动匹配筛查软件分析农药残留，能快速筛查非靶向农药的残留。另一方面高分辨质谱、互联网和五大数据库形成的监测技术平台，使样品采集、高分辨质谱监测、数据采集和分析、地理信息、食品名称和产地等多维度数据，形成了一条数据链，每个关键节点都有严格的质量控制措施，能保证数据的及时、精确和安全。

（2）研究食源性疾病负担 典型的大数据分析案例之一就是研究全球疾病负担，将得到的启示用于食品安全大数据的研究，通过对食源性疾病和伤害有关多源数据的利用，充分结合死亡和患病的信息，对人群的健康损失进行综合测量。测量的结果不但可以为国家卫生健康委员会的决策提供参考依据，同时将预防控制食品安全的优先领域及时确定下来，从而可以将有限的卫生资源合理和科学地分配，具有重要的意义。

（3）综合分析食品的安全性 多学科交叉问题之一就是食品安全问题，通过对多源数据的综合分析，可以提升对数据认识的全面性和新颖性，而且根据不同的辅助信息可以将同一数据具有的更高价值的信息挖掘出来，如通过结合食品安全监测数据与气象数据和社会经济数据等，利用系统生态分析模型对其进行综合的分析，可以提升对数据认识的系统性、科学性和全面性。

（4）应用于食品早期安全预警 整合化学污染物、食源性疾病以及自然环境等多源信息的食品安全预测预警模型等是综合多种分析模型中所包含的内容，其能够将食品的安全状态实时地掌握，将存在的问题及时发现，对其下一步的变化趋势进行准确的分析和预测，从而可以为政府和相关部门实时制定控制措施提供参考依据。

（5）创新食品安全风险评估体系 当前实验室检测数据和现场调查的数据是食品安全风

险评估机制的主要评估内容，这一机制只能浅层处理数据信息，范围具有一定的限制性，而且对于深入发展阶段数据的处理不够全面。这样的情况无法使大数据满足国家政府、公众以及研究机构等多方的信息需求。所以食品安全大数据挖掘的广度从当前只对食品生产和消费等环节风险评估工作的重视，转变为开始对食品安全源头环节的重视，使从农田到餐桌整个食物链全程风险评估的目标得以实现。当前不但要对食源性疾病危害因素的研究和食品危害原因描述性分析工作重视起来，同时要对综合分析食品安全与环境因素交互效应的工作加以重视，这些都是从广度方面来考虑的。从深度方面来看，要对有机结合空间、经典和微观的统计工作加以重视，使跨学科和跨领域深度合作的目标得以实现，不但要对食源性疾病发生和传播的生物学机制从微观层面进行研究，而且要从宏观层面上对食品安全和时空变化规律进行分析，充分重视人类健康及其对国民经济的影响等，将与大数据时代特征相符合的食品安全风险评估的分析方法体系逐渐建立起来，这样不但可以为国家提供一定的科学技术支撑，让其合理制定公共卫生政策，同时使食品安全风险评估工作与国计民生的关联性更强。

三、大数据在营养与健康领域的应用

1. 食物成分电子数据库的管理

食物成分表是食物和营养素相互转化所必备的工具。美国的食物成分数据库将食物分为23 类，并侧重于直接入口的食品；英国比较重视食物原料，将食物分为 14 类。我国的食物成分表在 2009 年将食物分成了 8 大类。随着新资源食物品种的不断涌现，食物成分数据库中的食物种类必将越来越多。另外，由于对食物成分分析手段的改进，一些新的营养成分，如植物化学物、抗营养成分等也逐渐出现在食物成分表或数据库中，这些更有利于慢性病干预和膳食指导等。各国食品贸易的交流与合作日渐频繁，世界各国的食物成分共享是一种趋势，建立食物成分电子数据库将有利于搜索到高效和准确的信息、有利于不同国家和地区之间的信息共享。

随着生活水平的提高，个性化的饮食越来越受到消费者的关注，特别是孕妇、乳母、慢性病人群等特殊人群的膳食，更是受到消费者和商家的青睐。个性化智能饮食系统可以根据用户的身体状况、平时的饮食喜好，推荐适合用户的健康饮食菜单。随后，系统对每个菜品设置相关的健康属性，对用户关注的菜品进行跟踪。一方面，经过对用户关注饮食的菜品属性进行分析，挖掘到用户在饮食过程中的饮食喜好，从而能结合中医体质实现个性化菜品推荐。另一方面，这些个性化饮食的电子档案也可为疾病诊断提供参考，进而给出适宜的膳食指导和饮食建议。

2. 营养调查和监测信息的共享

我国定期会进行全国居民营养与健康调查，不仅可以为修订《中国居民膳食营养素参考摄入量》提供依据，而且可以掌握全国居民的营养状况，某些营养素是缺乏还是过量，这对于慢性病的防控有重要意义。然而我国的全国居民营养与健康调查仍存在一些不足，一方面，我国营养信息收集的时效性远远落后于发达国家。美国两年进行一次全国健康与营养调查，其调查结果、调查方法、检测手段、趋势分析等信息最早在当年即可在美国疾控中心网站上查询。而我国 2002 年的全国居民营养与健康调查结果于 2004 年公布，十年后再次实施的 2010—2013 年中国居民营养与健康状况监测，其结果至 2015 年方才公布。在膳食结构和疾病发展变化迅速、互联网交互发达的今天，滞后的信息很难为相关政策的制定提供充足的循证依据。另一方面，我国营养工作和发达国家相比有待进一步提高。美国的全国健康与营养调查分为传统入户调查和可移动监测中心两部分。其中入户调查包括筛查问卷、关系问卷、样本参与问卷及家庭问卷四部分，由专业调查员在住户家中进行调查。同时，为了减少环境因素带来的误差，美国全国健康与营养调查自 1999 年起引入了可移动监测中心，希望在每一个调查地点都能够在可控制环境内完成身体检查，以及完成血样、尿样及其他生物样品的采集、加工、贮藏及运输工作。与国外相比，我国营养工作在体格检查、实验室检测、膳食调查、样品运输及数据共享等方面还存在一定差距。加快我国营养监测数据库的建立，将信息及时共享，可以为制定营养素参考摄入量提供最新依据，能及时挖掘到营养素与各种慢性病之间的关系，及早预防慢性病。

3. 手机的"营养"相关应用程序的评估

近几年来，随着移动互联网技术的飞速发展，智能手机和移动医疗对人们健康行为的改变发挥着巨大作用。截至 2015 年 12 月，中国手机网民规模达 6.20 亿人次，其中 22.1% 的用户使用过互联网医疗服务。通过随时使用简单方便的手机 APP 来寻求医疗保健信息和维持个体健康状态，已成为移动互联网塑造的全新社会生活形态。当前，手机应用市场上已出现多种多样的营养健康 APP，为网民提供了方便的营养学习软件。然而这些软件中营养知识的准确性及其对于《中国居民膳食指南》和《中国居民膳食营养素参考摄入量》的依从性将直接关系到营养知识的传播效率及民众接收信息的有效性。目前国际上有一些关于营养学习 APP 内容的评估，国内目前这方面的报道还很少。

4. 慢性病管理中可穿戴设备数据的信息挖掘

近年来，慢性病管理的"可穿戴设备"涌入市场，这些设备通过软件录入个人信息，如性别、年龄、身高、身体质量、职业、个人史、家族史，通过可穿戴设备测出血压、体温、心率、脉搏、睡眠、锻炼习惯、生活方式等生理指标和行为监测数据，通过仪器记录血糖、血脂等生化指标。系统结合各项指标给出用户的健康状态，同时用户也可以根据自己身体各项指标的变化，判断一段时间内身体的健康状况，许多智能的可穿戴设备能够让我们随时、随地、随身获得个体的健康信息、运动状况和慢性疾病管理等健康信息。一方面通过收集含有健康状况和疾病预警的人体健康数据，包括生理和行为监测数据，上传至云平台，就诊时医生根据收集的数据，进行病情分析和挖掘，并结合个人基因谱、完整疾病数据及多方面的检测结果，将健康危险因素进行对比分析，给出比普通诊断更准确、有效的临床干预、康复建议和健康指导。另一方面，疾控系统、医院、科研院所等可以对采集到的信息进行分析、处理和挖掘，并利用网络技术将数据上传至云服务器，进行云存储、管理和共享，便于相关机构对个体进行远程管理及提供咨询和指导，同时疾控中心也能利用数据预测慢性病的发展趋势。如何挖掘可穿戴设备采集的大量数据，对慢性病趋势的研究、相关部门制定政策及个人自我健康的管理都非常有意义。

5. 公共卫生预警与流行病预测

美国相关研究显示，有 1/3 的医疗费用被浪费，大数据的研究将节省 12%～17% 的医疗成本。2009 年，谷歌借助大数据技术从用户的相关搜索中预测到了甲型 H1N1 流感暴发，其预测速度比美国疾控中心提前了 1～2 周。此外，谷歌把 2004—2008 年的流感流行病数据和美国疾控中心数据对比，结果非常接近，基本能够有效弥补卫生系统在疾病预测方面的不足，为疾病的防控赢得了时间。此后，百度公司上线了"百度疾病预测"，借助用户搜索预测疾病暴发。中国疾控中心已于 2013 年开始与百度公司开展疾病监测预警方面的战略合作。在 2014 年的埃博拉疫情控制中，疾控中心的专家利用流行病学数据建立了相关模型，预测了埃博拉疫情的严重后果。有研究者通过社交网络数据的挖掘对艾滋病患者进行远程监测，其结果与疾控中心的监测结果非常吻合。在过去 10 年里大数据也已成功应用于心脏病的预测、肝癌特征的辨识，未来大数据必然会对慢性病的预测提供更有价值的信息。

第三节　食品安全热点与新兴技术

一、成像技术

1. 现代成像系统构成

现代成像系统通常由光源、镜头、成像芯片、采集处理卡、计算机等部分组成。光源发射器发出光波照射在受检食品（农产品）上，经反射、折射或透射后进入光学镜头分光处理，光信号经成像芯片转换为模拟图像信号，通过图像采集卡获取原始的模拟图像，并将模拟信号转换成数字信号。计算机接收到图像的数字信号后，将其存入内存储区，通过相关的图像分析技术进行进一步处理。光源是成像系统非常重要的组成部分，对食品、农产品的成像方式以及能否进行稳定、清晰、高对比度成像起着关键作用。用于食品、农产品成像的光源有可见光光源、红外光源、紫外光源、X 线光源、电磁波光源等。

2. 成像技术的分类及应用

（1）可见光成像技术　可见光成像技术已在多种食品、农产品的品质检测和分级上应用多年。可见光成像技术适合对食品、农产品形状、大小、颜色和纹理等较为显著的外部特征进行分析。经过几十年的发展，现代成像技术在食品、农产品无损检测中的应用已较为成熟，在苹果、酸角、马铃薯等物料上已实现在线质量检测和分析。但是，可见光成像技术除了对某些具有一定透光性的农产品能进行内在品质检测外，对大部分农产品的内在品质检验无能为力。

（2）光谱成像技术　光谱成像技术是采用多个光谱通道，利用目标对象的分光反射（吸收）率在不同波段域内敏感度不同这一特性，对其进行图像采集、显示、处理和分析解释的技术。成像光谱系统的构成如图 15-4 所示。使用特定光源或滤光设备，选择合适的光源波长范围，特别是可见光以外的波长，便可增强目标对象的不同特征部位的图像特征，从而有利于目标对象的品质检测。光谱成像技术集图像分析和光谱分析于一身，在食品、农产品质量与安全检测方面具有独特的优势。光谱图像是一个三维数据块，指在特定光谱范围内，由利用分光系统同时获得一系列连续波长下的二维图像所组成，在每个特定波长下，光谱数据都能提供一个二维图像信息，而同一像素在不同波长下的灰度又提供了光谱信息，其中，图像信息能表征大小、形状和颜色等外观特征，光谱信息能反映内部结构、成分含量等特征信息。由此可见，光谱成像技术能对食品、农产品的内外品质特征进行可视化分析。例如，利用高光谱扫描成像技术评估牛肉大理石花纹，组建了高光谱线扫描成像系统，采集牛肉样品在 400~1100nm 波段的高光谱反射图像。通过牛肉脂肪和瘦肉在各个波段处反射率之比的最大值，确定 530nm 为特征波段。提取特征波段处大理石花纹的 3 个特征参数（大颗粒脂肪密度、中等颗粒脂肪密度和小颗粒脂肪密度），使用特征参数分别建立多元线性回归模型和正则判定函数模型，对大理石花纹分级和等级预测。

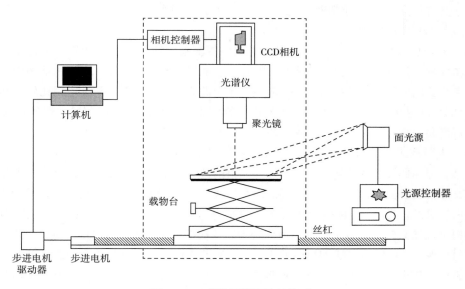

图 15-4　成像光谱系统的构成

（3）X 射线线性扫描成像技术　X 射线和可见光一样属于电磁辐射，但其波长比可见光短得多，介于紫外线与 γ 射线之间。由于 X 射线波长短、光子能量大的特性，所以有很强的穿透性。不同的物质对 X 射线的吸收能力不同，通过 X 射线线性扫描成像技术，可以检测可见光不易得知的对象内部信息，在对农产品内部品质进行检测上有独特的优势。如检测干酪的气泡眼，农产品的内部质量缺陷（水心、褐变、擦伤、腐烂、虫害），判断小麦籽粒内部是否发生害虫感染等。但由于 X 射线扫描成像技术只能把物体内部形态投影在二维平面上，会引起成像的前后重叠，造成判断困难，在应用上有一定的局限。同时，X 射线对人体的辐射安全问题尚存在一定争议，在食品、农产品领域的应用中遇到一定阻力。

（4）CT 成像技术　计算机断层扫描成像技术，通常简称 CT，是为了克服 X 线线性扫描成像投影重叠的问题而引进的新型成像技术。基于射线和物质的相互作用原理，首先通过围绕物体并且进行扫描，得到大量射线吸收数据，再通过投影重建的方法得到被检测物体的断面数字图像。与常规的 X 射线性扫描成像技术相比，CT 成像技术可以表现物体内部某个剖面的形态特征，具有更高的灵敏度和分辨率，通常情况下，CT 的密度分辨率比常规的 X 射线性扫描成像技术高 20 倍。CT 成像技术得到的横断面图像层厚准确、图像清晰，还可以通过计算机软件的处理重建，获得诊断所需的多方位（如冠状面、矢状面）的断面图像，且可通过数字化处理进行受测物体的三维重构。因此，在分析食品、农产品的内部细微特征上，具有其他技术难以替代的优点。CT 图像分析技术在水产品、畜禽产品和果蔬等农产品检测中都有应用研究。

（5）核磁共振成像技术　核磁共振成像的原理是利用生物体中的氢原子核在外加的磁场内受到射频脉冲的激发，产生核磁共振现象，经过空间编码技术，用探测器检测并接收以电磁形式放出的核磁共振信号，输入计算机，经过数据处理转换，最后形成图像。在核磁共振成像片上，含水成分大的组织结构亮度高，反之则亮度较低。核磁共振影像比 CT 图像有更精确的影像结果。利用核磁共振扫描成像，可以不借外力破坏而了解农产品的内部信息。近年来，核磁共振成像技术监测柿子、柑橘等水果的成熟度、组织结构和水分等有较多的研究。核磁共振成像技术具有任意方向直接切层的能力，对人体无辐射危害，应用潜力巨大，但目前设备成本过高，限制了其广泛使用。

（6）超声成像技术　超声成像技术是将超声探测技术应用于受测物体，对物体组织进行测试的图像诊断技术。超声具有频率高、波长短、能量集中、方向性好、穿透能力强、安全无创等优点，在临床图像诊断中得到广泛应用。超声波成像诊断是在医学上应用比较成熟的一项技术，从 20 世纪 90 年代以后逐步在农畜产品检测上有所应用。超声波对软组织的鉴别力较高，在畜产品的脂肪含量等检测中得到一定的应用。

（7）太赫兹成像技术　太赫兹（THz）辐射频率对应着物质分子间的弱相互作用，如氢键、范德华力和偶极子的振转跃迁，晶体中晶格的低频振动等。大多数极性分子对 THz 辐射吸收强烈，分析其特征光谱可以研究物质的内部组成。利用 THz 成像系统把成像样品的透射谱和反射谱所记录的信息（包括振幅和相位的二维信息）进行处理和分析，以获得样品 THz 图像。在 THz 时域光谱系统的基础上，增加图像处理以及扫描控制装置，可以用来对被测样品进行透射或反射成像。THz 成像包括 THz 脉冲成像、连续波成像、飞行时间成像、近场成像和计算机辅助层析成像技术等。水分对 THz 辐射吸收强烈，可以通过测量食物的水分含量来检测食物腐败情况。此外，THz 成像技术在植物油的掺假、农药等环境污染物检测中也有应用报道。

3. 成像技术在食品检测中的发展趋势

（1）现代成像技术与其他技术融合应用于食品、农产品的检测　反映农产品品质的指标是多方面的，既包括色泽、形状、损伤、虫害等外部可视化品质指标，又包括味道、香气、成分等非可视化指标。现代成像技术往往只能描述其中的一个或几个方面，不能全面地描述一个对象。在获取信息的过程中，侧重点不同带来的局限性必然影响到检测结果的精度和稳定性。现代成像技术与其他现代检测技术相结合，可以全面评判食品、农产品的综合品质。多传感信息融合技术可提高食品、农产品检测的全面性、可靠性和灵敏度。在现代多传感器融合中，在硬件层面上，如何将现代成像技术与其他传感器技术实现融合，在软件层面上，如何把多种传感信息资源，在尽可能保持原始信息不丢失的情况下实现多信息统一降维、融合和综合简化，是现代传感器技术的研究趋势。

（2）快速、微型专用食品、农产品品质检测成像设备的研制　目前，应用于食品领域的大部分成像技术都是从其他领域（如医学、测绘、生物学）移植过来，专用于食品、农产品检测的现代成像设备还很少。其他领域的现代成像技术为食品、农产品的检测提供新的思路，但由于研究对象的性质发生了较大差异，相关的处理方法和硬件设备都要求进行磨合和改造。根据现代成像新技术所提供的思路，结合自身的特点，研制专用于食品、农产品的成像设备，是目前的发展趋势。由于食品、农产品数量繁多，价格相对低廉。为了降低检测成本，对成像设备的检测速度提出更高的要求。可实时、在线、快速地检测食品、农产品的现代成像设备的研制是目前研究的热点。同时，伴随着微电子技术的发展，也为了满足用户便利化的使用需求，食品、农产品的现代成像设备也逐步由大型化向小型化甚至微型化过渡。因此，研制便携的、适用于农田果蔬生长过程中的品质检测的小型或微型成像设备，是目前的发展趋势。

二、质谱技术

质谱（Mass Spectrum）是带电原子、分子或分子碎片按质荷比（或质量）的大小顺序排列的图谱。质谱仪器是一类能使物质粒子（原子、分子）解离成离子并通过适当的稳定的或变化的电场磁场将它们按空间位置、时间先后或者轨道稳定与否实现质荷比分离，并检测其强度后进行物质分析的仪器。第一台现代意义上的质谱仪器是1910年由英国剑桥Cavendish实验室的科学家J. J. Thomson研制的。1919年，Francis William Aston成功研制了具有速度聚焦功能的质谱仪器，人们第一次使用质谱仪（Mass Spectrograph）来称呼它，这是质谱发展史上的里程碑。1934年诞生的双聚焦质谱仪是质谱发展史上的又一里程碑，在此之前创立的离子光学理论为仪器的研制提供了理论依据。20世纪50年代质谱的发展更加迅速，并形成了一种专门的技术——质谱技术（Mass Spectrometry）。

1. 质谱的基本原理

质谱的基本原理是物质的分子在气态被电离，所产生的离子在高压电场中加速，在磁场中偏转，然后到达收集器，产生信号，其强度与到达的离子数目成正比，所记录的信号构成质谱。质谱的表示方法有三种：质谱图、质谱表和质谱元素图。在质谱图中，每个质谱峰表示一种质荷比的离子，质谱峰强度表示该离子的数量多少。因此，根据峰位可进行定性分析，根据峰高可进行定量分析。在有机质谱仪中，还可以进行样品结构的分析。

2. 质谱仪器的组成

质谱仪属于离子光学类仪器结构复杂，精度很高。质谱仪主要由六大部分组成，即进样系统、离子源、质量分析器、离子检测器、真空系统和电学系统，其中前四部分为质谱仪的分析系统。此外，现代质谱仪器均配有计算机数据处理系统，以便高效、快速地计算和处理从质谱仪器中获得的大量数据。图15-5为质谱仪的构造框架图。进样系统的作用是高效重复的将样品引入到离子源。目前常用的进样系统有三种：间歇式进样系统、直接探针进样系统及色谱进样系统。离子源的作用是将进样系统引入的气态样品分子转化成离子，并使这些离子在离子光源系统的作用下汇聚成具有一定几何形状和一定能量的离子束。由于离子化所需的能量随分子不同差异很大，因此对于不同的分子应选择不同的电离方法。在质谱分析中常用的电离方法有：电子轰击、离子轰击、原子轰击、真空放电、表面电离、化学电离和光致电离等。质量分析器的作用是将离子源中形成的离子按质荷比的大小分开，以便进行质谱检测。离子检测器的作用是将质量分析器出来的只有$10^{-12} \sim 10^{-9}$Å的微小离子流加以接收、放大，以便记录。食品安全分析中定量分析常用到三重四极杆串联质谱（QQQ-MS），定性定量分析常用到四极杆飞行时间质谱（Q-TOF-MS）。

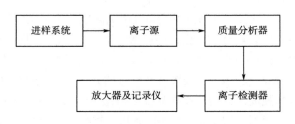

图15-5 质谱仪的构造框架图

3. 质谱技术在食品安全领域的应用

液相色谱分离技术和电喷雾三重四极杆质谱联用（LC-ESI/MS/MS）是最常使用的质谱技术。液相色谱-串联质谱（LC-MS/MS）具有极高的灵敏度，特别适合进行痕量分析，可以鉴别和测定各种类型的农药、兽药以及生物毒素等残留物。如蔬菜中的杀虫剂，谷物中的矮壮素，动物组织（肌肉、脂肪、肝和肾）中的庆大霉素、磺胺二甲嘧啶和甲氧苄氨嘧啶，制品中的聚醚离子载体类兽药（拉沙里菌素、奈良菌素和盐霉素）、杂环芳胺、牛乳中的庆大霉素和新霉素，啤酒中的玉米赤霉烯酮，水样（废水、河水、地下水和饮用水）中的苯磺酸根、除草剂、杀虫剂等残留物的鉴别和测定均有报道。质谱技术还可以用于提供关于食品组成成分的准确信息，从而可以判断食品质量、是否有掺假、食品成分的产地，以及判断是否为转基因食品等。

三、分子生物学检测技术

分子生物学技术的发展始于 1953 年 Watson 和 Crike 提出的 DNA 双螺旋结构，这标志着现代分子生物学的兴起，其通过分析不同基因组的区别以达到鉴定的目的。随着科学技术的不断发展，分子生物学技术并不只局限于单个技术的运用与推广，多种技术相结合优势互补正成为实现食品安全快速、高通量检测的一个突破口。

1. 聚合酶链式反应技术（PCR 技术）

聚合酶链式反应（PCR）是一种体外核酸扩增技术，始于 20 世纪 80 年代中期。因其具有灵敏度高、操作简便、检测效率高、特异性强、检测样品质量要求低等优点，被广泛应用于生命科学界。PCR 技术通过不断发展，已从只能单一扩增检测，发展到应用于多个领域的多种PCR 技术检测与分析。其中，就包括常规 PCR、多重 PCR、实时荧光 PCR、不对称 PCR、巢式（半巢式）PCR、反转录 PCR 等。目前所建立的多重 PCR 技术能够实现快速、高通量检测多种食源性致病菌。

2. 环介导等温扩增技术

环介导等温扩增技术（LAMP）是一种体外扩增 DNA 片段的现代分子生物学技术，由 Nimitphak 等在 2000 年首次提出。该技术是以靶基因 6 个区域设计 4 条特异性引物，在恒温状态下依靠具有链置换活性的 DNA 聚合酶进行反应，实现核酸扩增，最后可通过扩增副产物（焦磷酸镁沉淀）的浊度直接进行结果判断。因其不需要模板的热变性、长时间温度循环、烦琐的电泳等过程，且检测速度快、特异性强、灵敏度高、设备需求简单及扩增效率高等优点，具有实现现场快速检测的应用价值。

3. 生物芯片技术

生物芯片技术始于 20 世纪 80 年代，是一个分子微点阵的微型生物化学分析系统，利用机械手臂点样技术或者微电子光刻技术在一定体积的固相载体表面构建多至上万个不同探针，以实现对多种生物组分的检测。具有多元化、高通量、检测时间短、便于携带等优点，目前以基因芯片、液相芯片在食源性致病菌检测中运用较多。基因芯片是运用核酸杂交的原理来实现样品基因的检测，将大量 DNA 或 RNA 片段按碱基配对的方式在固相载体表面进行杂交，再通过扫描系统检测杂交信号和强度，进而获取样品基因信息，实现定性和定量分析。液相芯片技术分为两类：一类是基于抗原-抗体反应，另一类是基于核酸杂交反应。利用其具有多种不同的荧光编码微球通过不同方式的结合与杂交交联能标记上多至 100 种不同的探针，通过两束不同激光分别检测微球荧光编码和分子荧光强度来实现定性和定量分析。

4. 基因探针技术

基因探针又称核酸探针，1975 年首次被提出。它是利用 DNA 碱基互补配对原则，在适宜条件下形成杂交 DNA 分子，通过对某一微生物的特征 DNA 双链中的一条进行标记，制成探针，进而观察待测样品与标记的探针之间是否形成杂交分子，由此可判断样品中是否含有某种致病菌，并通过放射性强度定量分析样品中的致病菌。目前基因探针技术在单一食源性致病菌检测中的应用研究已经较为成熟，食品中的大肠杆菌、沙门菌、志贺氏菌、李斯特氏菌、金黄色葡萄球菌等食源性致病菌可以用基因探针技术进行快速检测。

四、免疫技术

免疫分析技术是通过抗原与抗体的特异性结合，再辅以免疫放大技术形成肉眼或仪器可以辨别的形态，主要有酶联免疫法、胶体金免疫法、荧光免疫法、放射免疫法等。这种技术的灵敏度和特异性高，适合监管部门在现场进行初筛检测，在食品领域中常用于检测农兽药残留、有害微生物及转基因食品等。

1. 酶联免疫吸附检测（ELISA）技术

ELISA 技术自 20 世纪 70 年代开始，就因其高度的准确性、特异性、适用范围宽、检测速度快以及费用低等优点，在临床和生物疾病诊断与控制等领域中倍受重视，成为检验中最为广泛应用的方法之一。特别是随着蛋白质分离纯化技术和基因工程技术的不断发展，各种高纯度抗体、抗原和抗体复合物得以制备，单克隆抗体技术的应用，使得该诊断检测技术在特异性、灵敏度和客观性方面都有了大幅度的提高，并且在自动化免疫技术的推进之下进一步具备精确的定量分析能力。由于 ELISA 的技术条件要求低、携带方便、常以试剂盒的形式出现且易商品化、操作简便和经济实惠，它已成为一种应用最为广泛和发展最为成熟的生物检测与分析技术。ELISA 的基础是抗原或抗体的固相化及抗原或抗体的酶标记。根据酶反应底物显色的深浅进行定性或定量分析。由于酶的催化效率很高，间接地放大了免疫反应的结果，使测定具有极高的灵敏度。近年来，该项技术在天然毒素、农药残留、微生物污染、食品成分和伪劣食品等方面的检测分析均有应用。例如，几乎所有重要的真菌毒素（如伏马毒素、赭曲霉毒素、玉米赤霉烯酮、脱氧雪腐镰刀菌烯酮、展青霉素等）的 ELISA 检测方法均已建立。在对黄曲霉素 B_1 的检测中，其检测的线性范围为 $0.25 \sim 5.0 ng/mL$，灵敏度为 $12.5 pg/kg$，整个测定过程仅为 $4h$。另外该方法也正在被广泛地应用于各种藻类和贝类毒素的检测。ELISA 已成为许多国际权威分析机构（如美国分析化学家学会）分析农药残留的首选方法。迄今为止，应用 ELISA 检测食品中的残留农药主要为除草剂、杀虫剂和杀菌剂。尽管 ELISA 检测限度还不能完全达到国外发达国家技术法规和限量标准的要求，而且抗体制备不易和不能同时完成多种农药残留检测等缺点，但是由于该技术具有样本前处理简单、纯化步骤少、大量样本分析时间短、适合于做成试剂盒现场筛选等优点，使其可在蔬菜产区、蔬菜批发市场和海关配备，工商人员可随身携带或建立固定的农药残留速测点，随时把残毒超标的蔬菜、水果杜绝在食用之前。

2. 胶体金免疫层析技术

胶体金免疫层析技术（GICA）是 20 世纪 80 年代诞生的，是一种将胶体金标记技术、免疫检测技术和层析分析技术等多种方法结合在一起的固相标记免疫检测技术。GICA 试纸由样品垫、胶体金结合垫、层析膜、吸收垫组成，通过压敏黏合剂被组装在背衬底板上。检测时，将样品加到试纸端的样品垫上，通过毛细管作用前移，样品中的分析物与结合垫上的免疫胶体金相互作用并形成复合物。复合物移至检测线，与其上的抗体（或抗原）特异性结合而被截留，在检测线上聚集，当复合物积聚到一定数量便显示出胶体金特征的红色，而未结合分析物的免疫胶体金则不被检测线捕获，迁移至质控线并与其上的抗体结合而显示红色，达到与复合物分离的目的，并且说明试纸工作正常。

胶体金免疫层析技术的操作过程简单，无须大型仪器设备，检测样品只需简单的前处理过程，检测结果直观，且具有较高的灵敏度。胶体金检测卡体积较小、质量较轻，便于随身携带和现场检测。胶体金技术与荧光素、放射性同位素和酶的标记技术相比，所用试剂毒性较低，对操作者不会造成伤害，也不会污染环境，其安全性能是其他检测技术无法比拟的。胶体金免疫层析技术的应用范围十分广泛，是现场快速测定中不可或缺的技术之一，能够检测食品中的兽药残留、农药残留、微生物及真菌毒素等。例如，应用胶体金免疫层析技术开发一种快速检测谷物中黄曲霉毒素 B_1、玉米赤霉烯酮和呕吐毒素的三联检测卡。该卡能同时检测 3 种真菌毒素，在谷物的现场检测中有较好的应用前景。

五、同位素示踪技术

G. C. de Hevesy 最初于 1912 年提出同位素示踪技术，并相继开展了许多同位素示踪研究。由于其开创性贡献，于 1943 年获诺贝尔化学奖。从 20 世纪 30 年代开始，随着重氢同位素和人工放射性核素的发现，同位素示踪技术开始广泛应用于基础科学和应用科学的各个领域。

1. 同位素示踪技术的基本原理

原子核内质子数相同而中子数不同的一类原子互称为同位素，可分为放射性同位素和稳定性同位素。前者的原子核不稳定，通过自发地、不间断地放出粒子而衰变成另一种同位素；后者的物理性质相对稳定，无辐射衰变，质量保持永恒不变。利用放射性同位素（或稳定性同位素）作为示踪剂对研究对象进行标记的微量分析方法称为同位素示踪技术。自然界中组成每种元素的稳定核素和放射性核素大体具有相同的物理性质和化学性质，即放射性核素或稀有稳定核素的原子、分子及其化合物，与普通物质的相应原子、分子及其化合物具有相同的物理和化学性质。因此，可利用放射性核素或经富集的稀有稳定核素来示踪待研究的客观世界及其过程变化。通过放射性测量方法，可观察由放射性核素标记的物质的分布和变化情况；对经富集的稀有稳定核素或者可用质谱法直接测定，也可用中子活化法加以测定。

2. 同位素示踪技术的应用

同位素技术的引入为食品安全关键技术的突破提供了一个崭新的思路和途径。如利用同位素技术来判断食品产地来源、追溯食品污染源、鉴别食品掺假、研究农兽药等在生物体内的吸收、代谢和分布规律及安全性评价建立灵敏、快速及准确的污染物检测方法等，将为食品安全提供更有力的技术支撑。

（1）同位素示踪技术判断植物源产品的产地来源　植物组织中的同位素组成直接与其生长的地理环境与气候环境密切相关，其中主要受地形的高度、纬度，大气压力、温度、湿度及降雨量等因素的影响。目前，通过检测同位素丰度的方法判断产地来源的植物源产品主要包括果汁、饮料、酒、海洛因、尼古丁及丹参等。国外用于判断葡萄酒地域来源的元素常包括碳、氢、氧、铅和锶等。其中碳、氢、氧等轻同位素数据受季节和气候的影响很大，用它们建立的数据库很不稳定，每年必须重复测定，而锶的同位素组成受季节和气候的影响不大，建立的数据库比较稳定。因此，锶被认为是判断葡萄酒地域来源的理想的同位素指标。

（2）同位素示踪技术判断动物源产品的产地来源　相对于葡萄酒等植物源性食品而言，对乳制品、肉制品等动物源性食品的产地来源判断就比较复杂。因为动物产品中同位素组成既受它们所食用的植物饲料中同位素组成的影响，也受动物代谢过程中同位素分馏的影响，而且动物经常食用不同地区来源的饲料，或一生中在不同地方饲养。动物产品中含有较高的蛋白质和脂类成分，其中富含氮和硫元素；植物主要含有碳水化合物、脂肪和纤维素，它们的同位素含量为动物产品的同位素组成提供了构成框架。在肉制品研究方面，现已有报道利用稳定性同位素技术判断牛肉、羊肉和猪肉的产地来源和饲料来源。不同地域来源的牛肉中同位素组成存在较大差异。有研究表明从不同国家抽取牛肉样品，脱脂后检测其中的碳、氮和硫元素，发现美国与欧洲的牛肉中碳、氮同位素组成存在很大差异。

（3）同位素示踪技术在食品污染物溯源中的应用　产地环境污染直接或间接影响农产品的质量与安全。产地环境污染主要是指大气污染、水体污染和土壤污染。大气污染主要包括氟化物、重金属、酸雨及沥青等的污染；水体污染主要是无机有毒物质如各类重金属、氰化物、氟化物等和有机有毒物质如苯酚、多环芳烃、多氯联苯等的污染以及各种病原体的污染；土壤污染主要是施肥、施药与污水灌溉三大途径的污染。不同来源的上述污染物对农产品形成综合性污染。在食品安全管理实践中，如果能确定污染源的类型和不同污染源的贡献率，就可有效控制污染源，切断污染途径，大大降低农产品的污染程度。利用不同来源的物质中同位素丰度存在差异的原理，可检测环境与食品中污染物的来源。多环芳烃是含碳燃料及有机物不完全燃烧而产生的，每种燃烧源会产生一系列多环芳烃单体化合物，这些单体化合物的浓度及其$\delta^{13}C$可形成独特的图谱，利用此图谱即可区分燃烧源。在实际判断环境或食品中的污染源时，可通过提取其中的多环芳烃并分离出多环芳烃其单体化合物，然后测定每种单体化合物的浓度及其$\delta^{13}C$值，再与不同燃烧源的标准图谱比较即可追溯出污染源。

（4）掺假食品鉴别技术研究　同位素示踪技术在鉴别食品成分掺假方面的研究报道比较多，且多集中在鉴别果汁加水、加糖分析，葡萄酒中加入劣质酒、甜菜糖、蔗糖等的分析以及蜂蜜的加糖分析等方面。此外，还可鉴别不同植物混合油、高价值食用醋中加入廉价醋酸等掺假分析。这些掺假对消费者健康没有影响，然而会对诚实的生产者产生误导，并使他们处于经济利益不利地位。在蜂蜜掺假方面，常加入 C_3 与 C_4 植物糖，其中主要可能掺入玉米高果糖浆。利用内标同位素分析法，即以蛋白质作为内标物，分析比较蜂蜜中蛋白质和糖的$\delta^{13}C$值就可灵敏、快速、精确地测定蜂蜜掺假情况。

（5）食品安全风险评估技术　风险评估是对人类暴露于食源性危害而产生的已知或潜在不良健康作用的一种科学判断，其表征是产生某种有害作用的概率以及这种有害作用的程度。风险评估4个步骤中的危害识别和危害特征描述与同位素技术关系密切。尤其在靶器官确定、污染物吸收、分布、体内代谢、排泄动力学以及代谢产物确定等方面起到其他方法无可法比拟的作用。

六、生物传感器

生物传感器作为一种新型的检测技术，具有方便、省时、精度高，便于利用计算机收集和处理数据，又不会或很少损伤样品或造成污染、可现场检测等优点，并且可以做到小型化和自动化，方便现场检测。生物传感器可以广泛地应用于食品中的添加剂、农药及兽药残留、对人体有害的微生物及其产生的毒素、激素等多种物质的检测。

1. 生物传感器的概念及特点

生物传感器是对生物物质敏感，并将其浓度转换为电信号进行检测的仪器。生物传感器的组成主要分为两个部分：分子识别元件和换能器。分子识别元件是指固定化的生物敏感材料，包括酶、抗体、抗原、微生物、细胞、组织、核酸等生物活性物质，用于识别特异性目标分子。生物反应过程中产生的信息是多元化的，通过换能器将各种信息进行统一识别。简单地说，换能器就是将各种生物、化学、物理信息转化为可识别的电信号的换能器（如氧电极、光敏管、场效应管、压电晶体等）及信号放大装置构成的分析工具或系统。

生物传感器具有以下特点：分析速度快、检测成本低，整个反应在几分钟内完成，检测成本远远低于传统的分析设备；特异性好、样品前处理简单、干扰少；检测稳定性好、分析精确度高；设备体积小、操作简单，易于实现自动化、集成化和便携化。

2. 生物传感器的种类

目前生物传感器的种类很多，但可以简单分为两种：直接型和间接型。直接型传感器，即对生物学的相互反应进行直接、实时监测，不通过催化或放大等手段。最典型的直接型生物传感器一般采用表面离子共振、共振镜、石英谐振器等换能器，所有的这些系统都是直接检测被测目标物。表面离子共振和共振镜传感器通过检测被测目标物存在时对表面反射率的改变；而石英谐振器探测的是表面共振频率的改变。间接型生物传感器主要依托表面上固定的识别元素去识别绑定被测目标物，通过标记有信号分子的二级识别元素产生分析信号。典型的间接型生物传感器采用的标记分子主要有荧光物质和各种生物酶对信号进行放大，达到更高的灵敏度。间接型生物传感器虽然具有高的灵敏度，但因为需要使用两级识别元素，其组装步骤相对较多，耗时较长。

3. 生物传感器在食品安全领域的应用

（1）生物传感器用于食品成分分析　在食品工业中，葡萄糖的含量是衡量水果成熟度和贮藏寿命的一个重要指标。已开发的酶电极型生物传感器可用来分析白酒、苹果汁、果酱和蜂蜜中的葡萄糖等。此外，还可将纳米金颗粒引入到葡萄糖传感器中，并用核微孔膜作载体制成生物活性膜进行研究，得到高灵敏度、高特异性的新型葡萄糖传感器。

（2）生物传感器用于食品添加剂的分析　亚硫酸盐通常用作食品工业的漂白剂和防腐剂，采用亚硫酸盐氧化酶为敏感材料制成的电流型二氧化硫酶电极可用于测定食品中的亚硫酸含量。此外，也有些生物传感器可用于测定色素和乳化剂。

（3）生物传感器用于残留农药、兽药的测定　生物传感器的研制开发使农药残留检测在测定方法上更加多样化，缩短了响应时间，提高测量灵敏度和半自动化程度。应用于农药、兽药残留检测的传感器有很多种，其中最常用的是酶传感器。单酶传感器只能测定数目有限的环境污染物，所以可通过一个生物传感器上偶联几种酶促反应来增加可测分析物的数目。多酶传感器的例子之一就是糖原磷酸化酶与一个碱性磷酸酶、变旋酶、葡萄糖氧化酶相结合以测定无机磷酸盐。目前研究较多的一类传感器为乙酰胆碱酯酶类传感器。其原理是使在传感器胆碱酯酶的催化作用下，乙酰胆碱水解为胆碱和乙酰。有机磷和氨基甲酸酯类农药与乙酰胆碱类似，能与胆碱酯酶的酯基活性部位发生不可逆的键合从而抑制酶活性，酶反应产生的 pH 变化可由电位型生物传感器测出。此法可用于检测果蔬表面有机磷农药。

（4）生物传感器用于食品中微生物的测定　用于分析 DNA 的微型传感器已经被开发成功，它可以迅速准确地断定食源性疾病的细菌类型，使制造商免受数百万产品召回损失和可能产生的法律纠纷。在检测 DNA 方面，新传感器具备含有 DNA 片断的探头，可以完成检测。例如，为了测试蛋黄酱样品中的沙门菌，探头就具有这种类型的 DNA 片断，用来确定基因组中的细菌。

（5）生物传感器用于生物毒素的检测　极少量的生物毒素就可以引起中毒效应，因此对食品中生物毒素的痕量检测至关重要。目前，蓖麻毒素的传感器研究较多，如光纤传感器和电化学免疫传感器等。利用抗原-抗体反应和荧光标记方法制得的生物传感器对于肉毒毒素 A 和金黄色葡萄球菌肠毒素 A 的检测有较好的效果。

（6）生物传感器用于食品鲜度的测定　目前，生物传感器研究中的重要内容之一就是研究能代替生物视觉、听觉和触觉等感觉器官的生物传感器，即仿生传感器，如"电子鼻"。它作为电子嗅觉系统有很多传感器，是模仿人类鼻子内及呼吸道其他部位的接收器而制成的。这些传感器因漂浮于空气中的各种分子而受到刺激，经过"训练"可以通过辨别气味来鉴定食品特别是水产品的鲜度。

讨论：基于安全前提的食品"智造"

近年来，我国食品工业发展存在一系列亟待解决的问题，如要素成本持续上升，利润空间进一步压缩，科技创新能力较低，食品安全问题时有发生等。智能制造对食品企业发展具有巨大推动作用。一方面，智能制造使机器人生产代替人工操作，大大提升了企业的生产效率；另一方面，智能制造的应用使智能环保和智能健康领域的新产品得到开发应用。从智能制造对食品装备领域的影响看，传统机械通常采用恒定控制系统，主要由人工进行操控。而智能制造能够对传统的机械生产带来彻底变革。一方面，智能制造能够实现制造过程的自动化和智能化；同时，智能制造具有高速度和高精度等特点。将智能制造应用于食品机械领域，实现食品生产和食品企业管理的智能化，是我国食品工业转型升级的重要途径和有效方法。通过本次讨论，让同学们了解中国"智能制造"在食品工业领域的发展现状，案例分析"智造"在食品企业中的发展及应用，讨论食品"智造"背后的安全隐患及应对措施。

思考题

1. 思考食品组学的内涵、发展趋势及其在食品安全领域的应用。
2. 思考大数据在食品安全领域的应用。
3. 思考各种食品安全交叉科学与新兴热点技术的优缺点。

参考文献

［1］邓美林，夏永鹏，赵博等．食品组学技术在食品安全风险控制中的应用［J］．食品与发酵科技，2015，51（6）：95-99.

［2］王龑，许文涛，赵维等．组学技术及其在食品科学中应用的研究进展［J］．生物技术通报，2011，（11）：26-32.

［3］王雨，焦珊瑶，刘亚等．食品组学研究进展［J］．食品与发酵工业，2018，44（5）：277-283.

［4］陈璐．名贵中药冬虫夏草特征性蛋白质成分与鉴定方法研究［D］．成都：成都中医药大学，2011.

［5］张也，刘以祥．酶联免疫技术与食品安全快速检测［J］．食品科学，2003，24（8）：200-204.

［6］祝儒刚，李拖平，宋立峰．应用基因芯片技术检测肉及肉制品中 5 种致病菌［J］．食品科学，2012，33（14）：211-215.

［7］白志鹏，陈莉，韩斌．暴露组学的概念与应用［J］．环境与健康杂志，2015，32（1）：1-9.

［8］任向楠，丁钢强，彭茂祥等．大数据与营养健康研究［J］．营养学报，2017，39（1）：5-9.

　　[9] 陶光灿，谭红，宋宇峰等．基于大数据的食品安全社会共治模式探索与实践［J］．食品科学，2018，39（9）：272-279.

　　[10] 孙力，林颢，蔡健荣等．现代成像技术在食品/农产品无损检测中的研究进展［J］．食品安全质量检测学报，2014（3）：643-650.

　　[11] 吴素蕊，刘春芬，阚建全．质谱技术在食品中有毒有害物质分析中的应用［J］．中国食品添加剂，2004，（1）：115-118.

　　[12] 陈继冰．生物传感器在食品安全检测中的应用与研究进展［J］．食品研究与开发，2009，30（1）：180-183.

　　[13] 云雯，陈世奇，马丽等．生物传感器在食品安全领域的研究进展［J］．中国调味品，2013，38（9）：14-17.

　　[14] 梁攀，董萍，王洋等．免疫学技术在食品安全快速检测中的应用研究进展［J］．食品安全质量检测学报，2018，9（9）：2085-2089.

　　[15] 唐廷廷，韩国全，王利娜等．分子生物学技术在食源性致病菌检测中的研究进展［J］．食品安全质量检测学报，2016，7（9）：3497-3502.

　　[16] Creydt, M., Fischer, M. Omics approaches for food authentication［J］. Electrophoresis, 2018, 39（13）: 1569-1581.

　　[17] Kato, H., Takahashi, S., Saito, K. Omics and integrated omics for the promotion of food and nutrition science［J］. Journal of Traditional and Complementary Medicine, 2011, 1（1）: 25-30.

　　[18] Marvin, H. J., Janssen, E. M., Bouzembrak, Y. Big data in food safety: An overview［J］. Critical Reviews in Food Science and Nutrition, 2017, 57（11）: 2286-2295.

　　[19] Choi, J. R., Yong, K. W., Choi, J. Y., et al. Emerging point-of-care technologies for food safety analysis［J］. Sensors, 2019, 19（4）: 817.